Java Programming Guide
Basic Knowledge, Class Library Application and Case Design

Java编程指南
基础知识、类库应用及案例设计

彭波　孙一林 ◎ 主编
Peng Bo　Sun Yilin

清华大学出版社
北京

内 容 简 介

本书适合作为学习 Java 语言及编写 Java 应用程序的实用型教科书或教学参考书，书中主要阐述 Java 语言的关键字、语句、语法规则、类库等的使用方法，其内容包括 Java 语言开发工具的介绍、面向对象编程、Java 基础语句、Java 类、Java 类的继承与多态、Java 接口、Java 包、Java 异常、Java 基础类库的应用，以及通过应用型案例掌握 Java 语言的输入和输出操作、图形用户界面操作、Applet 小程序的编写、图形绘制操作、多线程处理、图像动画制作、网络编程、数据库操作、媒体流处理、Android 系统应用等相关类库的使用。

本书可作为理工科院校计算机相关专业的本科或专科生的教材，也可作为学习 Java 语言的初中级读者的参考用书。

本书封面贴有清华大学出版社防伪标签，无标签者不得销售。
版权所有，侵权必究。侵权举报电话：010-62782989　13701121933

图书在版编目(CIP)数据

Java 编程指南：基础知识、类库应用及案例设计/彭波，孙一林主编．—北京：清华大学出版社，2020.1
（清华开发者书库）
ISBN 978-7-302-53614-7

Ⅰ. ①J…　Ⅱ. ①彭…　②孙…　Ⅲ. ①JAVA 语言－程序设计－指南　Ⅳ. ①TP312.8-62

中国版本图书馆 CIP 数据核字(2019)第 173915 号

策划编辑：盛东亮
责任编辑：钟志芳
封面设计：李召霞
责任校对：白　蕾
责任印制：李红英

出版发行：清华大学出版社
　　网　　址：http://www.tup.com.cn, http://www.wqbook.com
　　地　　址：北京清华大学学研大厦 A 座　　　　邮　　编：100084
　　社 总 机：010-62770175　　　　　　　　　　　邮　　购：010-62786544
　　投稿与读者服务：010-62776969, c-service@tup.tsinghua.edu.cn
　　质量反馈：010-62772015, zhiliang@tup.tsinghua.edu.cn
　　课件下载：http://www.tup.com.cn, 010-62795954
印 装 者：清华大学印刷厂
经　　销：全国新华书店
开　　本：186mm×240mm　　　　印　张：33　　　　字　数：797 千字
版　　次：2020 年 1 月第 1 版　　　　　　　　　　印　次：2020 年 1 月第 1 次印刷
定　　价：89.00 元

产品编号：084418-01

前言
PREFACE

本书的作者都是多年从事 Java 语言教学和使用 Java 开发项目的教育工作者和软件工程师,对 Java 有着深入的理解,了解学生在学习 Java 语言时遇到的难点并知道如何使学生能够更快、更准确地掌握和使用 Java 语言,在本书的编写过程中,能使内容尽量通俗易懂,符合循序渐进、由浅入深的学习规则,帮助读者规范、系统地学习 Java 语言,为后续深入学习奠定扎实的基础。

由于作者多年从事 Java 语言的教学工作,有些学习体会在此愿与读者交流,供读者学习参考。计算机语言是人与计算机交流时使用的语言,更确切地说是人命令计算机做某些事情的语言。计算机语言与人类交流使用的自然语言的功能是一样的,也有单词(被称为关键字)、词组(被称为类库或函数库)、语法规则等。但是计算机语言的单词是有限的,因为计算机 CPU 中的指令译码器只能理解很少的单词,而语法规则也是规定好的,只可以按照语法规则编写一些语句,否则计算机会不识别。掌握了计算机语言的关键字和语法规则就可以编写计算机识别的可执行语句,而计算机程序就是一些语句遵循语法规则的逻辑组合,它可以让计算机完成特定的功能。顾名思义,计算机好像只能实现计算功能,但它为什么能用于各行各业?因为几乎所有的事物及事物的改变都可以用"数据"描述,例如最熟悉的阿拉伯数字、ASCII 码(描述文字)、PCM 码(描述视频、音频信息)、表格、图等"广义数据",处理这些"数据"正是计算机的专长。因此,编写计算机程序首先需要通过"数据"和对数据的操作建立一些模型(称为数学模型),然后计算机执行程序针对数据进行操作,实现要达到的目的。目前的面向对象编程的理念就是帮助实现或建立这样的模型,它可以使编写计算机程序变得简单。掌握面向对象编程思想是编写应用程序的基础,而 Java 语言就是适用于面向对象编程的语言。另外,一种计算机语言除了有关键字和规定的语法规则外,还提供了大量的类库或函数库,这些类库或函数库则是针对各种类型的"数据"实施处理的,在编写应用程序时,几乎所有需要处理的数据类型都可以在类库或函数库中找到处理方法,类库或函数库可以说包罗万象。总之,学习计算机语言在理解其使用的编程思想后,剩下的就是学习关键字、语法规则和类库或函数库的使用了。

本书分为三篇:第 1 篇 Java 程序设计基础包含 6 章,主要讲解 Java 语言的关键字、由关键字组成的表达式、程序流控制、类定义、接口定义、对象的使用、异常的处理等语句,以及 Java 语言的语法规则;第 2 篇 Java 基础类库案例包含 6 章,主要介绍关于 Java 基础类库 JFC 的应用,在 JFC 中每一个类库都是针对一类数据进行的操作,类库提供了许多数据操作方法，每一类操作都制定了操作机制，了解操作机制是更好地使用类库的前提，Sun Microsystems 公司提供的 J2SDK 中类库使用说明文档是最直接的使用类库的学习资料，本书则是通过案例理解类库的操作机制和使用方法，该篇案例涉及的内容有计算机输入和输出操作、图形用户界面操作、Applet 小程序的编写、图形绘制操作、多线程操作等应用案例；第 3 篇 Java 扩展类库案例包含 6 章，涉及的内容有动画制作、网络操作、数据库操作、音视频媒体流的处理与传输、适用于 Android 系统的 Java 类库，以及 Java 扩展或新增语句的应用等。通过案例为深入学习各个应用领域中 Sun Microsystems 公司提供的 Java API 奠定一定的基础。

书中所有案例都是通过编译可运行的 Java 应用程序，并且实现了主要功能，读者稍加修改（添加一些辅助功能）就可以应用到实际项目中。出版社网站会提供这些案例的源代码和编译后可执行类代码，方便读者学习和使用。

本书由中国农业大学信息与电气工程学院彭波教授、北京师范大学信息科学与技术学院孙一林副研究员主编，参加编写与案例程序调试的有北京师范大学信息科学与技术学院蔺东辉老师、北京联合大学师范学院电子信息系曾文琪老师，以及中国农业大学信息与电气工程学院和北京师范大学信息科学与技术学院的胡治国、张伟娜、王平、杨经宇、邓依伊、王倩芸、李韬治、王榕蔚等研究生和本科生，在此表示感谢。

由于作者水平有限，书中难免疏漏之处，敬请读者批评指正。

作　者

2019 年 10 月

目录 CONTENTS

第 1 篇　Java 程序设计基础

第 1 章　Java 程序设计基础 ... 3
1.1　Java 程序与运行 ... 3
- 1.1.1　Java 语言的特征 ... 3
- 1.1.2　Java 虚拟机 ... 3
- 1.1.3　Java 字节代码 ... 4
- 1.1.4　Java 编译单元 ... 5

1.2　Java 程序的开发 ... 6
- 1.2.1　Java 语言程序开发平台 ... 6
- 1.2.2　Java 程序基础开发运行平台——J2SDK ... 6
- 1.2.3　在 Windows 操作系统中搭建 Java 程序的开发和运行环境 ... 7
- 1.2.4　Java 程序的编译和运行 ... 8

1.3　Java 语言的标识符和关键字 ... 9
- 1.3.1　Java 注释语句 ... 9
- 1.3.2　Java 标识符 ... 11
- 1.3.3　Java 关键字 ... 12

1.4　Java 基本数据类型 ... 13
- 1.4.1　数据值的表示法 ... 14
- 1.4.2　变量 ... 15
- 1.4.3　变量的数据类型转换 ... 18
- 1.4.4　常量 ... 19

1.5　Java 运算符和表达式 ... 20
- 1.5.1　Java 运算符 ... 20
- 1.5.2　Java 表达式 ... 22
- 1.5.3　表达式中运算符的使用规则 ... 23

1.6　Java 程序流控制语句 ... 26
- 1.6.1　分支结构语句 ... 26

1.6.2　循环结构语句 ··· 28
　　1.6.3　辅助流控制语句 ··· 32
　　1.6.4　流控制语句应用示例 ··· 34
1.7　小结 ··· 36
1.8　习题 ··· 36

第 2 章　Java 面向对象编程 ··· 37

2.1　面向对象程序设计 ··· 37
　　2.1.1　面向对象的程序设计方法 ··· 37
　　2.1.2　Java 面向对象程序设计 ·· 38
2.2　Java 类 ··· 39
　　2.2.1　Java 类的定义 ·· 39
　　2.2.2　方法的定义 ·· 41
　　2.2.3　Java 修饰符及其权限 ··· 44
2.3　Java 对象 ·· 45
　　2.3.1　对象的创建 ·· 45
　　2.3.2　构造方法的使用 ·· 46
　　2.3.3　对象的使用 ·· 47
　　2.3.4　对象的清除 ·· 50
　　2.3.5　Java 类和对象的关系 ··· 51
2.4　数组对象 ·· 51
　　2.4.1　一维数组的声明和创建 ·· 51
　　2.4.2　多维数组的声明和创建 ·· 54
　　2.4.3　数组的应用 ·· 56
2.5　小结 ··· 59
2.6　习题 ··· 60

第 3 章　Java 类的继承与多态 ··· 62

3.1　Java 类的继承 ··· 62
　　3.1.1　概念和语法 ·· 62
　　3.1.2　Java 类继承关系的测试 ·· 65
　　3.1.3　隐藏、覆盖和重载 ··· 65
　　3.1.4　构造方法的重载 ·· 68
3.2　abstract 和 final 修饰符 ·· 70
　　3.2.1　abstract 修饰符 ·· 70
　　3.2.2　final 修饰符 ·· 72
3.3　this 和 super 变量 ·· 73
　　3.3.1　this 变量 ·· 73
　　3.3.2　super 变量 ·· 76

3.4 Java 的多态性 ··· 78
    3.4.1 多态的概念 ··· 78
    3.4.2 多态的应用 ··· 81
    3.4.3 构造方法与多态 ··· 83
3.5 小结 ·· 84
3.6 习题 ·· 84

第 4 章 Java 接口和 Java 包 ··· 89

4.1 Java 接口 ·· 89
    4.1.1 接口的定义 ··· 89
    4.1.2 接口的实现 ··· 90
    4.1.3 接口的继承 ··· 92
    4.1.4 Java 类同时继承父类并实现接口 ·· 94
    4.1.5 接口与 Java 抽象类 ··· 95
    4.1.6 接口的应用 ··· 96
4.2 Java 包 ·· 100
    4.2.1 package 语句 ··· 100
    4.2.2 Java 包与路径 ··· 101
    4.2.3 import 语句 ··· 102
    4.2.4 直接引用 Java 包中的类和接口 ··· 104
    4.2.5 Java 包的应用 ··· 105
4.3 小结 ·· 108
4.4 习题 ·· 108

第 5 章 Java 异常处理 ··· 112

5.1 Java 异常处理机制 ··· 112
    5.1.1 异常的类型 ··· 112
    5.1.2 异常处理机制 ··· 112
    5.1.3 Java 的异常处理 ··· 113
5.2 Java 异常的捕获与处理 ··· 114
    5.2.1 try-catch 语句 ··· 114
    5.2.2 finally 语句 ··· 118
5.3 Java 异常的抛出 ··· 120
    5.3.1 从方法体中抛出异常对象 ·· 120
    5.3.2 针对被抛出的异常对象的处理 ·· 122
5.4 Java 基础包中定义的常用异常类 ··· 123
    5.4.1 异常类的根类与直接子类 ·· 123
    5.4.2 java.lang 包中定义的具体异常类 ··· 126
5.5 自定义异常类 ··· 129

		5.5.1 异常类定义规则及抛出	129
		5.5.2 捕获自定义异常对象	130
5.6	小结		134
5.7	习题		134

第 6 章 Java 基础类的应用 … 138

6.1	java.lang 包	138
6.2	Object 类	140
6.3	基本数据类型类	141
	6.3.1 整型类	142
	6.3.2 浮点类	144
	6.3.3 其他常用类	145
6.4	字符串 String 类	148
	6.4.1 String 类	148
	6.4.2 创建 String 对象并对其进行操作	150
	6.4.3 StringBuffer 类	151
	6.4.4 创建 StringBuffer 对象并对其进行操作	153
6.5	Math 类	154
6.6	Runtime 类	157
6.7	System 类	158
6.8	小结	161
6.9	习题	161

第 2 篇　Java 基础类库案例

第 7 章 Java 输入和输出操作案例 … 167

7.1	Java 的输入、输出机制	167
	7.1.1 Java 数据流传输模式	167
	7.1.2 Java 数据流的主要操作类	168
7.2	控制台输入、输出操作案例	169
7.3	文件输入、输出操作案例	172
	7.3.1 字节流文件输入、输出操作	172
	7.3.2 字符流文件输入、输出操作	176
7.4	文件随机读写操作案例	183
7.5	对象序列化传输案例	185
7.6	小结	187
7.7	习题	187

第 8 章　Java 图形用户界面设计案例 …… 192

8.1　构成 GUI 的组件 …… 192
8.1.1　Java 组件类 …… 192
8.1.2　组件属性控制 …… 192
8.1.3　GUI 的组成 …… 193

8.2　组件事件处理 …… 193
8.2.1　Java 组件事件监听处理机制 …… 194
8.2.2　Java 组件事件监听标准程序代码 …… 195

8.3　java.awt 包中组件应用案例 …… 198
8.3.1　鼠标操作应用案例 …… 198
8.3.2　键盘操作应用案例 …… 202

8.4　javax.swing 包中组件应用案例 …… 205
8.4.1　修改组件属性案例 …… 205
8.4.2　记事本应用程序案例 …… 207
8.4.3　Excel 表格文件内容显示案例 …… 211

8.5　小结 …… 215
8.6　习题 …… 215

第 9 章　Java Applet 小程序案例 …… 217

9.1　Applet 类及 Applet 小程序 …… 217
9.1.1　Applet 小程序类 …… 217
9.1.2　Applet 小程序编程框架 …… 218

9.2　Applet 小程序的运行机制 …… 220
9.3　Java 程序 Application 和 Applet …… 221
9.4　Applet 小程序应用案例 …… 223
9.4.1　显示外部参数 Applet 小程序 …… 223
9.4.2　显示时间 Applet 小程序 …… 225
9.4.3　播放声音 Applet 小程序 …… 226
9.4.4　Applet 小程序界面添加菜单 …… 229

9.5　小结 …… 231
9.6　习题 …… 231

第 10 章　Java 基础绘制图形案例 …… 233

10.1　Java 基础图形绘制功能 …… 233
10.1.1　Graphics 图形类 …… 233
10.1.2　绘图坐标体系 …… 233
10.1.3　Graphics 类中主要绘图操作方法 …… 234

10.2 Java 图形绘制案例 ·········· 237
   10.2.1 绘制各种图形和图像 ·········· 237
   10.2.2 绘制数学函数图形 ·········· 239
   10.2.3 绘制直方图 ·········· 240
   10.2.4 绘制文字 ·········· 243
   10.2.5 简单绘图程序 ·········· 244
10.3 小结 ·········· 249
10.4 习题 ·········· 249

第 11 章 Java 高级图像处理案例 ·········· 251

11.1 Java 2D 绘制图形案例 ·········· 251
   11.1.1 二维图形的绘制机制 ·········· 251
   11.1.2 绘制二维图形案例 ·········· 252
11.2 Java 2D 图形、文字处理案例 ·········· 254
   11.2.1 二维图形后期处理案例 ·········· 254
   11.2.2 二维文字后期处理案例 ·········· 257
11.3 Java 2D 图像处理案例 ·········· 260
   11.3.1 二维图像处理机制 ·········· 260
   11.3.2 二维图像边缘检测案例 ·········· 263
   11.3.3 二维图像综合处理案例 ·········· 266
11.4 小结 ·········· 276
11.5 习题 ·········· 277

第 12 章 Java 多线程应用案例 ·········· 281

12.1 线程 ·········· 281
   12.1.1 Runnable 接口和 Thread 类 ·········· 282
   12.1.2 创建启动线程对象 ·········· 282
   12.1.3 创建具有多线程功能的 Applet 小程序 ·········· 284
12.2 Java 多线程机制 ·········· 285
   12.2.1 线程对象的生命周期和状态 ·········· 285
   12.2.2 线程对象的基本控制 ·········· 286
   12.2.3 多线程问题 ·········· 286
   12.2.4 线程间的同步控制机制 ·········· 287
12.3 多线程应用程序案例 ·········· 290
   12.3.1 Thread 类中的 sleep() 方法 ·········· 290
   12.3.2 Object 类中的线程控制方法 ·········· 291
   12.3.3 账户数据操作问题 ·········· 295
   12.3.4 实时时钟显示 Applet 小程序 ·········· 297

12.3.5 滚动显示文字信息 Applet 小程序 ……………………………………… 299
12.4 小结 …………………………………………………………………………… 302
12.5 习题 …………………………………………………………………………… 303

第 3 篇　Java 扩展类库案例

第 13 章　Java 动画制作案例 ………………………………………………… 307

13.1 简单图形动画制作案例 ………………………………………………………… 307
13.2 文字动态显示案例 ……………………………………………………………… 311
13.3 图像动态显示案例 ……………………………………………………………… 313
　　13.3.1 动态显示多幅图像 ……………………………………………………… 313
　　13.3.2 单幅图像变形动态显示 ………………………………………………… 316
13.4 图像缓冲技术动态显示案例 …………………………………………………… 318
　　13.4.1 缓冲技术 ………………………………………………………………… 318
　　13.4.2 利用缓冲技术实现动态显示图像案例 ………………………………… 320
13.5 小结 …………………………………………………………………………… 323
13.6 习题 …………………………………………………………………………… 323

第 14 章　Java 网络应用案例 ………………………………………………… 327

14.1 URL 通信 ……………………………………………………………………… 327
　　14.1.1 创建并连接 URL 对象 ………………………………………………… 327
　　14.1.2 获取网络资源案例 ……………………………………………………… 329
　　14.1.3 Web 服务器提供 HTTP 服务案例 …………………………………… 335
14.2 Socket 通信 …………………………………………………………………… 337
　　14.2.1 建立服务器和客户机 Socket 通信程序框架 ………………………… 337
　　14.2.2 Socket 通信案例 ……………………………………………………… 343
　　14.2.3 网络聊天室程序案例 …………………………………………………… 351
14.3 UDP 通信 ……………………………………………………………………… 355
　　14.3.1 建立 UDP 通信程序框架 ……………………………………………… 355
　　14.3.2 UDP 通信案例 ………………………………………………………… 358
14.4 小结 …………………………………………………………………………… 365
14.5 习题 …………………………………………………………………………… 365

第 15 章　Java 数据库应用案例 ……………………………………………… 370

15.1 JDBC 概述 ……………………………………………………………………… 370
　　15.1.1 JDBC API ……………………………………………………………… 370
　　15.1.2 JDBC 的组成 …………………………………………………………… 371

15.1.3　JDBC 的任务 ··· 372
　15.2　数据库操作命令 SQL ·· 373
　　　15.2.1　创建、删除数据库 ··· 373
　　　15.2.2　创建、删除、修改基本表格 ··· 373
　　　15.2.3　创建、删除索引 ·· 375
　　　15.2.4　创建、删除视图 ·· 375
　　　15.2.5　数据查询 ·· 375
　　　15.2.6　数据更新 ·· 376
　15.3　创建 Java 数据库应用模型 ·· 376
　　　15.3.1　创建数据源 ·· 377
　　　15.3.2　加载数据库驱动程序 ·· 380
　　　15.3.3　连接数据库 ·· 381
　　　15.3.4　操作数据库 ·· 382
　　　15.3.5　获取数据结果集 ·· 383
　15.4　JDBC API 应用案例 ·· 384
　　　15.4.1　显示查询数据库结果 ·· 384
　　　15.4.2　向数据库中追加记录 ·· 388
　　　15.4.3　SQL 命令操作数据库 ·· 394
　　　15.4.4　Applet 数据库应用案例 ·· 407
　15.5　小结 ··· 414
　15.6　习题 ··· 415

第 16 章　Java JMF 媒体流处理及网络传输应用案例 ······················· 416

　16.1　Java 音频数据流处理技术 ·· 416
　　　16.1.1　JMF 中的 Sound API ·· 416
　　　16.1.2　音频播放器案例 ·· 417
　16.2　Java 媒体数据流处理框架——JMF ······································· 426
　　　16.2.1　JMF API 的功能 ·· 426
　　　16.2.2　媒体流播放器案例 ·· 426
　16.3　Java 媒体数据流网络实时传输 ·· 436
　　　16.3.1　发送媒体数据流应用程序案例 ···································· 436
　　　16.3.2　接收媒体数据流应用程序案例 ···································· 448
　16.4　小结 ··· 455
　16.5　习题 ··· 456

第 17 章　Java Android 系统类库应用案例 ·· 458

　17.1　支持 Java App 的 Android 操作系统 ····································· 458
　　　17.1.1　Android 操作系统构架 ·· 458

17.1.2　Android 常用组件(模块) ………………………… 459
17.2　Android App 以及 Android Studio 开发环境 ………………………… 461
　　17.2.1　Android App 架构 ………………………… 462
　　17.2.2　Android Studio 简介 ………………………… 465
17.3　Android 应用程序案例 ………………………… 468
　　17.3.1　三角函数图形演示案例 ………………………… 468
　　17.3.2　华容道智力游戏案例 ………………………… 477
　　17.3.3　备忘录(事件设置与提醒)案例 ………………………… 483
17.4　小结 ………………………… 490
17.5　习题 ………………………… 490

第 18 章　Java 扩展语句及新增功能 ………………………… 491

18.1　Java 语句的增加与扩展 ………………………… 491
　　18.1.1　Java 新增语句 ………………………… 491
　　18.1.2　Lambda 表达式 ………………………… 495
18.2　Java 接口的扩展 ………………………… 496
　　18.2.1　Java 接口的默认方法和静态方法 ………………………… 496
　　18.2.2　函数式接口 ………………………… 498
18.3　Java 类型的扩展——泛型 ………………………… 499
　　18.3.1　泛型的定义 ………………………… 500
　　18.3.2　泛型的应用 ………………………… 501
18.4　Java API 的更新与扩展 ………………………… 504
　　18.4.1　Java API 的更新 ………………………… 504
　　18.4.2　Java API 的扩展 ………………………… 508
18.5　小结 ………………………… 511
18.6　习题 ………………………… 511

第1篇　Java 程序设计基础

　　计算机语言是人与计算机沟通的一种形式,更确切地说是人命令计算机做一些事的语言,但是要实现沟通的目的,需要程序员遵循计算机程序的语法结构设计。Java 语言源程序由 Java 语言的基本语句构成,其程序结构与其他计算机语言的程序结构一样,都具有一些基本特性,例如计算能力、运算优先顺序、类型转换及选择和循环等程序流的控制等。

第 1 章　Java 程序设计基础

本章重点介绍 Java 语言的关键字、数据类型、表达式、程序流控制，以及由 Java 关键字、表达式等组成的 Java 程序语句和语句的语法格式。

1.1　Java 程序与运行

Java 语言是由 C 语言发展而来的，其继承了 C 语言的所有优良特征，并去除了 C 语言的一些容易引起错误的语句，是一个彻底的纯面向对象的程序设计语言，最重要的是 Java 的可执行代码不依赖于任何现有的操作系统和计算机中的 CPU（中央处理器）。

1.1.1　Java 语言的特征

Java 语言的特征可以高度概括为：Java 是一个简单的、面向对象的、分布的、解释的、健壮的、安全的、独立于平台的、可移植的、可扩展的、高性能的、多线程的及动态的程序设计语言。

Java 是一个编译和解释型语言，Java 的源程序代码通过 Java 编译器（Sun Microsystems 公司提供的 Java 语言程序开发工具）将 Java 语言文本代码编译为（翻译为）Java 字节代码（称为 Java 的可执行代码），该代码是运行在 Java 虚拟机环境中的。Java 程序的编译和解释执行的特性如图 1-1 所示。

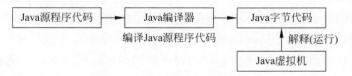

图 1-1　Java 程序的编译和解释执行的特性

1.1.2　Java 虚拟机

Java 虚拟机（Java Virtual Machine，JVM）是运行 Java 程序的支持系统，用于解释 Java 字节代码并执行代码所要完成的操作。Java 虚拟机是与计算机硬件和操作系统相关联的，是由发明 Java 语言的 Sun Microsystems 公司根据不同的 CPU 或计算机操作系统制作而成的，即针对不同的 CPU 或操作系统解释 Java 字节代码，将 Java 字节代码翻译为指定的 CPU 或操作系统可识别并能够执行的指令代码，也就是将 Java 字节代码转化成实际硬件设备的调用。因此，Java 虚拟机针对指定的 CPU 或操作系统也被称为 Java 解释器，专门用于支持 Java 程序运行，是面向 Java 语言程序的一个独立运行系统（Java Runtime System）。另外，Java 虚拟机未必非要运行在某种操作系统之上，其下面可以直接是各种 CPU 芯片，对于每一种操作系统或 CPU，Java 解释器是不同的，但实现的 Java 虚拟机功能是相同的，这就是 Java 语言程序与平台无关的关键所在。

Java 语言应用程序分为两种形式：Application 应用程序和 Applet 小程序。Java 源程序通过 Java 编译器生成可执行的 Java 字节代码，Application 应用程序是由 Java 虚拟机支持运行的，Applet 小程序是由嵌入了 Java 虚拟机的 Web 浏览器支持运行的，目前几乎所有 Web 浏览器都嵌入了 Java 虚拟机，计算机 CPU 和 Web 浏览器支持 Java 应用程序运行的层次关系如图 1-2 所示。

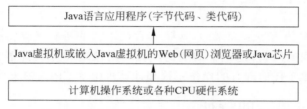

图 1-2　支持 Java 应用程序运行的层次关系

Java 虚拟机由 5 个部分组成：一组指令集、一组寄存器、一个堆栈、一个无用内存单元收集器和一个方法区域。这 5 部分是 Java 虚拟机逻辑抽象成分，不依赖于任何实现技术或组织，但是它们的功能在某种真实机器上（确定的 CPU 或操作系统）是一致的。Java 虚拟机也有类似微处理器（CPU）中的寄存器，它们用于保存机器的运行状态。Java 虚拟机的寄存器有 4 种：Java 语言程序计数器（pc）、指向操作数栈顶端的指针（optop）、指向当前执行方法的执行环境指针（frame）、指向当前执行方法局部变量区第一个变量的指针（var）。Java 虚拟机是用堆栈处理数据传递的，它不定义或使用寄存器传递或接收参数，其目的是为了保证指令集的简洁性和实现时的高效性。Java 虚拟机的堆栈有 3 个区域：局部变量区、执行环境区和操作数区。Java 虚拟机的堆栈是 Java 应用程序运行时刻动态分配的对象存储区域并是可自动回收的，Java 虚拟机的内部结构和运行机制都是围绕着解释 Java 字节代码而制定的。

1.1.3　Java 字节代码

Java 虚拟机可以解释 240 多个字节代码，每个字节代码的执行相当于一种基础的 CPU 运算或操作。Java 字节代码也可以称为 Java 语言指令集，相当于 Java 语言程序的"汇编语言"。Java 语言指令集的一条指令有一个操作码、0 个或多个操作数，操作码指定实施的操作,操作数是操作码所需的参数,Java 语言的操作码均为一字节长,操作数没有限制。由 Java 字节代码组成的指令是不依赖于任何 CPU 或操作系统的,而是针对 Java 虚拟机设计的。Sun Microsystems 公司提供的 Java 语言程序开发环境中的 Java 编译器可将 Java 源程序代码编译成 Java 字节代码指令,这些指令被 Java 的运行系统(Java 虚拟机)有效地解释并运行。另外,Java 字节代码也被称为类(class)代码。

1.1.4 Java 编译单元

Java 语言源程序是由一个或多个 Java 编译单元(compilation unit)组成的。Java 编译单元由 Java 语句组成,每个编译单元只能包含下列语句内容:一个程序包语句(package statement)、一组导入语句(import statements)、一个或多个类的声明语句(class declarations)、一个或多个接口声明语句(interface declarations)。每个 Java 的编译单元可包含多个类或接口,但是每个编译单元最多只能有一个类或者接口是公共的。

Java 编译单元是以公共的类或者接口名为文件名,以.java 为后缀保存在磁盘中的,Java 编译器则是针对*.java 文件实施编译的,编译后可生成存放在磁盘中的 Java 字节代码,字节代码是以.class 为后缀的文件名(*.class)形式存放的,在一个 Java 编译单元中如果定义了多个类和接口,则编译后每个类和接口都是以独立的类文件名(*.class,*为类或接口名)存放在磁盘中的。

【示例 1-1】 Java 编译单元的程序源代码,包含两个类,但只有一个被修饰为公共(public)类。

```
package helloworld;                  //一条包语句
import somepackage.*;                //引用语句
public class HelloWorld {            //类声明语句,文件名为 HelloWorld.java
    …;                               //程序要实现的功能
}                                    //类声明结束
class AnotherClass {                 //其他类声明语句
    …;                               //程序要实现的功能
}                                    //类声明结束
```

该编译单元以 HelloWorld.java(公共类名)为文件名存放在磁盘中,通过 Java 编译器编译后在磁盘中将产生 HelloWorld.class 和 AnotherClass.class 两个类文件,它们组成了 HelloWorld.java 编译单元的可执行字节代码。

【示例 1-2】 包含一个公共(public)接口的一个编译单元的程序源代码。

```
package helloworld;                  //一条包语句
import somepackage.*;                //引用语句
public interface InterfaceName {     //接口声明语句,文件名为 InterfaceName.java
    …;                               //接口定义的内容
}                                    //接口声明结束
```

该编译单元以 InterfaceName.java(公共接口名)为文件名存放在磁盘中,通过 Java 编译器编译后将在磁盘中产生以 InterfaceName.class 为文件名的类文件。

Java 编译单元中的源程序框架结构是确定的,Java 程序要实现的功能都应该编写在类或接口中,源程序代码将由标识符、关键字、变量定义、表达式、流控制语句等按照 Java 语法规则组成,它们都应编写在 Java 编译单元中类或接口定义的花括号{}中。

1.2 Java 程序的开发

J2SDK 是 Java 2 Software Development Kit 的简称,其前身是 JDK(Java Development Kit),J2SDK 和 JDK 都是 Sun Microsystems 公司推出的一套 Java 语言程序开发工具兼作运行 Java 语言程序的平台,Java 运行环境 JRE(Java Run Environment)也称为 Java 虚拟机(JVM),支持 Java 应用程序的执行,因此,编写 Java 语言程序,J2SDK 是必备的。

1.2.1 Java 语言程序开发平台

针对 Java 语言程序主要应用于网络服务器、一般计算机、嵌入式设备、智能卡这 4 个领域,Java 2 提供了开发这 4 类应用程序的标准框架和运行环境,其开发平台如下。

1. J2EE

J2EE(Java 2 Platform Enterprise Edition)平台包含一整套服务框架、应用编程标准接口(Application Programming Interface,API)和协议等,适用于在网络中服务器端 Java 语言程序的开发并兼作程序运行平台。

2. J2SE

J2SE(Java 2 Platform Standard Edition)适用于在一般计算机的 Java 语言程序的开发兼作程序运行平台。

3. J2ME

J2ME(Java 2 Platform Micro Edition)适用于消费类电子产品中嵌入式系统 Java 语言程序的开发兼作程序运行平台,适合某种产品的单一要求,例如手机、固定电话等设备。

4. JavaCard

JavaCard 适用于在 Smart Card(智能 IC 卡)上运行的 Java 语言程序的开发兼作程序运行平台。

1.2.2 Java 程序基础开发运行平台——J2SDK

J2SDK 包含了针对 Java 语言程序的基本编译器、一些实用工具、运行环境,以及用来开发和运行 Java Application 和 Java Applet 程序的 API。J2SDK 1.6 版本包括的内容如图 1-3 所示。

其中,JRE 为 Java 语言程序运行环境,包括两部分:一部分为运行 Java 程序的 Java 虚拟机;另一部分是支持 Java 程序运行的类库(简称 Java API)。类库有基础类库(Base Libraries)和工具类库(Toolkits)等,当在 Java 应用程序中有调用某个 Java 类库时,该类库

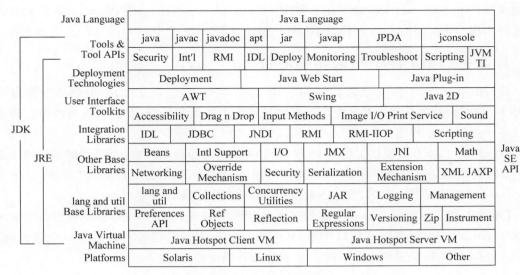

图 1-3　J2SDK 1.6 版本的内容

则被加载，为应用程序提供调用。JDK 为开发环境，包含 JRE 和开发 Java 程序时使用的工具。Platforms 为计算机操作系统平台，例如 Linux、Windows 等。

在 J2SDK 中包含的常用 Java 语言程序基础开发工具有：Java 编译器（javac 命令）、Java 程序启动器以及类库管理器（java 命令）、Java 语言程序帮助文档生成器（javadoc 命令）、Java Applet 小程序运行和观察器（appletviewer 命令）、Java 程序归档器（jar 命令）等。

1.2.3　在 Windows 操作系统中搭建 Java 程序的开发和运行环境

在开发和运行 Java 语言应用程序之前，首先需要在计算机操作系统中安装 J2SDK。J2SDK 是 Sun Microsystems 公司免费提供的，在 Sun Microsystems 公司（http://www.oracle.com/sun）和 Sun Microsystems 中国公司（http://www.sun.com.cn）的网站上都可以下载。下载时应注意根据操作系统环境决定下载应用于 Windows 操作系统的还是 UNIX 操作系统及其他操作系统中的 J2SDK。

应用于 Windows 操作系统的 J2SDK 是一个自解的 EXE 文件，例如 J2SDK 1.6 版本的文件为 jdk-6-windows-i586.exe，执行该文件，J2SDK 则有自动安装向导，根据向导提示完成 J2SDK 开发工具和 Java 运行平台的安装。

当在 Windows 系统中安装了 J2SDK 后，其基本工具将安装在..\J2SDK..\bin\目录中，其基础应用类库将安装在..\J2SDK..\lib\目录中。Windows 操作系统中的 J2SDK 工具都是在 DOS 命令提示符窗口中以行命令方式被应用的，J2SDK 工具在 Windows 操作系统中是一些以 EXE 为后缀的可执行文件，是完成一些特定功能的命令，每一个文件完成一个特定功能。例如，javac.exe 命令实现对 Java 语言源代码程序的编译；java.exe 命令运行一个 Java 程序；javadoc.exe 命令将 Java 语言源程序代码编译为标准的、统一格式的、可阅读的帮助文档；appletviewer.exe 命令运行一个 Java Applet 小程序；jar.exe 命令将多个 Java 类文件生成一个压缩的 Java 归档（JAR）可执行文件等。

1.2.4 Java 程序的编译和运行

J2SDK 提供了对 Java 语言程序的编译、运行等命令，但是 J2SDK 中的命令都是在 DOS 环境中使用的，其目的就是它可以在底层环境中开发和执行，在嵌入式等内存比较小的设备中执行 Java 程序。

Windows 操作系统提供了仿真 DOS 环境的 DOS 命令提示符窗口，启动该窗口的步骤为：依次选择 Windows 的"开始"→"所有程序"→"附件"→"命令提示符"命令，应用于 Windows 操作系统中 J2SDK，其命令都是在该命令提示符窗口中使用的。

【示例 1-3】 完整的 Java 语言源程序代码，程序功能是在 DOS 命令提示符窗口中输出显示"Hello World!"，将该文件以 HelloWorld.java 为文件名存放在磁盘某一个目录（路径）中，使用 J2SDK 提供的命令对该 Java 程序进行编译和运行。

```
public class HelloWorld{                            //定义 HelloWorld 类
  public static void main(String args[]){           //定义程序入口
    System.out.println("Hello World!");             //显示 Hello World!
  }
}
```

在 DOS 命令提示符窗口中编译和运行该程序的步骤是：

（1）使用 DOS 命令 dir 查看该文件是否在当前目录中，HelloWorld.java 文件应该存放在当前目录中。

（2）使用 DOS 命令 type 查看 HelloWorld.java 文件的内容是否正确。

（3）使用 J2SDK 命令 javac 编译 HelloWorld.java 文件。当源代码程序有错误时会输出错误编号，并指出在哪一行代码中有错误和错误的原因，当编译正确时无任何输出显示。javac 行命令格式为

```
javac HelloWorld.java
```

（4）使用 DOS 命令 dir 查看当前目录中的文件。如果编译正确，则在该目录中会产生一个 HelloWorld.class 文件（Java 类文件），该文件即是编译正确后的 Java 可执行文件。

（5）使用 J2SDK 命令 java 启动该程序，使该程序运行。注意：在该行命令中，被启动执行的 Java 可执行文件不需要输入该文件的后缀。Java 行命令格式为

```
java HelloWorld
```

当在 DOS 命令提示符窗口中看到"Hello World!"输出显示时，说明该程序运行正常。在 DOS 命令提示符窗口中编译和运行示例 1-3 的完整过程如图 1-4 所示。

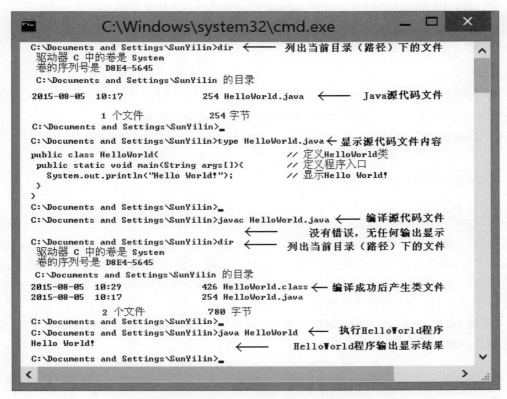

图 1-4 在 DOS 命令提示符窗口中执行的 DOS 和 J2SDK 命令

1.3 Java 语言的标识符和关键字

Java 语言源程序代码是由 Java 语句组成的,Java 语句则是由标识符、关键字按照 Java 语言的语法格式构成的。

1.3.1 Java 注释语句

Java 注释语句是帮助理解和使用 Java 程序代码的,不生成 Java 字节代码。Java 语言体系中有 3 种类型的注释语句,其语法格式如下。

1. 一行注释符//

// 需要注释的内容

该语句从"//"开始到本行结束的所有字符都作为注释而被 Java 编译器忽略,用于单行程序语句的注释。

2. 一行或多行注释符 /* */

```
/*
    需要注释的内容
*/
```

需要注释的内容在"/*"和"*/"符号之间,用于书写一行或多行注释,在/* … */符号之间的字符将被Java编译器忽略,该注释符不能互相嵌套使用。

3. Java文档注释符 /** */

```
/**
    需要注释的内容
*/
```

注释符"/** … */"是Java语言所特有的文档注释符,是为支持J2SDK工具javadoc而采用的,主要是用于注释Java源程序代码中的公共类、公共接口、公共变量、类和接口中的方法等。javadoc命令可将该注释文档生成标准的统一的HTML帮助文档,javadoc命令还能识别注释内容中用标记@标识的一些英文特殊文字,例如程序作者、版本号等,并按照标准格式放在HTML帮助文档中。

【示例1-4】 下面是一段添加在示例1-3源程序中的注释,第1段注释说明整个类,第2段注释说明源程序入口main()方法。

```
/**
 * 一个显示"HelloWorld"字符的程序——HelloWorld.java
 * @author 孙一林
 * @version 1.0 2019/08/28
 */
public class HelloWorld{
/**
 * 在main()方法中显示字符串Hello World!
 * @see #main(java.lang.String[])
 * @param args 从命令行中带入的字符串args
 */
 public static void main(String args[]){
    System.out.println("Hello World!");
  }
}
```

在注释示例中,标记@后跟一些javadoc命令可识别的、具有特殊意义的文字,例如author、version、see、param、return等,其目的是将源程序代码的帮助文档规范化。

javadoc命令使用格式之一如下,生成的HTML帮助文档在浏览器中如图1-5所示。

```
javadoc -d doc -author -version HelloWorld.java
```

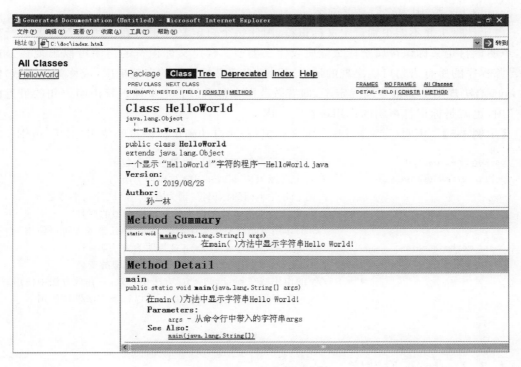

图 1-5　Java 标准帮助文档

1.3.2　Java 标识符

在 Java 语言程序中,所有单词、字母、字母的组合、符号等都被称为标识符。标识符有两种类型:一种是编程者自己定义的标识符,即自定义标识符;另一种是 Java 语言体系定义的标识符,即关键字。

由于在 Java 语言程序中变量、常量、方法、类、接口、对象等都需要有名称,而这些名称是由程序编写者命名的,因此被称为自定义标识符,用于为变量、常量、方法、类、接口、对象等命名。自定义标识符的规定是以英文大写字母 A~Z 或小写字母 a~z 或"_"或 $ 开头,后面可以跟包含英文字母和数字 0~9 的字符,这样的字符和数字的组合构成了合法的自定义标识符。在标识符中,英文字母大小写的含义是有区别的。

Java 程序中有效的自定义标识符为:

myname　　internet_network　Hello　_sys_path_1　　$ bill_100

Java 程序中无效的自定义标识符为:

486_cpu　　-double　　% bill　!_not　　* ptr　　@ email

需要注意的是,Java 语言定义的关键字和一些特殊符号不能作为自定义标识符。例如，double、for 等，因为它们是关键字。

由于计算机并不能识别自定义标识符，因此每个自定义标识符在使用前都需要进行声明，声明该自定义标识符属于什么性质或什么类型。自定义标识符的声明可以出现在 Java 语言源程序的所有语句可能出现的地方，但是，自定义标识符的有效范围（或称为作用域）根据 Java 语法规则已经被自动确定了，即有效范围在包含该自定义标识符声明语句的最近的"{}"内，也就是标识符声明的作用域在"{}"内。

【示例 1-5】 声明（定义）一些自定义标识符，并自动确定标识符的使用（引用）范围。

```
package helloworld;              //自定义标识符 helloworld 被声明为包名
public class HelloWorld{         //自定义标识符 HelloWorld 被声明为类名
                                 //与包名是不同的标识符，因为有"H"和"h"等大小写之分
    int x;                       //自定义标识符 x 被声明为具有整数类型的变量
                                 //x 的作用域是在整个类中有效，在类中任何地方可以使用

    int methodName(){            //自定义标识符 methodName 被声明为方法名
        int y = 0;               //自定义标识符 y 被声明为具有整数类型的变量
        x = y;                   //y 的作用域在 methodName()方法中有效，只在该方法中使用
        return x;                //x 可以在该方法中使用，但 y 不可以在该方法外被使用
    }
}
```

1.3.3　Java 关键字

在 Java 语言程序中有一些标识符被 Java 语言体系作为关键字而保留起来，称为 Java 关键字或 Java 保留字。Java 关键字没有二义性，即它们不能用作其他用途，也不能用作自定义标识符，这些关键字出现在 Java 程序中则表示实现某种单一功能。以下是 Java 语言体系使用的所有关键字：

abstract	const	float	int	protected	threadsafe
boolean	continue	for	interface	public	throw
break	default	future	long	rest	throws
byte	do	generic	native	return	transient
byvalue	double	goto	new	short	true
case	else	if	null	static	try
cast	extends	implements	operator	super	var
catch	false	import	outer	switch	void
char	final	inner	package	synchronized	volatile
class	finally	instanceof	private	this	while

另有一些符号也被 Java 语言体系用作关键字标识符出现在程序中，例如";"标识符，是一条 Java 语句结束的标识符，为方便地阅读长语句，在语句中间可以有回车换行，但是当语句结束时，需要加分号隔离，表示该语句的结束，否则 Java 编译器编译 Java 语言源程序

时将会提示出错;"{}"标识符,用于限定类、接口、类中方法的作用域;","标识符,用于分隔自定义标识符等。

【示例 1-6】 描述定义变量和变量的作用域。

```
public class HelloWorld{
   int x,y;                                  //","分隔两个自定义标识符,作用域为整个类
   public static void main(String args[]){
      String OneWorldOneDream =              //OneWorldOneDream 的作用域是在 main()方法中有效
         "同一个世界,同一个梦想 One World,One Dream";
                                             //";"表示 String 字符串类型声明语句结束
      System.out.println(OneWorldOneDream);
   }
}
```

1.4 Java 基本数据类型

在 Java 语言体系中,有 3 种数据类型,即基本数据类型(整型、浮点型、字符型、布尔型等)、数组数据类型(整型、浮点型、字符型、布尔型等)和复合数据类型(类),它们都是用于声明变量和常量的。

基本数据类型声明的变量被称为"变量",数组数据类型声明的变量被称为"数组变量",复合数据类型声明的变量被称为"类变量"。

基本数据类型有 boolean(布尔数)、char(单字符)、byte(字节数)、short(短整数)、int(整数)、long(长整数)、float(单精度浮点数)、double(双精度浮点数)和 void(无类型),Java 语言规定的基本数据类型的关键字、所占用计算机存储器的字节数、类型数值取值范围的最小值和最大值如表 1-1 所示。

表 1-1 基本数据类型

基本数据类型	数据类型名称	占用内存字节数	最小值	最大值
boolean	布尔数	1bit		
char	单字符	2byte(16bit)	Unicode 0	$Unicode 2^{16}-1$
byte	字节数	1byte(8bit)	-128	$+127$
short	短整数	2byte(16bit)	-2^{15}	$+2^{15}-1$
int	整数	4byte(32bit)	-2^{31}	$+2^{31}-1$
long	长整数	8byte(64bit)	-2^{63}	$+2^{63}-1$
float	单精度浮点数	4byte(32bit)	$-3.4e^{-38}$	$+3.4e^{+38}$
double	双精度浮点数	8byte(64bit)	$-1.7e^{-308}$	$+1.7e^{+308}$
void	无类型			

确切地说，Java 语言体系只有 8 种用于声明（定义）变量的基本数据类型，即 boolean、char、byte、short、int、long、float 和 double。

1.4.1 数据值的表示法

在 Java 语言体系中，对于基本数据类型的数据取值规定了一些数据值的表示方式，例如，十进制数、十六进制数、浮点数、布尔数、字符数等的表示方式，每种数据都有确切的表示方式，在编写 Java 程序时应按照 Java 规定的数据形式为基本数据类型定义的变量赋值。

1. 整数表示法

整数有十进制数、八进制数、十六进制数。十进制整数形式是由 0～9 的一系列数字组成，但是第一个数字不能是 0，例如 123；八进制整数是以 0 开头的，后由 0～7 的一系列数字组成，例如 0456；十六进制数形式是由 0x 或 0X 开始，后面由 0～9 数字和 a～f 小写或 A～F 大写字母组成的一串数据，例如 0x123、0xABC 等。它们可以为 byte、short、int、long 等类型定义的变量赋值，当为 long 类型定义的变量赋值时，应该使用长整数表示方式，该表示方式为在数据后加 L 或 l 字母，例如，123456789L，L 或 l 字母表示该数据是一个长整数类型，占用 8 字节的计算机存储器。

2. 浮点数表示法

浮点数有两种表示形式：十进制数和科学记数法。科学计数法遵循 IEEE 754 标准，它是 32 位 float 和 64 位 double 表示法的二进制标准。

十进制数形式是由数字和小数点组成，例如 123.456；科学计数法形式是由数字后跟字母 e 或 E 表示指数，例如 $2.13e^2$。浮点数是为 float、double 等类型定义的变量赋值的，当为 float 类型定义的变量赋值时，在浮点数后加 f 或 F 字母，例如 $2.13e^2F$；当为 double 类型定义的变量赋值时，在浮点数后加 d 或 D 字母，例如 $2.13e^2D$。

另外，在 Java 体系中，浮点数值的表示除了基本数据类型允许的标准数值范围的数据外，还有一些用于表示浮点数的特殊值，例如 Infinity（无穷大）、－Infinity（负无穷大）、－0.0 和 NaN（非数字值）等。

3. 布尔数表示法

布尔数只有两个值：true（真）和 false（假）。true 和 false 是 Java 的关键字，是专门为 boolean 类型定义的变量赋值的，true 和 false 不对应于任何形式的数值。

4. 字符数表示法

字符数值是用单引号括起来的一个字符，在 Java 语言体系的基本数据类型中，字符数值是由 Unicode（泛代码）字符集表示的，即它是用一个 16 位无符号型数据表示的，最多可以表示 65536 个字符，字符数值是为 char 类型定义的变量赋值的，例如'a'。

另外，Java 语言体系还提供转义字符，顾名思义，"转义"是指改变原有字符的含义，转义字符的定义是以反斜杠(\)开头，其后跟具有另外含义的字符，例如"\r"，该字符值的含义是"回车"，即回车值（对应键盘的回车键）用字符"\r"表示。表 1-2 列举了一些转义字符以及字符值的含义。

表 1-2 转义字符

字符值表示	含 义
\'	单引号字符('),单引号已经用于表示字符数值,需要使用转义字符
\\	反斜杠字符(\),即是反斜杠字符数值
\r	"回车"字符数值(CR),对应键盘"↵"(Enter)键
\n	"换行"字符数值(NL、LF)
\f	打印"走纸换页"字符数值(FF)
\t	"制表符"字符数值(HT、TAB)
\b	"退格"字符数值(BS),向前退一格,对应键盘"←"键
\ddd	1 到 3 位八进制数据值所表示的字符(ddd)
\uxxxx	1 到 4 位十六进制数据值所表示的字符(xxxx)

5. null 值

在 Java 语言体系中,关键字 null(空)代表一个特殊的数值,它可以赋值给除基本数据类型外的其他类型的变量,当一个变量无用时,可将它赋予 null 值,表示释放该变量占用的计算机存储单元,即该变量将从计算机内存中消失。

1.4.2 变量

在 Java 语言体系中,变量是 Java 程序中创建的基本存储单元,其定义包括变量名、变量类型和作用域几个部分。

变量名是一个合法的自定义标识符,以英文大写字母 A～Z 或小写字母 a～z 或"_"或 $ 开头的字符串序列,变量名区分英文的大小写,变量名不能使用 Java 保留字,变量名应具有一定含义,以增加程序的可读性。

变量类型决定了变量可能的取值范围以及对变量允许的操作,与变量类型不匹配的操作可能会导致程序出错。变量类型可以是基本数据类型,也可以是其他数据类型。

变量的作用域指明可访问该变量的一段代码,声明一个变量的同时也就指明了变量的作用域,按作用域划分,变量可以有全类有效变量、局部变量、方法参数变量、例外(异常)处理参数变量等几种。全类有效变量在类中声明,而不是在类的某个方法中声明,它的作用域是整个类;局部变量在方法或方法的一块代码中声明,它的作用域为它所在的代码块,即整个方法或方法中的某块代码;方法参数变量是传递给方法的,它的作用域就是该方法。在一个确定的域中,变量名应该是唯一的。通常,变量作用域是用大括号{ }划定的。

通用的声明变量的语法格式为:

```
type variableName1, variableName2 … ;
类型    变量名
```

应用基本数据类型声明变量的语法格式为:

```
type variableName1, variableName2 … ;
type variableName [ = initValue ] [ , variableName [ = initValue ] … ];
类型        变量名      [变量初始值]
```

声明相同类型的多个变量时,变量名之间应用逗号隔开。对于全类或局部有效的基本数据类型的变量可以赋予初值,而方法参数和例外处理参数的变量值由调用者给出。

1. 整型变量

在基本数据类型中有 4 个是用于声明整型变量的,即 byte、short、int 和 long。

【示例 1-7】 声明在整个类中有效的整型变量,作用域为整个类,即在整个类中都可以对变量进行操作。

```
public class DataTypesSimple{            //变量声明类,变量的作用域为整个类
  byte b;                                //声明变量 b 为 byte 类型的变量
  short s;                               //声明变量 s 为 short 类型的变量
  int i;                                 //声明变量 i 为 int 类型的变量
  long l;                                //声明变量 l 为 long 类型的变量
}
```

【示例 1-8】 在 main()方法中声明的整型变量,并为变量赋予初始值,变量的作用域为 main()方法的{ }中,在 main()方法中可以对变量进行操作,在其他地方不能对变量进行操作。

```
public class DataTypesSimple{
  public static void main(String args[]){  //在 main()方法中声明变量
    byte b = 0x3a;                         //为变量 b 赋初始值
    short s = 55;                          //为变量 s 赋初始值
    int i = 100;                           //为变量 i 赋初始值
    long l = 1234567890L;                  //为变量 l 赋初始值
  }
}
```

2. 浮点型变量

在基本数据类型中,浮点型变量的类型有 float 和 double 两种。

【示例 1-9】 定义浮点型变量并为其赋予初始值。

```
public class DataTypesSimple{
  float f;                        //声明变量 f 为 float 类型的变量
  float f1 = 1.0f;                //声明变量 f1 为 float 类型的变量,并赋予初始值
  double d;                       //声明变量 d 为 double 类型的变量
  double d1 = 0.7E - 3d;          //声明变量 d1 为 double 类型的变量,并赋予初始值
}
```

3. 布尔型变量

在基本数据类型中,布尔型变量的类型为 boolean,布尔型变量只有两个取值:ture 和 false。true 和 false 关键字只能赋给布尔类型的变量。

【示例 1-10】 定义布尔型变量并为其赋予初始值。

```
public class DataTypesSimple{
  boolean b1;                    //声明变量 b1 为 boolean 类型的变量
  boolean b2 = false;            //声明变量 b2 为 boolean 类型的变量,并赋予初始值
}
```

4. 字符型变量

在基本数据类型中,字符型变量的类型为 char,其声明的变量为双字节变量,赋值范围为 0～65535,char 类型的变量可以使用字符数值为其赋值,也可以使用 0～65535 的整数数值为其赋值,即字符型变量还可以当作双字节无符号整数变量使用。

【示例 1-11】 定义字符型变量并为其赋予初始值。

```
public class DataTypesSimple{
  char c1;                    //声明变量 c1 为 char 类型的变量
  char c2 = 'a';              //声明变量 c2 为 char 类型的变量,并赋予初始值 a 字符
  char c3 = 123;              //声明变量 c3 为 char 类型的变量,并赋予初始值 123 整数
}
```

5. 基本数据类型变量的默认值

在 Java 语言体系中,当声明一个变量为基本数据类型,但没有给变量赋予初始值时,Java 系统会为变量赋予默认的初始值。表 1-3 是每种变量默认的初始值。

表 1-3 变量默认的初始值

基本数据类型	默认初始值
boolean	false
char	'\u0000'(null)
byte	(byte)0
short	(short)0
int	0
long	0L
float	0.0f
double	0.0d

6. 基本数据类型变量的应用

【示例 1-12】 应用基本数据类型声明变量,并为变量赋予初始值,然后,通过计算机屏幕显示出变量的数值。

```
public class DataTypesSimple{
  public static void main( String args[] ){
    byte b = 0x3a;                    //声明变量,并为变量赋予初始值
    short s = 0x55aa;
    int i = 100000;
    long l = 0xffffL;
```

```
        char c = 'a';
        float f = 0.23F;
        double d = 0.7E-3;
        boolean bool = true;
        System.out.println("b = " + b);         //输出显示变量数值：b = 0x3a
        System.out.println("s = " + s);
        System.out.println("i = " + i);
        System.out.println("l = " + l);
        System.out.println("c = " + c);
        System.out.println("f = " + f);
        System.out.println("d = " + d);
        System.out.println("bool = " + bool);
    }
}
```

1.4.3 变量的数据类型转换

Java 支持两种不同类型的变量内数据之间的类型转换，即一个类型的数据可以转换成另一种类型，但条件是两种类型是兼容的，例如整型、浮点型、字符型声明的变量之间是兼容的，但它们与布尔型变量是不兼容的。类型转换有两种方式：一种是自动类型转换；另一种是强制类型转换。

1. 自动类型转换

自动类型转换发生在基本数据类型变量之间的赋值、混合运算等操作中，例如，整型、浮点型、字符型等变量之间的混合运算。在运算中，不同类型的数据需要先转化为同一类型，然后再进行运算，类型的转换是自动的。自动类型转换的原则是从在计算机中占内存位(bit)数少的类型向占位数多的类型方向进行转换，其各种基本数据类型自动转换的规则为：

(byte) operator short → short
(byte 或 short 或 char) operator int → int
(byte 或 short 或 char 或 int) operator long → long
(byte 或 short 或 char 或 int 或 long) operator float → float
(byte 或 short 或 char 或 int 或 long 或 float) operator double → double

其中，箭头(→)左边表示参与运算的几个基本数据类型，operator 为运算符(如加、减、乘、除等于等)，右边表示转换后进行运算的基本数据类型，例如，一个 int 类型的变量与一个 long 类型的变量做相加运算，首先将 int 类型变量内的数据转换为 long 类型的数据，然后再做加运算；char 变量与 int 变量做运算时，先将 char 类型变量内的数据转换为 int 类型的数据，然后再做运算。

2. 强制类型转换

强制类型转换与自动类型转换的转换方向是相反的，即强制类型转换是指从在计算机中占内存位(bit)数多的类型向占位数少的类型方向进行转换。例如，由 int 类型变量的数

据转换成 byte 类型的数据。强制类型转换需要使用 Java 语言体系提供的转换语句,其转换的语法格式为:

```
(type) variableName;                        //将变量数据强制转换到另一种类型
类型      变量名
```

【示例 1-13】 在基本数据类型变量之间进行数据类型转换的程序。

```java
public class DataTypeConversion {
  public static void main(String args[]) {
    byte b = 10;
    char c = 'a';
    int i = 100;
    long l = 888L;
    float f = 0.5f;
    double d = 1.234;
    float x = b;           //变量 b 内的数据自动转换为 float 类型的数据后赋给变量 x
    int y = c + i;         //变量 c 内的数据自动转换为 int 类型的数据后与 i 变量中的数相加
    double z = x + y;      //变量 x 和 y 内的数据自动转换为 double 类型的数据后相加
    b = (byte) i;          //将变量 i 中的数据强制转换为 byte 类型的数据后赋给变量 b
    i = (int) d;           //将变量 d 中的数据强制转换为 int 类型的数据后赋给变量 i
    b = (byte) d;          //将变量 d 中的数据强制转换为 byte 类型的数据后赋给变量 b
  }
}
```

强制类型转换因数据所占计算机内存位数的减少,因此可能会造成高位数据的丢失,另外,在 Java 语言体系中,boolean 类型的变量数据是不能强制转换为其他基本数据类型的,boolean 类型变量的当前值只能转换为一个字符串,例如,true 或 false 字符串。

在 Java 编程中,一般是限制使用强制转换运算符的,防止出现数据丢失等隐形错误。强制转换可以用在除 boolean 类型外的基本数据类型之间,以及有继承关系的复合数据类型之间,不能用在不相关的复合数据类型之间,以及基本数据类型和复合数据类型之间。

1.4.4 常量

在 Java 语言体系中,常量定义是"不变的变量",或是"具有最终值的变量"。当用 Java 关键字 final(最终的)修饰声明的变量,同时又为变量赋予确切的数值时,该变量即被声明为常量。另外,常量的标识符一般由大写字母组合而成。

【示例 1-14】 声明常量的 Java 源程序代码。

```java
public class DataTypesSimple{
  final byte B = 0x3a;           //声明常量 B,其值为 0x3a
  final short S = 0x55aa;        //声明常量 S,其值为 0x55aa
  final int I = 100000;          //声明常量 I,其值为 100000
  final long L = 0xffffL;        //声明常量 L,其值为 0xffff
  final char C = 'a';            //声明常量 C,其值为 a
```

```
    final float F = 0.23F;              //声明常量 F,其值为 0.23F
    final double D = 0.7E-3;            //声明常量 D,其值为 0.7E-3
    final boolean BOOL = true;          //声明常量 BOOL,其值为 true
}
```

1.5 Java 运算符和表达式

Java 的运算符(operator)是用来指明对操作数所进行的运算。Java 的表达式是由标识符、数据和运算符等组合所构成的,主要实现算术、逻辑等运算功能。

1.5.1 Java 运算符

Java 运算符可分为如下 6 大类:
(1) 算术运算符:＋、－、*、/、％、++、－－。
(2) 逻辑(布尔)运算符:!、&&、||。
(3) 关系(比较)运算符:>、<、>=、<=、==、!=。
(4) 位(按位操作)运算符:&、|、^、~、>>、<<、>>>。
(5) 赋值、扩展赋值、条件赋值运算符:=、+=、*=、&=、％=、…、?:。
(6) 其他运算符:.、[ ]、()、,、new、instanceof。

1. 运算符的功能

表 1-4 是在 Java 语言体系中使用的运算符及其运算符实现的功能。

表 1-4 Java 运算符及其功能

运算符	功能	示例
＋	加	z=x+y
－	减	z=x-y
*	乘	z=x*y
/	除	z=x/y
％	取模	z=x％y
++	加 1	i++
－－	减 1	--i
!	逻辑非	If(!(i>1)&&(i<9))
&&	逻辑与	if((i>1)&&(i<10))
||	逻辑或	if((i==1)||(i==9))
>	大于	if(i>0)
<	小于	if(i<0)
>=	大于等于	if(i>=0)
<=	小于等于	if(i<=0)
==	恒等于	if(i==0)

续表

运算符	功能	示例
!=	不等于	if(i!=0)
&	按位与	x=y&128
|	按位或	x=y|64
^	按位异或	x=y^32
~	按位取反	x=~y
>>	右移(带符号)	j>>3
<<	左移(带符号)	i<<2
>>>	添零右移(无符号右移)	j>>>3
=	赋值	x=y
+=、-=、*=、/=、%=	算术运算操作赋值	x+=y;
&=、|=、^=	位运算操作赋值	x&=y;
?:	条件赋值	k=(i<1)? 1:i
.	分量符	f.close()
[ ]	下标符	a[ ]
( )	强制类型转换	b=(int)a
,	分隔符	int a,b
new	创建对象	int[ ]c=new int[10];
instanceof	对象操作	if(A instanceof B)

2. 运算符优先级别

表 1-5 是运算符在表达式中参与运算时的先后顺序,即运算的优先级别,优先级别从高到低(表 1-5 从 1 到 15,同一行内优先级别相同),在表达式中运算符参与运算时先做高级别操作,后做低级别操作。当使用运算符在表达式中参与运算,并且不能确定优先级别时,则可以使用括号"()",先做括号内操作,后做括号外操作,强制运算的优先级别。

表 1-5 运算符参与运算的优先级别

优先级别	运算符
1	. [ ] ( )
2	++ -- ! ~ instanceof
3	* / %
4	+ -
5	<< >> >>>
6	< > <= >=
7	== !=
8	&
9	^
10	|
11	&&

续表

优先级别	运算符
12	||
13	?:
14	= op=（+=、-=、*=、/=、%=、&=、|=、^=）
15	,

1.5.2 Java 表达式

计算机最重要的功能就是运算，运算是通过表达式实现的。Java 程序最基础的表达式是由 Java 运算符和与运算符相匹配的操作数组成的，根据操作数的个数，其表达式可分为单操作数运算（单目运算）、双操作数运算（双目运算）、三操作数运算（三目运算）表达式，对运算符而言，一些可以应用于单操作数运算的运算符叫单目运算符，例如"++""——"；一些可以应用于双操作数运算的运算符叫双目运算符，例如"+"">"；一些可以应用于三操作数运算的运算符叫三目运算符，例如"?:"。

单目运算符有：++、——等，单目运算表达式的语法格式为：

```
operator    variableName 或  variableName operator
前置运算符    变量名           变量名        后置运算符
```

【示例 1-15】 单目运算符 Java 源程序代码。

```java
public class Sample{
  void SampleMethod(){
    int i = 0;
    i++;                                //单目运算表达式：i 变量的内容加 1
  }
}
```

双目运算符有：+、-、*、/、%、!、&&、\|\|、>、<、>=、<=、==、!=、&、\|、^、~、>>、<<、>>>、=、+=、-=、*=、/=、%=、&=、\|=、^=等。双目运算表达式的语法格式为：

```
variableName1 operator variableName2[expression, operator_number]
  变量名 1       运算符    变量名 2      [或表达式,操作数等]
```

【示例 1-16】 双目运算符 Java 源程序代码。

```java
public class Sample{
  void SampleMethod(){
    int i,j,k = 0;
    i = 10;               //双目运算表达式：变量被赋予整数值 10
    j = k;                //双目运算表达式：变量 j 等于变量 k 的内容
    k = i + j;            //双目运算表达式：变量 k 等于变量 i 的内容 + 变量 j 的内容
  }
}
```

三目运算符只有"?:",表达式的语法格式为:

```
variableName = (condition)? expression1: expression2
  变量名          条件         表达式1       表达式2
```

说明:当条件成立(condition==true)时,变量 variableName 内容等于表达式 expression1 的值;当条件不成立(condition==false)时,变量 variableName 内容等于表达式 expression2 的值。"?:"语法格式等同于下面的 if-else 语句:

```
if( condition )
    variableName = expression1;        //条件为真时,变量被赋 expression1 值
else
    variableName = expression2;        //条件为假时,变量被赋 expression2 值
```

【示例 1-17】 三目运算符 Java 源程序代码。

```
public class Sample {
    void SampleMethod(){
      int i,j,k = 0;
      i = 10;
      j = k;
      k = (i>j) ? i + j : j++;        //三目运算表达式:条件是变量 i 与 j 大小的比较
    }                                  //表达式1为: i + j; 表达式2为: j++
}
```

在表达式中,任何一个变量或表达式都有一个确切的类型,类型决定变量可能的取值范围及对变量允许的操作,与变量类型不匹配的操作可能会导致程序出错,变量类型可以是整型、浮点型、布尔型、字符型以及字符串型等的任意一种数据类型。

1.5.3 表达式中运算符的使用规则

在 Java 体系的表达式中使用的运算符都有其使用原则,在编写表达式之前需要确认使用运算符的正确性。

1. 算术运算符

算术运算符作用于整型或浮点型数据,完成算术运算,联合使用双目运算符可以构成一个算术表达式。

在整数运算时,如果操作数是 long 类型,则运算结果是 long 类型,否则为 int 类型,如果结果超过该类型的取值范围,则按该类型的最大值取模。

在浮点运算时,常规运算符都可以使用,单精度操作数的浮点表达式按单精度运算求值,产生结果为单精度,如果浮点表达式中含有一个或一个以上的双精度操作数,则按照双精度规则运算,其结果是双精度浮点数。在浮点表达式运算中,由于需要将浮点数转换为二进制数后方可运算,受转换精度的限制,在转换过程中就产生误差了,因此浮点运算结果很少是精确的。另外,有些非常规运算对于浮点数而言是给出结果的,并非产生异常,例如,算

术溢出、给负数开平方根、被 0 除等。

【示例 1-18】 下面的 Java 程序并不产生错误,其结果为 d1 等于 Infinity(无穷大),d2 等于 0.0,d3 等于 NaN。

```java
public class Sample {
    public static void main(String[] args) {
        double d1, d2, d3;
        double d = 0.7E - 3;
        d1 = d / 0;                          //一个正常的正浮点数除以 0
        d2 = d / d1;                         //一个正常的正浮点数除以无穷大
        d3 = 0 / 0.0;                        //0 除以 0.0
        System.out.println("d = " + d );
        System.out.println("d1 = " + d1 );
        System.out.println("d2 = " + d2 );
        System.out.println("d3 = " + d3 );
    }
}
```

当一个正浮点数除以 0 时所得结果为 Infinity,当一个负浮点数除以 0 时所得结果为 −Infinity,而不是出现错误异常指示,用一个非零数去除以无穷大的数其结果等于 0.0。

2. 逻辑运算符

逻辑运算符用于进行布尔逻辑运算,布尔变量或布尔表达式组合运算可以产生新的布尔(boolean)值。

【示例 1-19】 表现布尔逻辑运算操作的程序。

```java
public class Sample {
    public static void main(String[] args) {
        boolean bool1, bool2, bool3;
        boolean bool = true;
        bool1 = !bool;                       //"非"运算表达式
        bool2 = bool && bool1;               //"与"运算表达式
        bool3 = bool1 || bool2;              //"或"运算表达式
        System.out.println("bool = " + bool );
        System.out.println("bool1 = " + bool1 );
        System.out.println("bool2 = " + bool2 );
        System.out.println("bool3 = " + bool3 );
    }
}
```

3. 关系运算符

关系运算符用于比较两个值,返回布尔类型值 true 或 false。关系运算符都是双目运算符,在 Java 程序中,任何具有相同数据类型的数据都可以比较,例如大于、小于、等于、不等于等。关系运算符常与逻辑运算符组合使用,用作流控制语句的判断条件。

另外,当关系运算符对具有特殊值的浮点变量进行比较运算时,会产生不正确的结果。

【示例 1-20】 表现浮点数的特殊值与正常值等比较的程序。

```java
public class Sample {
  public static void main(String[] args) {
    boolean bool1,bool2,bool3,bool4;
    double d = 0/0.0;                           //0 除以 0.0,结果为 NaN
    bool1 = d > 1.1;                            //NaN 和浮点数进行比较
    bool2 = d < 1.1;
    bool3 = d == d;                             //NaN 和 NaN 进行比较
    bool4 = d != d;
    System.out.println("bool1 = " + bool1 );    //结果 bool1 = false
    System.out.println("bool2 = " + bool2 );    //结果 bool2 = false
    System.out.println("bool3 = " + bool3 );    //结果 bool3 = false
    System.out.println("bool4 = " + bool4 );    //结果 bool4 = true
  }
}
```

由于在浮点数中 NaN 是一个无序数,因此也就无法比较大小、赋值等。另外,由于浮点数转换为二进制数时存在误差,因此,微小的两个浮点数的比较可能产生错误的结果。

4．位运算符

位运算符是针对二进制数个位进行操作的,在 Java 中位运算符的操作数只能为整型和字符型数据,位运算符是双目运算符。

【示例 1-21】 位运算操作的程序。

```java
public class Sample {
  public static void main(String[] args) {
    int x = 5;
    int y = 7;
    int z = 0;
    z = ~x;                                     //按位"取反"运算表达式
    System.out.println("~x = " + z );
    z = x & y;                                  //按位"与"运算表达式
    System.out.println("x&y = " + z );
    z = x | y;                                  //按位"或"运算表达式
    System.out.println("x|y = " + z );
    z = x ^ y;                                  //按位"异或"运算表达式
    System.out.println("x^y = " + z );
  }
}
```

5．赋值运算符

赋值运算符主要用于为变量赋值的运算符,Java 支持算术运算符和位运算符与赋值操作符的联合使用,并且支持条件赋值运算符"?:",规则是先运算后赋值。

【示例 1-22】 运算符和赋值符联合使用的程序。

```java
public class Sample {
  public static void main(String[] args) {
```

```
        int x = 5;                        //赋值操作
        int y = 0;
        y += x;                           //赋值与算术运算符联合使用
        y -= x;
        y *= x;
        y /= x;
        y %= x;
        y &= x;                           //赋值与位运算符联合使用
        y |= x;
        y ^= x;
    }
}
```

1.6 Java 程序流控制语句

Java 程序流控制语句是用来控制程序走向的，程序流控制语句是在 Java 程序中通过该语句执行一段程序流，程序流可以是由单一语句（例如表达式等）或是由复合语句组成的，每条完整语句的结束是以分号为标志的。

Java 程序流控制主要分为两部分，分支（选择）和循环控制语句。语句使用的关键字有：分支结构控制关键字(if-else、switch-case)，循环结构控制关键字(for、while、do-while)，以及控制分支和循环程序流执行方向的辅助关键字(break、return、continue)等。

1.6.1 分支结构语句

分支结构程序设计提供了一种控制机制，使得程序的执行可以跳过一些语句不执行，而转去执行另一些语句。"分支"由条件控制，"条件"由逻辑或关系表达式组成，逻辑或关系表达式运算的结果 true 和 false 决定程序执行的方向。

1. if-else 分支结构

if-else 语句使用的语法格式为

```
if(boolean-expression){         //根据条件表达式 boolean-expression 的结果决定执行的语句
    statements1;                //boolean-expression == true,执行 statements1 程序
}
[else {                         //否则语句,else 语句是可选项
    statements2;                //boolean-expression == false,执行 statements2 程序
}]
```

if-else 语句的功能是根据判定条件真假执行两种操作中的一种。逻辑表达式 boolean-expression 是任意一个返回布尔型数据的表达式，如果逻辑表达式值为 true，则程序执行 statements1 语句，否则执行 statements2 语句。语句 statements1，statements2 可为单一语句，也可为复合语句，复合语句需要用"{ }"括起来，"{ }"外面不加分号。else 子句是可选语句，else 子句不能单独作为语句使用，需要与 if 配对使用，else 总是与离它最近的 if 配对，可

以通过使用"{}"改变 if-else 的配对关系。

使用 if-else 语句的原则是：尽可能在 if 的逻辑表达式内使其出现"为真"的概率大，可以人为判断事件发生的概率，这样做是避免执行 else 以及 else 内嵌套的 if-else 语句，提高程序执行效率。另外，在 if 逻辑表达式内应尽可能避免使用否定表达式。

【示例 1-23】 比较两个数大小，并显示输出数据大的数。

```java
public class Sample {
  public static void main(String[] args) {
    int x = 123;
    int y = 456;
    if( y > x ){                                    //比较两个变量 x 和 y
      System.out.println(" 两数之大数为: " + y); //y 大于 x 时
    }
    else{
      System.out.println(" 两数之大数为: " + x); //x 大于等于 y 时
    }
  }
}
```

2. switch-case 分支结构

switch-case(多分支或开关)语句使用的语法格式为：

```
switch(expression){
  case expression_Value1:                           //常量
    one or more statements1;                       //一条语句或多条语句
    break;
  [case expression_ValueN:
    one or more statementN;
    break; ]
  [default:
    one or more defaultStatement; ]
}                                                   //switch 语句结束,终止作用域
```

switch-case 语句的功能是根据表达式 expression 的值迅速执行程序的不同部分，switch 语句的作用域是该语句后的大括号{}，在大括号中的语句都与 switch 有关，它们属于 switch 语句。switch 语句根据表达式 expression 的值确定执行多个操作中的一个，表达式 expression 的值可以是任意一个基本数据类型的数值，switch 语句把表达式运算的数值与每一个 case 子句中的数值相比较。如果匹配成功，即表达式所得结果等于 case 子句中的数值，则执行该 case 子句后面的语句序列。

case 子句中的数值 expression_ValueN 是一个常量，而且所有 case 子句中的常量数值都是不相同的；default 子句是任选项，当表达式的数值与任何一个 case 子句中的数值都不匹配时，程序执行 default 后面的语句，如果表达式的数值与任何一个 case 子句中的数值都不匹配并且没有 default 子句，程序不进行任何操作，而是直接跳出 switch 语句的作用域。

case 子句只起到一个标号作用,用来查找匹配的入口点,从此处开始执行程序,对后面的 case 子句不再进行匹配,而是直接执行 case 后的语句序列,因此应在每个 case 分支后用 break 语句终止后面 case 分支语句的执行。在一些特殊情况下,多个不同的 case 数值要执行一组相同的操作,这时可以不用 break 语句。case 分支中包括多个执行语句时,可以不用大括号{}括起来。

break 语句用来在执行完一个 case 分支后,使程序跳出 switch 语句的作用域,即终止 switch 语句执行。

【示例 1-24】 根据整数变量 i 的内容决定执行哪段程序段。

```
public class Sample {
  public static void main(String[] args) {
    for (int i = 0; i < 6; i++)              //for 循环语句
      switch(i) {                            //表达式为字符变量名 i
        case 0:                              //当 i = 0 时
          System.out.println("i is zero.");
          break;                             //跳出 switch 语句的作用域
        case 1:                              //当 i = 1 时
          System.out.println("i is one.");
          break;
        case 2:                              //当 i = 2 时
          System.out.println("i is two.");
          break;
        case 3:                              //当 i = 3 时
          System.out.println("i is three.");
          break;
        default:                             //当 i > 3 时
          System.out.println("i is grater than 3.");
      }
  }
}
```

上述程序中整数变量 i 内容为 0 时,与 case 0:语句的常量 0 相匹配,因此执行 System.out.println("i is zero.")语句,每条 case 语句后的 break 语句的功能是跳出 switch 语句的作用域。

另外,switch 语句的功能可以用简单的 if-else 来实现,但在某些情况下,使用 switch 语句更为简练,可读性强,而且提高了程序执行的效率。

1.6.2 循环结构语句

Java 语言提供的循环语句有 for、while 和 do-while 语句,循环语句的作用是反复执行一段代码,直到满足终止循环的条件为止。一个循环一般应包括 4 部分内容:初始化部分(initialization),用来设置循环的一些初始条件,例如计数器初始值设置为 0 等;循环体部分(body),反复循环执行的一段代码,可以是单一语句,也可以是复合语句;迭代部分(iteration),在当前循环结束、下一次循环开始时执行的语句,该语句常用来使计数器完成加 1 或减 1 的操作等；终止部分（boolean_termination），通常是一个布尔表达式，每次循环时要对该表达式求值，以验证是否满足循环终止条件。

1. For 循环结构

for 语句使用的语法格式为：

```
for( initialization; boolean_termination; iteration ) {
    //初始值         终止条件            迭代部分
  body;            //循环体语句
}
```

for 语句的功能是执行循环体语句 N 次，N 由表达式 initialization（初始值）和 boolean_termination（终止条件）和 iteration（迭代部分）的数值决定。for 语句通常用在循环次数确定的情况下，也可根据循环结束条件执行循环次数不确定的情况。

for 语句的执行过程为：首先执行初始化操作，然后判断终止条件是否满足，如果满足循环条件，则执行循环体中语句，最后执行迭代部分；每完成一次循环，重新判断终止条件，如果满足终止条件，则退出 for 循环语句。

for 语句的作用域是该语句后的"{}"，在大括号中的语句都是循环体语句，如果 for 语句后没有"{}"，for 语句的循环体最多只能有一条语句，在 for 语句初始化部分中可以声明变量，但该变量的作用域（操作该变量）只是在整个 for 语句确定的作用域中。

【示例 1-25】 使用标准 for 语句的应用程序。

```
public class Sample {
  public static void main(String[] args) {
    for(int i = 0; i <= 10; i++){           //for 循环语句,i 递增循环
      System.out.println("i = " + i);       //循环体语句
    }
  }
}
```

在上例中，初始化部分为声明一个变量 i，并为 i 赋予初始值 0，含义是该循环从 i 等于 0 开始，循环的终止条件是 i 小于等于 10，它是一个逻辑表达式，其值为 true 时执行循环体内的语句，否则退出循环，迭代部分的表达式为变量 i 加 1，每循环一次，该部分被执行一次，for 语句的循环体内容为 System.out.println("i="+i)。

另外，在 for 语句中，初始化、终止及迭代部分都可为空语句，但分号不能省略，三者均为空时，相当于一个无限循环。下面是无限循环 for 语句代码：

```
for(;;)    或   for(;true;)                 //无限循环 for 语句
```

for 循环语句是可以嵌套使用的。

【示例 1-26】 嵌套使用的 for 语句的 Java 程序。

```
public class Sample {
  public static void main(String[] args) {
```

```
    for(int i = 0; i <= 2; i++){              //外层循环,i 递增 1
      System.out.println("i = " + i);         //外循环体语句
      for(int j = 0; j <= 10; j += 2)         //内层循环,j 递增 2
        System.out.println("j = " + j);       //内循环体语句
    }
  }
}
```

for 语句的初始化部分和迭代部分可以使用逗号语句,逗号的作用是分隔在初始化和迭代部分的表达式语句。有时一个循环可能需要多个变量控制,即循环的终止条件是由多个变量的逻辑表达式组成的,其多个变量的初始化和迭代处理通过逗号就可以编写在一个 for 语句中。

【示例 1-27】 多重循环的 Java 应用程序。

```
public class Sample {
  public static void main(String[] args) {
    int i,j;
    for( i = 0,j = 10;i < j;i++,j -= 2 ){       //i 递增 1,j 递减 2 的 for 循环
      System.out.print("i = " + i + " 和 ");    //循环体语句
      System.out.println("j = " + j );
    }
  }
}
```

上述程序是通过两个变量控制 for 循环的,当 i 小于 j 时循环,其输出结果为：

i = 0 和 j = 10
i = 1 和 j = 8
i = 2 和 j = 6
i = 3 和 j = 4

2．while 循环结构

while 语句使用的语法格式为：

```
[initialization]                              //初始值
while( boolean_termination ) {                //终止条件
  body;                                       //循环体语句
  [iteration; ]                               //迭代语句
}
```

while 语句的功能是执行循环体语句 N 次,N 由逻辑表达式 boolean_termination(终止条件)的数值决定。

while 语句的执行过程为：首先计算终止条件,当终止条件为 true 时,执行循环体中的语句,否则退出 while 循环语句。while 语句的作用域是该语句后的大括号{},在大括号中的语句都是循环体语句。当最初终止条件为 false 时,while 循环体中的语句将不被执行。

while 语句的初始化部分和迭代部分是任选项,初始化部分在 while 语句作用域外,迭

代部分在 while 循环体内。

【示例 1-28】 使用标准 while 语句的 Java 应用程序。

```
public class Sample {                          //实现示例 1－27 功能
  public static void main(String[] args) {
    int i = 0, j = 10;                         //初始化部分
    while( i<j ){                              //while 循环语句
      System.out.print("i = " + i + " 和 ");   //循环体语句
      System.out.println("j = " + j);
      i++; j -= 2;                             //迭代部分
    }
  }
}
```

另外,在 while 语句也可以实现无限循环。下面是无限循环 while 语句代码:

```
while( true )                                  //while 无限循环
```

3. do-while 循环结构

do-while 语句使用的语法格式为:

```
[initialization]                               //初始值
do {
  body;                                        //循环体语句
  [iteration; ]                                //迭代语句
} while( boolean_termination );                //终止条件
```

do-while 语句的功能是执行循环体语句 N 次,N 由逻辑表达式 boolean_termination (终止条件)的数值决定。

do-while 语句的执行过程为:首先执行循环体内的语句,然后计算终止条件,当条件为 true 时,继续执行循环体中的语句,否则退出 do-while 循环语句。do-while 语句的作用域是 do 语句后的大括号{},在大括号中的语句都是循环体语句,do-while 循环体中的语句至少被执行一次。

do-while 语句的初始化部分和迭代部分是任选项,初始化部分在 do-while 语句作用域外,迭代部分在 do-while 循环体内。当终止条件为 true 永不改变时,do-while 为无限循环语句。

【示例 1-29】 使用标准 do-while 语句的 Java 应用程序。

```
public class Sample {
  public static void main(String[] args) {
    int i = 0, j = 10;                         //初始化部分
    do{                                        //do－while 循环
      System.out.print("i = " + i + " 和 ");   //循环体语句
      System.out.println("j = " + j);
      i++; j -= 2;                             //迭代部分
```

```
        }while(i<j);                              //终止条件
    }
}
```

1.6.3 辅助流控制语句

Java 语言提供了一些辅助控制分支和循环程序流执行方向的语句，例如，break、continue、return 等语句，break 语句可以从 switch-case 分支结构中跳出，以及从循环体中跳出；continue 语句可以跳过（不执行）循环体中的一些语句，或者退出循环体；return 语句是方法体的返回语句，主要应用于方法体中，但也可以辅助控制分支或循环程序流的执行，即可以中断分支或循环体。

1. break 语句

break 语句使用的语法格式为：

```
break [BlockLabel];                              //BlockLabel 为标号
…;
BlockLabel:                                      //BlockLabel 标号指出的程序代码段
    codeBlock                                    //程序代码
```

break 语句的功能是停止执行一些语句而转向执行另一些语句，break 语句主要用于跳出 switch 语句或循环语句的作用域，即不再执行 switch 语句或循环体中的语句，break 关键字后可跟标号，由于循环体可以嵌套，即实现多重循环，因此，标号用于指示跳出哪个循环体，如果跳出当前循环体则不需要标号。

在 switch 语句中，break 语句用来终止 switch 语句的执行，即不再执行 switch 语句作用域内的任何语句，使程序从 switch 语句后的第一条语句开始执行。

在循环语句中，break 语句用来跳出当前或多重循环体，即不再执行循环体内的语句。

【示例 1-30】 使用 break 语句跳出当前循环体的 Java 程序。

```
public class Sample {
  public static void main(String[] args) {
    for(;;) {                                    //无限循环
      System.out.println("正在循环体内执行");
      break;                                     //跳出 for 循环体
    }
  }
}
```

【示例 1-31】 使用带标号的 break 语句跳出嵌套循环体的 Java 程序。

```
public class Sample {
  public static void main(String[] args) {
    loop :                                       //loop 标号用于标记外循环体语句
    for(;;){                                     //无限循环
      System.out.println("外循环体");
```

```
      for(;;) {                             //无限循环
        System.out.println("内循环体");
        break loop;                         //跳出 loop 标号所标记的外循环体
      }
    }
  }
}
```

2. continue 语句

continue(继续)语句使用的语法格式为:

```
continue;
continue Lable;
```

continue 语句是使用在循环语句中的,其功能是结束本次循环,跳过循环体中一些未执行的语句,接着进行终止条件的判断,以决定是否继续循环,或者跳到 Lable 标号处继续执行一些语句。对于 for 语句,在进行终止条件判断之前,还要先执行迭代语句,用 continue Lable 语句可以跳转到"{}"指明的外层循环中,Lable 是一个程序语句的标号。

【示例 1-32】 使用 continue 语句的 Java 应用程序。

```
public class Sample {
  public static void main(String[] args) {
    int j;
    j = Loop(130);
    System.out.println("j = " + j);
  }
  public static int Loop(int k) {            //方法 Loop
    int n = 0;
    ExitLoop:                                //continue 语句使用的标号
    for(int i = 0;i < k ; i++){
      if(i = 10)                             //如果 i 小于等于 10
        continue;                            //继续 for 循环,不执行循环体中 continue 以下的语句
      if(i >= 50)
        continue ExitLoop;                   //跳出循环体,执行 return n 语句
    n++;
    }
    return n;                                //方法返回
  }
}
```

3. return 语句

return(返回语句)语句使用的语法格式为:

```
return [expression];
```

return 语句的功能是从当前方法中退出,返回到调用该方法的语句处,继续程序的执

行，表达式 expression 是 return 语句指示的返回值，当方法声明使用 void 返回类型，即为空（没有返回值）时，return 语句没有返回值，即不返回任何值，void 类型的方法也可以省略 return 语句。当调用方法需要返回值时，表达式 expression 的数值返回给调用该方法的语句。返回值的数据类型需要与方法声明中的返回值类型一致，也可以使用强制类型转换使类型一致。

return 语句通常用在一个方法体的最后，以退出该方法并返回一个值。在 Java 程序中，单独的 return 语句用在一个方法体的中间时，会产生编译警告错误，因为这时可能会有一些语句执行不到，但是可以通过把 return 语句嵌入某些语句（例如 if-else）中使程序在未执行完方法中的所有语句时退出方法。

【示例 1-33】 return 作为方法返回语句的 Java 应用程序。

```java
public class Sample {
    public static void main(String[] args) {      //main 方法无返回值
        int z;
        z = Add_XY(10,30);                         //调用 Add_XY 方法
        System.out.println("z = " + z);
    }
    public static int Add_XY(int x, int y) {       //返回值为 int 类型
        return x + y;                              //返回表达式 x + y
    }
}
```

【示例 1-34】 return 作为中断循环体语句的 Java 应用程序。

```java
public class Sample {
    public static void main(String[] args) {
        int j;
        j = Loop(130);
        System.out.println("j = " + j);
    }
    public static int Loop(int k) {
        int n = 0;
        for(int i = 0;i < k ; i++){                //循环体 for
            n++;
            if(i >= 50)                            //当 i 大于等于 50 时
                return n;                          //中断 for 循环，返回调用处
        }
        return k;                                  //正常返回调用处
    }
}
```

1.6.4 流控制语句应用示例

下面给出几个流控制语句的应用示例。

【示例 1-35】 do、for、if 语句混合使用的 Java 应用程序。

```java
public class DoForifSample {
  public static void main(String[] args){
    int i = 0;
    do{
      loop:
      for(i = 0; i < 10; i++){
        if(i == 2){
          System.out.println("i = 2");
          continue;
        }
        if(i == 3){
          System.out.println("i = 3");
          return;
        }
        else{
          System.out.println("i = 4");
          continue loop;
        }
      }
    }while(i < 10);
  }
}
```

【示例 1-36】 计算 1/1＋1/2＋1/3＋…＋1/100 值的 Java 应用程序。

```java
public class Sum {
  public static void main(String[] args){
    double sum = 0.0;
    for( int i = 1; i <= 100; i ++)
      sum += 1.0/(double) i;
    System.out.println( "sum = " + sum );
  }
}
```

【示例 1-37】 计算 n!（整数阶乘）值的 Java 应用程序。

```java
public class Fact {
  public static void main(String[] args){
    int sum = 1, n = 5;
    for ( int i = 1; i <= n; i ++)
      sum *= i;
    System.out.println( "sum = " + sum );
  }
}
```

【示例 1-38】 判断某年是否为闰年的 Java 应用程序。

```java
public class LeapYear {
  public static void main(String[] args){
    int year = 2008;
    if( (year % 4 == 0 && year % 100!= 0) || (year % 400 == 0) )
      System.out.println(year + " is a leap year.");
    else
      System.out.println(year + " is not a leap year.");
  }
}
```

1.7 小结

（1）J2SDK 是 Java 语言程序开发和运行之根本。
（2）Java 系统支持的运行代码为 8bit，Java 语言只有小于 256 个关键字与运算符。
（3）Java 语言只有 8 种基本数据类型，其他为复合数据类型。
（4）Java 语句主要由表达式和流控制语句组成。

1.8 习题

（1）为什么 Java 语言程序可以跨平台运行？Java 虚拟机的作用是什么？
（2）阐述 Java 语言字节代码和 Java 语言源程序代码的区别。
（3）Java 语言的源程序代码由哪几部分组成？
（4）判断下列类型转换是否合法。

① int a;
　char b;
　char c=a-b;

② boolean a;
　int b=(int)a;

③ long a;
　char b=(char)a;

④ byte a;
　float b=(float)a;

（5）通过 J2SDK 编译和运行本章示例 1-35～示例 1-38 的程序，分析各示例的输出结果。

第 2 章 Java 面向对象编程

本章介绍面向对象程序设计方法、Java 类和 Java 对象、对象和对象中方法的使用等相关知识，包括其语法规则和语句的使用，以及主要修饰类、方法使用的关键字。

2.1 面向对象程序设计

在整个世界中，所有的事物和发生的事件都可以抽象为"对象"，因此世界是由对象组成的。每一个对象都具有其自身的属性、特征和行为方式，区别在于属性和特征的不同，以及一些对象的行为较另一些对象更为活跃而已，所以可以将不同的对象划分成各种"类"描述。类是由其属性和行为方式构成的，因此，对于编程人员而言，类中定义的数据则是对象的属性(特征或特性)，而方法(函数)或过程则是描述对象的行为。

面向对象程序设计(OOP)是把一个对象的特征及其行为封装到单独的源代码中，于是特征和行为在物理上(在同一个代码块中)和概念上(在一个对象中)都集中到一个地方，这样比把方法或过程与数据分散开来更为方便和安全，其含义更明确。OOP 的基本成分包括：类、类的继承、对象、方法等。Java 语言面向对象程序设计的核心就是构造类，确定类的属性以及编写类中的操作方法。

2.1.1 面向对象的程序设计方法

对于软件开发人员而言，早期的面向过程的程序设计方法是将整个应用软件系统进行模块的分解和功能的抽象，将一个较复杂的程序系统设计任务分解成许多易于控制和处理的子程序，即根据处理任务确定的各模块数学模型编写处理函数，但是，随着计算机科学的发展和应用领域的扩大，对计算机技术的要求越来越高，面向过程的程序设计语言和结构化分析与设计已无法满足软件系统的设计要求，因为面向过程的程序设计语言不支持代码的重用，缺乏统一的接口规范等。另外，在软件设计和开发过程中，常会遇到软件使用者不断提出各种更改设计及使用要求的问题，使得软件开发人员不得不对软件进行修改，这将导致软件开发进度放慢、开发成本增加，同时还会伴有软件模块结构的合理性、模块间界面的复杂性、修改和扩充程序的灵活性等问题，应用程序规模达到一定程度时，程序员很难控制其复杂性。在应用软件投入使用后,为了排除在设计和开发过程中遗留下来的错误或缺陷、改进软件的性能、增强软件的功能,都需要对软件进行修改,而修改有可能出现旧的错误没有彻底纠正,又产生了新的错误,从而导致软件质量下降及使用寿命缩短等问题。针对以上问题,软件设计人员开始尝试使用面向对象的程序设计方法,根据该方法出现了许多面向对象程序设计语言,例如 Java 语言。

面向对象的程序设计方法是将应用软件的系统结构建立在现实世界中的实体或对象的基础上的,由于软件使用者提出的修改要求大多是功能上的,所面对的对象基本上是不动的,因此软件功能被分散到了各个对象中。对于使用面向对象技术开发出来的软件,软件修改主要集中于封装在软件对象内部的属性和服务上,只要对象界面(接口)不动,整个软件的体系结构是可以不动的,这种修改的局部化保持了软件结构的稳定性,使得在修改过程中引入新错误的可能性最小,同时也减轻了软件修改的工作量和难度。

面向对象的程序设计方法是按照现实世界的特点管理复杂的事物,把它们抽象为对象,通过对它们所具有的属性(状态)和行为的描述,以及使用统一的接口实现整体软件的功能。面向对象程序设计语言是根据面向对象程序设计方法创建的,支持代码的重用,具有统一的接口规范等,简化了应用软件的设计和开发。

2.1.2 Java 面向对象程序设计

如同"面向对象"这个名称中所隐含的,对象是理解面向对象技术的关键,有很多现实世界中的对象,例如动物、植物、电视机、自行车以及数学方程式等。这些现实世界中的对象有两个相同的特征,即状态和行为。例如动物有状态(名字、颜色、种类等)和行为(跑、叫、吃、生长等);自行车有状态(两个轮子、车架、车把等)和行为(行驶、刹车、加速、减慢等)。

面向对象就是使用"软件对象"表示现实世界中的对象,即表示现实世界中对象的抽象概念,软件对象是以现实世界中的对象为模型描述它们的状态和行为的。

软件对象的描述是使用数据常量和变量描述现实对象的状态,对象的行为是通过表达式、流控制结构等实现的数学模型描述的,在 Java 语言体系中被称为"方法(method)",在其他语言中被称为"函数(function)"。例如,人-机交互对话框窗口是一个软件对象,对话框的形状、要求输入的参数等表示对象的状态,在对象中发生的事件,即用户在对话框中输入文字、选择一个选项或者单击鼠标,则表示了发生在该对象上的行为。

从软件编写程序人员的角度看,对于面向对象编程,数据常量或变量是对象的状态(对象所具有的属性、特征或特性),而处理数据的过程或通过数学模型描述对象的方法则是它的行为。

在面向对象编程技术中,把数据及与对象相关的变量和处理数据的操作及方法放在一起则被称为"封装",它是面向对象的程序设计中最重要的一点。封装为软件开发者提供了两个好处:其一是模块化,一个对象的源代码可以独立的编写和维护,同时,对象也可以容易地在系统中传送;其二是信息的隐藏,在一个对象内部可以通过定义数据和方法的属性,例如 public(公共)、private(私有),确定对象中哪些是开放的,哪些是隐藏的,一个对象无法操作另一个对象中隐藏的内容。

Java 语言是一种纯粹的面向对象的程序设计语言,定义 Java 类的规则充分体现了"封装"的特性,面向对象编程技术强调的代码重用则体现在 Java 类的继承性上。除此之外,该语言还具有多态和动态等面向对象编程技术的特性。

对于单一对象而言,对象本身是没有什么大的用处的,它通常是作为包含很多对象的更大的程序或应用程序的一个组件而存在的,通过这些对象的交互作用,可以得到更高级别的功能和更复杂的行为,而 Java 的统一接口规范就起到了对象之间进行交互和沟通的作用,通过它可以指定(调用)每个对象所要做的事情。

2.2　Java 类

在现实世界中,属于同一类的对象很多,例如一辆普通的自行车仅仅只是世界上许许多多各式各样自行车类中的一辆。在面向对象程序设计中,同样会遇到很多共享相同特征的不同的对象,利用这些对象的相同特征可以为它们建立一个蓝图,类似于建造房屋前所需绘制的图纸。对象的软件蓝图则被称为类,类是面向对象编程的灵魂。

2.2.1　Java 类的定义

类(class)是面向对象编程模型的象征,是定义同一类对象的变量和方法的蓝图或原型。而对象是一个具体的事物,一个类定义了对象的一个种类,一个对象则是一个类中的实例。多个对象常常具有一些共同性,于是可以抽象出一类对象的共性,这就是类。

类中定义一类对象共有的变量和方法,把一个类实例化就生成了该类的一个对象,通过类的定义可以实现代码的复用,而不用去描述每一个对象。通过创建类的一个实例创建该类的一个对象,这样就简化了软件的设计。例如,建立一个包含实例变量(在类内声明的变量)的人-机交互对话框窗口类,这个类同时也定义和提供了实例方法的实现,实例变量的值由窗口类的每个实例提供,因此,当创建窗口类以后,需要在使用之前对它进行实例化(初始化)。当计算机系统创建类的实例(一个特定的对象),即为这个类建立它的所有类变量的复制或者建立类型的对象时,系统也就为类定义的实例变量分配了内存,同时实现了调用对象实例方法的一些功能。

类声明语句使用的语法格式为:

```
[modifer] class className [extends SuperClass implements Interface] {
[修饰符]        类名          继承    父类      实现       接口
 private:                              //定义类的私有成员
   <…>                                 //定义变量及方法
 protected:                            //默认定义,定义类的保护成员
   <…>                                 //定义变量及方法
 public:                               //定义类的公用成员
   <…>                                 //定义变量及方法
}                                      //大括号{}内是类的作用域
```

声明一个类是由 Java 关键字 class 实现的，className 是类的名称，class 关键字前可以选择使用类修饰符，用于修饰类的属性，类名后可以选择使用 extends（类继承）和 implements（实现接口）Java 关键字，实现类继承等。

类名为 className 的类用大括号{ }标识它的作用域，在大括号{ }的内容都属于 className 类，类的内容有两部分：数据和操作，即

$$\boxed{类} = \boxed{数据（量）} + \boxed{操作（方法）}$$

数据是在类中定义的常量和变量，操作是在类中定义的方法 method，类是由量和方法组成的，对应于面向对象编程，数据为对象的属性，操作为对象的行为。

Java 类的编写规则体现了 Java 语言体系的封装性，除 package 和 import 两条 Java 语句外，Java 语言程序的所有关键字、变量定义、表达式、程序流控制语句等任何程序代码都不允许编写在 Java 类"{ }"规定的区域外，即所有程序代码应编写在类的作用域中。

类中定义的变量类型可以是 Java 的任意数据类型，包括基本数据类型、数组、类等，在一个类中，一个变量的名字是唯一的，类中的变量被称为类的成员变量，其作用域为整个类。

类中定义的方法内部也可以定义变量，方法内部的变量被称为局部变量，其作用域在方法的大括号{ }内部，方法体的输入变量其作用域也是在方法体内。

在同一个范围内（同属一个"{ }"内）不能定义两个相同名字的变量，但是类成员变量的名字可以和类中某个方法的名字相同，也可以和局部变量的名字相同。

类中定义的方法是描述对象的行为的，即对象的所有操作都是由方法实现的，因此，在类中除变量、常量的定义外，表达式、程序流控制等语句都应该编写在方法体内。

【示例 2-1】 定义一个描述动物的类，只描述动物的名称和种类，其中包括定义的变量以及操作设置和获取动物名称和种类的方法。

```java
public class Animal {                              //定义 Animal 类
   private String s_Name;                          //定义描述动物的名称
   private String s_Kind;                          //定义描述动物的种类
   public String getS_Name() {                     //获取动物名称的方法
      return s_Name;
   }
   public void setS_Name(String new_Name) {        //设置动物名称的方法
      s_Name = new_Name;
   }
   public String getS_Kind() {                     //获取动物种类的方法
      return s_Kind;
   }
   public void setS_Kind(String new_Kind) {        //设置动物种类的方法
      s_Kind = new_Kind;
   }
}
```

2.2.2 方法的定义

在 Java 语言程序中的操作对象行为的模块被称为方法,方法等同于其他语言中的函数,是作用于对象上的操作。它是在类或接口中声明的,但是,方法只能在类中实现,在 Java 程序中,所有使用者定义的操作都是用方法实现的。

方法允许程序设计者模块化一个程序,用方法模块化一个程序可使得程序开发更好管理以及开发出的软件可以重复利用,同时也会避免程序中的重复代码。

一个方法是通过在其他方法内的调用而被激活的,即方法中的代码被执行,当调用方法执行定义好的任务时,需要指定方法名和为被调用的方法提供信息,即通过方法的形式参数为方法输入所需参数,一个应用程序被执行是从 main() 方法开始的。

所有在方法中声明的变量都为该方法的局部变量,它们仅在定义的方法域中是有效的,方法可以有一个形式参数列表,它提供了方法间交换信息的手段,一个方法的参数同样也是局部变量,其作用域也在方法体内。

1. 类中普通方法的定义

在类中声明普通方法的语法格式为:

```
[modifer] [static] ReturnType methodName ( [parameterList] ) {
[修饰符]    [静态]   返回类型    方法名      形参列表
 …;                  //方法体:包括声明变量和 Java 语句
}                    //"{}"内是方法的作用域
```

其中,modifer 是修饰方法的属性,其值可缺省,缺省时的默认值为 protected,该方法只能被同一个包内类中的其他方法调用,当方法被修饰为 public 时,该方法可以被任何类中方法调用,当方法被修饰为 private 时,该方法只能被同一类中的其他方法调用。

ReturnType 为定义(声明)方法的返回类型,普通方法都需要确定一种返回类型,返回类型可以是基本数据类型、数组数据类型,或者是复合数据类型,例如,int 或 String(复合数据类型)等类型。如果一个方法不返回任何值,它应该有一个 void 的返回类型声明,Java 关键字 void 指明该方法是没有返回值的返回类型。

具有明确返回类型的方法一定要有带参数的 return 语句,return 语句后跟的参数(表达式所得结果)类型要与声明方法返回类型 ReturnType 相同,当方法返回类型是 void 时,可以省略 return 语句。

methodName 是为方法确定的名字,它是一个标识符,需要符合标识符的自定义规则。

parameterList 为方法的形式参数列表,它为方法指定输入参数,参数列表由类型声明和参数名组成,参数名之间由逗号分开,方法无输入参数时,则参数列表为空。基本数据类型的参数借助堆栈传输数据带入方法体,但数组和类的参数则是已存在于内存,借助引用地址传输到方法体中。

【示例 2-2】 在一个类中定义两个整数类型数据相加的方法,以及修饰为 public 和 private 的方法,并在同一类中一个方法内激活(执行)另一个方法。

```
public class Sample {
    public int Add_XY(int x, int y){      //定义返回值为 int 的两个数据相加的方法
        return x + y;                      //输入参数为 x 和 y,返回值等于 x + y 表达式
    }
    public void DisplaySample(){          //定义返回值为 void 的方法,无输入参数
        int z = Add_XY(10,20);             //调用 Add_XY(int x,int y)方法
        DisplayAttribute();                //激活(执行)方法,调用同一类中的方法
    }
    private void DisplayAttribute(){      //修饰为 private 的方法
        System.out.println( "This is a private method" );
    }
}
```

关键字 static(静态的)是用于声明 Java 类中方法和变量的,当一个方法或变量被声明为 static,表示该方法或变量在整个应用程序被执行期间一直保存在计算机存储器中,不会从存储器中被取消,对于方法和变量而言,static 修饰符是可选项,当方法和变量不被 static 修饰时,则它们被称为动态(非静态)的方法和变量。

在同一个类中,当在一个被 static 修饰的方法中需要操作该方法外的变量或调用其他方法时,被操作的变量或调用的方法同样也需要被修饰为 static,因为 Java 体系不允许在同属一个类的静态方法中操作非静态变量和调用非静态方法。例如,下面的程序变量 a 和方法 A()在程序被执行前就存在于存储器中了。

```
public class Sample {
    static int a;                          //声明变量 a 为静态的
    static void A() {                      //声明方法 A()为静态的
        a = 0;                             //操作变量 a,变量 a 需要被修饰为 static
    }
}
```

2. 类构造方法的定义

在 Java 语言定义的类中,有一种特殊的方法,它是类中一个特殊的成员,被称为构造方法或构造器(Constructor),它是为创建类对象和提供为对象初始化等功能的专用方法,构造方法的名字同类名相同,只是构造方法没有返回类型,但是可以有形式参数列表为构造方法提供输入参数,用于创建对象时为对象提供初始化参数,另外,构造方法的属性应是 public。

定义类构造方法的语法格式为:

```
public class ClassName {
    public ClassName( [parameterList]){
                                           //定义类的构造方法,parameterList 为形式参数列表
        … ;                                //构造方法实现的功能
    }
}
```

【示例 2-3】 通过构造方法为变量 x 提供初始值的程序。

```java
public class Sample {
  int x;
  public Sample() {                    //构造方法 Sample()
    x = 0;                             //变量 x 初始值等于 0
  }
  public Sample(int newX) {            //构造方法 Sample(int newX)
    x = newX;                          //变量 x 初始值通过构造方法输入参数确定
  }
}
```

一个类可以定义多个合法的构造方法,多个构造方法的区分只通过形式参数列表来实现,不同的形式参数列表 parameterList 表示不同的构造方法,但是,一个类不可以定义完全一模一样的两个或两个以上的构造方法。

3. main()方法的定义

Java 虚拟机执行 Java 应用程序是从 main()方法处开始的,main()方法是一个程序入口方法,如果将 main()方法用作应用程序开始执行的地方,该方法的语法格式是固定的。

作为应用程序入口的 main()方法的语法格式为:

```java
public class Sample {
  public static void main(String[ ] args){
    …;                                 //需要首先被执行的程序段
  }
}
```

关键字 public 声明 main()方法是公有的,可以被其他类中的方法调用,作为应用程序开始执行的地方,main()方法首先被 Java 虚拟机调用。

main()方法为应用程序开始执行的方法,Java 程序运行机制规定了 main()方法要始终保存在计算机存储器中,因此,main()方法需要被修饰为 static 静态的。

关键字 void 说明 main()方法没有返回值,另外,作为程序入口 main()方法也不该有返回值。

main()方法的形式参数是 String(字符串)类型的数组,args 为 String 类型的数组变量,它可以从外部为一个应用程序输入参数,在 Java 语言中,该输入参数被称为"行命令参数"。

【示例 2-4】 通过行命令参数为 Java 应用程序提供所需要的参数。

```java
public class Sample {
  public static void main(String[] args){
    if(args.length != 0)               //当有行命令参数时
      System.out.println(args[0]);     //将数组中第 0 个变量内容输出显示
  }
}
```

当 Sample 程序被编译产生 Sample.class 类代码后,在 Windows 操作系统的 DOS 命令提示符窗口中执行上述程序,并为该程序输入一个参数时,其 java 行命令格式为

```
java Sample HelloWorld
```

执行后在 DOS 命令提示符窗口中可以看到 HelloWorld 输出显示,当程序需要输入多个行命令参数时,每个参数之间需要用空格分开,第一个参数被放在 args[0]中,第二个参数被放在 args[1]中,以此类推。

2.2.3 Java 修饰符及其权限

Java 类和类中变量、方法的主要属性修饰符有 protected、public、private 等 Java 关键字,其修饰符的权限(限定范围)如表 2-1 所示。

表 2-1 修饰符限定范围

修饰符名称	限 定 范 围
protected(默认)	可以被同一个包中的其他类继承和访问
public	可以被所有的类继承和访问
private	只能被同属类的其他成员访问

protected(保护的)是 Java 语言中默认的 Java 类和类中变量、方法的属性修饰符,当类和类中变量、方法前没有属性修饰符时,其修饰符为默认值 protected,被 protected 修饰的类可以被同一个包中的其他类继承和访问,其限定范围是同一个包,其修饰的变量或方法也是可以被同一个包中的其他类对象访问。下面一段程序的类和类中定义的变量、方法的属性被修饰为 protected。

```
class Sample {                //类 Sample 被修饰为 protected
    int a;                    //变量 a 被修饰为 protected
    void A() {                //方法 A() 被修饰为 protected
    }
}
```

public(公共的)也是 Java 语言中的 Java 类和类中变量、方法的属性修饰符,被 public 修饰的类和类中变量、方法没有限定域,即对外"全开放"。当一个类被修饰 public 时,它可以被任何其他的类继承,当类中的变量或方法被修饰 public 时,该变量或方法可以被其他类对象访问。

在 Java 语言中没有全局变量和全局方法,所以在类中不能指定整个程序的全局变量或全局方法,如果需要全局变量或全局方法时,可以使用 public 修饰类中的变量或方法。

private(私有的)修饰符限定的访问区域是类内部,private 可以修饰类中的变量和方法,当变量或方法被修饰为 private 时,该变量或方法只能被同一类中的其他方法访问。

private 不能修饰类和类的构造方法,如果一个类被修饰为 private,它将不能被任何类

继承或被创建为对象,即该类是一个没有用的类,如果一个类的构造方法被修饰为 private,则该类也不能被创建为对象,则该类同样是一个没有用的类。

如果在定义的类中需要对信息(变量)或操作(方法)进行隐藏时,应将变量和方法修饰为 private,可以防止"木马"等病毒程序的侵入。

2.3 Java 对象

在 Java 语言程序中,Java 类只有实例化(创建对象或称实例)才能被使用。一个对象的生命周期被分为 3 个阶段:对象的创建、使用和清除。

2.3.1 对象的创建

创建一个对象首先需要声明一个类变量,该变量的数据类型为已经定义好的类,但是声明类变量并不产生该类型的对象,创建对象需要使用 Java 关键字 new,创建对象的过程在 Java 中称为实例化,实例化后的类变量才是一个具有实际意义的 Java 对象,在 Java 程序中方可使用。

声明类变量和创建 Java 对象的语法格式为:

```
ClassName ObjectName;                  //声明类变量
   类名      类变量名
ObjectName = new ClassName();          //创建对象
```

语句"ClassName ObjectName;"是声明一个类型为 ClassName 的变量名为 ObjectName 的变量,它同声明基本数据类型的变量是一样的。声明一个基本数据类型变量后,Java 程序运行时,Java 虚拟机会为基本数据类型变量分配存储器,并可以对该变量进行读、写等操作,但是,当一个变量被声明为类变量时,Java 虚拟机是不会为类变量分配存储器的,即一个类变量在计算机存储器中没有实际内容,当需要使用类变量时,一定要使用 Java 关键字 new 为类变量分配存储器。new 为类变量创建并占用存储器空间,当类变量通过创建(new)后就会成为具有实际内容的"变量"。在 Java 语言体系中,new 创建后的"变量"被称为"对象",创建的过程被称为"实例化"一个类变量。

在 Java 应用程序中使用的正是"对象",因此,类变量的声明被称为"为对象建立一个引用",真正要使用的对象并不存在,需要使用 new 创建对象。声明类变量可以在类中任何地方进行,但是创建一个对象需要在方法体中进行,因为一个类变量等于(=)某一个值,即应用 new 创建为对象是一种操作,操作一定要在方法体中实现,而不是在整个类中的任何地方都可以实现的。

【示例 2-5】 声明类变量并创建对象。

```
public class Sample {
  public static void main(String[] args){
    Sample sVariable ;                 //声明变量 sVariable 的数据类型为 Sample
```

```
            sVariable = new Sample();         //创建对象 sVariable
    }
}
```

一个类可以声明多个不同的类变量，new 可以为它们创建不同的应用对象，这些对象在计算机存储器中是相互独立的，彼此之间互不影响。

【示例 2-6】 声明两个类变量并创建两个对象。

```
public class Sample {
    public static void main(String[ ] args){
        Sample sVariable1,sVariable2 ;      //声明两个类变量的数据类型为 Sample
        sVariable1 = new Sample();          //创建对象 sVariable1
        sVariable2 = new Sample();          //创建对象 sVariable2
    }
}
```

声明类变量和创建 Java 对象还有一种语法格式，将分别进行的声明类变量和创建 Java 对象合二为一，其语法格式为：

```
ClassName  ObjectName   = new ClassName();    //声明并创建对象
  类名     对象名(类变量名)= new 类名();
```

该语法格式与分别声明类变量和创建 Java 对象的语法格式是等值的，该格式可在类中任何地方创建一个对象，而一个已经声明的类变量则需要在方法体中创建为对象。

【示例 2-7】 应用不同的语法格式创建对象。

```
public class Sample {
    Sample sVariable1;                      //声明类变量 sVariable1
    public void createObject(){
        sVariable1 = new Sample();          //创建对象 sVariable1
        Sample sVariable2 = new Sample();   //声明并创建对象 sVariable2
    }
}
```

2.3.2 构造方法的使用

关键字 new 用于创建对象，在创建对象的语法格式中，关键字 new 后边的语句是指明调用类的一个构造方法来创建对象，创建一个对象首先被调用的是类的构造方法，因此，一个类要具有构造方法才能被创建，在 Java 体系中所有的类都有默认的构造方法，即使在类中并没有显现定义构造方法，但该类是继承了父类的构造方法，因为所有的 Java 类都有继承关系。

构造方法是用于为对象确定一个期望的状态，例如对一个类中的某些数据成员进行初始化操作等，构造方法只能在创建对象时被调用一次，它不能被应用程序中的其他方法调用。

类的构造方法一定是被修饰为 public，创建对象是 Java 虚拟机完成的，Java 虚拟机需要为对象分配其所占有的存储器空间，同时需要初始化对象，因此，Java 虚拟机是在应用程序外部调用类的构造方法为对象进行初始化操作的，如果构造方法不被修饰为 public，则 Java 虚拟机无法调用构造方法，也就不能创建该类的类对象了。

一个类可以定义多个构造方法，多个构造方法是由不同的输入参数（形式参数）区分的，当通过该类创建对象时，需要指明创建该对象使用的构造方法。

【示例 2-8】 应用同一个类中的两个不同的构造方法创建两个对象。

```
public class Sample {
    int x;                              //定义变量 x
    public Sample() {                   //构造方法 Sample()
      x = 0;                            //变量 x 初始值等于 0
    }
    public Sample(int newX) {           //构造方法 Sample(int newX)
      x = newX;                         //变量 x 初始值通过构造方法输入参数确定
    }
    Sample sVariable1 = new Sample();
                                        //调用 Sample()构造方法创建 sVariable1 对象
    Sample sVariable2 = new Sample(10);
                                        //调用 Sample(int newX)构造方法创建 sVariable2 对象
}
```

构造方法完成了创建对象时的初始化工作，它只被执行一次，在创建对象时对象需要的初始化操作代码尽可能地放到构造方法中，它可以避免在生成对象后还要再调用对象的另外的其他初始化方法。

2.3.3 对象的使用

对象的使用主要是引用对象的成员变量和方法，运算符"."可以实现对一个对象中的变量的访问和方法的调用，被引用的变量和方法可以通过设定的访问权限允许或禁止其他对象的访问和调用。

访问对象的某个变量的语法格式为：

objectReference.variable;

调用对象的某个方法的语法格式为：

objectReference.methodName ([paramlist (为方法提供的输入参数)]);

objectReference 是一个对象，它可以是一个已生成的对象，也可以是能够生成对象引用的表达式。

【示例 2-9】 类定义和使用类创建对象以及应用对象的程序实例。Operation 是一个实现加、减、乘、除操作的类，程序代码为：

```java
class Operation {                                    //定义加、减、乘、除操作类
    double z;                                        //声明变量 z
    public Operation(double newZ) {                  //带参数的构造方法
        z = newZ;                                    //为变量 z 赋初始值
    }
    public double Add(double newX, double newY) {    //定义加操作方法
        z = newX + newY;                             //加操作
        return z;
    }
    public double Sub(double newX, double newY) {    //定义减操作方法
        z = newX - newY;                             //减操作
        return z;
    }
    public double Mul(double newX, double newY) {    //定义乘操作方法
        z = newX * newY;                             //乘操作
        return z;
    }
    public double Div(double newX, double newY) {    //定义除操作方法
        if (newY != 0){                              //当被除数不为 0 时
            z = newX / newY;                         //除操作
            return z;
        }
        else {                                       //当被除数为 0 时,返回 0
            System.out.println("Divide 0");
            return 0;
        }
    }
}
```

Sample 类与 Operation 类在同一个编译单元中,Sample 类是应用 Operation 类创建 op 对象,通过 op 对象中的方法完成加、减、乘、除的运算,程序代码为:

```java
public class Sample {
    public static void main(String[] args) {
        double result = 0;
        Operation op = new Operation(0);
        result = op.Add(op.Div(op.Mul(40.5,50),op.Sub(50,30.5)),40.5);
        //完成各种运算,相当于 result = ((40.5 * 50)/(50 - 30.5)) + 40.5
        System.out.println( "result = " + result );
    }
}
```

在上述程序中,输出显示语句 System.out.println()就是通过"."运算符调用 System 类的 out 静态标准输出流(PrintStream)对象中的 println()方法,System 类是 java.lang 基础类库提供的,println 是标准输出流类定义的用于显示文字的方法。

【示例 2-10】 关于对象中变量访问权限的程序示例。同理,类中方法 getS_Kind()和 setS_Kind()调用的权限与变量 s_Name 访问权限是一样的。Animal 是一个定义动物类的程序:

```
class Animal {
    public String s_Name;                        //定义动物名称变量 s_Name,属性为 public
    private String s_Kind;                       //定义动物种类变量 s_Kind,属性为 private
    public String getS_Kind() {                  //定义"读"种类变量的方法
        return s_Kind;                           //返回变量 s_Kind 的值
    }
    public void setS_Kind(String new_Kind) {     //定义"写"种类变量的方法
        s_Kind = new_Kind;                       //为变量 s_Kind 赋值
    }
}
```

下面的 Sample 源程序是创建一个 Animal 类的类对象 ox,当 ox 被创建后,通过运算符"."操作对象 ox 中的变量 s_Name 以及调用对象 ox 中的 setS_Kind()和 getS_Kind()方法,程序代码为:

```
public class Sample {
    public static void main(String[] args) {
        Animal ox = new Animal();                    //创建对象 ox
        ox.s_Name = "牛";                            //为对象 ox 中的 s_Name 变量赋值
        ox.setS_Kind("蹄类动物");                    //调用对象 ox 中的 setS_Kind 方法
        System.out.println(ox.s_Name);               //引用对象 ox 中的 s_Name 变量
        System.out.println(ox.getS_Kind());          //调用对象 ox 中的 getS_Kind 方法
    }
}
```

Sample 类和 Animal 类同属一个编译单元,在 Animal 类中,s_Name 变量的访问权限被修饰为 public,因此,该变量是对外开放的,而 s_Kind 变量的访问权限被修饰为 private,不对外开放,如果要访问 s_Kind 变量,需要通过 setS_Kind()"写"和 getS_Kind()"读"方法进行读、写操作。

在一个应用程序中,对外开放的变量存在着安全隐患,在 Java 编程时不建议使用对外开放的变量,应尽可能使用具有 private 属性的变量,通过方法操作变量,以达到确保类中变量的安全性。例如,在上述程序中的 s_Kind 变量,由于 setS_Kind()和 getS_Kind()方法被同时修饰为 public,因此,s_Kind 变量为可"读"、可"写"型变量,当 setS_Kind()方法被修饰为 private、而 getS_Kind()方法被修饰为 public 时,s_Kind 变量就成为只"读"型变量,同理,当 getS_Kind()方法被修饰为 private、而 setS_Kind()方法被修饰为 public 时,s_Kind 变量就成为只"写"型变量,当 getS_Kind()和 setS_Kind()方法同时被修饰为 private 时,s_Kind 变量则为不可"读"、不可"写"型变量,通过方法操作变量可以控制对变量的读、写模式。另外,getS_Kind()方法被称为 s_Kind 变量的获取器,setS_Kind()方法被称为 s_Kind

变量的设置器。

【示例 2-11】 通过方法返回值引用对象成员的示例。方法 DisplayString()的返回值为复合数据类型(Display 类),其返回值为一个 Display 对象,即方法 DisplayString()返回的是一个对象 d,通过方法的返回值引用对象中成员的程序代码为:

```java
public class Sample {
  public static void main(String[] args){
    System.out.println(DisplayString().x);        //引用返回值 d 对象中的 x 变量
    System.out.println(DisplayString().y);        //引用返回值 d 对象中的 y 变量
    System.out.println(DisplayString().s);        //引用返回值 d 对象中的 s 变量
    System.out.println(DisplayString().SetString());
        //通过调用 DisplayString()方法来引用返回值 d 对象中的方法 SetString()
  }
  static Display DisplayString() {               //该方法的返回值是一个 Display 对象
    Display d = new Display();                   //创建 Display 类对象 d
    return d;                                    //返回 Display 对象 d
  }
}
class Display {                                  //定义 Display 类
  public int x = 10;                             //声明 x 变量并赋值
  public double y = 0.5;                         //声明 y 变量并赋值
  public String s = "Hello World!";              //声明 s 变量并赋值
  public String SetString() {                    //该方法的返回值也是复合数据类型 String
    String s = new String("This is a Display class.");
    return s;                                    //返回对象 s
  }
}
```

当一个方法被要求有多个返回值返回时,可以定义该方法的返回类型为复合数据类型(类),通过复合数据类型实现该方法的多个返回值。

2.3.4 对象的清除

在 Java 运行管理系统中,使用 new 运算符为对象或变量分配存储空间,但程序设计者不用刻意在使用完对象或变量后,删除该对象或变量收回它所占用的存储空间,因为 Java 语言运行系统已经设计了"无用单元自动收集器",通过"无用单元自动收集器"周期性地释放无用对象所使用的存储空间,完成对象的清除。

Java 运行系统的"无用单元自动收集器"自动扫描对象的动态内存区,对被引用的对象加标记,然后把没有引用的对象作为垃圾收集起来并且释放它,释放内存是系统自动处理的,该收集器使得系统内存的管理变得简单、安全。

"无用单元自动收集器"不会释放正在引用的对象,只释放那些不再被引用的对象的存储空间,它使得程序设计者完全从系统存储管理中解脱出来,不需考虑释放内存的问题。

另外,Java 语言系统也为程序设计者提供了清除对象的语句,当一个对象不被使用时,可以为该对象赋予 null 值。

【示例 2-12】 当 op 对象使用完毕后将其赋为 null 值,即将 op 对象从内存中清除掉,释放其占用的存储空间。

```
public class Sample {
  public static void main(String[] args) {
    double result = 0;
    Operation op = new Operation(0);
    result = op.Add(op.Div(op.Mul(40.5,50),op.Sub(50,30.5)),40.5);
    System.out.println( "result = " + result );
    op = null;                              //清除 op 对象
  }
}
```

2.3.5　Java 类和对象的关系

Java 类和对象的关系为:类是用来定义对象的状态和行为的模板,对象是类的一个具体的实例。例如,在建造房屋时需要有图纸,根据图纸建造一个或多个一样的房屋,"图纸"相当于类,而房屋则是对象,又如,自行车制造商可以一遍又一遍地重复使用相同的图纸(类)制造大量的自行车(对象)。对软件程序员而言,用相同的代码(类)可以一遍又一遍地建立对象,在应用软件中,类是描述现实世界的蓝图,对象是现实世界的电子模型,对象是根据类创建出来的。

使用类和对象是面向对象编程的基本原则之一,类和对象的好处在于它们使开发者能够处理现实世界中的任何问题,并可以方便地对需要用来解决该问题的软件部件进行分类和定义,任何一个对象(例如房屋)一定能被分成一些子部件(例如地板、屋顶、地基、墙等),使用类和对象的做法与现实世界中通常解决问题的方法是非常相像的,一个问题从不被作为一个整体来对付,总是被分成一些可以控制的部分,每一个这样得出的对象再被细化并可能分成更多的对象,分类过程进行到一定程度便结束,每个对象将被赋予一定的行为特征,这样就使得一个整体问题得到了细化、模块化以及简单化。

在面向对象编程中,对象提供了模型化以及信息隐藏等好处,而类又提供了代码重用等好处,所以,面向对象的设计思想更适用于大型软件的开发工作。

2.4　数组对象

在 Java 语言体系中,数组被归为对象处理。数组数据类型是一种简单的复合数据类型,数组是有序数据的集合,其中的每个元素具有相同的数据类型,可以用一个统一的数组名和下标唯一地确定数组中的元素,有一维数组和多维数组。

2.4.1　一维数组的声明和创建

数组变量的声明和创建数组实例与类变量的声明和创建对象是一样的,声明一维数组变量的语法格式为：

[modifer]　type[ ]　arrayName;
　[修饰符]　类型　　数组名

modifer 为声明数组的属性，属性有 protected、public、private。

type（类型）是声明数组的数据类型，数据类型包括基本数据类型和复合数据类型。

arrayName 为数组的名称。

数组变量的声明可以在类中的任何地方使用。

声明数组变量并不为该变量分配计算机内存，与创建对象一样，数组也需要通过 new 运算符动态地创建分配内存，创建数组对象的语法格式为：

arrayName = new type [arrayLength];
　数组名　 = new 类型　[数组长度]

arrayLength 为要创建数组的长度，其合法的取值范围是非 0 的正整数，或为运算结果为非 0 正整数的表达式，它表示数组中有 arrayLength 个元素。

由于创建数组对象是赋值操作，所以该语法格式只能在方法体中使用。

在数组对象的创建过程中，关键字 new 为数组在计算机中动态分配与数组长度、数组数据类型相匹配的内存空间。

Java 运行系统在创建数组对象时首先建立数组的下标引用，确定数组每个元素的使用，然后要对数组中所有的元素进行初始化工作，数组元素的初始化分为动态和静态两种，使用关键字 new 创建的数组对象其初始化是动态进行的，一旦数组被创建并分配了适当的内存空间，则数组中的所有元素都初始化为 type 类型的默认值。

当创建了数组对象后即可引用数组的每一个元素，其引用数组元素的语法格式为：

[operator] arrayName[index]　　[operator];　　//表达式等语句
　[其他操作]　数组名　[下标值]　　[其他操作]

index 为数组的下标值，index 是一个正整数类型的有效数值，起始值为 0，它是用于唯一指定数组元素的数值，合法的下标取值范围是从 0 到数组的长度（arrayLength）减 1。

数组中的每一个元素的使用与其他非数组变量的使用是一样的，在表达式等语句中就是一个变量，数组名 arrayName 后的方括号中 index 指定引用的数组元素，index 可以是一个不小于 0 的正整数数值，也可以是运算结果为有效正整数的表达式。

【示例 2-13】 创建一个数组名为 n、具有 10 个元素的整数类型数组。创建后 int 类型默认的初始值是 0，当该数组需要赋予其他初始值时，可再为数组中每个元素赋予一个数值，其程序代码为：

```
public class Sample {
   int[] n;                              //声明数组变量 n
   public Sample(){                      //类的构造方法
      n = new int[10];                   //创建数组对象,并初始化
```

```
    }
    public void init() {                          //为数组重新初始化
      for(int i = 0;i < 10;i++){                  //下标从 0 开始,为数组赋值
        n[i] = i;                                 //为数组每个元素赋值,数组元素的引用
      }
    }
}
```

声明数组变量和创建数组对象可以合二为一,其语法格式为:

```
[modifer] type[] arrayName = new type[arrayLength];
[修饰符]   类型   数组名    = new 类型 [数组长度]
```

该语法格式为同时声明并创建数组对象,等号两边的数据类型要一致,该语法格式可以在类中的任何地方使用。

【示例 2-14】 创建一个数组名为 s 和 b,s 是具有 10 个元素的复合数据类型的数组对象,b 是基本数据类型的数组对象,并在类的构造方法中为 s 和 b 数组对象的前两个元素赋予初始值。复合数据类型为 String(字符串)类型,在 Java 体系中字符串是被当作对象处理的,程序代码为:

```
public class Sample {
  String[] s = new String[10];                    //声明并创建 String 类型的数组
  byte[] b = new byte[10];                        //声明并创建 byte 类型的数组
  public Sample(){
    s[0] = new String("abc");                     //为数组 s 元素 0 赋初始值
    s[1] = new String("cde");                     //为数组 s 元素 1 赋初始值
    b[0] = 0;                                     //为数组 b 元素 0 赋初始值
    b[1] = 1;                                     //为数组 b 元素 1 赋初始值
  }
}
```

在 Java 体系中还可以创建数组时静态地为数组元素赋予初始值,其语法格式为:

```
[modifer] type[] arrayName = { value0,value1,value2,…,valueN };
[修饰符]   类型   数组名    =  数值 0, 数值 1, 数值 2,…,数值 N
```

value0～valueN 是为 arrayName 数组名的数组元素赋予的初始值,初始值之间用分隔符",”逗号分开,value0 为数组第 1 个元素赋值,value1 为数组第 2 个元素赋值,依次类推。该语法格式为数组元素赋值同时也创建了 N+1(数组长度)个数组元素,该数组的下标是从 0 到 N。该语法格式可以在类中的任何地方使用。

【示例 2-15】 演示使用静态方式为数组元素赋予初始值并同时创建了数组对象。其程序代码为:

```
public class Sample {
  int[] n = {1,2,3,4,5}                           //创建整数型 5 个元素的数组,并为每个元素赋予初始值
  String[] s = {"abc","def", "ghi"};              //创建字符串型 3 个元素的数组
}
```

在 Java 体系中,数组被视为一个简单的对象,所以数组对象有它的成员变量和方法,数组对象的成员变量为 length,该变量是 int 类型的,指示了数组的长度,使用 length 变量可以查看到该数组有多少个元素。

【示例 2-16】 通过数组对象变量 length 查看数组长度。

```
public class Sample {
  public static void main(String[] args) {
    int[] n = {1,2,3,4,5};
    String[] s = {"abc","def","ghi"};
    System.out.println( n.length );     //查看数组对象 n 的长度
    System.out.println( s.length );     //查看数组对象 s 的长度
  }
}
```

当数组对象不被使用时,为数组变量赋予 null 值则可清除该数组变量。

【示例 2-17】 清除数组变量的 Java 程序。

```
public class Sample {
  public static void main(String[] args) {
    int[] n = {1,2,3,4,5};
    System.out.println( n.length );     //查看数组对象 n 的长度
    n = null;                           //清除数组对象 n
  }
}
```

2.4.2　多维数组的声明和创建

在 Java 体系中不允许指定数组的维数,多维数组被当作数组的数组来处理,多维数组的声明、创建和使用规则基本与一维数组的声明、创建和使用相同,多维数组在一维数组的基础上只是每维数组的每一个元素也是一个数组而已,如此类推产生多维数组。

声明二维数组变量的语法格式为:

[modifer] type[][] arrayName;
[修饰符]　 类型　　数组名

创建数组对象的语法格式为:

arrayName = new type[arrayLength0][arrayLength1];
　数组名　 = new 类型 [数组长度 0]　[数组长度 1]

arrayLength0 是确定第一维数组的长度,arrayLength1 是确定第二维数组的长度。
同时声明并创建二维数组对象的语法格式为:

[modifer] type[][] arrayName = new type[arrayLength0][arrayLength1];
[修饰符]　 类型　　数组名　　 = new 类型 [数组长度 0]　[数组长度 1]

引用二维数组元素的语法格式为:

```
[operator] arrayName  [index0]  [ index1]  [operator];        //表达式等语句
[其他操作]   数组名   [下标值 0] [下标值 1] [其他操作]
```

index0 是第一维数组的下标值,index2 是第二维数组的下标值。

【示例 2-18】 创建一个二维数组对象,其数组名为 m,第一维数组有 10 个元素,每个元素又是一个具有 20 个元素的数组。动态创建和为数组重新初始化的程序代码为:

```java
public class Sample {
    int[][] m;                          //声明二维数组变量 m
    public Sample(){                    //类的构造方法
        m = new int[10][20];            //创建数组对象,并初始化
    }
    public void init() {                //为数组重新初始化
        for(int i = 0;i < 10;i++){
            for(int j = 0;j < 20;j++){
                m[i][j] = i + j;        //为二维数组每个元素赋值
            }
        }
    }
}
```

【示例 2-19】 用静态方式为二维数组元素赋予初始值并同时创建数组对象。

```java
public class Sample {
    int[][] m = {{1,2},{3,4},{5,6}};    //创建二维数组对象,并为每个元素赋予初始值
    String[][] s = {{"abc","def"},{"ghi","jkl"}};
}
```

在上述程序中,m 是一个有 3 个元素的数组对象,而每个元素又是有 2 个元素的数组对象,因此,数组 m 是一个 3×2 的二维数组对象,同理,s 是一个 2×2 的二维数组对象。

与一维数组对象查看数组长度相同,通过数组对象的成员变量 length 可以查看多维数组中每维数组的长度。

【示例 2-20】 通过二维数组对象变量 length 查看每维数组长度。

```java
public class Sample {
    public static void main(String[] args) {
        int[][] m = {{1,2},{3,4},{5,6}};
        System.out.println( m.length);       //查看数组对象 m 的长度
        System.out.println( m[0].length );   //查看数组对象 m[0]的长度
    }
}
```

该程序输出的结果是 m 数组的长度为 3,m 数组中元素也是一个数组,长度为 2。
同声明和创建二维数组对象一样,声明和创建 N 维数组对象的语法格式为:

```
type[][]…[] arrayName = new type[arrayLength0][ arrayLength1]…[arrayLengthN];
   类型        数组名    = new 类型   [数组长度 0]   [数组长度 1] … [数组长度 N]
```

例如创建一个三维数组对象的程序示例为：

```
public class Sample {
  char[][][] c = new char[2][3][4];    //声明和创建三维数组对象 c
}
```

另外，多维数组还可以分别动态创建每一维的数组对象，而且每一维数组是可以创建不等长度的，即每个数组元素都是占用独立存储空间的，分别创建多维数组时需要从第一维开始创建，然后再顺序创建二维、三维等数组对象。

【示例 2-21】 为创建多维数组对象的 Java 程序。

```
public class Sample {
  byte[][][] b;                        //声明一个三维数组变量 b
  public Sample(){                     //类的构造方法
    b = new byte[2][][];               //创建第一维数组对象，长度为 2，另两个数组长度待定
    b[0] = new byte[3][];              //创建第一维数组中 b[0]元素的数组对象，长度为 3
    b[1] = new byte[2][];              //创建第一维数组中 b[1]元素的数组对象，长度为 2
    b[0][0] = new byte[2];             //创建 b[0][0]元素的数组对象，长度为 2
    b[0][1] = new byte[3];             //创建 b[0][1]元素的数组对象，长度为 3
    b[0][2] = new byte[4];             //创建 b[0][2]元素的数组对象，长度为 4
    b[1][0] = new byte[5];             //创建 b[1][0]元素的数组对象，长度为 5
    b[1][1] = new byte[6];             //创建 b[1][1]元素的数组对象，长度为 6
  }
}
```

2.4.3 数组的应用

【示例 2-22】 计算一组数据平均值。当需要完成计算一组数据的总和或平均值等操作时，使用一维数组是最方便的。其程序代码如下：

```
public class Average {
  public static void main(String[] args) {
    double[] nums = {10.1, 11.2, 12.3, 13.4, 14.5};        //一组数据
    double result = 0;                                      //存放求和结果
    for(int i = 0; i < nums.length; i++)                    //计算所有数据之和
      result = result + nums[i];
    System.out.println("Average is " + result/nums.length); //输出平均值
  }
}
```

【示例 2-23】 数组元素的排序。对一组数据的排序应用一维数组是最合适的，下面是一个数组元素排序的程序。数组 array 的初始值是一个无序的整数序列，方法 sort() 将该数组序列按从小到大顺序排序，排序的方法为当数组元素 n 大于数组元素 n+1，即前面的

数大于后面的数时,将两个数组元素中的数据相互交换,让小的数据向前移动,大的数据向后移动,直到遍历完整个数组元素,即没有可交换的数组元素数据时,排序结束。在main()方法中调用排序方法sort(),然后将有序数组元素中的数据输出显示。排序程序代码为:

```java
public class ArraySort {
  public static void main(String[] args){
    int[] array = {3,56,8,4,798,2,54,66,99,121,
            32,4,25,553,6456,12,74,65,1217,77};   //待排序的数组
    sort(array);                                   //调用排序方法
    for(int i = 0;i < array.length;i++){           //输出显示排序结果
      System.out.print(array[i] + ",");
    }
  }
  static void sort(int[] array){
    int size = array.length - 1;                   //size 为数组元素之间交换次数
    boolean swaps;                                 //swaps 为数组元素相互交换标志
    do{
      swaps = false;
      for(int i = 0;i < size;i++){                 //数组元素之间相互交换数据
        if(array[i] > array[i + 1]){               //当数组元素 i 大于数组元素 i + 1 时
          int temp = array[i];                     //两个相邻元素交换数据
          array[i] = array[i + 1];
          array[i + 1] = temp;
          swaps = true;                            //数组元素有交换,说明排序没有进行完
        }
      }
      size -- ;                                    //已排好序的元素不再重排
    }while(swaps);                                 //数组元素数据有交换,继续排序
  }
}
```

【示例 2-24】 数组作为一个简单对象,也可以作为一个方法的返回类型使用。例如将上述程序排序方法作为一个 ArraySort 类的固有方法,当输入参数为一个数组时,该方法返回一个将输入数组按从小到大排列的有序数组。其程序代码为:

```java
public class UseArraySort {                        //定义应用排序 UseArraySort 类
  public static void main(String[] args) {
    int[] array = {3,56,8,4,798,2,54,66,99,121,
            32,4,25,553,6456,12,74,65,1217,77};   //待排序的数组
    ArraySort as = new ArraySort();                //创建 ArraySort 类对象
    array = as.sort(array);                        //调用 as 对象的排序方法
    for(int i = 0;i < array.length;i++)            //为 array 数组重新赋值
      System.out.print(array[i] + ",");            //输出显示排序结果
  }
}
class ArraySort {                                  //定义排序 ArraySort 类
```

```java
    public int[] sort(int[] array){                //声明返回类型为一个数组类型
      int[] sortResult = new int[array.length];    //创建一个与输入数组等长的数组对象
      int size = array.length-1;
      sortResult = array;                          //将输入数组内容赋给 sortResult 数组
      boolean swaps;
      int temp;
      do{
        swaps = false;
        for(int i = 0;i<size;i++){
          if(sortResult[i]> sortResult[i+1]){
            temp = sortResult[i];
            sortResult[i] = sortResult[i+1];
            sortResult[i+1] = temp;
            swaps = true;
          }
        }
        size--;
      }while(swaps);
      return sortResult;                           //将有序数组作为返回值返回
    }
  }
```

【示例 2-25】 数组的另一个应用是表示矩阵,下面是一个 3×2 矩阵(二维数组 a)与一个 4×3 矩阵(二维数组 b)相乘的程序示例,两矩阵相乘的结果放到一个 4×2 矩阵(二维数组 c)中。其程序代码为:

```java
public class MatrixMultiply{
  public static void main(String[] args){
    int i,j,k;
    int[][] a = new int [2][3];              //动态创建一个二维数组
    int[][] b = {                            //静态创建一个二维数组
        { 1, 5, 2, 8},                       //为数组元素赋予初始值
        { 5, 9, 10, -3},                     //表示 4×3 矩阵
        { 2, 7, -5, -18}
    };
    int[][] c = new int[a.length][b[0].length];   //动态创建一个二维数组
    for (i = 0;i<a.length;i++)                    //为数组 a 赋值
      for (j = 0; j<a[i].length ;j++)
        a[i][j] = (i+1) * (j+2);
    for (i = 0;i<c.length;i++){                   //数组 a 乘以数组 b
      for (j = 0;j<c[i].length;j++){
        c[i][j] = 0;
        for(k = 0;k<b.length;k++)
          c[i][j] += a[i][k] * b[k][j];           //相乘结果赋给数组 c
      }
    }
    System.out.println(" *** Matrix A *** ");
    for(i = 0;i<a.length;i++){                    //显示输出数组 a
```

```
         for(j = 0;j < a[i].length;j++)
            System.out.print(a[i][j] + ",");
         System.out.println();
      }
      System.out.println(" *** Matrix B *** ");
      for(i = 0;i < b.length;i++){                    //显示输出数组 b
         for(j = 0;j < b[i].length;j++)
            System.out.print(b[i][j] + ",");
         System.out.println();
      }
      System.out.println(" *** Matrix C *** ");
      for(i = 0;i < c.length;i++){                    //显示输出数组 c
         for (j = 0;j < c[i].length;j++)
            System.out.print(c[i][j] + ",");
         System.out.println();
      }
   }
}
```

MatrixMultiply 程序输出显示结果为：

```
*** Matrix A ***
2,3,4,
4,6,8,
*** Matrix B ***
1,5,2,8,
5,9,10,-3,
2,7,-5,-18,
*** Matrix C ***
25,65,14,-65,
50,130,28,-130,
```

2.5　小结

（1）面向对象程序设计思想体现在编程上为：

（2）Java 类仅仅是现实对象的描述（不可使用），对象才是被应用体，类只有实例化（创建对象 new）才能成为对象被使用。

（3）对象中的量和操作方法是通过"."运算符被引用的。

（4）Java 类中的操作方法是被另外类中的操作方法激活的（被调用或引用），构造方法和 main()方法是被 Java 虚拟机中的操作方法激活的。

（5）Java 中的数组按对象处理的只有一维数组，多维数组是通过创建数组的数组实现的。

2.6 习题

(1) 面向对象编程的核心是什么？

(2) Java 类与对象的关系是什么？

(3) Java 类中的方法是什么？

(4) 指出下述程序的错误，程序原意是创建一个 A 类的对象 a，并为对象 a 中 x 变量赋予一个数值，然后输出显示 a 对象中 x 变量的数值。

```java
private class A {
  int x;
  static void A() {
    x = 10;
  }
}
class Sample {
  public static void main(String[] args) {
    A a = new A();
    a.A();                              //调用 a 对象中的 A() 方法，为变量 x 赋值
    System.out.println(a.x);            //输出显示 a 对象中 x 变量的值
  }
}
```

(5) 在 J2SDK 环境中编译、调试、运行下述几个程序，查看和分析程序运行后输出的显示结果。

```java
/* =========== 程序 1 =========== */
public class Sample {
  public static void main(String[] args) {
    Factorial f = new Factorial();
    System.out.println("Factorial of 4 is " + f.fact(4));
    System.out.println("Factorial of 5 is " + f.fact(5));
  }
}
class Factorial {
  int fact(int n) {
    int result;
    if (n == 1)
      return 1;
    result = fact(n-1) * n;
    return result;
  }
}
/* =========== 程序 2 =========== */
public class CommandLine {
```

```java
    public static void main(String[] args){
      if(args.length != 0){
        for (int i = 0; i < args.length; i++)
          System.out.println("args[" + i + "]: " + args[i]);
      }
    }
}
/* ========== 程序3 ========== */
public class TwoDArray {
  public static void main(String[] args) {
    int[][] twoD = new int[4][5];
    int i, j, k = 0;
    for(i = 0; i < twoD.length; i++)
      for(j = 0; j < twoD[i].length; j++) {
        twoD[i][j] = k;
        k++;
      }
    for(i = 0; i < twoD.length; i++) {
      for(j = 0; j < twoD[i].length; j++)
        System.out.print(twoD[i][j] + " ");
      System.out.println();
    }
  }
}
```

第 3 章　Java 类的继承与多态

本章介绍 Java 类的继承，abstract 和 final 等类，this、super 关键字的应用，以及引用 Java 对象成员的多态特性。

3.1　Java 类的继承

在面向对象程序设计中，类的继承（inheritance）是其最重要的特色之一。通过继承可以创建分等级层次的类，使得对对象的描述更加清晰；通过继承可以实现代码的复用，实现减少编写程序工作量的目的；通过继承可以实现重写类中的变量或方法，修改和完善类定义；通过继承可以实现在无源代码的情况下修改被继承的类；通过继承可以实现使用 Java 类库提供的类。

3.1.1　概念和语法

在面向对象程序设计体系中，类的继承是其重要的一种机制，被定义为对已有的类加以利用，并在此基础上为其添加新功能的一种方式。类的继承与人类遗传因子的继承类似，与之不同的是，Java 类的继承是单一的，而且继承是"完全"继承的，单一继承避免了多重继承出现的二义性等问题造成的继承混乱。

类的继承是通过 Java 关键字 extends 实现的，被继承的类称为父类，继承父类的类称为子类，类继承语句的语法格式为：

```
[modifer] class SubClassName extends SuperClassName{
    修饰符        子类名       继承   父类名
    …;                              //在父类的基础上新添加的功能
}
```

关键字 extends 是用来指示定义的类所继承的父类，由于 Java 体系规定 Java 类的继承是单一的，所以，extends 关键字后面只能指定一个父类。继承有时也被称为派生，子类是由父类派生而来的。

在 Java 语言体系中，所有的类都是有父类的，当定义的类没有关键字 extends 指出父类,则该类默认的父类是 Object 类。

【示例 3-1】 定义 Sample 类代码。

```
public class Sample {                    //没有显现指出父类
  public static void main(String[] args) {
    System.out.println("Hello World!");
  }
}
```

Sample 类的父类是 Object 类,其等效的实际代码为:

```
public class Sample extends Object{      //显现指出父类
  public static void main(String[] args) {
    System.out.println("Hello World!");
  }
}
```

Object 类是 java.lang 基础包中的一个类,它被称为"根类"——所有类的根,Java 体系中所有的类最终的父类就是 Object 类,即 Java 所有的类都是 Object 类的子类,换句话说,Java 所有的类都是从 Object 类派生出来的,而 java.lang 包是 Java 语言体系提供编程的基础包。因此,Java 的编程是从一个已存在的类开始的,在此基础上再添加一些新的属于子类的代码,从而实现程序新功能的要求。

Java 的继承是完全的继承,即一个类继承了父类的所有状态(成员变量)和行为(成员方法)。例如,Sample 类继承了 Object 类的所有成员,Object 类中成员有 clone、equals、finalize、getClass、hashCode、notify、notifyAll、toString、wait 等方法,在用 Sample 类创建的类对象中,这些方法都可以被调用。因此,类的继承体现了 Java 代码的复用性。

Java 的继承是一个单一"链"状态的,继承不只是对其直接父类的继承,父类包括所有直接或间接被继承的类,继承是一直延续到 Object 类。

【示例 3-2】 继承演示示例。下述程序代码为父类代码:

```
class SuperSample {                      //其父类为 Object 类
  public void DisplaySuper(){            //SuperSample 类中的方法
    System.out.println("This is a super-class.");
  }
}
```

SubSample 类继承 SuperSample 类,SubSample 是 SuperSample 类的子类,其代码为:

```
class SubSample extends SuperSample {    //继承 SuperSample 类
  public void DisplaySub(){              //SubSample 类中的方法
    System.out.println("This is a sub-class.");
  }
}
```

一个类对象的创建是从其根类到父类对象开始的,创建一个子类对象时,最先创建的是根类对象,然后依次创建父类对象,最后创建子类对象,但是,所有父类对象成员的引用都是通过子类对象实现的,就好像所有父类中的成员变量和方法全都包含在子类中一样。

【示例 3-3】 下面的 Sample 程序是当使用 SubSample 类创建一个对象 subSample 时,父类中 DisplaySuper()方法和子类中 DisplaySub()方法都包含在 subSample 对象中,同时根类 Object 中的方法也包含在 subSample 对象中,因为 SuperSample 类继承了 Object 类。使用 SubSample 类创建一个对象 subSample 以及应用对象成员的程序代码为:

```java
public class Sample {
  public static void main(String[] args) {
    SubSample subSample = new SubSample();        //创建 SubSample 类对象
    subSample.DisplaySub();                       //调用 SubSample 类中方法
    subSample.DisplaySuper();                     //调用 SuperSample 父类中方法
    System.out.println("This is a " +
      subSample.getClass().getName());            //调用 Object 根类中的方法
  }
}
```

类的继承允许子类使用父类的变量和方法,如同这些变量和方法是属于子类本身的一样,但是,类的继承是有权限的,子类可以继承父类中访问权限设定为 public,protected 的成员变量和方法,不能继承访问权限为 private 的成员变量和方法。

【示例 3-4】 Java 类的继承实际上是子类对父类功能的扩展。例如一个描述平面直角坐标系的类为 PlaneCoordinate,其中有 x 和 y 两个方向的坐标量。其程序代码为:

```java
public class PlaneCoordinate {          //定义平面直角坐标系类
  int x;                                //声明 x 坐标变量
  int y;                                //声明 y 坐标变量
  public PlaneCoordinate() {            //设置坐标原点处坐标为(0,0)
    x = 0;
    y = 0;
  }
}
```

当需要定义一个空间直角坐标系类 SpaceCoordinate 时,只需要在继承了平面直角坐标系 PlaneCoordinate 类的子类中添加一个 z 方向的坐标量,其程序代码为:

```java
public class SpaceCoordinate extends PlaneCoordinate {   //定义空间直角坐标系类
    int z;                                               //声明 z 坐标变量
    public SpaceCoordinate() {                           //设置坐标 z 原点处的值
      z = 0;
    }
}
```

上述程序是在已有平面直角坐标系 PlaneCoordinate 类的基础上扩展为 SpaceCoordinate 类,只添加一个坐标量 z 就可以实现描述空间直角坐标系的功能。

另外,当一个父类被验证没有错误时,例如 Java 语言提供的类库,通过子类继承后,只是在子类中添加新代码,新代码对父类没有任何影响。因此,如果子类创建的对象在运行时发生错误,则其错误将被限定在子类代码中,与父类代码无关。

3.1.2 Java 类继承关系的测试

Java 类都是有继承关系的,每个类至少有一个父类,还可以有多个父类,Java 运行系统提供了动态测试一个对象是属于哪些类(含父类)的实例的功能。Java 关键字 instanceof 就是用于实现该功能的,instanceof 是一个双目对象运算符,使用 instanceof 运算符构成表达式的语法格式为:

```
[ boolean b = ] oneObj instanceof ClassName;        //布尔表达式
[  布尔变量 = ]  对象    关键字       类名;
```

由 instanceof 运算符构成的表达式功能是判断 oneObj 对象是否为 ClassName 类(或者 ClassName 类的父类)的一个实例,当 oneObj 对象是 ClassName 类的一个实例时,该表达式的值为 true,否则为 false。instanceof 运算符的功能是可以明确子类继承了哪些父类,当该表达式的值为 true 时,说明创建 oneObj 对象的类与 ClassName 类是一个类,或者有父子关系,当该表达式的值为 false 时,说明两个类没有关系。

【示例 3-5】 使用 instanceof 运算符的 Java 应用程序。

```
class SuperSample {                           //父类
}
class SubSample extends SuperSample {         //子类
}
public class Sample {
  public static void main(String[] args) {
    SubSample subSample = new SubSample();   //创建 SubSample 类对象
    boolean b = subSample instanceof SubSample;
                                              //测试 subSample 对象是否为 SubSample 类的实例
    System.out.println(b);                    //输出显示判断结果
    System.out.println(subSample instanceof SuperSample);
                                              //测试 subSample 对象是否为 SuperSample 类的实例
    System.out.println(subSample instanceof Object);
                                              //测试 subSample 对象是否为 Object 类的实例
  }
}
```

该程序执行结果为显示 3 个 true,因为 subSample 对象是所有被测试类的实例。

3.1.3 隐藏、覆盖和重载

在面向对象程序设计中,由于 Java 的类都具有继承关系,并且所有的类都有父类,因此,在继承的过程中将会发生隐藏(hidden)、覆盖(override)和重载(overload)现象。隐藏、覆盖和重载都是针对父类中的非 private 成员变量和方法而言的,访问权限为 private 的变量和方法不会被继承到子类中,因此也就不存在隐藏、覆盖和重载的现象。

1. 隐藏

隐藏现象发生于子类与父类之间,隐藏是针对父类中成员变量和静态方法而言的。当在子类中声明与父类中成员变量具有相同变量名的变量时,则实现了对父类中成员变量的隐藏。

【示例 3-6】 成员变量隐藏的演示程序。

```
class SuperSample {                          //父类
    int x = 10;                              //在父类中声明的变量 x
}
class SubSample extends SuperSample {        //继承 SuperSample 类的子类
    int x = 20;                              //在子类中声明的变量 x
}
public class Sample {                        //应用子类创建对象
    public static void main(String[] args) {
        SubSample subSample = new SubSample();
        int z = subSample.x;                 //访问的是子类对象中的 x 变量
        System.out.println(z);
    }
}
```

当创建一个子类 SubSample 的对象时,该对象的成员变量只有子类中声明的变量 x,在父类中声明的变量 x 被隐藏了,通过子类对象是访问不到父类中的 x 变量的。

当在子类中声明与父类中静态成员方法具有相同的方法名并具有相同的输入参数列表和相同的返回类型的方法,即子类与父类中的方法完全相同时,则实现了对父类中静态成员方法的隐藏。

【示例 3-7】 成员方法隐藏的演示程序。

```
class SuperSample {                          //父类
    public static void Display(){            //父类中的方法
        System.out.println("This is a super-class.");
    }
}
class SubSample extends SuperSample {        //继承 SuperSample 类的子类
    public static void Display(){            //与父类完全相同的方法
        System.out.println("This is a sub-class.");
    }
}
public class Sample {
    public static void main(String[] args) {
        SubSample subSample = new SubSample();
        subSample.Display();                 //引用的是子类中的 Display()方法
    }
}
```

在父类中的 Display() 方法永远不能通过子类创建的对象实现引用,因为 Java 运行环境不可能为两个完全相同的静态方法分配不同的存储空间,因此,就父类的静态方法而言,实现对该方法的隐藏。

2. 覆盖

覆盖也称为重写,覆盖现象发生于子类与父类之间,是指在子类中声明一个与父类具有相同的方法名、输入参数列表、返回值、访问权限等的方法,不同之处只有方法体,即在子类中重新编写方法实现的功能。覆盖常用于替换父类相同的方法,实现功能的更新。

【示例 3-8】 在子类中实现对父类中方法覆盖的 Java 演示程序。

```
class SuperSample {                           //父类
  public void Display(){                      //父类中的 Display()方法
    System.out.println("This is a super-class.");
  }
}
class SubSample extends SuperSample {         //继承 SuperSample 类的子类
  public void Display(){                      //覆盖父类中的 Display()方法
    System.out.println("This is a sub-class.");
  }
}
```

覆盖不同于静态方法的隐藏,父类中被隐藏的方法在子类中是完全不可用的,而父类中被覆盖的方法在子类中是可以通过其他方式被引用的。另外,覆盖常被用于对接口中声明的方法的实现。

3. 重载

重载现象可以发生在子类与父类之间,也可以发生在同一个类中。重载是指在子类与父类之间或在同一类中定义多个具有相同的方法名、访问权限等的方法,这些方法的区别在于它们可以有不同的返回类型,或者有不同的输入参数列表,在参数列表中参数类型、参数个数、参数顺序等至少有一个是不相同。重载也可以看作定义不同的方法。

【示例 3-9】 发生在子类与父类之间的重载方法的 Java 演示程序。

```
class SuperSample {                           //父类
  public void Display(){                      //父类中的 Display()方法
    System.out.println("This is a super-class.");
  }
}
class SubSample extends SuperSample {         //继承 SuperSample 类的子类
  public void Display(String newS){           //重载父类中的 Display()方法
    System.out.println(newS);
  }
}
public class Sample {
  public static void main(String[] args) {
    SubSample subSample = new SubSample();
```

```
        subSample.Display();                          //调用父类的Display()方法
        subSample.Display("This is a sub-class.");    //调用子类的Display()方法
    }
}
```

【示例 3-10】 发生在同一类中重载方法的 Java 演示程序。

```
class OverloadSample {
  public void Display(){                              //类中的Display()方法
    System.out.println("This is a method of Display.");
  }
  public void Display(String newS){                   //重载类中的Display()方法
    System.out.println(newS);
  }
}
public class Sample {
  public static void main(String[] args) {
    OverloadSample os = new OverloadSample();
    os.Display();                                     //调用无输入参数的Display()方法
    os.Display("This is another method of Display.");
                                                      //调用另一个有输入参数的Display方法
  }
}
```

3.1.4 构造方法的重载

在创建对象的语句格式中,关键字 new 后指示的是调用类的构造方法,当一个类没有定义构造方法时,其创建类对象时调用无任何操作的默认构造方法,一个类默认的构造方法是指无形式参数列表的构造方法,在创建类对象的同时调用父类和根类的无形式参数列表的(默认)构造方法创建子类的对象。

【示例 3-11】 默认父类构造方法创建子类对象的 Java 演示程序。

```
class SuperSample {                                   //父类
  public SuperSample(){                               //父类的默认构造方法
    System.out.println("This is a super-constructor.");
  }
}
class SubSample extends SuperSample {                 //子类
}
public class Sample {
  public static void main(String[] args) {
    SubSample subSample = new SubSample();            //创建对象
  }
}
```

上述程序在 main()方法中创建 subSample 对象时,其输出显示为:

```
    This is a super-constructor.                        //父类构造方法显示输出
```
该输出为 SubSample 类的父类被创建时调用其构造方法得到的输出显示。

当子类有自身的无形式参数列表的构造方法时,其创建对象时先创建父类对象,再创建子类对象。

【示例 3-12】 创建子类对象的同时也创建父类对象的 Java 演示程序。

```
class SuperSample {                              //父类
  public SuperSample(){                          //父类的默认构造方法
    System.out.println("This is a super-constructor.");
  }
}
class SubSample extends SuperSample {            //子类
  public SubSample(){                            //子类的默认构造方法
    System.out.println("This is a sub-constructor.");
  }
}
public class Sample {
  public static void main(String[] args) {
    SubSample subSample = new SubSample();       //创建对象
  }
}
```

上述程序在 main()方法中创建 subSample 对象时,其输出显示为:

```
This is a super-constructor.
This is a sub-constructor.
```

其输出显示说明了创建对象的顺序。

当一个类有多个构造方法时,则发生构造方法的重载现象,创建类对象时需要指明使用哪个构造方法实现对象的创建。

【示例 3-13】 多个构造方法创建类对象的 Java 演示程序。

```
public class Sample {
  public Sample(){                               //无形参的默认构造方法
    System.out.println("no parameterList-constructor");
  }
  public Sample(String newS){                    //有形参的构造方法
    System.out.println(newS);
  }
  public static void main(String[] args) {
    Sample sample1 = new Sample();               //用默认的构造方法创建一个对象
    Sample sample2 = new Sample("parameterList-constructor");
                                                 //用非默认的构造方法创建另一个对象
  }
}
```

上述程序在 main()方法中分别使用不同的构造方法创建两个对象 sample1 和 sample2。

当一个父类的构造方法出现重载现象时,即有多于一个构造方法时,并在父类中有默认的构造方法,应用子类创建类对象时,先创建的父类对象是使用父类中默认构造方法创建的,当父类没有默认构造方法,只有非默认构造方法时,在继承该父类的子类中需要显式调用父类的某一个非默认的构造方法来实现父类对象的创建。

【示例 3-14】 显式调用父类构造方法的 Java 演示程序。

```java
class SuperSample {                                    //无默认构造方法的父类
    public SuperSample(String newS){                   //父类中非默认的构造方法 1
        System.out.println(newS);
    }
    public SuperSample(int newX){                      //父类中非默认的构造方法 2
        System.out.println(newX);
    }
}
class SubSample extends SuperSample {                  //子类
    public SubSample(){
        super("super-constructor.");                   //显式调用父类的一个非默认的构造方法
    }
}
public class Sample {
    public static void main(String[] args) {
        SubSample subSample = new SubSample();
    }
}
```

关键字 super 相当于指向父类构造方法的指针,通过它指定创建父类对象时所需要使用的父类中的一个非默认的构造方法。

3.2 abstract 和 final 修饰符

abstract(抽象的)和 final(终态的)是 Java 的两个修饰符,都可以修饰类。被 abstract 修饰的类称为抽象类,抽象类是不可使用的,Java 体系不允许创建抽象类的类对象,抽象类是作为父类应用的,需要由其他类继承后方可使用。被 final 修饰的类称为终态类,终态类是不能作为父类使用的,是不允许被其他的类继承的。另外,abstract 和 final 修饰符还可以修饰类中的方法,final 修饰符可以修饰类中的变量。

3.2.1 abstract 修饰符

abstract 修饰符可以修饰类,也可以修饰方法,但是,只能修饰抽象类中的方法。

顾名思义,抽象类在概念上描述的就是抽象世界。例如,动物相对于具体的狗、猫等就是一个抽象的概念;数字相对于具体的整数、浮点数等也是一个抽象的概念。抽象类是一

种特殊的类,抽象类的定义方式是在类定义的前面加上修饰符 abstract,抽象方法的定义也是类似的。其语法格式为:

```
abstract class abstractClass {            //声明抽象类
  … ;                                     //定义类的普通成员
  abstract ReturnType methodName(parameterList);  //声明抽象方法
     抽象的    返回类型    方法名    形参列表
}
```

与普通类不同的是在抽象类中允许声明类中方法为 abstract 抽象的,但是抽象方法应为没有方法体的空方法,因为"抽象",没有具体内容,所以抽象方法为空方法,只是在抽象类中声明有这个方法而已,当使用 abstract 声明方法时,不能与关键字 static、private 或 final 同时使用。

因为抽象类不能创建其类对象,只能作为父类被应用,因此,需要非抽象的子类来继承抽象类,同时在子类中还需要覆盖抽象类中的抽象方法,为该方法填写具体内容(方法体)。

另外,当一个类的定义完全表示抽象概念时,就不应该被实例化为一个对象。例如,Java 基础类库中的 Number(数字)类就是一个抽象类,只表示数字这一抽象概念,只有作为整数类 Integer 或实数类 Float 等的父类时它才具有其意义。

【示例 3-15】 描述动物的抽象类的 Java 演示程序代码。

```
abstract class Animal {                           //定义动物抽象类
  private String s_Name;                          //声明动物名称变量
  private String s_Kind;                          //声明动物类别变量
  public String getS_Name() {                     //声明方法
    return s_Name;
  }
  public void setS_Name(String new_Name) {
    s_Name = new_Name;
  }
  public String getS_Kind() {
    return s_Kind;
  }
  public void setS_Kind(String new_Kind) {
    s_Kind = new_Kind;
  }
  public abstract void Action();                  //声明动物行为的抽象方法
}
```

在抽象类 Animal 中的普通方法是针对所有动物的,例如操作动物名称、类别等,而 Action()方法是描述动物行为的,其行为方式是不确定的,需要视具体的动物而定,所以被修饰为 abstract 抽象的。

下面的程序是一个继承 Animal 类的描述"狗"的类,其程序代码为:

```
public class Dog extends Animal {                 //定义"狗"的具体类
  private boolean wildness;                       //声明子类特有的属性
```

```java
    public void setWildness(boolean new_Wildness){
        wildness = new_Wildness;
    }
    public boolean isWildness(){                    //声明子类特有的方法
        return wildness;
    }
    public void Action(){                           //覆盖抽象类中的抽象方法
        System.out.println("吃、喝、运动型等");      //编写方法实现的具体内容
    }
    public static void main(String[] args) {
        Dog dog = new Dog();                        //创建一个"狗"的对象
        dog.setS_Name("狗");                        //调用 dog 对象的 setS_Name()方法
        dog.setS_Kind("犬科");                      //调用抽象类中声明的方法
        dog.setWildness(false);                     //调用子类中声明的方法
        System.out.println(dog.getS_Name());
        System.out.println(dog.getS_Kind());
        System.out.println(dog.isWildness());
        dog.Action();                               //调用 dog 对象的 Action()方法
    }
}
```

当抽象类中声明了抽象方法时,则在继承抽象类的子类中一定要覆盖抽象方法,并实现方法体的内容,例如上述程序在抽象类 Animal 中定义的 Action()方法,其内容是在继承了 Animal 类的 Dog 类中实现的,因为 Dog 类是描述具体的"狗"对象,因此有其行为方式,抽象方法被覆盖后,其调用方式与普通方法一样。

抽象类描述的是事物所具有的共性,共同拥有的特征和行为,为其他需要继承的类提供一个基础类,当子类继承抽象类将共性完全继承时,还可以定义子类固有的与其他事物有别的特征和行为,例如在上述 Dog 程序中定义的 wildness(野生)属性等。

3.2.2 final 修饰符

Java 语言体系出于安全性或面向对象设计上的考虑,有时希望一些类不能被继承,一些类、方法或变量不能被改变;或者一个类定义得非常完美,不需要再进行修改或扩展;或者该类、方法或变量对编译器和解释器的正常运行非常重要,不能轻易动态改变的;或者确保类、方法或变量的唯一性等,使用 final 修饰符可以达到上述目的。另外,final 修饰符与 abstract 修饰符是不能同时使用的。

关键字 final 是用于类、方法或变量的修饰符。当 final 出现在类的声明中时,表示这个类不能有子类或被继承,是一个终态类;当 final 关键字出现在方法声明中时,表示该方法不能被覆盖,使用关键字 static 或 private 声明的方法隐含有 final 修饰功能;当 final 出现在变量的声明中时,表示该变量为常量,常量需要有初始化,即要被赋予一个固定的值,赋值操作可以在声明常量时进行,也可以在类的构造方法中进行。final 修饰符的使用语法格式为:

```
final class finalClass {                              //声明终态类
    final variableName [ = initializationValue ];     //声明常量
    final ReturnType methodName(parameterList);       //声明终态方法
     终态的     返回类型      方法名      形参列表
}
```

例如,在 Java 的基础类库中,String(字符串)类就被声明为 final 型的,它保证了 String 数据类型的唯一性。

【示例 3-16】 使用 final 修饰符修饰的类、方法和变量的 Java 演示程序。

```
final class FinalClass{                               //final 修饰的类
    final String str = "final Data";                  //final 修饰的变量
    public String str1 = "non final data";
    final public void print(){                        //final 修饰的方法
        System.out.println("Final Method.");
    }
    public void what(){
        System.out.println(str + "\n" + str1);
    }
}
public class FinalSample {                            //使用 FinalClass 类,但不能继承
    public static void main(String[] args){
        FinalClass f = new FinalClass();              //创建 FinalClass 类对象 f
        f.what();                                     //调用 f 对象中的方法 what()
        f.print();                                    //调用 f 对象中的方法 print()
    }
}
```

因为当一个类被修饰为 final 时,它无法被任何类继承,继承"链"也就到了终点(节点),因此 final 类也被称为"叶子类",在叶子类中定义的方法是属于叶子类的,自然也就成为 final 型的。因此,在叶子类中的方法被修饰为 final 型是没有意义的,但是,在其他非叶子类中定义 final 型方法是有意义的,即该方法在被继承的子类中是不能被覆盖的。

3.3 this 和 super 变量

面向对象程序设计体系的继承性会出现变量和方法的隐藏和覆盖等现象,为避免访问变量和调用方法出现二义性,在 Java 语言体系中设计了 this 和 super 两个变量。

关键字 this 和 super 是作为两个变量被应用的,更确切地说是两个"指针"变量,this 指向当前类对象,super 指向父类对象。当需要访问或调用当前类对象的变量或方法时,使用 this 变量,当需要访问或调用当前类的父类对象的变量或方法时,使用 super 变量。

3.3.1 this 变量

this 变量是针对访问或调用当前类对象的变量或方法而言的,this 变量可作为当前类

对象使用,其访问变量和调用方法的作用域为整个类。this 变量使用的语法格式为:

```
this.variableName [methodName([parameterList])][ expression ];
     变量名    或    方法名        形式参数           表达式
```

【示例 3-17】 通过 this 变量访问类中变量和调用类中方法的 Java 演示程序。

```
class AccessVandM{                                  //定义类
  private int x;                                    //声明变量 x,作用域为整个类
  public void OneMethod() {                         //定义一个方法
    this.x = 20;                                    //访问变量 x
    this.AnOtherMethod();                           //调用 AccessVandM 类的 AnOtherMethod()方法
  }
  public void AnOtherMethod() {                     //定义另一个方法
    System.out.println(this.x);
  }
}
public class Sample {
  public static void main(String[] args) {
    AccessVandM avm = new AccessVandM();            //创建 AccessVandM 类对象 avm
    avm.OneMethod();                                //调用 avm 对象的 OneMethod()方法
  }
}
```

this 变量是一个特殊的实例值,它用来在类中一个成员方法内部指向当前的对象。在 this 使用的语法格式中,this 访问的变量和调用的方法实际上是表达式中的一个元素,由 this 构成的语句实现的是一种操作,因此,应该在方法体中完成,但是 this 变量不能使用在静态方法体中,因为 this 不是静态变量。例如,不能在静态的 main()方法中使用 this 变量。

当在类中声明的变量与在方法中声明的变量具有相同的名字时,由于两个同名变量的作用域是不同的,因此,在方法体中使用 this 可以访问整个类作用域的变量。

【示例 3-18】 this 作用域演示的 Java 程序。

```
class AccessVariable {                              //定义类
  private int x;                                    //声明变量 x,作用域为整个类
  public void OneMethod() {                         //定义方法
    int x = 10;                                     //声明方法内变量 x,作用域为方法体内
    this.x = 20;                                    //访问作用域为整个类的 x 变量
    System.out.println(x);
    System.out.println(this.x);
  }
}
public class Sample {
  public static void main(String[] args) {
    AccessVariable av = new AccessVariable();
    av.OneMethod();                                 //调用 AccessVariable 类对象的方法
  }
```

}

当在类中声明的变量与在方法的形式参数列表中声明的变量具有相同的名字时,在方法体中使用 this 将访问变量指向类声明的变量。

【示例 3-19】 使用 this 避免二义性的 Java 演示程序。

```
class AccessVariable {
  private int x;                                //声明变量 x,作用域为整个类
  public void OneMethod(int x) {                //在方法的形式参数列表中声明变量 x
    this.x = x;                                 //为类中变量 x 赋值
                                                //如果不用 this,则 x = x;将产生二义性
    System.out.println(this.x);                 //输出显示类中变量 x
  }
}
public class Sample {
  public static void main(String[] args) {
    AccessVariable av = new AccessVariable();
    av.OneMethod(20);                           //调用 AccessVariable 类对象的方法
  }
}
```

this 的另一个用途是调用当前类的构造方法,其语法格式为:

this([parameterList]);
   形式参数

该应用形式只针对类的构造方法,其使用也在构造方法体内,并且是构造方法体内的第一行语句,this 可调用当前类的带输入参数和无输入参数的构造方法。

【示例 3-20】 使用 this 调用当前类构造方法的 Java 演示程序。

```
public class Sample {                           //定义类
  private int x;                                //声明变量
  private int y;
  private String s;
  public Sample(int newX){                      //定义一个带输入参数的构造方法
    this.x = newX;                              //为变量 x 赋初始值
  }
  public Sample() {                             //定义默认的构造方法,this 为第一条语句
    this(0);                                    //调用本类中带输入参数的构造方法
    this.y = 0;                                 //为变量 y 赋值
  }
  public Sample(String newS) {                  //在此构造方法中 this()是第一条语句
    this();                                     //调用本类的默认构造方法
    this.s = newS;
  }
}
```

上述程序的原意是无论在什么情况下都需要在构造方法中为 x 变量赋予初始值,带输入参数的构造方法并非默认的构造方法,当该类需要有一个默认构造方法(用于继承等),同时又要求为 x 变量赋予初始值时,则在默认构造方法中使用 this 指定调用一个带输入参数的构造方法;当使用其他构造方法创建对象并为 x 和 y 变量赋予初始值时,则可通过 this 调用默认的构造方法。

3.3.2　super 变量

super 变量是在当前类中访问或调用其父类对象的变量或方法的。super 变量可作为当前类的父类对象使用,super 访问的是父类非 private 变量和调用的是父类非 private 方法。super 变量使用的语法格式为:

```
super.variableName [methodName([parameterList])] [ expression ];
        变量名    或    方法名      形式参数              表达式
```

【示例 3-21】 通过 super 变量访问直接父类中变量和调用直接父类中方法的 Java 演示程序。

```java
class SuperSample {                              //定义父类
  private int x;                                 //声明变量 x
  int y;                                         //声明变量 y,非 private 型
  public int getX() {                            //定义读变量 x 的方法
    return x;
  }
  public void setX(int x) {                      //定义写变量 x 的方法
    this.x = x;                                  //为类中变量 x 赋值
  }
}
class SubSample extends SuperSample {            //定义继承 SuperSample 类的子类
  public void AccessVandM(){                     //定义类中方法
    super.setX(20);                              //调用父类 setX()方法
    super.y = 10;                                //访问父类中的 y 变量
  }
}
```

super 变量也是一个实例值,用来在子类中一个成员方法内部指向当前类的父类对象,在 super 使用的语法格式中,super 访问的变量和调用的方法实际上是表达式中的一个元素,由其构成的语句实现的是一种操作,因此,super 操作应该在子类的方法体中实现。

有继承关系的子类和父类都存在着变量、方法的隐藏和覆盖等现象,使用 super 和 this 可分别操作隐藏和被隐藏、覆盖和被覆盖的变量和方法,super 实现了访问在父类中被隐藏的变量和调用被覆盖的方法。

【示例 3-22】 通过 super 访问在父类中被隐藏变量和调用被覆盖方法的 Java 演示程序。

```java
class SuperSample {                              //定义父类
    String s = "Super Variable";                 //声明变量 s,在父类中,继承后被隐藏
    public void printMethod() {                  //定义父类中方法 printMethod(),被覆盖
        System.out.println("Super Method");
    }
}
class SubSample extends SuperSample {            //定义子类
    String s = "this Variable";                  //声明变量 s,在子类中,隐藏了父类的 s
    public String getS(){                        //定义子类中方法
        return this.s;
    }
    public void printMethod() {                  //定义子类中与父类同名的方法,覆盖父类方法
        System.out.println("this Method");
    }
    public void AccessSuper(){                   //定义子类中方法
        System.out.println(super.s);             //访问父类中被隐藏的 s 变量
        super.printMethod();                     //调用父类被覆盖的 printMethod()方法
    }
    public static void main(String[] args){      //定义 main 方法
        SubSample ss = new SubSample();          //创建子类对象 ss
        System.out.println(ss.getS());           //输出显示子类变量 s
        ss.printMethod();                        //调用 ss 对象的 printMethod()方法
        ss.AccessSuper();                        //调用 ss 对象的 AccessSuper()方法
    }
}
```

在子类中,通过 AccessSuper()方法访问了父类被隐藏的 s 变量和调用了父类被覆盖的 printMethod()方法。

super 的另外一个用途是在子类的构造方法中调用直接父类的构造方法,其语法格式为:

```
super([parameterList]);
         形式参数
```

super 的应用形式也是只针对类的构造方法的,其使用在子类的构造方法体内,并且是构造方法体内的第一行语句,super 可调用直接父类的带输入参数和无输入参数的构造方法,例如示例 3-23。

【示例 3-23】 通过 super 调用直接父类构造方法的 Java 演示程序。

```java
class SuperSample {                              //定义父类
    private int x;                               //声明变量
    private int y;
    public SuperSample() {                       //定义默认构造方法
    }
    public SuperSample(int newX,int newY) {      //定义带输入参数的构造方法
        this.x = newX;                           //为变量赋予初始值
```

```java
        this.y = newY;
    }
}
class SubSample extends SuperSample {          //定义继承 SuperSample 的子类
    String s ;                                 //声明变量
    public SubSample(){                        //定义子类默认构造方法
        super();                               //在第一行调用父类默认构造方法
        this.s = "Sub-Class";
    }
    public SubSample(int newX, int newY){      //定义子类构造方法
        super(newX, newY);                     //调用父类的其他构造方法
    }
}
```

在一般情况下,当父类定义了构造方法时,在继承的子类构造方法中应先调用父类的构造方法实现父类对象的创建和初始化。

3.4 Java 的多态性

多态性是面向对象程序设计的一大特征,多态体现了程序的可扩展性,在应用程序运行时多态又体现了程序代码的重复使用特性。

3.4.1 多态的概念

在面向对象程序设计中,描述一个对象时,多态指的是一个对象的行为方式可以有多种操作形态,根据对象的不同进行不同的操作,因此多态是与对象关联的,这种关联被称为绑定(binding)。绑定分为静态绑定和动态绑定,静态绑定是在编译时完成的,动态绑定则是在程序运行时完成的。绑定与类的继承相结合使对象呈现出多态性,达到一次编写代码多次使用的目的。

Java 类中方法的重载呈现出多态的特性,它属于静态绑定。例如,实现两个数的加法运算有两个整数相加、两个长整数相加、两个浮点数相加等。下面的程序是定义了实现两个数的加法运算的类和使用该类的应用程序。

【示例 3-24】 应用加法运算类的 Java 演示程序。

```java
public class AddSample {                       //定义两个数 x 和 y 相加类
    public int Add(int x, int y){              //两个整数相加
        return x + y;
    }
    public long Add(long x, long y){           //两个长整数相加
        return x + y;
    }
    public double Add(double x, double y){     //两个浮点数相加
        return x + y;
```

```java
    }
}
public class Sample {                              //定义应用类
    public static void main(String[] args){
        int i_x = 10;                              //声明数据变量
        int i_y = 20;
        long l_x = 123456789;
        long l_y = 987654321;
        double d_x = 10e-12;
        double d_y = 20e-15;
        AddSample as = new AddSample();            //创建 AddSample 对象 as
        int i_z = as.Add(i_x,i_y);                 //调用整数相加方法
        long l_z = as.Add(l_x,l_y);                //调用长整数相加方法
        double d_z = as.Add(d_x,d_y);              //调用浮点数相加方法
    }
}
```

虽然名为 Add 的方法都是实现相加操作,完成一种操作,但是每个 Add()方法都是针对不同的数据类型的,由返回类型和输入参数决定调用哪个 Add()方法,上述程序为 Add()方法的重载,体现了面向对象程序设计的多态特性。另外,当在子类中覆盖父类中同名的方法时,也是多态特性的一种表现,因为在子类中可以通过 super 变量访问父类中被覆盖的方法。

绑定与类的继承相结合则可体现出动态绑定的多态特性,当方法的覆盖存在于父、子类之间时,Java 的多态特性体现在运行 Java 程序时动态方法调用上。多态特性发生在程序运行期间,并非在程序编译指定调用重载方法期间。下面的示例程序是在运行期间发生的多态特性。

【示例 3-25】 多态特性的 Java 演示程序。

```java
abstract class SuperSample {                       //定义抽象父类
    public void Display(){                         //SuperSample 类中的方法
        System.out.println("This is a super-class.");
    }
}
public class SubSample_A extends SuperSample{      //定义 SubSample_A 子类
    public void Display(){                         //覆盖 SuperSample 类中的方法
        System.out.println("This is a subSample_A-class.");
    }
}
public class SubSample_B extends SuperSample{      //定义另一个 SubSample_B 子类
    public void Display(){                         //覆盖 SuperSample 类中的方法
        System.out.println("This is a subSample_B-class.");
    }
}
public class SubSample_C extends SuperSample{      //定义另一个 SubSample_C 子类
```

```java
    public void DisplaySubSample_C(){           //定义子类自身的方法,非覆盖
      System.out.println("This is a subSample_C-class.");
    }
}
public class Sample {                           //定义应用父、子类的 Sample 类
  public static void main(String[] args){
    SuperSample f;                              //声明父类变量 f
    SubSample_A a = new SubSample_A();          //创建 SubSample_A 类对象 a
    SubSample_B b = new SubSample_B();          //创建 SubSample_B 类对象 b
    SubSample_C c = new SubSample_C();          //创建 SubSample_C 类对象 c
    f = a;                                      //将对象 a 赋给类变量 f
        //它相当于 SuperSample f = new SubSample_A();
    f.Display();                                //调用 f 对象中的 Display()方法
    f = b;                                      //将对象 b 赋给类变量 f
    f.Display();                                //调用 f 对象中的 Display()方法
    f = c;                                      //将对象 c 赋给类变量 f
    f.Display();                                //调用 f 对象中的 Display()方法
  }
}
```

运行 Sample 程序,其输出结果为:

```
This is a subSample_A-class.
This is a subSample_B-class.
This is a super-class.
```

当父类对象 f 被赋予子类对象 a 时,其调用的方法为子类 SubSample_A 中定义的覆盖父类的 Display()方法,当重新为父类对象 f 赋予为 b 对象时,其调用的方法改为子类 SubSample_B 中定义的覆盖父类的 Display()方法,当父类对象 f 被赋予子类对象 c 时,其调用的方法为父类定义的 Display()方法,因为在 SubSample_C 类中并没有定义 Display()方法,没有发生覆盖现象。该程序显示了在运行时动态调用不同的方法,实现了 Java 程序运行时的多态特性。

上述示例将子类对象类型作为创建父类对象的基本对象类型的处理过程被称为"上溯造型,Upcasting"或"回溯造型",子类对象是已经创建好的现成对象模型,是继承了父类的,因此其父类对象可以由子类对象构造生成,实现"上溯、Up"或"回溯"的"造型,Casting"。

另外,"上溯造型"功能也是充分体现了 Java 在动态时的多态特性。子类对象是在父类的指定范围内重新动态构造父类对象的类型模型,例如下面的示例程序是当声明一个父类变量并为其赋予子类对象时,其属性和行为被限定在父类范围内。

【示例 3-26】 父类限定子类的 Java 演示程序。

```java
class SuperSample {                             //定义父类
  public void Display(){                        //SuperSample 类中的方法
    System.out.println("This is a super-class.");
  }
```

```java
}
public class SubSample extends SuperSample{        //定义一个 SubSample 子类
    public void Display(){                         //覆盖 SuperSample 类中的方法
        System.out.println("Override Method in subSample-class.");
    }
    public void Display(String newS){              //定义子类自身的方法,重载 Display()方法
        System.out.println(newS);
    }
}
public class Sample {                              //定义应用父、子类的 Sample 类
    public static void main(String[] args){
        SuperSample f;                             //声明父类变量 f
        SubSample s = new SubSample();             //创建 SubSample 类对象 s
        f = s;                                     //将子类对象 s 赋给父类变量 f
        f.Display();                               //调用子类中的 Display()方法,多态性
//      f.Display("Overload Method in subSample-class.");    //不正确调用
//不能调用子类中带输入参数的重载的 Display()方法,因为 f 对象的属性和行为被限定在父类范围
    }
}
```

3.4.2 多态的应用

【示例 3-27】 在面向对象程序设计中,多态主要是通过方法的重载和覆盖体现的,其过程是通过向不同的对象发送相同的信息,根据对象的不同完成不同的工作。例如,定义一个 People()类,为相互沟通,所有人共有行为是说话,在 People 类中则可定义 Speak()方法,但是,各个区域的人是说不同语言的,中国人(Chinese)说中文、美国人(American)说英文、日本人(Japanese)说日文等,假设在 People 类中重载 Speak()方法表示不同区域人的说话行为的程序代码为:

```java
public class People {                              //定义 "人"类
    public void Speak(){                           //定义人的说话行为
        System.out.println("The People say language");
    }
    public void Speak(String s){                   //定义人的区域说话行为
        if(s == "Chinese")
            System.out.println("The Chinese say Chinese");
        if(s == "American")
            System.out.println("The American say English");
        if(s == "Japanese")
            System.out.println("The Japanese say Japanese");
    }
}
```

上述程序通过 Speak()方法的输入参数指定不同区域人的说话行为,该程序设计虽然体现了多态特性,但是它并不符合面向对象程序设计理念,对象没有细分,层次不清晰,

People 类应该是各个区域人类的父类，因此，上述程序可以修正为：

```java
public abstract class People {                    //定义抽象的"人"类
    public abstract void Speak();                 //定义人的抽象说话行为
}
class Chinese extends People {                    //定义属于中国人的类
    public void Speak(){                          //定义中国人的说话行为
        System.out.println("The Chinese say Chinese");  //覆盖父类方法
    }
}
class American extends People {                   //定义属于美国人的类
    public void Speak(){                          //定义美国人的说话行为
        System.out.println("The American say English"); //覆盖父类方法
    }
}
class Japanese extends People {                   //定义属于日本人的类
    public void Speak(){                          //定义日本人的说话行为
        System.out.println("The Japanese say Japanese"); //覆盖父类方法
    }
}
public class AnyPeople extends People{            //定义任何人的类
    People p;
    public AnyPeople(People p) {                  //重新指定具体的人
        this.p = p;
    }
    public void Speak(){                          //定义人的说话行为
        p.Speak();
    }
}
public class Sample {                             //定义应用类
    public static void main(String[] args){
        People people;                            //声明"人"类变量
        Chinese chinese = new Chinese();          //创建中国人对象
        American american = new American();       //创建美国人对象
        Japanese japanese = new Japanese();       //创建日本人对象
        people = chinese;                         //当该人为中国人时
        people.Speak();                           //语言为中文
        people = american;                        //当该人为美国人时
        people.Speak();                           //语言为英文
        people = japanese;                        //当该人为日本人时
        people.Speak();                           //语言为日文
        AnyPeople ap = new AnyPeople(chinese);    //上溯造型重新确定具体的人
        ap.Speak();
    }
}
```

运行 Sample 程序时其输出结果为：

```
The Chinese say Chinese
The American say English
The Japanese say Japanese
The Chinese say Chinese
```

上述程序在运行时根据 people 是哪个区域的"人"决定 people.Speak() 的实际执行代码,该程序设计是符合面向对象程序设计理念的,因为不论是哪个区域的"人"都是属于"人"类的,而每个区域的"人"又有自己的说话方式,因此当一个"人"属于不同区域时有不同的说话方式,在应用中其行为与对象是动态绑定的,即实现上溯造型,它也是体现了面向对象程序设计中行为方式的多态特性。

3.4.3 构造方法与多态

一个类可以定义多个构造方法,即构造方法的重载,当使用同一个类的不同构造方法创建多个类对象时,其对象也会有所不同,呈现出多种对象的形态,该现象也是面向对象程序设计的多态特性的一种体现。例如,用一个类描述坐标系对象,坐标系有绝对和相对坐标系之分,定义绝对坐标系的原点为(0,0)时,相对坐标系的原点为(x0,y0),当 x0 和 y0 的值为 0 时,绝对坐标系和相对坐标系重合。

【示例 3-28】 描述绝对坐标系和相对坐标系的 Java 演示程序。

```
class Coordinate {                                    //定义直角坐标系类
    private int x0;                                   //声明 x0 坐标原点变量
    private int y0;                                   //声明 y0 坐标原点变量
    public Coordinate() {                             //设置绝对坐标系原点处坐标值
        x0 = 0;
        y0 = 0;
    }
    public Coordinate(int newX0, int newY0) {         //设置相对坐标系原点处坐标值
        x0 = newX0;
        y0 = newY0;
    }
}
public class Sample {
    public static void main(String[] args) {
        Coordinate absoluteCoordinate =
            new Coordinate();                         //创建绝对坐标系对象
        Coordinate oppositeCoordinate =
            new Coordinate(10,10);                    //创建相对坐标系对象
    }
}
```

创建的两个不同坐标系对象的关系如图 3-1 所示,相对坐标系在绝对坐标系中,相对坐标系的原点坐标在绝对坐标系中的(10,10)处。

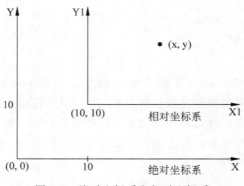

图 3-1　绝对坐标系和相对坐标系

3.5　小结

(1) Java 类的继承是完全继承，子类全部继承父类的所有内容。

(2) 只要有继承，在子类和父类中的变量和方法之间就存在隐藏、覆盖、重载现象。

(3) 隐藏是隐藏父类中的成员变量和静态方法；覆盖是替换父类中相同的操作方法；重载可发生在子类与父类之间，也可发生在同一个类中，重载用不同的操作方法实现相同（一种）类型的操作功能。

(4) Java 的重载体现了静态的多态特性，动态绑定或"上溯造型"技术则体现了动态的多态特性。

(5) abstract（抽象的）修饰的类不可直接使用，需要派生，修饰的方法为空方法；final 修饰的类不可被继承，final 修饰的量为常量。

(6) this 变量指向当前类，super 变量指向父类。

3.6　习题

(1) Java 类的继承有什么特点？

(2) 在一个 Java 类中可同时定义许多同名的方法，这些方法的形式参数的个数、类型、顺序各不相同，返回值也可以不相同，这种面向对象程序设计的特性被称为：

　　A. 隐藏　　　　　B. 覆盖　　　　C. 重载　　　　D. Java 不支持此特性

(3) 下面是关于类及其修饰符的一些描述，哪些是正确的？

A. abstract 类只能当父类使用，不能用来创建 abstract 类的对象。

B. final 类不但可以当父类使用，也可以用来创建 final 类的对象。

C. abstract 不能与 final 同时修饰一个类。

D. abstract() 方法在 abstract 类中声明，但 abstract 类中可以没有 abstract() 方法。

E. 通过 super 变量在子类中可以引用 abstract 父类中声明的 abstract() 方法。

F. this 变量不可以引用 final 类的父类中声明的变量和操作方法。

（4）编写一个在学校的人员 SchoolPeople 类，SchoolPeople 类的属性和行为如下。

属性：id   编号   int 类型
　　　name   姓名   String 类型
　　　age   年龄   byte 类型
　　　sex   性别   boolean 类型，true 表示男，false 表示女
　　　phone   电话   String 类型

行为：独立返回 5 个属性值的 5 个方法
　　　统一设置 5 个属性值的方法

通过继承 SchoolPeople 类编写一个学生 Student 类，Student 类特有的属性和行为如下。

属性：student_Id   学号   String 类型

行为：独立返回学号属性值的方法
　　　设置学号和 SchoolPeople 类定义的 5 个属性值的方法

通过继承 SchoolPeople 类编写一个教师 Teacher 类，Teacher 类特有的属性和行为如下。

属性：id_number   身份证号   String 类型

行为：独立返回身份证号属性值的方法
　　　设置身份证号和 SchoolPeople 类定义的 5 个属性值的方法

编写 Java 应用程序，创建一个教师对象 s_people1 和一个学生对象 s_people2，设置它们的属性，并输出显示教师和学生的所有信息。

（5）在 J2SDK 环境中编译、调试、运行下述几个程序，查看和分析程序运行后输出的显示结果。

```
/* ========== 程序 1 ========== */
class A {
}
public class B extends A {
  public static void main(String[] args){
      A a = null; B b = null;
      if(a instanceof A)
        System.out.println("a belong to A");
      else
        System.out.println("a NOT belong to A");
      if(b instanceof B)
        System.out.println("b belong to B");
      else
        System.out.println("b NOT belong to B");
      a = new B();
      if(a instanceof A)
```

```java
          System.out.println("a belong to A");
        else
          System.out.println("a NOT belong to A");
        if(a instanceof B)
          System.out.println("a belong to B");
        else
          System.out.println("b NOT belong to B");
        b = new B();
        if(b instanceof A)
          System.out.println("b belong to A");
        else
          System.out.println("b NOT belong to A");
        if(b instanceof B)
          System.out.println("b belong to B");
        else
          System.out.println("b NOT belong to B");
    }
}
/* =========== 程序2 =========== */
class SuperClass{
    int a,b;
    SuperClass(int newA,int newB){
        a = newA; b = newB;
    }
    void show(){
        System.out.println("a = " + a + "\nb = " + b);
    }
}
class SubClass extends SuperClass{
    int c;
    SubClass(int newA,int newB,int newC){
        super(newA,newB);
        c = newC;
    }
}
class SubSubClass extends SubClass{
    int a;
    SubSubClass(int newA,int newB,int newC){
        super(newA,newB,newC);
        a = newA + newB + newC;
    }
    void show(){
        System.out.println("a = " + a + "\nb = " + b + "\nc = " + c);
    }
}
public class Sample {
    public static void main(String[] args){
```

```java
        SubSubClass x = new SubSubClass(10,20,30);
        x.show();
    }
}
/* ========== 程序 3 ==========  */
class Base{
    String var = "base var";
    static String staticVar = "static var";
    void method(){
        System.out.println("base method");
    }
    static void staticMethod(){
        System.out.println("base static method");
    }
}
class Sub extends Base{
    String var = "Sub var";
    static String staticVar = "static Sub Var";
    void method(){
        System.out.println("sub method");
    }
    static void staticMethod(){
        System.out.println("sub static method");
    }
}
public class Sample {
    public static void main(String[] args){
        Base base = new Sub();
        System.out.println(base.var);
        System.out.println(base.staticVar);
        base.method();
        base.staticMethod();
    }
}
/* ========== 程序 4 ==========  */
class SuperClass{
    float x; int n;
    SuperClass(float x,int n){
        this.x = x; this.n = n;
    }
}
class SubClass extends SuperClass{
    SubClass(float x,int n){
        super(x,n);
    }
    float exp(){
        float s = 1;
```

```
         for(int i = 1; i <= n; i++)
            s = s * x;
         return s;
      }
   }
   public class Sample {
      public static void main(String[] args){
         SubClass a = new SubClass(8,4);
         System.out.println(a.exp());
      }
   }
```

第 4 章 Java 接口和 Java 包

本章介绍 Java 接口和 Java 包的相关知识，包括其语法规则和语句的使用，以及通过 Java 包封装类、接口和引用 Java 包中的类、接口等。

4.1 Java 接口

Java 接口（interface）是一些抽象方法和固定变量（常量）的集合，interface 有时被翻译为"界面"，即指类与类中的变量和方法之间"交界处"的交互协议。

Java 接口定义了一个实体可能发出的动作原型，但是没有实现，给定一个协议或一个规范，Java 类则是实现协议，满足规范的具体实体。因此，Java 接口最重要的功能是指定实现接口的类需要"做什么"，在接口定义中并不考虑"怎么做"，具体"怎么做"需要通过实现接口的类来完成。

在 Java 编程中允许几个类同时享有一个或多个程序设计接口，而彼此不完全知道对方具体的实现方法。正因为如此，Java 接口为设计和规划大型类或应用程序提供了一种方便的程序设计框架，是程序设计者定义出的一个类所需要实现一些功能的集合。依据 Java 接口机制，设计者很容易地将大型应用程序进行细化，然后再通过接口的形式分配给每位编程人员，使得各个程序模块的功能更清晰，接口使编程人员可以指定实现给定接口的对象，而不必知道该对象的具体类型或继承关系等。

4.1.1 接口的定义

Java 接口封装了一组方法和常量，在接口中定义的方法只提供了方法协议的封装，而没有实现方法的实体，它不限制实现其实体需要在什么类上的继承。声明一个 Java 接口的语法格式为：

```
[modifer] interface InterfaceName [extends OtherInterfaceName]{
[修饰符]            接口名      继承    其他接口
…;   //定义接口成员——数据和方法
}
```

接口作为一些方法和常量的集合,通过 interface 关键字将它作为一种类型声明,按照 Java 的语法规则,当接口作为类型时,其行为和类作为类型完全一样。

Java 接口的修饰符选项有 public、protected 和 abstract 等,指明接口的作用域和性质,Java 接口不能被修饰为 private,接口定义的规则与定义类是一样的,只是使用的关键字 interface 与定义类 class 不同而已。

同 Java 类的定义一样,Java 接口的成员也是数据和操作的组合,只是在 Java 体系中,Java 接口被归为具有抽象性质的一种类型,对其内部的数据和操作有一些特殊的要求:接口中的数据被要求声明为常量,并赋予初始值,常量只能是 public(公共的)、static(静态的)和 final(最终的);接口中表现操作的方法被要求定义为"空"方法,即只有方法的声明,没有方法体的内容,接口内部方法声明的语法格式为:

```
[modifer] returnType methodName([parameterList]);
[修饰符]    返回类型   方法名    [形式参数列表]
```

在 Java 接口里定义的方法只是规定了方法的输入(parameterList)、输出(returnType)协议,没有方法体,即没有任何操作代码。

在 Java 接口内部的方法定义中,既然没有形式上的显式声明(例如无修饰符),其修饰符只能是 public(公共的)或者 abstract(抽象的)。

【示例 4-1】 Java 接口应用程序,该接口描述的是计算圆的面积和周长。其接口代码为:

```
interface CalculateCircle {                              //定义接口
  double PI = 3.1415926;                                 //声明常量 π
  double CalculateCircleArea(double newR);               //声明计算圆面积的方法
  double CalculateCircumference(double newR);            //声明计算圆周长的方法
}
```

4.1.2　接口的实现

Java 接口是不能直接使用的,它需要由一个类实现(或称为继承)后方可使用,类实现接口的关键字是 implements,但是实现了接口的类并没有继承任何东西,只是承诺实现接口中定义的成员,具体实现多少、怎样实现并没有任何限制。

一个类实现一个接口的语法格式为:

```
[modifer] class OneClass implements OneInterface {
  [修饰符]        类名              接口名
  [modifer] returnType OneMethod([parameterList]) {
    [修饰符]   返回类型 相同方法名 [形式参数列表]
              //覆盖在 OneInterface 接口中定义的方法 OneMethod()
    …;        //编写方法中的代码,实现该方法的功能
  }
}
```

关键字 implements 用在类声明中,在 implements 后面指出了该类使用的接口,即要实现(继承)的接口,当一个类通过 implements 关键字实现一个接口时,一般需要实现接口中描述的所有方法的实体,除非实现接口的类是抽象类。

在实现接口的类中,与类的继承相同,接口作为"父类",常量自然继承到类中,而接口中的方法需要在继承的类中被覆盖,要覆盖被实现接口中的所有方法,它是方法覆盖的另一种应用,因为在接口中定义的方法只能被修饰为 public 或者 abstract,因此,在继承的类中,覆盖的方法也只能被修饰为 public 或者 abstract。

被实现的接口与该类的关系是接口只负责定义框架(方法),不实现任何操作功能,其操作功能的实现是由实现了该接口的类完成的,在类的方法体中编写操作代码。

【示例 4-2】 实现计算圆面积和周长接口(其代码见 4.1.1 节)的类代码以及应用该类的示例程序。

```java
public class CalculateAandG implements CalculateCircle {   //定义实现接口的类
  public double CalculateCircleArea(double newR) {         //实现接口中的方法
    return PI * newR * newR;                               //编写方法体内容
         //计算圆的面积,其返回值等于π×R(半径)×R(半径)
  }
  public double CalculateCircumference(double newR) {      //实现接口中的方法
    return 2 * PI * newR;                                  //编写方法体内容
         //计算圆的周长,其返回值等于2×π×R(半径)
  }
  public static void main(String[] args) {
    CalculateAandG calculate = new CalculateAandG();       //创建类对象
    System.out.println("R = 10 ,Area = "                   //计算半径等于10的圆面积
      + calculate.CalculateCircleArea(10.0));
    System.out.println("R = 10 ,Area = "                   //计算半径等于10的圆周长
      + calculate.CalculateCircumference(10.0));
  }
}
```

在 Java 体系中,与类继承的单一性相比较,一个类并非只能继承(实现)一个接口,一个类可以实现多个接口,实现多个接口时对每个接口而言与实现一个接口是等同的,实现关系如图 4-1 所示,实现的所有接口是一视同仁的。

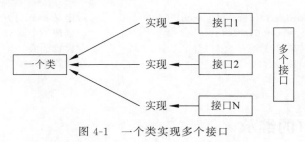

图 4-1 一个类实现多个接口

一个类实现多个接口的语法格式为：

```
[modifer] class OneClass implements Interface1,Interface2,…,InterfaceN {
 [修饰符]    类名              接口1名  接口2名     接口N名
 [modifer] returnType AllMethod([parameterList]) {    //覆盖方法
  …;              //覆盖所有接口中的方法,编写实现方法功能的代码
 }
}
```

当一个类需要实现多个接口时，在类声明中 implements 关键字后的接口名称之间需要使用逗号分开。

【示例 4-3】 定义了两个接口的 Java 程序代码。一个接口描述在直角坐标系中的点 Point，另一个接口描述在直角坐标系中线段的长度 Length。

```
interface Point {                   //定义 Point 接口
    int X0 = 0;                     //声明直角坐标系圆点坐标(x0,y0)
    int Y0 = 0;
    void setXY(int newX,int newY);  //声明设置点在坐标系中的位置的方法
}
interface Length {                  //定义 Length 接口
    int l0 = 0;                     //声明长度最小值为 0
    void setL(int newL);            //声明设置长度的方法
}
```

在直角坐标系中，一个圆是由圆心和半径描述的，其实现上述两个接口的描述圆的类 Circle 代码为：

```
public class Circle implements Point,Length{   //定义 Circle 类,实现两个接口
    int x,y;                                   //声明圆心坐标 x,y
    int r;                                     //声明圆的半径
    public void setXY(int newX,int newY){      //覆盖 Point 接口中的方法
        this.x = newX;                         //编写方法体内容
        this.y = newY;                         //设置圆心坐标 x,y
    }
    public void setL(int newL){                //覆盖 Length 接口中的方法
        if(newL >= L0)                         //L0 是 Length 接口中的常量
            this.r = newL;                     //设置圆半径的长度
    }
    public static void main(String[] args) {   //定义 main()方法
        Circle circle = new Circle();          //创建一个圆对象 circle
        circle.setXY(20,20);                   //设置圆心
        circle.setL(30);                       //设置半径
    }
}
```

4.1.3 接口的继承

在 Java 体系中，与类继承一样，Java 接口也有继承关系，其继承并非是单一的。由于

Java 类不支持多重继承,但是,在现实世界中多重继承往往是需要的,为实现多重继承,Java 则需要使用接口实现,接口的继承也是通过 extends 关键字实现的。

接口多重继承语法格式为:

```
[modifer] interface oneInterface extends Interface1,Interface2,…,InterfaceN{
[修饰符]           子接口名          父接口1名 父接口2名     父接口N名
   …;                                                    //定义新增加的接口成员
}
```

Java 接口的多重继承其实也是将多个接口进行重新组合,即利用 extends 关键字把多个接口组合为一个接口,被继承的多个接口是同等的,其继承关系如图 4-2 所示,子接口是完全继承了所有的父接口内容。

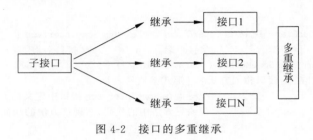

图 4-2　接口的多重继承

【示例 4-4】 将 Point 和 Length 接口(其代码见 4.1.2 节)作为父接口,定义一个继承它们的描述圆在直角坐标系中位置的子接口,并添加一个设置圆在直角坐标系中位置的方法,其子接口代码为:

```
interface Circle extends Point,Length{              //定义继承两个父接口的子接口
  void setCircle(int newX, int newY, int newR);    //添加一个方法
}
```

当一个类实现一个子接口时,除了需要覆盖子接口中的方法外,还需要覆盖父接口中的所有方法。定义一个实现 Circle 接口、描述圆在直角坐标系中位置的类,其程序代码为:

```
public class OneCircle implements Circle {          //定义一个描述圆的类
  int x,y,r;                                        //声明圆心和半径变量
  public void setCircle(int newX, int newY, int newR) {  //覆盖子接口的方法
    this.x = newX;
    this.y = newY;                                  //设置圆心坐标
    if(newR >= L0)                                  //设置半径
      this.r = newR;
  }
  public void setXY(int newX, int newY) {           //覆盖父接口的方法
    this.x = newX;
    this.y = newY;                                  //设置点坐标
  }
  public void setL(int newL) {                      //覆盖父接口的方法
```

```
      if(newL >= L0)                                //设置长度
        this.r = newL;
  }
  public static void main(String[] args) {
    OneCircle onecircle = new OneCircle();          //创建圆对象
    onecircle.setCircle(10,10,20);                  //设置圆对象的坐标位置
  }
}
```

4.1.4 Java 类同时继承父类并实现接口

在 Java 体系中,当一个子类继承一个父类的同时,还可以实现多个接口,其语法格式为:

```
[modifer] class SubClass extends SuperClass implements SomeInterface {
[修饰符]       子类名            父接口名              接口名
  [modifer] returnType SomeMethod ([parameterList]) {
  [修饰符]   返回类型 接口相同方法名 [形式参数列表]
                                //覆盖在 SomeInterface 接口中定义的方法
    …;                          //编写方法中的代码,实现该方法的功能
  }
}
```

【示例 4-5】 子类继承父类的同时还实现一个接口的程序示例。该程序首先定义一个描述人行走行为的类 PeopleMove,因为所有正常的成年人行走的方式和速度都相差不大,可以认为是一样的;然后定义一个描述人说话行为的接口 PeopleSpeak,因为人说话因区域不同差异很大,需要根据区域确定;最后定义一个继承 PeopleMove 类和实现 PeopleSpeak 接口的描述美国人的类 American,在 American 类中覆盖接口定义的说话行为的方法,使其符合美国人的说话行为。其程序代码为:

```
class PeopleMove {                                  //定义描述人行走行为的类
  void Move(){                                      //描述人的行走行为
    System.out.println("The people are moving in 20km/h");
  }
}
interface PeopleSpeak {                             //定义描述人说话行为的接口
  void Speak();                                     //声明描述人说话行为的方法
}
public class American extends PeopleMove            //定义继承 PeopleMove 类的子类
                    implements PeopleSpeak {        //同时实现 PeopleSpeak 接口
  public void Speak() {                             //覆盖接口中的 Speak 方法
    System.out.println("The American say English"); //编写方法体中内容
  }
  public static void main(String[] args) {
    American american = new American();             //创建 American 类对象
```

```
        american.Move();                              //调用父类 Move 方法
        american.Speak();                             //调用在该类中实现的 Speak 方法
    }
}
```

4.1.5　接口与 Java 抽象类

在 Java 体系中，Java 接口实际上就是抽象接口，因为在 Java 接口中只是声明其成员，并不实现具体的操作，因此，在接口的声明中没有任何修饰符的情况下，该接口被自动修饰为 abstract 和 public(默认的)。

Java 接口与抽象类比较相似，不同之处在于接口中的成员变量需要赋予初始值，抽象类中的变量可以不用赋予初始值；再有抽象类中可以定义一般方法和抽象方法，而接口中只能定义抽象方法，在 Java 接口中声明的变量被自动修饰为 final 型(默认的)，而定义的方法被自动修饰为 abstract(默认的)，因此，可以将 Java 接口看成是"纯"的抽象类。

同 Java 普通类一样，一个抽象类可以实现一个或多个接口，在抽象类中可以覆盖接口中声明的方法，也可以不覆盖接口中声明的方法，将覆盖接口中方法的任务交给抽象类的子类完成。在抽象类中可以定义抽象和普通方法，当覆盖接口中声明的方法而不实现具体的操作(不实现方法内容)时，可以将该方法再修饰为 abstract，而在抽象类中用普通方法覆盖接口中声明的方法时，则需要为该方法编写具体的内容(操作)。

【示例 4-6】　定义一个描述动物各种行为的接口 Animal 和实现该接口的描述猫科动物的类 Catamount。猫科动物有猫和虎等，它们的有些行为是不一样的，因此，猫科动物类将被定义为抽象类。在抽象类中可以覆盖接口中的方法。也可以不覆盖接口中的方法。该程序代码为：

```
interface Animal {                                    //定义描述动物的接口
    void Eat();                                       //声明动物吃行为的方法
    void Drink();                                     //声明动物喝行为的方法
    void Move();                                      //声明动物行动行为的方法
    void Shout();                                     //声明动物叫喊行为的方法
}
abstract class Catamount implements Animal {          //定义实现 Animal 接口的抽象类
    public void Eat(){                                //覆盖 Eat 方法，并实现方法体
        System.out.println("This animal eat meat");   //方法体中的程序
    }
                                                      //可以不用覆盖 Drink,因为是抽象类
    public abstract void Move();                      //覆盖 Move 方法，并声明为 abstract
    public abstract void Shout();                     //覆盖 Shout 方法，并声明为 abstract
}
```

在继承接口的抽象类中可以不用实现接口中的方法，抽象类可以把实现接口方法的任务交给抽象类的子类，另外，继承抽象类的子类除了需要实现抽象类中的抽象方法外，还需要实现抽象类继承的接口中的没有被覆盖的方法。例如，下面的程序是定义一个继承

Catamount 类的描述猫的子类 Cat，在 Cat 类中除了需要实现 Move()和 Shout()方法外，还需要实现接口中的 Drink()方法，其程序代码为：

```java
public class Cat extends Catamount {              //定义继承 Catamount 类的 Cat 类
    public void Drink() {                          //覆盖接口中的 Drink 方法
        System.out.println("The cat drinks water");  //编写 Drink 方法体
    }
    public void Move() {                           //覆盖抽象类中的 Move 方法
        System.out.println("The cat move in 50km/h"); //编写 Move 方法体
    }
    public void Shout() {                          //覆盖抽象类中的 Shout 方法
        System.out.println("The cat shout 'miaomiao'");//编写 Shout 方法体
    }
    public static void main(String[] args) {       //编写 main 方法
        Cat cat = new Cat();                       //创建 cat 对象
        cat.Eat();                                 //调用 Eat 方法
        cat.Drink();                               //调用 Drink 方法
        cat.Move();                                //调用 Move 方法
        cat.Shout();                               //调用 Shout 方法
    }
}
```

4.1.6 接口的应用

在用 Java 语言编写程序时，使用 Java 接口机制可以增加编程的灵活性。例如，使用 Java 接口定义一个类的表现形式，不做任何具体的操作，当接口被实现时，可以通过不同的 Java 类实现不同的操作，因此，使用 Java 接口机制可充分体现面向对象编程的继承性和多态性等。

【示例 4-7】 描述动物的 Java 程序。"动物"是一个抽象的概念，将动物的各种行为能力通过接口抽象地独立描述，然后再通过继承的组合可以分别描述各大种类的动物，例如鸟类、鱼类动物等。当确定具体动物时，根据具体动物选择实现的接口，并重写其行为方法。

动物可能具有的能力有：叫喊能力、飞行能力、行走能力、游泳能力等，为每种能力定义一个独立的接口，其代码为：

```java
interface ShoutAble {                //定义描述动物叫喊能力的接口
    void Shout();                    //声明叫喊方式的方法
}
interface FlyAble {                  //定义描述动物飞行能力的接口
    void Fly();                      //声明飞行方式的方法
}
interface MoveAble {                 //定义描述动物行走能力的接口
    void Move();                     //声明行走方式的方法
}
interface SwimAble {                 //定义描述动物游泳能力的接口
```

```
    void Swim();                                    //声明游泳方式的方法
}
```

当描述鸟类动物时,其具备上述各种能力,因此,鸟类的接口将继承上述所有接口,鸟类的接口代码为:

```
interface BirdAnimal extends                        //定义继承 4 个接口的鸟类接口
        ShoutAble,FlyAble,MoveAble,SwimAble {
    void Eat();                                     //声明动物吃行为的方法(动物共有能力)
    void Drink();                                   //声明动物喝行为的方法(动物共有能力)
}
```

当具体到海鸥动物时,定义的海鸥类实现鸟类 BirdAnimal 接口,并覆盖所有接口中的方法,重写海鸥所具有的行为方式,其定义的类代码和应用程序代码为:

```
public class Mew implements BirdAnimal {            //定义实现 BirdAnimal 的 Mew 类
    public void Drink() {                           //覆盖子接口中的方法并重写
        System.out.println("They drink water");
    }
    public void Eat() {                             //覆盖子接口中的方法并重写
        System.out.println("They eat fish");
    }
    public void Shout() {                           //覆盖父接口中的方法并重写
        System.out.println("They shout 'gaga'");
    }
    public void Fly() {                             //覆盖父接口中的方法并重写
        System.out.println("They fly in 50km/h");
    }
    public void Move() {                            //覆盖父接口中的方法并重写
        System.out.println("They move in 5km/h");
    }
    public void Swim() {                            //覆盖父接口中的方法并重写
        System.out.println("They swim in 10km/h");
    }
    public static void main(String[] args) {
        Mew mew = new Mew();                        //创建一个 mew 对象
        mew.Drink();                                //调用对象中的方法
        mew.Eat();
        mew.Shout();
        mew.Fly();
        mew.Move();
        mew.Swim();
    }
}
```

当描述鱼类动物时,其只有游泳能力,因此,鱼类的接口只继承 Swim 接口就可以了。鱼类的接口代码为:

```java
interface FishAnimal extends SwimAble {       //定义继承1个接口的鱼类接口
    void Eat();                                //声明动物吃行为的方法(动物共有能力)
    void Drink();                              //声明动物喝行为的方法(动物共有能力)
}
```

当具体到金鱼动物时,定义的金鱼类实现鱼 FishAnimal 接口,并覆盖接口中的方法,重写金鱼所具有的行为方式,其定义的类代码和应用程序代码为:

```java
public class Goldfish implements FishAnimal {    //定义 goldfish 类
    public void Drink() {                         //覆盖子接口中的方法并重写
        System.out.println("They drink water");
    }
    public void Eat() {                           //覆盖子接口中的方法并重写
        System.out.println("They eat rice");
    }
    public void Swim() {                          //覆盖父接口中的方法并重写
        System.out.println("They swim in 20km/h");
    }
    public static void main(String[] args) {
        Goldfish goldfish = new Goldfish();       //创建一个 goldfish 对象
        goldfish.Drink();                         //调用对象中的方法
        goldfish.Eat();
        goldfish.Swim();
    }
}
```

有些水生动物是可以登上陆地的,例如乌龟,当定义乌龟类时,假设乌龟与金鱼的差别只有乌龟可以在陆地上行走一项,则可以通过继承金鱼类并实现行走能力接口定义乌龟类,其类定义和使用代码为:

```java
public class Tortoise extends Goldfish implements MoveAble{   //定义类
    public void Move() {                          //覆盖接口方法
        System.out.println("They move in 5km/h"); //添加行为能力
    }
    public static void main(String[] args) {
        Tortoise tortoise = new Tortoise();       //创建 tortoise 对象
        tortoise.Drink();                         //调用父类方法
        tortoise.Eat();                           //调用父类方法
        tortoise.Swim();                          //调用父类方法
        tortoise.Move();                          //调用新增方法
    }
}
```

当然,还可以根据类的继承和接口多重继承的不同组合定义两栖动物,陆路动物等接口和定义具体动物的类,还可以在确定了具体动物的同时添加实现某些行为能力的接口等,并在覆盖的方法中为具体动物填写所具有的行为能力。

接口的多重继承、一个类在继承父类的同时可以实现多个接口的特性，以及通过接口规定一个类要做什么，而不参与如何去做等特性体现了 Java 语言编程的灵活性，而在实现接口的类中方法的覆盖和重写特性体现了 Java 语言编程的多态性。

【示例 4-8】 显示接口变量在 Java 程序运行时的动态绑定特性，体现一个接口，多个方法的动态的多态特性。

```java
interface OneInterface {                    //定义一个接口
  void OneMethod();                         //声明一个名为 OneMethod 的方法
}
class ClassA implements OneInterface {
                                            //定义实现 OneInterface 接口的 ClassA 类
  public void OneMethod() {                 //覆盖 OneInterface 接口的 OneMethod 方法
    System.out.println("This is a Method of ClassA");
  }                                         //实现 ClassA 类方法体
}
class ClassB implements OneInterface {
                                            //定义实现 OneInterface 接口的 ClassB 类
  public void OneMethod() {                 //覆盖 OneInterface 接口的 OneMethod 方法
    System.out.println("This is a Method of ClassB");
  }                                         //实现 ClassB 类方法体
}
public class UseClassAandB {
  public static void main(String[] args) {
    OneInterface obj;                       //声明 OneInterface 变量 obj
    obj = new ClassA();                     //将 obj 动态绑定 ClassA 对象
    obj.OneMethod();                        //调用 ClassA 对象中的 OneMethod 方法
    obj = new ClassB();                     //将 obj 动态绑定 ClassB 对象
    obj.OneMethod();                        //调用 ClassB 对象中的 OneMethod 方法
  }
}
```

UseClassAandB 程序输出显示结果为：

```
This is a Method of ClassA              //ClassA 中方法的内容
This is a Method of ClassB              //ClassB 中方法的内容
```

另外，在 Java 接口中，定义的变量都具有 static 和 final 属性，因此，可以利用接口定义整个应用程序使用的全局变量，在整个应用程序中可以直接使用。

【示例 4-9】 定义常量的接口程序和直接引用接口中常量的 Java 程序。

```java
interface Constants {
  double PI = 3.1415926535897932384626433;  //声明圆周率
  double e = 2.71828183;                    //声明自然对数的底
  int MAX_COUNT = 255;                      //声明最大数
  int MIN_COUNT = 0;                        //声明最小数
}
```

在 UseConstants 类中直接引用 Constants 接口内定义的常量示例程序如下：

```java
public class UseConstants {
  public static void main(String[] args) {
    System.out.println("If R = 10, the circle area = "
            + 10 * 10 * Constants.PI);              //使用圆周率常量
    System.out.println("e = " + Constants.e);       //使用自然对数的底
    System.out.println(Constants.MIN_COUNT          //使用最大、小数
      + " <= byte Number <= " + Constants.MAX_COUNT);
  }
}
```

Java 接口除上述的应用外，还有很多地方可以使用接口，例如，在 Java 的事件机制中就经常用到接口，再有就是对于一些已经开发好的应用系统，在结构上进行较大的调整已经是不现实的，这时可以通过定义一些接口并追加相应的实现接口的类完成功能结构的扩展。

4.2 Java 包

Java 语言程序是由一些类和接口组成的，为管理这些类和接口，Java 体系制定了"包"管理机制，其主要功能是将用途相近但功能不同的一些类和接口集合在一起，或者是将一个完整的 Java 应用程序中的所有类和接口集合在一起。在同一个包内的所有类和接口不能有相同的名字，因此，包也是避免类和接口名字在同一个包内发生冲突的管理工具。

任何一种程序设计语言都会为其使用者提供类库、函数库等方便编写程序，Java 也不例外。Java 的应用程序类库是以包的形式提供的，功能和用途相近的一些类和接口被放在同一个包中，包的名字体现了其用途。

4.2.1 package 语句

Java 关键字 package 是用于定义包的，package 字后跟包的名字，其语法格式为：

```
package packageFirstName[.packageSecondName....packageNoName];
         第一级包名           第二级包名         第 N 级包名
```

package 语句圈定了一些类和接口是属于包名的，包名代表一些类和接口的集合，在同一个包名的集合中不能有相同的类或接口名，类与接口也不可同名。

包的名字是编程人员自己确定的，它是由单词构成，或是由圆点"."操作符号分隔的多个单词组成的，单词是由英文小写字母组成。为包命名需要体现该名字的唯一性（非重名），因为包名的结构与互联网域名结构类似，因此，Java 语言的发明者建议使用为互联网域名命名的规则为一个包命名，因为一个域名在互联网域中是唯一的。

package 语句应放在 Java 编译单元（Java 源代码文件 .java）的第一行，并且只能有一

条,package 语句的功能为指明在 Java 编译单元内定义的所有类和接口是属于被命名的包中。

【示例 4-10】 构成一个 Java 编译单元,其代码为:

```
package bnu.sunyilin;                          //声明包
public class OneClass implements OneInterface { //定义一个 public 类
}
interface OneInterface {                       //在同一个编译单元定义一个 protected 接口
}
```

上述程序的包名是 bnu.sunyilin,要求在 bnu 范围内 sunyilin 是唯一的名字,OneClass 类和 OneInterface 接口属于 bnu.sunyilin 包。

当多个 Java 编译单元共同使用一个包名时,每个编译单元的第一行 package 语句是一样的,则这些编译单元中的类和接口同属于一个包,例如下述两个编译单元程序:

```
package bnu.sunyilin;                          //第一个编译单元
public class OneClass {                        //定义一个 public 类
}
package bnu.sunyilin;                          //第二个编译单元,与第一个编译单元有相同的 package 语句
public interface OneInterface {                //定义一个 public 接口
}
```

上述两个编译单元的 OneClass 类和 OneInterface 接口属于 bnu.sunyilin 包。

在 Java 编译单元中可以省略 package 语句,没有 package 语句的 Java 编译单元中的类和接口是不属于任何包的,不属于任何包的类和接口是不能被其他 Java 程序所引用的。

当一些类和接口需要被其他应用程序所引用(包括访问和继承等操作)时,则需要将这些类和接口定义在包中,protected 修饰的类和接口只能在包内(属于同一个包)的任何地方被引用,public 修饰的类和接口可以在包内和包外(不属于同一个包)的任何地方被引用。

4.2.2　Java 包与路径

Java 的包实际上是一种 Java 类文件的组织和管理机制,包名字的构成是采用了树状结构的形式,树根与树叶是由圆点"."操作符号分隔的,它正好与计算机操作系统对磁盘文件目录的树状管理是一致的,也就是包的管理结构与文件管理系统中的路径的层次结构是一致的。因此,包的名字是与类文件存放在磁盘中的路径(目录的树状结构)相关联的,包名中的圆点"."分隔符确定的是包的层次结构,最前面的单词是 Java 包层次结构的根,分隔符后的单词为子包,根包为根目录,子包为子目录,Java 类文件则需要存放在最后的子目录中。例如,包名为 bnu.sunyilin,其类文件一定要存放在磁盘的..\bnu\sunyilin\路径下,在路径符中"..\"表示当前的工作路径,当磁盘符为 F 的根目录为工作路径时,"..\"为"F:\>",再如包名为 bnu.elec.syl,其类文件要存放在磁盘的..\bnu\elec\syl\路径下。包名中不含分隔符(一个单词)时,包名只表示根包,其对应的文件管理系统只有一层路径。

【示例 4-11】 有 package 语句的 Java 应用程序,其程序代码为:

```
package bnu.sunyilin;                    //定义包
public class HelloWorld{
  public static void main(String args[]){
    System.out.println("Hello World!");
  }
}
```

该程序文件以 HelloWorld.java 为文件名存放在磁盘的..\bnu\sunyilin\路径中,使用 J2SDK 工具在 DOS 命令提示符窗口中编译和运行该程序的命令为:

```
javac bnu\sunyilin\HelloWorld.java        //编译程序
java bnu.sunyilin.HelloWorld              //运行程序
```

在编译和运行命令中,编译时需要指出 HelloWorld.java 文件存放的路径,运行时需要指出 HelloWorld.class 类文件属于的包,通过 Windows 的资源管理器查看 Java 文件如图 4-3 所示,在 DOS 命令提示符窗口中,上述 J2SDK 命令的操作是在 F 盘的根目录中进行的,而 Java 文件是存放在 F:\>\bnu\sunyilin\路径中的,只有 HelloWorld.class 类文件存放在 F:\>\bnu\sunyilin\路径下时,其通过 J2SDK 的 java 命令才能正确运行该程序。

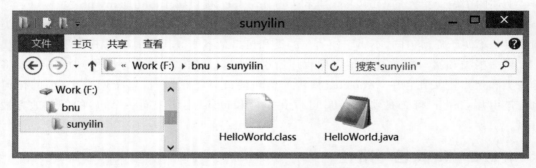

图 4-3 bnu.sunyilin 包名对应的文件路径

4.2.3 import 语句

Java 体系提供了引用一个包中类和接口的机制,import 就是用于指定导入一个包中类和接口到当前编译单元的 Java 关键字,import 语句是针对具有 package 语句的编译单元而言的。import 语句由 import 关键字后跟导入包中的类或接口名组成,当导入包中所有类和接口时,其所有类和接口的名字用"*"符号代替。import 语句使用的语法格式为:

```
import packagename.ClassName;            //引入 packagename 包中的 ClassName 类
import packagename.InterfaceName;        //引入 packagename 包中的 InterfaceName 接口
import packagename.*;                    //引入包名为 packagename 中的所有类和接口
```

import 语句可以将指定包的公共（public）类和接口引入到当前的编译单元中，在编译单元内可以直接使用这些类和接口中的成员，成员包括被修饰为 public 的变量、常量、方法等。

在编译单元中 import 语句的位置是在 package 语句后面、第一个类或接口定义的前面。另外，在一个编译单元中可以出现任意数量的 import 语句。

【示例 4-12】 在 bnu.sunyilin 包中定义的两个类，其程序代码为：

```
package bnu.sunyilin;                       //定义包名
public class OutPrintString {               //定义 OutPrintString 类
  public void PrintString(String s){        //声明一个输出字符串的方法
    System.out.println(s);
  }
}
package bnu.sunyilin;                       //声明相同的包名
public class OutPrintInt {                  //定义 OutPrintInt 类
  public void PrintInt(int i){              //声明一个输出整数的方法
    System.out.println(i);
  }
}
```

【示例 4-13】 在 bnu.elec.syl 包中定义的一个 ImportSample 类，在该类中导入 bnu.sunyilin 包中定义的所有类。其程序代码为：

```
package bnu.elec.syl;                       //定义包名
import bnu.sunyilin.*;                      //导入 bnu.sunyilin 包中的所有类
public class ImportSample {                 //定义 ImportSample 类
  public static void main(String[] args) {
    OutPrintString ops = new OutPrintString();//创建 OutPrintString 类对象 ops
    ops.PrintString("HelloWorld!");         //使用 ops 对象中的方法
    OutPrintInt opi = new OutPrintInt();    //创建 OutPrintInt 类对象 opi
    opi.PrintInt(20);                       //使用 opi 对象中的方法
  }
}
```

应当注意的是当上述程序在 Windows 操作系统中使用 J2SDK 命令编译和运行时，需要使用 DOS 的 set 命令将..\bnu\sunyilin\路径设置为公共的开放路径，或者需要设置 Windows 的环境变量，使其路径（PATH）或类路径（CLASSPATH）指向..\bnu\sunyilin\（设置步骤：右击"我的电脑"，选择"属性"→"系统属性"→"高级"选项，单击"环境变量"按钮，设置 PATH 和 CLASSPATH 内容，如图 4-4 所示），其目的有两个：一是当使用 J2SDK 的 javac 编译命令编译 ImportSample 类时，编译器可以找到..\bnu\sunyilin\目录下的 OutPrintString 和 OutPrintInt 类，将它们导入 ImportSample 类中以便使用；二是在使用

J2SDK 的 java 命令运行 ImportSample 程序时,Java 运行环境 JRE 能够找到 OutPrintString 和 OutPrintInt 类。

图 4-4　设置 Windows 环境变量

4.2.4　直接引用 Java 包中的类和接口

在 Java 体系中还可以用另外一种方式引用包中的类或接口到当前的编译单元,即直接引用法,它是针对包中的具体一个类或接口实现引用,直接引用包中的类或接口也被称为前缀包名法,它是指在 Java 应用程序中不使用 import 语句,使用包中具体类或接口时,在每个引用的类或接口前面给出它们所在包的名字,其语法格式为：

```
packagename.ClassName objname = new packagename.ClassName();
    包名        类名      对象名         包名        类名
```

从 packagename 包中引入一个 ClassName 类在当前编译单元中创建一个 objname 对象,创建对象后则可使用该对象中的公共成员。

【示例 4-14】　在 bnu.elec.syl 包中直接使用 bnu.sunyilin 包中定义的 OutPrintString 和 OutPrintInt 类(程序见 4.2.3 节),其前提是当在 Windows 操作系统中使用 J2SDK 命令编译和运行时,需要设置系统环境变量,使环境变量值 PATH 和 CLASSPATH 指向 ..\bnu\sunyilin\路径。ImportSample 类程序代码为：

```
package bnu.elec.syl;
public class ImportSample {                    //定义 ImportSample 类
    public static void main(String[] args) {
        bnu.sunyilin.OutPrintString ops = new bnu.sunyilin.OutPrintString();
```

```
        //直接使用 bnu.sunyilin 包中的 OutPrintString 类
    ops.PrintString("HelloWorld!");
    bnu.sunyilin.OutPrintInt opi = new bnu.sunyilin.OutPrintInt();
        //直接使用 bnu.sunyilin 包中的 OutPrintInt 类
    opi.PrintInt(20);
  }
}
```

4.2.5　Java 包的应用

包确定了 Java 体系多个类的管理规则,对于存放于磁盘中的多个类文件,Java 语言程序开发系统 J2SDK 同样提供了多个 Java 文件的管理工具——jar 命令。该命令是将一些相关的类或是与应用程序有关的文件聚合(归档)为一个文件,它将这些文件以 ZIP 格式压缩到文件名后缀为.jar 的文件中,方便文件的归类和管理,将一个包中定义的所有类文件压缩到*.jar 文件中提供给使用者的是一个理想的文件管理模式,因此,Java 语言体系提供的类库都是以这种形式提供给编程人员的。例如,将..\bnu\ 目录中的所有文件压缩到 Classes.jar 文件中的行命令格式为:

```
jar cvf Classes.jar -c bnu/
```

另外,当一个 Java 应用程序被压缩到*.jar 文件中时,J2SDK 的 java 命令也可以运行*.jar 文件格式的 Java 程序,但是在压缩应用程序的同时需要在*.jar 文件中建立一个"自述文件",其最重要的目的就是指示应用程序的入口类(含有 main()方法的类),自述文件为一个文本文件,其文件名为 manifest.mf,在该文件中有指示应用程序入口类、版本等信息。

【示例 4-15】 jar 命令使用示例。一个 Java 应用程序 HelloWorld 类代码为:

```
package bnu.sunyilin;                        //定义包
public class HelloWorld{
  public static void main(String args[]){
    System.out.println("Hello World!");
  }
}
```

其针对 HelloWorld 程序的 manifest.mf 文件的内容为:

```
Manifest-Version: 1.0                        //指示软件版本
Main-Class: bnu.sunyilin.HelloWorld          //指示含有 main()方法的类文件
```

提示:该文件需要以"回车"作为最后一行的结尾符,并以 manifest.mf 为文件名存放在当前磁盘的工作路径中。

使用 J2SDK 中 jar 命令,在 Windows 命令行窗口中生成含有 manifest.mf 自述文件的 jar 文件的命令格式为:

```
jar cvfm HelloWorld.jar manifest.mf \bnu\sunyilin\HelloWorld.class
```

在 Windows 命令行窗口中，使用 java 命令运行 HelloWorld.jar 文件的命令格式为：

```
java – jar HelloWorld.jar
```

在 Java 应用程序和类库的开发与使用中，Java 语言的发明者建议使用 *.jar 文件形式为用户提供其应用程序和类库，在应用类库时则需要设置类库存放的路径（CLASSPATH），以便 J2SDK 中的命令能够找到类库。例如，javac 编译命令可以找到被编译的 Java 程序中 import 导入的类。

Java 语言为方便编程提供了大量的类库。类库是以包的形式提供给使用者的，其中最基础的类库是 java.lang 包，为支持 Java 应用程序的运行，java.lang 包已经嵌入 Java 虚拟机中并创建为对象。因此，使用 java.lang 包中的类库时不需要 import 语句将该包导入，可以直接使用 java.lang 包中的类库。例如，输出显示文字的 println() 方法就是 java.lang 包的 System 类中定义的。

【示例 4-16】 使用 java.lang 包 Math 类中方法的示例。该程序功能为通过勾股定理计算直角三角形斜边长度，两条直角边的长度是由随机数产生的，其程序代码为：

```
package pythagorean;
public class Pythagorean {                          //定义 Pythagorean 类
  public static void main(String[] args) {
    double a,b,c;                                   //声明直角三角形 3 个边长变量
    a = 10 * Math.random();                         //产生直角边的长度
    b = 10 * Math.random();                         //random()随机数范围是 0～1
    c = Math.sqrt( a * a + b * b);                  //计算斜边长度
    System.out.println("勾 = " + a);                //输出显示 3 个边的长度
    System.out.println("股 = " + b);
    System.out.println("弦 = " + c);
  }
}
```

除了 java.lang 包外，当使用其他 Java 语言类库时则需要使用 import 语句导入被应用的包，例如下面的语句是导入实现输入、输出操作的 java.io 包。

```
import java.io.*;
```

一个类通过包被引入后，还可以通过继承的方式来应用它。

【示例 4-17】 分别定义在三个不同包中的三个类，通过继承方式引用其他包中类的示例，定义在 point 包中的程序是一个在直角坐标系中描述点的 Point 类，其程序代码为：

```
package point;                                      //定义包名
public class Point {                                //定义点类
  private int x;                                    //声明 x、y 坐标变量
  private int y;
  public Point(int newX, int newY) {                //设置点在坐标中的初始位置
```

```java
    this.x = newX;
    this.y = newY;
  }
  public int getX() {                    //获取 x 坐标值
    return x;
  }
  public void setX(int newX) {           //设置 x 坐标值
    this.x = newX;
  }
  public int getY() {                    //获取 y 坐标值
    return y;
  }
  public void setY(int newY) {           //设置 y 坐标值
    this.y = y;
  }
}
```

定义在 circle 包中的程序是一个在直角坐标系中描述圆的 Circle 类,在直角坐标系中圆是由圆心和半径描述的,在 point 包中已经定义了 Point 点类,该点可作为描述圆心的坐标,在描述圆的类中只需要确定圆的半径即可,因此,Circle 类是通过继承 Point 类确定圆心位置,所以需要引入 point 包中的 Point 类,其程序代码为:

```java
package circle;                          //定义包名
import point.Point;                      //引入 point 包中的 Point 类
public class Circle extends Point {      //定义圆类,继承 Point 类
  private int radius;
  public Circle(int newX0, int newY0, int newR){ //设置圆的初始位置
    super(newX0, newY0);                 //设置圆心的初始位置
    radius = newR;                       //设置圆半径的初始长度
  }
  public int getRadius() {               //获取圆半径(radius)的长度
    return radius;
  }
  public void setRadius(int newRadius) { //设置圆半径(radius)的长度
    this.radius = newRadius;
  }
}
```

上述程序当需要获取或设置圆心位置时,可通过 Point 父类的方法实现。

定义在 user 包中的程序是使用圆类(Circle 类)创建一个圆对象 circle 的 UseCircle 类,通过 import 语句将 Circle 类导入该编译单元,其程序代码为:

```java
package user;                            //定义包名
import point.*;                          //导入 point 包的所有类
import circle.*;                         //导入 circle 包的所有类
public class UseCircle {                 //定义应用类 UseCircle
```

```
    public static void main(String[] args) {
      Circle circle = new Circle(10,10,20);      //创建一个圆的对象
      System.out.println("圆心 = (" + circle.getX() + "," + circle.getY() +")");
                                                 //调用点类的方法
      System.out.println("半径 = " + circle.getRadius());
                                                 //输出显示圆心和半径
    }
  }
```

4.3 小结

（1）Java 接口是一些抽象方法和常量的集合，它给定一个协议或一个规范，但是没有实现，通过 Java 类实现接口协议，接口的功能是指定实现接口的类需要"做什么"，在接口定义中不考虑"怎么做"，具体"怎么做"需要通过实现接口的类来完成。

（2）Java 接口可以实现多重继承，弥补了 Java 类单一继承的不足。

（3）Java 包规范了 Java 类和接口的管理机制，其功能是将用途相近但功能不同的一些类与接口集合在一起，该管理机制为引用包中的类和接口提供了途径。

（4）import 语句实现了 Java 包中类和接口的引用。

4.4 习题

（1）描述接口的功能，并指出在接口声明语句中 interface 前没有修饰符，其默认修饰符是什么？在接口中声明的方法，其返回类型前没有修饰符，其默认修饰符是什么？

（2）当一个编译单元省略了 package 语句时，该编译单元的类和接口可被其他编译单元的程序引用吗？

（3）分别用 4 个接口定义描述加、减、乘、除四则运算法则，通过多重继承组合定义加减法和乘除法接口，并通过运算 Operation 类同时实现加减法和乘除法接口，计算：

    A．11374＋5329－476   B．3359.4×4596.345÷245.89

    C．1456×(29.4÷(374＋5329)－476×978)÷40

（4）在 J2SDK 环境中编译、调试、运行下述几个程序，查看和分析程序运行后输出的显示结果。

```
/* =========== 程序 1 =========== */
interface Car {
  void start();
  void stop();
}
class SmallCar implements Car{
  public void start() {
```

```java
        System.out.println("smallcar start...");
    }
    public void stop() {
        System.out.println("smallcar stop.");
    }
}
class BigCar implements Car{
    public void start() {
        System.out.println("bigcar start...");
    }
    public void stop() {
        System.out.println("bigcar stop.");
    }
}
class TestCar {
    public void operCar(Car car) {
        car.start();
        car.stop();
    }
}
public class TestInterface {
    public static void main(String[] args) {
        TestCar tc = new TestCar();
        SmallCar sc = new SmallCar();
        BigCar bc = new BigCar();
        tc.operCar( sc );
        tc.operCar( bc );
    }
}
/* ========== 程序2 ==========  */
package creation.builder;
public interface Builder {
    void builderA();
    void builderB();
    void builderC();
}
public class ConcreteBuilder implements Builder{
    public ConcreteBuilder() {
        super();
    }
    public void builderA() {
        System.out.println("builderA");
    }
    public void builderB() {
        System.out.println("builderB");
    }
    public void builderC() {
```

```java
      System.out.println("builderC");
    }
}
package creation.builder;
public class Direct {
    private Builder builder;
    public Direct(Builder builder) {
        this.builder = builder;
    }
    public void Construct() {
        builder.builderA();
        builder.builderB();
        builder.builderC();
    }
}
package creation.builder;
public class TestBuilder {
    public static void main(String[] args) {
        ConcreteBuilder builder = new ConcreteBuilder();
        Direct director = new Direct(builder);
        director.Construct();
    }
}
/* ========== 程序3 ==========  */
package proxypattern;
public interface Subject{
    public void dothing();
}
package realproxy;
import proxypattern.*;
public class RealSubject implements Subject{
    public RealSubject(){
    }
    public void dothing(){
        System.out.println("to do some thing!");
    }
}
package proxy;
import proxypattern.*;
public class ProxySubject implements Subject{
    public RealSubject realSubject;
    public ProxySubject(){
    }
    public void dothing(){
        predothing();
        if(realSubject == null){
            realSubject = new RealSubject();
```

```
      }
      realSubject.dothing();
      afterdothing();
    }
    private void predothing(){
      System.out.println("before to do some thing!");
    }
    private void afterdothing(){
      System.out.println("after to do some thing!");
    }
  }
package proxytest;
/* 测试分别选择以下 import 语句
  import proxypattern.*;
  import realproxy.*;
  import proxy.*;
*/
public class ProxyTest {
  public static void main(String[] args){
    Subject sub = new ProxySubject();
    sub.dothing();
  }
}
```

(5) 在同一路径下存放以下两个 Java 文件,文件 1 代码为:

```
package bnu.elec.syl;
public class OutPrintString {              //以 OutPrintString.java 文件名存放
  public void PrintString(String s){
    System.out.println(s);
  }
}
```

文件 2 代码为:

```
package bnu.sunyilin;
import bnu.elec.syl.*;
public class HelloWorld{                   //以 HelloWorld.java 文件名存放
  public static void main(String args[]){
    OutPrintString ops = new OutPrintString();
    ops.PrintString("HelloWorld!");
  }
}
```

在 Windows 操作系统的命令提示符窗口中使用 J2SDK 命令编译和运行上述 Java 应用程序,并为该应用程序创建 manifest.mf 自述文件,应用 jar 命令将上述两个类文件归档到 HelloWorld.jar 文件中,应用 java 命令运行 HelloWorld.jar 程序。

第 5 章 Java 异常处理

本章介绍 Java 异常处理机制的相关知识,包括异常处理语法规则和语句的使用,以及异常的捕获和抛出等。

5.1 Java 异常处理机制

广义的异常是指应用程序在编译和运行期间出现的错误,在编译时出现的错误会被编译器指出,通过修改代码可以完成纠正,但在运行期间出现的错误将直接影响应用程序正常的运行,严格地讲异常是指应用程序在运行期间出现的错误。

5.1.1 异常的类型

在程序执行期间产生异常的情况有很多,例如非法的变量赋值、整数被 0 除、访问数组下标越界、要打开的文件不存在、在网络中数据传输被中断、计算机系统资源耗尽等。应用程序在运行期间发生错误将导致程序的正常执行流程被中断,异常可能造成程序终止运行或程序失去控制,更为严重的可能会造成计算机系统的瘫痪。

一般应用程序在运行期间可能会发生错误,错误大致有两类:一类是程序逻辑错误,逻辑错误一般是人为造成的,其修正需要人来处理;另一类是程序控制操作时可能发生的错误,这类错误大多数是与某种操作相关联的,即该操作可能会引发什么错误。程序控制操作时发生的错误通常是已知的,或是可预见的,有些错误是不可控制的(例如 Java 虚拟机产生错误),而有些错误是可控制的(例如整数被 0 除、访问数组下标越界、要打开的文件不存在等),而异常处理就是针对这类可控制的错误而言的。

5.1.2 异常处理机制

异常处理是指当程序运行时出现错误后该程序将如何处理。因为程序运行时发生异常总是在应用程序做操作处理期间,因此,在编写操作代码时,都会对每一个可能发生异常的操作代码做一些前期的评估,判断是否有潜在的可能要发生的异常,并在程序运行期间对所有可能出现的异常进行技术处理,确保应用程序安全、可靠地运行。

在传统的程序设计语言中,异常的处理一般是在设计应用程序主体逻辑的同时就要考虑可能出现的错误,并根据错误情况设计处理异常的逻辑,通常的做法是根据调用函数返回的错误代码(标志)了解函数执行是否出现错误,并做出相应的处理,而这种检测和处理错误的方式也会带来一些负面影响,例如程序代码的逻辑相对复杂(程序主体逻辑和错误处理代码混杂在一起)、错误信息不够准确等。

在面向对象的程序设计语言中,异常的处理被规范化了,它将各种不同的异常进行分类,并提供良好的异常处理接口,制定了异常处理机制。在编写程序代码时将处理异常代码与常规代码分离,当异常发生时,应用程序运行的流程就会发生改变,其程序的控制权将转移到异常处理代码部分,完成异常的处理,或者使应用程序安全地退出运行。面向对象程序设计的异常处理模式可以使编程人员从编写处理异常逻辑中解脱出来,但同时又可以有的放矢地对异常进行处理。

5.1.3 Java 的异常处理

所有的面向对象程序设计语言都制定异常处理机制,Java 语言同样也确定了异常处理机制。异常处理机制为复杂的应用程序提供了强有力的控制方式,使得程序代码更具有条理性和更便于维护,应用程序在各种环境下的运行更安全和可靠。

Java 异常处理机制有两种模式:一种是捕获已知可能发生的异常并对异常进行处理,该模式是当检测到异常时将改变正常程序执行的流程,根据异常性质实施处理方式;另一种是异常的传播(抛出异常),即在应用程序操作中将可能发生的异常抛出去,抛给调用该操作的上一级方法,由上一级或更上一级方法处理或再抛出,直到最后抛向 Java 虚拟机而被虚拟机做终止程序运行等处理。概括而言,异常处理机制的程序处理部分由捕获异常、传播异常和人为处理异常三部分构成。

在 Java 体系中,每一个异常都被作为一个对象处理,有关异常的所有信息被包含在对象中,在 Java 的基础类库 java.lang 包中定义的 java.lang.Throwable 类被作为所有错误和异常类的父类,只有 Throwable 类或其子类创建的对象才能被 Java 的异常处理语句捕获,或者被异常处理语句抛出,因此,所有 Java 的类库中的异常类及人为自定义的异常类都应该是 Throwable 类的子类。

Java 程序在运行期间可能出现两种类型的异常:一种是终止型,终止型比较严重,是不可恢复的,程序将被终止运行;另一种是继续型,继续型异常发生时,当被处理后,程序还可以返回到被异常中断处继续执行。定义在 Java 的基础类库 java.lang 包中、由 Throwable 类派生出两个标准的子类——java.lang.Error(错误)和 java.lang.Exception(异常)类代表终止型和继续型两种类型的异常。Error 错误类与 Java 虚拟机相关,当计算机系统崩溃、Java 虚拟机出错、动态链接失败等错误发生时产生 Error 错误,Error 类型的错误一般是致命的严重错误,不太可能被修正或恢复到错误之前的程序状态,因此,捕获和处理 Error 类型的错误基本上是无意义的,发生 Error 异常一般将导致应用程序中断。Exception 异常类是可处理的异常,发生 Exception 异常不会导致应用程序中断执行,它可以通过捕获处理纠正错误或在 Exception 异常不影响程序正常执行的前提下将 Exception 异常抛出进行处理，典型的 Exception 异常有数组下标越界、整数被 0 除等。

Java 应用程序在执行期间，当操作有异常出现时，Java 虚拟机会自动创建一个包含异常信息的异常对象，并将它抛给应用程序。

【示例 5-1】 产生异常的 Java 应用程序。

```java
package sample;
public class ExceptionSample {
    public static void main(String[] args) {
        int x = 20 / 0;                        //一个整数被 0 除
    }
}
```

当程序执行到一个整数被 0 除的语句时，Java 虚拟机抛出的异常信息如下：

```
java.lang.ArithmeticException: / by zero
  at sample.ExceptionSample.main(ExceptionSample.java:4)
```

Java 虚拟机通过 throw 语句抛出一个 ArithmeticException 异常对象，ArithmeticException 类是 Exception 类的一个子类，其抛出异常对象的语句为：

```
throw new ArithmeticException("/by zero");
        //创建一个 ArithmeticException 对象并抛出,异常信息为"/by zero"
```

Java 异常处理机制就是针对这些异常对象制定的捕获和传播（再抛出）方式的处理机制。

5.2 Java 异常的捕获与处理

Java 异常的捕获处理机制是由 try、catch 和 finally 关键字组成的语句实现的，由于异常是由某种不正确的操作引起的，因此，其捕获是在方法体内。

5.2.1 try-catch 语句

由 try 和 catch 关键字组成的异常对象捕获语句的语法格式为：

```
try {                                //开始检测出现的异常
    …;                                //可能引发异常的 Java 语句
}
catch(SomeException se) {             //捕获 SomeException 类型的异常对象
    …;                                //对产生的 se 异常进行处理
}
```

try-catch 异常处理的语句结构是针对应用程序操作语句而言的，因此，try-catch 语句被应用在 Java 类中的方法体内，try 和 catch 语句是成对使用的，应用程序实现的正常逻辑功能代码被安排在关键字 try 指定的范围，即"{}"之间，而组成这些代码的 Java 语句可能会产生可预见的异常，处理异常的 Java 语句将被安排在 catch 语句指定的范围，即"{}"之间，处理异常的代码是与 SomeException 类型的异常相关的。

在 catch 语句"{}"中的异常处理程序代码是与在 try 语句中的正常逻辑程序代码分隔开的，该部分代码针对的就是修正已经出现了 SomeException 类型的错误，在 catch 语句中也可以没有程序代码，如果没有程序代码，则对异常只捕获不做任何处理，这种情况被视为将异常（错误）忽略掉，有些异常不被修正并不影响程序的正常执行。

在 Java 体系中，异常是以对象的形式出现的，在 catch 关键字后的"()"中将指明要捕获的异常对象的类型，它是 catch 语句的参数，且只有一个参数，参数是以声明一个对象 se 为 SomeException 某种类型的形式出现的，某种类型指的是继承 Throwable 类的自定义的异常类或是 Java 包中定义的异常类，因此，只有 Throwable 类或其子类才能作为 catch 语句的参数。

当使用 try-catch 结构构成的应用程序被 Java 虚拟机执行时，Java 虚拟机只执行 try 语句中的程序代码，没有异常出现时并不涉及执行 catch 语句中的程序代码。catch 语句是捕获与之对应的 try 语句中的代码运行时可能发生的异常，当有异常发生时，Java 虚拟机则将异常对象抛出，catch 语句就是针对 Java 虚拟机抛出的异常对象进行捕获的，并且只捕获与 SomeException 类型相匹配的异常对象。如果匹配成功，则程序执行流程将发生改变，Java 虚拟机中断执行 try 语句中的程序代码，转向执行 catch 语句中的处理 SomeException 类型异常的程序代码。

【示例 5-2】 为一个数组赋值。其程序代码为：

```
package sample;
public class ExceptionSample {                    //定义 ExceptionSample 类
  public static void main(String[] args) {
    int[] a = new int[10];                        //声明并创建一个长度为 10 的数组对象
    for(int i = 0; i <= a.length; i++){           //循环从 0 开始到数组长度，为数组赋值
      try{                                        //放置可能出现异常的正常逻辑操作代码
        a[i] = i;                                 //为数组赋值
      }
      catch(Exception e){                         //捕获 Exception 类型的异常
        System.out.println("访问下标越界处为：i = " + e.getMessage());
      }                                           //输出显示异常信息
    }
    for (int i = 0; i < a.length; i++)            //输出显示数组内容
      System.out.print(a[i] + ", ");
  }
}
```

上述程序执行时可能会出现异常，原因是数组长度 a.length 等于 10，有 10 个数组单元，而数组下标的起始值是从 0 开始的，即数组下标从 0 到 9 共有 10 个数组单元，当为数组循环赋值到等于 a.length 数组长度（循环终止值 i <= a.length）时，其数组下标已经越界，

即没有 a[10] 这个单元，因此，出现异常，Exception 异常对象 e 是 Java 虚拟机抛出的，而 catch 语句正好将其捕获，程序得以继续执行，并没有因为异常而终止程序继续执行。

在异常对象 e 中的 getMessage() 方法是为使用者提供异常信息的，它简单描述了异常情况，上述程序执行后的输出显示为：

```
访问下标越界处为：i = 10        //getMessage()方法获取信息为10,说明数组下标越界
0, 1, 2, 3, 4, 5, 6, 7, 8, 9,    //输出显示数组单元内容
```

try-catch 异常处理的语句结构还可以由一个 try 多个 catch 关键字组成，可捕获多种异常对象，其语法格式为：

```
try {                              //开始检测出现的异常
  … ;                              //可能引发异常的 Java 语句
}
catch(OneException oe) {           //捕获 OneException 类型的异常对象
  … ;                              //对产生的 oe 异常进行处理
}
catch(AnotherException ae) {       //捕获 AnotherException 类型的异常对象
  … ;                              //对产生的 ae 异常进行处理
}
catch(ElseException ee) {          //捕获 ElseException 类型的异常对象
  … ;                              //对产生的 ee 异常进行处理
}
```

当一个 try 后面跟有多个 catch 时，当异常发生时，首先与第一个 catch 声明的异常类型相匹配，匹配成功则执行第一个 catch 语句中的程序，匹配不成功则依次匹配下面的 catch 语句，直到匹配成功。当多个 catch 语句捕获的异常类型具有继承关系时，catch 语句的安排顺序是应先捕获子类异常，后捕获父类异常。

一段代码可能会出现多种不同的异常需要分别处理时，可以使用多 catch 结构。

【示例 5-3】 下面的一段程序代码可能会产生整数被 0 除和数组下标越界的两种异常。其程序代码为：

```
package sample;
public class ExceptionSample {                    //定义 ExceptionSample 类
  public static void main(String[] args) {
    int[] a = new int[10];                        //声明并创建一个长度为 10 的数组对象
    for (int i = 0; i <= a.length; i++){          //循环从 0 开始到数组长度,为数组赋值
      try {                                       //程序正常逻辑操作部分
        a[i] = 100 / i;                           //数组单元赋值为 100 除以 i,
      }
      catch (ArithmeticException ae) {            //捕获整数被 0 除的异常
        System.out.println("整数数据被 0 除：" + ae.getMessage());
        a[i] = 200;                               //被 0 除时重新为数组赋值,处理异常
        //continue;                               //程序继续执行循环操作,可省略该语句
      }                                           //catch 中为异常处理代码
```

```
      catch (ArrayIndexOutOfBoundsException aiobe) {//捕获数组下标越界的异常
        System.out.println("访问下标越界处为: i = " + aiobe.getMessage());
        //continue;                              //不做异常处理,忽略该错误
      }
    }
    for (int i = 0; i < a.length; i++)          //输出显示数组单元内容
      System.out.print(a[i] + ", " );
  }
}
```

上述为数组赋值操作时可能产生整数被 0 除和数组下标越界的两种异常。当第一次循环时由于 i 等于 0，产生整数被 0 除的异常，java.lang.ArithmeticException 异常类是 Exception 类的子类，它是描述数学运算产生的错误，通过该对象 ae 中的 getMessage() 方法可获取异常的信息，整数被 0 除的异常信息为"/ by zero"，有异常出现时正常的操作将不被执行，在 catch 语句中可以重新完成没有被执行的操作。例如，将 a[0] 赋值为 200 即是对正常程序做修正处理，同样当最后一次循环时，由于 i 等于 10，超出了数组下标的界限，产生数组下标越界的异常。java.lang.ArrayIndexOutOfBoundsException 异常类也是 Exception 类的子类，是专门用于描述数组下标越界时产生的错误，在对象 aiobe 中的 getMessage() 方法是获取数组超出界限的数值，由于没有 a[10] 的数组单元，因此不对该异常做修正处理，将错误忽略掉。

ArithmeticException 和 ArrayIndexOutOfBoundsException 异常对象 ae 和 aiobe 是 Java 虚拟机针对出现不同的异常抛出的，通过 catch 语句不同的参数匹配实现捕获不同的异常，当异常被捕获以及处理后，该程序将继续进行正常的循环赋值操作，可以不需要 continue 语句，没有因为异常的出现而终止程序执行，上述程序执行后的输出显示为：

```
整数数据被 0 除: / by zero              //整数被 0 除异常输出信息
访问下标越界处为: i = 10                //数组下标越界异常输出信息
200, 100, 50, 33, 25, 20, 16, 14, 12, 11,   //显示数组单元内容
```

另外，try-catch 语句是可以嵌套使用的，根据 try-catch 后的大括号明确 try-catch 语句的作用域以及 try 所对应的 catch，嵌套使用应该针对性质不同的操作，性质相同或相近的操作使用 try 和多 catch 语句其逻辑会更清晰。

【示例 5-4】 嵌套使用 try-catch 语句的程序示例。

```
package sample;
public class ExceptionSample {
  public static void main(String[] args){
    int x = 0;
    String s_number = "123abc";
    try{
      x = 10000/TransformData(s_number);    //try-catch 语句嵌套使用
                                            //因 TransformData 方法中已经有 try-catch 语句
```

```
        }
        catch(ArithmeticException ae){           //捕获算术异常
            System.out.println("整数数据被 0 除: " + ae.getMessage());
        }
        System.out.print("x = " + x);
    }
    static int TransformData(String s) {         //定义数据格式转换方法
        int temp = 0;
        try {
            temp = java.lang.Integer.parseInt(s);//字符串转换为整数
        }
        catch (NumberFormatException nfe) {      //捕获数据格式转换异常
            System.out.println("数据转换错误: " + nfe.getMessage());
        }
        return temp;                             //返回转换的数据
    }
}
```

上述程序的功能是将一个字符串转换成一个整数，通过 java.lang 包 Integer 类中 parseInt() 方法实现数据的转换，但是要求字符串是数字组成的，否则 parseInt() 方法将抛出一个 NumberFormatException 类型的异常。在 main() 方法的 try 语句中调用 transformData() 方法时 try-catch 语句发生嵌套使用的情况，当字符串不是数字组成时，将产生两种性质不同的异常。例如，上述程序其输出结果为

```
数据转换错误: For input string: "123abc"
整数数据被 0 除: / by zero
x = 0
```

5.2.2 finally 语句

在 Java 的 try-catch 异常处理机制中，应用程序在无异常时执行 try 模块中的语句，有异常时执行 catch 模块中的语句，出现了分支，但有时有些程序代码无论执行时是否出现异常都需要被执行。例如网络的数据传输，需要在传输前建立连接，传输完成后需要断开连接，无论传输是否正常完成，也可能会出现异常，但是最后都需要将连接断开，以免占用计算机的各种资源。再如，当一个数据库被打开后，无论对数据库读或写操作是否正常，最后都需要将数据库关闭，finally 语句就是完成该任务的。

在 Java 体系中，由关键字 finally 构成的语句是对 Java 异常处理机制的补充，finally 语句是由 finally 关键字后跟的 "{}" 以及在大括号中的程序代码组成，finally 语句需要与 try-catch 语句配合使用，finally 语句的位置是在 try 和所有 catch 语句后面，finally 语句的功能是，无论 Java 虚拟机执行的是 try 语句中的程序代码还是 catch 语句中的程序代码，即无论在 try 语句中的代码是否有异常出现，最后的 finally 语句中的程序代码都将被执行。finally 语句的使用语法格式为:

```
try {
    … ;                                    //可能引发异常的 Java 语句
}
catch(SomeException se) {                  //捕获 SomeException 类型的异常对象
    … ;                                    //对产生的 se 异常进行处理
}
finally{                                   //完成 try-catch 的结尾工作
    … ;                                    //清除异常,或结束时的操作
}
```

在使用 try-catch 语句结构完成正常和异常逻辑程序的同时,有些实现特殊功能的程序代码一定要被执行时,可将这些程序代码安排在 finally 语句中。finally 语句可以单独与 try 语句配合使用,即 try-finally 联合使用而没有 catch 语句,也可以与一个 try 语句和多个 catch 语句配合使用,不过 finally 语句总是在最后面。

【示例 5-5】 try-catch-finally 联合使用的程序示例。其程序代码为:

```java
package sample;
public class ExceptionSample {
    public static void main(String[] args) {
        int[] a = new int[3];                      //声明并创建一个长度为 3 的数组对象
        for (int i = 0; i <= a.length; i++){
            try {
                a[i] = 100 / i;
                System.out.print("a[" + i + "] = " + a[i] + ", ");    //输出显示数组单元内容
            }
            catch (ArithmeticException ae) {       //捕获整数被 0 除的异常
                System.out.print("整数数据被 0 除: " + ae.getMessage() + ", ");
                a[i] = 200;
                System.out.print("a[" + i + "] = " + a[i] + ", ");    //输出显示数组单元内容
            }
            catch (ArrayIndexOutOfBoundsException aiobe) {            //捕获数组下标越界的异常
                System.out.print("访问下标越界处为: i = " + aiobe.getMessage() + ", ");
            }
            finally{                                                  //每次都输出显示循环次数
                System.out.println(" 循环次数: i = " + i + ", ");
            }
        }
    }
}
```

上述程序执行时无论是否有异常出现,其 finally 语句中的代码总是被执行,该程序输出显示结果为:

```
整数数据被 0 除: / by zero, a[0] = 200, 循环次数: i = 0,    //执行 catch 和 finally 模块
a[1] = 100, 循环次数: i = 1,                                //执行 try 和 finally 模块
a[2] = 50, 循环次数: i = 2,                                 //执行 try 和 finally 模块
访问下标越界处为: i = 3, 循环次数: i = 3,                   //执行 catch 和 finally 模块
```

finally 语句中的程序代码不因为在 try 和 catch 语句中有 return、continue、break 等分支语句的存在而不被执行。当在 try 和 catch 语句中有分支语句时,Java 虚拟机在转移程序执行流程之前,总是执行完 finally 语句中的程序代码后才执行分支操作。

【示例 5-6】 try 结合 finally 语句的程序示例。

```java
package sample;
public class ExceptionSample {
  public static void main(String[] args) {
    int[] a = new int[10];                          //声明并创建一个长度为 10 的数组对象
    for (int i = 0; i <= a.length; i++){
      try {
        a[i] = i;
        System.out.print("a[" + i + "] = " + a[i] + ", ");
        break;                                      //中断 for 循环,即退出 for 循环体
      }
      finally{                                      //执行 break 前执行一次 finally 模块
        System.out.println(" 循环次数: i = " + i + ", ");
      }
    }
  }
}
```

上述程序是一个 try-finally 配合使用的程序示例,没有 catch 语句,在 try 模块中使用了 break 语句,表明程序从这里要退出 for 循环,finally 语句是属于 for 循环体中的,但是,finally 语句中的程序代码并没有因为 break 语句而不被执行,在实现 break 动作之前,先要完成执行 finally 语句中的程序代码,该程序输出显示结果为:

  a[0] = 0, 循环次数: i = 0,   //执行 try 和 finally 模块

5.3 Java 异常的抛出

在 Java 面向对象编程体系中,所有实现操作的程序代码都被安排在方法体中。有些操作代码有可能会产生异常,当没有计划在该方法体中处理异常时,可将异常对象抛出到方法体外,由调用该方法的上一级方法进行捕获或者接力抛出等处理,直到将异常对象抛向 Java 虚拟机,由 Java 虚拟机来处理。

5.3.1 从方法体中抛出异常对象

从方法体中抛出异常对象是使用 Java 关键字 throws 实现的,throws 可以抛出多个异常对象。throws 关键字的使用语法格式为:

```java
public void SomeMethod() throws OneException,AnotherException {
  …;            //可能会产生 OneException 或 AnotherException 类型异常的操作代码
}
```

抛出异常对象的语句说明：在方法体 SomeMethod 中实现操作的程序代码可能会产生这样 OneException 或那样 AnotherException 等类型的异常，通过 throws 将它们都抛出去，让调用 someMethod() 方法的上一级方法进行异常处理。另外，不能通过更改方法抛出的异常类型实现方法的重载。

【示例 5-7】 使用 throws 抛出异常对象的程序。其程序代码为：

```java
package sample;
public class ExceptionSample {
  public static void main(String[] args){
    int z;
    try {
      z = Division(10,0);                //在 main 方法中调用 Division()方法
    }
    catch(Exception e){
      z = 10;                            //当有异常时,对异常进行修正
    }
    System.out.println(z);
  }
  static int Division(int x,int y) throws ArithmeticException {
                                         //定义 Division()方法,抛出可能产生的异常
    return x/y;                          //返回两个整数相除的结果
  }
}
```

上述程序在 Division() 方法中并没有涉及异常处理的程序代码，但是其功能是实现两个整数相除的操作，可能会出现除数为 0 的情况，将会产生异常，因此，Division() 方法将可能产生的 ArithmeticException 类型的异常对象抛出，交给调用 Division() 方法的上一级 main() 方法中处理，在 main() 方法中通过 try-catch 语句捕获和处理在 Division() 方法中出现的异常，如果在 main() 方法中不对异常做任何处理，可将异常对象再抛出。

【示例 5-8】 连续抛出异常的 Java 应用程序。

```java
package sample;
public class ExceptionSample {
  public static void main(String[] args)throws ArithmeticException {
                                         //将 Exception 异常再抛出
    int z;
    z = Division(10,0);                  //被 0 除
    System.out.println(z);
  }
  static int Division(int x,int y) throws ArithmeticException {
                                         //抛出 Exception 异常
    return x/y;
  }
}
```

Java 虚拟机执行程序是从 main() 方法开始的,即虚拟机调用 main() 方法,main() 方法中的异常是抛给虚拟机的。当整数被 0 除时,虚拟机接到该异常只能终止程序的继续运行,Java 虚拟机输出的异常信息为:

```
java.lang.ArithmeticException: / by zero
    at sample.ExceptionSample.Division(ExceptionSample.java:9)
    at sample.ExceptionSample.main(ExceptionSample.java:5)
Fatal exception occurred. Program will exit.
```

该信息表明,程序执行时出现 ArithmeticException 类型的异常,确切信息是"/ by zero",异常出现在 division() 和 main() 方法中,Java 虚拟机将终止程序的运行。

5.3.2　针对被抛出的异常对象的处理

在编写 Java 应用程序时,一般要求在调用某个方法的同时,对该方法抛出的异常对象进行捕获和处理,除非被调用的方法抛出的异常对象不影响程序的正常运行才可以将它再抛出,实现异常对象的接力抛出。

另外,异常抛出 throws 语句经常与 try-catch 语句配合使用,当 try 程序模块体中确实有异常发生,但是,catch 语句并没有捕获到,出现该情况时,需要将异常抛出。

【示例 5-9】　捕获与抛出异常对象相结合的 Java 应用程序。

```java
package sample;
public class ExceptionSample {
  public static void main(String[] args){
    int[] a = new int[10];                    //创建一个数组对象
    try{
      a = initArray(a);                       //为数组对象初始化
    }
    catch(Exception e){                       //捕获可处理异常
      System.out.println("另外,还有其他异常发生");
    }
    for(int i = 0; i < a.length; i++)         //输出数组内容
      System.out.print(a[i] + ", ");
  }
  static int[] initArray(int[] x) throws Exception {
                                              //初始化数组方法并抛出 Exception 异常
    int[] temp = new int[x.length];           //声明并创建一个与 x 数组等度的数组对象
    temp = x;
    for (int i = 0; i <= temp.length; i++){
      try {
        temp[i] = 100 / i;
      }
      catch (ArithmeticException ae) {        //捕获整数被 0 除的异常
        System.out.print("整数数据被 0 除: " + ae.getMessage() + ", ");
```

```
            temp[i] = 200;
        }
    }
    return temp;                        //返回完成初始化的数组对象
  }
}
```

上述程序执行结果为：

整数数据被 0 除：/ by zero, 另外, 还有其他异常发生
200, 100, 50, 33, 25, 20, 16, 14, 12, 11,

在初始化数组 initArray() 方法中，只对整数被 0 除异常 ArithmeticException 进行了捕获和处理，但是，该段程序代码可能还会出现其他的异常，例如，数组越界异常 ArrayIndexOutOfBoundsException。在编写应用程序时，有时并没有注意到其他的异常情况，也有可能不知道会发生什么异常情况，所以在编写程序时，可以将所有可处理异常的父类 Exception 类型的异常对象通过方法抛出，由于 Java 类库 java.lang 包是嵌入 Java 虚拟机中的，所有异常类都被创建为对象并注册在 Java 虚拟机中，而 RuntimeException 异常对象实现的功能是在 Java 虚拟机运行 Java 程序期间出现异常时，将异常的父类抛出，因此，通过对 Exception 异常的捕获，可以捕获到 java.lang 包中定义的 Exception 子类的所有异常类型，上述程序就是通过 initArray() 方法抛出异常，它将由调用 initArray() 方法的上一级 main() 方法对 Exception 类型的异常进行捕获和处理。

在编写 Java 应用程序用到 try-catch 语句结构时，如果 catch 语句无法匹配 try 语句中的代码产生的异常时，可以在方法的声明中将常规的可处理的异常抛出。

5.4 Java 基础包中定义的常用异常类

在 Java 体系的异常处理机制中，异常是以类对象的形式出现的，通过类描述异常可以封装有关异常的所有信息，为异常的处理提供方便。与所有 Java 类都是由 java.lang.Object 类派生出来的一样，所有被确定描述异常的类都是 java.lang.Throwable 类派生出来的，包括 Java 类库提供的异常类和自定义的异常类，Java 体系制定的异常处理机制就是针对这些类创建的对象进行处理的，因此，只有 Throwable 类及其派生类才适合 Java 的异常处理机制。

5.4.1 异常类的根类与直接子类

在 Java 基础包 java.lang 中定义的 Throwable 异常类是所有异常类的根类，但它同样也是 java.lang.Object 的子类，在 Throwable 类中定义了一些与异常相关的操作方法，同时还继承了 Object 类的所有方法，Throwable 类中的常用方法和操作功能如表 5-1 所示。

表 5-1 Throwable 类中常用方法及其操作功能说明

返回类型	方法名称	输入参数	操作功能
构造方法	Throwable		创建 Throwable 对象
构造方法	Throwable	String	创建具有异常信息的 Throwable 对象
构造方法	Throwable	String,Throwable	创建具有异常信息和异常起因的 Throwable 对象
构造方法	Throwable	Throwable	创建具有异常起因的 Throwable 对象
Throwable	fillInStackTrace		将异常跟踪信息写入堆栈
Throwable	getCause		获取引起异常的原因
String	getLocalizedMessage		获取本地异常描述信息
String	getMessage		获取详细异常描述信息
StackTraceElement	getStackTrace		获取堆栈跟踪信息
Throwable	initCause	Throwable	初始化异常原因为指定值
void	printStackTrace	PrintStream	将堆栈跟踪异常信息输出到标准错误流
void	printStackTrace	PrintWriter	将堆栈跟踪异常信息输出到指定 PrintWriter
void	setStackTrace	StackTraceElement	设置堆栈跟踪信息
String	toString		返回 Throwable 对象的描述

父类：java.lang.Object

在 Java 基础包 java.lang 中定义了许多常用的 Throwable 类的子类，其中 Exception 和 Error 类是 Throwable 类的直接子类，Throwable 类也只有这两个直接子类。Exception 异常类是可以捕获及修正的，因此，Exception 异常类及其派生类是适合 Java 的异常捕获、传播及修正处理的。Exception 类定义的方法和操作如表 5-2 所示。

表 5-2 Exception 类中常用方法及其功能说明

返回类型	方法名称	输入参数	操作功能
构造方法	Exception		创建 Exception 对象
构造方法	Exception	String	创建具有异常信息的 Exception 对象
构造方法	Exception	String,Throwable	创建具有异常信息和异常起因的 Exception 对象
构造方法	Exception	Throwable	创建具有异常起因的 Exception 对象

父类：java.lang.Throwable、java.lang.Object　　（按继承顺序排列）

从制定 Java 异常处理机制的原则可知，所有从 Throwable 类派生的子类异常对象都适合使用该机制进行处理，但是，在 Java 包中定义的 Error 类及其派生类，一般描述的是应用程序致命的严重错误，基本上是 Java 虚拟机产生的与其相关的、不可逆转的错误，发生 Error 异常将会导致应用程序中断，一般在应用程序中不对这类异常做处理，也无法进行处理，Error 类定义的方法和功能如表 5-3 所示。

表 5-3　Error 类中常用方法及其功能说明

返回类型	方法名称	输入参数	操 作 功 能
构造方法	Error		创建 Error 对象
构造方法	Error	String	创建具有异常信息的 Error 对象
构造方法	Error	String, Throwable	创建具有异常信息和异常起因的 Error 对象
构造方法	Error	Throwable	创建具有异常起因的 Error 对象

父类：java.lang.Throwable、java.lang.Object　　　　（按继承顺序排列）

Exception 和 Error 类的定义表明，它们只声明了各自的构造方法，没有添加属于自己类的方法，只是继承了父类的所有方法，并为其所拥有。Exception 或 Error 类就是通过自身的构造方法创建 Exception 或 Error 对象，并通过该对象实现其父类所有方法的调用。

【示例 5-10】　产生整数被 0 除和数组越界两个异常的程序，通过声明的 Exception 类对象 e 将各自的异常情况输出显示出来。其程序代码为：

```java
package sample;
public class ExceptionSample {
  public static void main(String[] args){
    try{
      int n = 100/0;                         //整数被 0 除异常
    }
    catch(Exception e){
      System.out.println("调用 Throwable 类方法：输出显示异常的各种信息");
      e.printStackTrace();                   //输出显示异常类型
      System.out.println(e.fillInStackTrace());
      System.out.println(e.getLocalizedMessage());
      System.out.println(e.getStackTrace());
      System.out.println(e.getCause());
      System.out.println(e.getMessage());
      System.out.println(e.toString());
      System.out.println("调用 Object 类方法：");
      System.out.println(e.hashCode());      //显示异常时程序的存储器地址
    }
    try{
      int[] n = new int[10];
      n[10] = 10;                            //数组越界异常
    }
    catch(Exception e){
      System.out.println("调用 Throwable 类方法：输出显示异常的各种信息");
      e.printStackTrace();                   //输出显示异常类型
      System.out.println(e.fillInStackTrace());
      System.out.println(e.getLocalizedMessage());
```

```
            System.out.println(e.getStackTrace());
            System.out.println(e.getCause());
            System.out.println(e.getMessage());
            System.out.println(e.toString());
            System.out.println("调用 Object 类方法：");
            System.out.println(e.hashCode());
        }
    }
}
```

以下是上述程序输出显示结果：

java.lang.ArithmeticException: / by zero
　at sample.ExceptionSample.main(ExceptionSample.java:5)
java.lang.ArrayIndexOutOfBoundsException: 10
　at sample.ExceptionSample.main(ExceptionSample.java:21)

调用 Throwable 类方法：输出显示异常的各种信息。

java.lang.ArithmeticException: / by zero
/ by zero
[Ljava.lang.StackTraceElement;@119c082
null
/ by zero
java.lang.ArithmeticException: / by zero

调用 Object 类方法：

28168925

调用 Throwable 类方法：输出显示异常的各种信息。

java.lang.ArrayIndexOutOfBoundsException: 10
10
[Ljava.lang.StackTraceElement;@defa1a
null
10
java.lang.ArrayIndexOutOfBoundsException: 10

调用 Object 类方法：

17237886

从程序的输出结果可以看出，Java 虚拟机在处理异常时已经将各种异常进行了分类，这些异常的类正是对应 Exception 类的子类。

5.4.2　java.lang 包中定义的具体异常类

在 java.lang 包中定义的 Exception 类的直接子类及其功能说明如表 5-4 所示。

表 5-4　Exception 类的直接子类及其功能说明

类　　名	功　能　说　明
ClassNotFoundException	没有找到要装载的类异常
CloneNotSupportedException	不可复制的对象异常
IllegalAccessException	创建类时用到了非法的构造方法异常
InstantiationException	不能创建接口和抽象类的对象异常
InterruptedException	线程中断异常
NoSuchFieldException	类没有确定名字域异常
NoSuchMethodException	找不到调用方法异常
RuntimeException	在 Java 虚拟机中正常操作时抛出异常的父类（其子类见表 5-5）

在 java.lang 包中定义的 RuntimeException 类的直接子类及其功能说明如表 5-5 所示。

表 5-5　RuntimeException 类的直接子类及其功能说明

类　　名	功　能　说　明
ArithmeticException	运算错误异常
ArrayStoreException	数组对象赋值错误
ClassCastException	对象强制转换异常
IllegalArgumentException	调用方法使用了不正确的输入参数异常（其子类见表 5-6）
IllegalMonitorStateException	线程监视器启动异常
IllegalStateException	线程重新启动异常
IndexOutOfBoundsException	数组或字符串越界异常（其子类见表 5-7）
NegativeArraySizeException	创建负的数组个数异常
NullPointerException	使用 null 对象异常
SecurityException	安全管理器异常

在 java.lang 包中定义 IllegalArgumentException 类的直接子类及其功能说明如表 5-6 所示。

表 5-6　IllegalArgumentException 类的直接子类及其功能说明

类　　名	功　能　说　明
IllegalThreadStateException	线程不可启动异常
NumberFormatException	字符串转换数值类型异常

在 java.lang 包中定义的 IndexOutOfBoundsException 类的直接子类及其功能说明如表 5-7 所示。

表 5-7　IndexOutOfBoundsException 类的直接子类及其功能说明

类　　名	功　能　说　明
ArrayIndexOutOfBoundsException	数组越界异常
StringIndexOutOfBoundsException	字符串越界异常

在 java.lang 包中定义的 Error 类的直接子类及其功能说明如表 5-8 所示。

表 5-8　Error 类的直接子类及其功能说明

类　名	功　能　说　明
LinkageError	不兼容类的连接错误(其子类见表 5-9)
ThreadDeath	线程消失错误
VirtualMachineError	Java 虚拟机崩溃或资源耗尽错误(其子类见表 5-10)

在 java.lang 包中定义的 LinkageError 类的直接子类及其功能说明如表 5-9 所示。

表 5-9　LinkageError 类的直接子类及其功能说明

类　名	功　能　说　明
ClassCircularityError	类创建时循环调用错误
ClassFormatError	类文件格式错误
ExceptionInInitializerError	静态初始化中发生的异常错误
IncompatibleClassChangeError	不兼容类转换错误(其子类见表 5-11)
NoClassDefFoundError	创建类对象时没有找到类错误
UnsatisfiedLinkError	Java 虚拟机找不到本地类对象错误
VerifyError	类文件校验时出现的一些错误

在 java.lang 包中定义的 VirtualMachineError 类的直接子类及其功能说明如表 5-10 所示。

表 5-10　VirtualMachineError 类的直接子类及其功能说明

类　名	功　能　说　明
InternalError	Java 虚拟机内部错误
OutOfMemoryError	Java 虚拟机内存溢出错误
StackOverflowError	Java 虚拟机堆栈溢出错误
UnknownError	Java 虚拟机出现未知的严重错误

在 java.lang 包中定义的 IncompatibleClassChangeError 类的直接子类及其功能说明如表 5-11 所示。

表 5-11　IncompatibleClassChangeError 类的直接子类及其功能说明

类　名	功　能　说　明
AbstractMethodError	调用抽象方法错误
IllegalAccessError	非法访问错误
InstantiationError	创建接口或抽象类对象错误
NoSuchFieldError	访问对象的域不存在错误
NoSuchMethodError	调用类没有定义的方法错误

在 java.lang 包中，所有 Exception 和 Error 类的异常子类的定义基本上与 Exception 和 Error 类的定义是一样的，它们都是重新构造了各自子类的构造方法，其子类的内部方法则是继承了父类的方法。

除 java.lang 包外，在 Java 的所有类库中，每个包都定义了与该包中类库实现功能相关的异常类，当 Java 虚拟机执行操作代码出现异常时，它会创建一个与异常相关的异常对象，在异常对象中包含有关异常的各种信息，然后将异常对象抛出，提供给应用程序进行捕获、修正、再抛出等相关处理。因此，在使用 Java 类库中类的方法时应注意方法抛出的异常，并根据异常信息再做相应的异常处理。

5.5 自定义异常类

在 Java 的所有类库中已经定义了描述各种操作出现异常的类，基本上做到了面面俱到，但是有时遇到特殊情况还需要自己定义异常类。例如，为某些操纵代码可能发生的一个或多个错误提供新的含义，或者定义应用程序中一组错误的特殊含义，或者区分相似的多个错误，或者是提供异常出现在某段代码的确切位置等。

5.5.1 异常类定义规则及抛出

自定义异常类与定义普通类是一样的，但是为适应 Java 异常处理机制，自定义异常类需要继承 Throwable 类或 Throwable 类的子类，最好是继承 Exception 类，不应该继承 Error 类。下面是一个自定义异常类的程序代码：

```java
public class MyException extends Throwable {        //自定义 MyException 异常类
  public MyException() {                             //定义构造方法
    super();                                         //调用父类的构造方法
  }
  public MyException(String msg) {                   //定义构造方法
    super(msg);                                      //调用父类的构造方法
  }
  public MyException(String msg,Throwable cause){    //定义构造方法
    super(msg, cause);                               //调用父类的构造方法
  }
  public MyException(Throwable cause) {              //定义构造方法
    super(cause);                                    //调用父类的构造方法
  }
}
```

MyException 是一个描述异常的自定义类，当在应用程序中使用自定义异常类时，需要创建自定义异常类的对象，因为 Java 虚拟机不会自动创建自定义异常类的对象，当创建了自定义异常类对象后，还需要将该对象抛出，只有异常对象被抛出，Java 的异常处理机制才能对该异常进行捕获、传播等处理，创建并抛出自定义异常对象的语法格式为：

```
throw new MyException();                        //创建异常对象并抛出
throw new MyException("Message");               //创建带异常信息的异常对象并抛出
throw new MyException("Message",cause);         //创建带异常信息和起因的异常对象并抛出
throw new MyException(cause);                   //创建带有异常起因信息的异常对象并抛出
```

Java 关键字 throw 用于抛出一个类对象，throw 语句一般用于异常类对象的抛出，throw 语句抛出的对象正好适合 try-catch 语句的捕获或 throws 语句的传播。

Java 关键字 new 是创建一个类对象，throw 则将该对象抛出，throws 语句是一种操作，因此要编写在方法体中，通过方法的定义还可以将创建好的异常对象传播出去，异常的传播适合 Java 类库中定义的所有异常类型，同样也适合自定义的异常类型，其传播异常的语法格式为：

```
public void TransmitException() throws MyException {   //传播自定义异常对象
    throw new MyException([parameterList]);            //创建异常对象并抛出
}
```

5.5.2 捕获自定义异常对象

自定义异常对象的捕获同样是使用 try-catch 语句结构实现的，当不对自定义异常对象进行处理时，同样是使用 throws 语句将其抛出。

【示例 5-11】 使用 throw 语句创建并抛出一个异常对象并在 try-catch 语句对其进行捕获的程序示例。其程序代码为：

```
package sample;
public class ExceptionSample {
    public static void main(String[] args){
        try{
            throw new MyException("自定义异常");      //创建并抛出异常
        }
        catch(MyException me){                        //捕获 MyException 类型的异常
            System.out.println(me.getMessage());      //输出显示异常信息
        }
    }
}
class MyException extends Exception {                 //自定义异常类,继承 Exception 类
    public MyException() {
        super();
    }
    public MyException(String msg) {
        super(msg);
    }
    public MyException(String msg, Throwable cause) {
        super(msg, cause);
    }
    public MyException(Throwable cause) {
```

```java
      super(cause);
   }
}
```

【示例 5-12】 使用自定义异常类来定位出现其他异常的方法。其程序代码为：

```java
package sample;
public class ExceptionSample {
   public static void main(String[] args){
     int[] a = new int[10];
     try{
        a = initArray(a);                    //调用为数组初始化方法
     }
     catch(MyException me){                  //捕获自定义异常
        System.out.println(me.getMessage()); //输出显示异常信息
     }
     for(int i = 0; i < a.length; i++)
        System.out.print(a[i] + ", ");
   }
   static int[] initArray(int[] x) throws MyException {    //抛出自定义异常
     int[] temp = new int[x.length];
     temp = x;
     for (int i = 0; i <= temp.length; i++){
        try {
          temp[i] = 100 / i;
        }
        catch (ArithmeticException ae) {
          System.out.print("整数数据被 0 除：" + ae.getMessage() + ", ");
          temp[i] = 200;
        }
        catch (Exception e) {                //有其他异常时创建并抛出自定义异常对象
          throw new MyException("在 initArray 方法中还有其他异常");
        }
     }
     return temp;
   }
}
class MyException extends Exception {
   public MyException() {
     super();
   }
   public MyException(String msg) {
     super(msg);
   }
   public MyException(String msg, Throwable cause) {
     super(msg, cause);
   }
```

```
    public MyException(Throwable cause) {
      super(cause);
    }
  }
```

上述程序执行结果为：

整数数据被 0 除：/ by zero, 在 initArray 方法中还有其他异常
200, 100, 50, 33, 25, 20, 16, 14, 12, 11,

【示例 5-13】 在示例 5-12 的应用程序中，当需要知道异常的确切信息时，还可以通过自定义的异常类 MyException 将异常信息传递出去。下面将 ExceptionSample 类代码做如下改动：

```
package sample;
public class ExceptionSample {
  public static void main(String[] args){
    int[] a = new int[10];
    try{
      a = initArray(a);                              //调用为数组初始化方法
    }
    catch(MyException me){                           //捕获异常并输出显示异常的各种信息
      System.out.print("原异常信息为：" + me.getMessage() + ", ");
      System.out.println("原异常起因为：" + me.getCause());
    }
    for(int i = 0; i < a.length; i++)
      System.out.print(a[i] + ", ");
  }
  static int[] initArray(int[] x) throws MyException{  //抛出自定义异常
    int[] temp = new int[x.length];
    temp = x;
    for (int i = 0; i <= temp.length; i++){
      try {
        temp[i] = 100 / i;
      }
      catch (ArithmeticException ae) {
        System.out.print("整数数据被 0 除：" + ae.getMessage() + ", ");
        temp[i] = 200;
      }
      catch (Exception e) {       //捕获其他异常,通过自定义异常将捕获的异常信息传递出去
        throw new MyException(e.getMessage(),e.getCause());
      }
    }
    return temp;
  }
}
```

上述程序中异常信息的传递只适合 Exception 类型的异常，对于 Error 类型的异常则无法实现异常信息的传递。程序执行结果为：

整数数据被 0 除：/ by zero, 原异常信息为：10, 原异常起因为：null
200, 100, 50, 33, 25, 20, 16, 14, 12, 11,

同定义普通类一样，自定义异常类也可以定义属于自己的方法，例如下述程序：

```
public class MyException extends Exception {          //自定义异常类
  private String myMessage = "MyException 为一个自定义异常类";
                                                       //添加变量,声明固有信息
  public MyException() {
    super();
  }
  public MyException(String msg) {                     //覆盖一个构造方法
    this.myMessage = msg;
  }
  public MyException(String msg, Throwable cause) {
    super(msg, cause);
  }
  public MyException(Throwable cause) {
    super(cause);
  }
  public String getMyMessage(){                        //定义类中方法
    return myMessage;
  }
}
```

在编写异常处理代码时，有时需要在整个程序中自己管理异常，使异常处理逻辑更清晰，为此可将捕获到的异常转变成适合自己处理的类型。下面一段程序代码就是将捕获到的异常转换成自定义异常类型后再将其抛出：

```
public void MyMethod() throws MyException{           //定义抛出自定义异常的方法
  try{
    … ;                                               //可能有异常出现的程序代码
  }
  catch(Exception e){                                 //捕获异常
    … ;                                               //做异常转型前的处理
    throw new MyException([parameterList]);           //将异常以自定义异常类型抛出
  }
  finally{
    … ;                                               //异常处理善后工作
  }
}
```

异常的传播和异常的转型处理都是将异常再抛出，形成了一个异常链，所不同的是异常的传播将忠实于原异常，将产生的异常不做任何改动再抛出，而异常的转型则将原始异常通过转变类型后再抛出,以达到对异常实现整理、归类等目的。

5.6 小结

(1) Java 的异常是与某种操作相关联的,存在于方法体,并且是已知的、可预见的。
(2) 由 try 和 catch 组成捕获和处理异常对象的语句:

```
try {
   … ;
}
catch(SomeException se) {
   … ;
}
```

(3) 由 throws 实现从方法体中抛出异常对象,抛向调用(激活)该方法的上级方法中。
(4) throw…new 实现异常对象的创建与抛出。

5.7 习题

(1) 描述 Java 异常处理的机制,并熟悉 java.lang 包中的常用异常类。
(2) Java 类库中的异常类与自定义的异常类在使用上有什么区别?
(3) Java 异常是以什么形式抛出的? 抛向哪里? 哪里接收从 main()方法中抛出的异常?
(4) 设计一个测试异常的类(包含 main()方法),在 J2SDK 环境中调试以下 10 段方法体程序代码,指出每个程序代码产生的异常。

① 方法代码为:

```
public void ExceptionMethod() {
   int a = 10; int b = 0; int c = a/b;
}
```

② 方法代码为:

```
public void ExceptionMethod() {
   Object x[] = new String[3];
   x[0] = new java.lang.Integer(0);
}
```

③ 方法代码为:

```
public void ExceptionMethod() {
   java.util.List v = new java.util.ArrayList();
   v.add(new Object());
   v.get(0);
```

```
    v.get(-1);
}
```

④ 方法代码为：

```java
public void ExceptionMethod() {
    String s = "hello";
    s.charAt(-1);
}
```

⑤ 方法代码为：

```java
public void ExceptionMethod() {
    Object x = new java.lang.Integer(0);
    System.out.println((String)x);
}
```

⑥ 方法代码为：

```java
public void ExceptionMethod() {
    java.util.Stack t = new java.util.Stack();
    t.push(new Object());
    t.pop(); t.pop();
}
```

⑦ 方法代码为：

```java
public void ExceptionMethod() {
    java.lang.Thread.currentThread().setPriority(Thread.MIN_PRIORITY);
    java.lang.Thread.currentThread().setPriority(99);
}
```

⑧ 方法代码为：

```java
public void ExceptionMethod() {
    java.util.List l = new java.util.ArrayList();
    l.add("t"); l.add("a"); l.add("n"); l.add("k"); l.add("s");
    java.util.Collections.swap(l,0,9);
}
```

⑨ 方法代码为：

```java
public void ExceptionMethod() {
    int cap = 10;
    java.nio.ByteBuffer bf = java.nio.ByteBuffer.allocate(cap);
    System.out.println(bf);
    for(int i = 0; i < cap; i++){
        bf.put((byte)i);
    }
    System.out.println(bf);
```

```
        bf.put((byte)10);
    }
```

⑩ 方法代码为：

```java
public void ExceptionMethod() {
    int cap = 10;
    java.nio.ByteBuffer bf = java.nio.ByteBuffer.allocate(cap);
    System.out.println(bf);
    for(int i = 0;i < cap;i++) {
        bf.put((byte)i);
    }
    System.out.println(bf);
    bf.get();
}
```

(5) 在 J2SDK 环境中编译、调试、运行下述几个程序，查看和分析程序运行后代码出现的异常。

```java
/* =========== 程序 1 =========== */
public class ExceptionSample {
    public static void main(String[] args) {
        crunch(null);
    }
    static void crunch(int[] a) {
        mash(a);
    }
    static void mash(int[] b) {
        System.out.println(b[0]);
    }
}
/* =========== 程序 2 =========== */
public class ExceptionSample {
    public static void main(String[] args) {
        try {
            ThrowError();
        }
        catch (Exception e){
            e.printStackTrace();
        }
    }
    static void ThrowError() throws Error {
        throw new Error(" 抛出 Error 异常");
    }
}
/* ==== 程序 3 —— 分析自定义异常对象的创建、异常的捕获以及传播的过程 ==== */
public class ExceptionHandle {
```

```java
  public static void main(String[] args) throws Exception {
    LostMessage lm = new LostMessage();
    try {
      try {
        try {
          lm.f();
        }
        finally {
          lm.dispose();
        }
      }
      finally {
        lm.cleanup();
      }
    }
    catch(YetAnotherException e) {
      System.out.println("Caught " + e);
    }
  }
}
class VeryImportantException extends Exception {
  public String toString() {
    return "A very important exception!";
  }
}
class HoHumException extends Exception {
  public String toString() {
    return "A trivial exception";
  }
}
class YetAnotherException extends Exception {
  public String toString() {
    return "Yet another exception";
  }
}
class LostMessage {
  void f() throws VeryImportantException {
    throw new VeryImportantException();
  }
  void dispose() throws HoHumException {
    throw new HoHumException();
  }
  void cleanup() throws YetAnotherException {
    throw new YetAnotherException();
  }
}
```

第 6 章 Java 基础类的应用

本章介绍 Java 基础包 java.lang 以及 Java 类库的应用,通过示例学会 java.lang 包中主要类的使用。

6.1 java.lang 包

Java 语言体系为程序编写者提供了大量的可使用的 Java 类库,类库是以包的形式提供的,这些包也被简称为 API(Application Programming Interface,应用程序接口)。Java API 为编程者提供了实现各种操作的方法,方便了 Java 应用程序的编写。Java 2 标准提供的部分主要的、常用的 API 如表 6-1 所示。

表 6-1 Java 2 标准提供的部分主要的、常用的 API

包 名	包 含 内 容
java.applet	提供创建 applet 小程序所需要的类
java.awt	包含用于创建用户界面和绘制图形图像的所有类
java.beans	包含与开发 Java beans 有关的类
java.io	提供与输入和输出相关的类
java.lang	提供 Java 语言程序设计的基础类
java.net	提供实现网络操作的类
java.nio	为输入和输出操作提供缓冲区的类
java.text	提供处理文本、日期、数字和消息的类和接口
java.util	提供处理日期、时间、随机数生成等各种实用工具的类
javax.net	提供用于网络应用程序的类,网络应用扩展类
javax.swing	提供一组与 AWT 功能相同的纯 Java 的组件类

java.lang 包是所有类库的基础,为支持 Java 应用程序的运行,java.lang 包已经嵌入到 Java 虚拟机中并创建为对象,因此,使用 java.lang 包中的类库时不需要 import 语句将该包导入,可以直接使用 java.lang 包中的类及直接引用某个类中的常量、变量和操作方法。

定义在 java.lang 包中的类是一些设计 Java 应用程序的基础类,这些类中提供了基础的操作,其主要的应用类及其功能说明如表 6-2 所示。

表 6-2 java.lang 包中的类及其功能说明

类 名	功 能 说 明
Boolean	封装一些 boolean 类型的值及一些操作该类型的方法
Byte	封装一些 byte 类型的值及一些操作该类型的方法
Character	封装一些 char 类型的值及一些操作该类型的方法
Double	封装一些 double 类型的值及一些操作该类型的方法
Float	封装一些 float 类型的值及一些操作该类型的方法
Integer	封装一些 int 类型的值及一些操作该类型的方法
Long	封装一些 long 类型的值及一些操作该类型的方法
Short	封装一些 short 类型的值及一些操作该类型的方法
String	封装一些有关字符串类型的操作方法
Void	表示 Java 关键字 void 的声明,该类不可实例化
Class	Class 类描述正在运行的 Java 应用程序中的类和接口的状态
ClassLoader	用于加载类的对象
Enum	用于定义枚举数据类型
Math	用于实现基本数学运算
Number	Number 为抽象类,是基本数据类型类的父类
Object	所有 Java 类的根类
Package	封装有关 Java 包的实现和规范的版本信息
Process	定义一个进程 Process 对象,通过 Runtime 类中 exec 方法启动该进程对象
Runtime	Runtime 类对象使 Java 应用程序与其运行环境相连接
StrictMath	用于实现基本数学运算
StringBuffer	用于可变字符串的操作
StringBuilder	创建可变的字符串对象
System	封装一些与 Java 虚拟机系统相关的方法
Thread	创建和控制线程
ThreadGroup	创建和控制线程组
Throwable	定义 Java 所有错误或异常的父类

定义在 java.lang 包中主要接口及其功能说明如表 6-3 所示。

表 6-3 java.lang 包中的接口及其功能说明

接 口 名	功 能 说 明
Appendable	用于追加字符串
Cloneable	用于复制类对象
Comparable	用于类对象的排序
Runnable	用于实现类对象具有线程功能

定义在 java.lang 包中主要的异常类和错误类及其功能说明见第 5.4 节。

6.2 Object 类

Object 类是 Java 语言体系中定义的所有类的父类，被称为根类。在 Java 语言程序中创建的类对象都实现（继承）了 Object 类中的方法，Object 类中主要的、常用的方法及其操作功能如表 6-4 所示。

表 6-4 Object 类中主要的、常用的方法及其操作功能说明

返回类型	方法名称	输入参数	抛出异常	操作功能
构造方法	Object			创建 Object 对象
Object	clone		CloneNotSupportedException	创建并返回复制的对象
boolean	equals	Object		比较两个对象是否相等
void	finalize		Throwable	不引用对象时，调用该方法
Class	getClass			返回对象运行时类
int	hashCode			返回对象的哈希码值
void	notify		IllegalMonitorStateException	唤醒等待的单个线程
void	notifyAll		IllegalMonitorStateException	唤醒等待的所有线程
String	toString			返回对象的字符串表示
void	wait		InterruptedException	使当前线程等待
void	wait	long	InterruptedException	使当前线程等待一段时间
void	wait	long，int	InterruptedException	在每个线程中断前使当前线程等待一段时间

在 Java 语言体系提供的应用包中的所有类都封装了一些常量、变量和方法，当一个类对象被创建后，可以直接引用对象中的常量和变量。调用对象中的方法时，首先需要明确方法的输入参数，并为方法提供符合参数类型的数据，其次需要明确方法的返回值，并合理地应用其返回值，最后要知道该方法在调用时是否会产生异常，如果该方法产生异常，则需要使用 try-catch 语句结构捕获并处理异常，或者使用 Java 关键字 throws 将可能产生的异常抛出。调用对象中操作方法的实现过程如图 6-1 所示。

图 6-1 调用对象中操作方法的实现过程

【示例 6-1】 创建一个 Object 对象和 Object 子类对象，并调用各对象中操作方法的示例。其程序代码为：

```java
package objectsample;
public class ObjectSample {
  public static void main(String[] args) {
    Object obj = new Object();                    //创建 Object 对象 obj
    ObjectSample objs = new ObjectSample();       //创建 Object 子类对象 objs
    System.out.println(obj.getClass());           //调用对象 obj 的 getClass 方法
    System.out.println(objs.getClass());          //调用对象 objs 的 getClass 方法
    String s = objs.toString();                   //调用对象 objs 的 toString 方法
    System.out.println(s);                        //输出显示
    try{                                          //finalize 方法有异常抛出
      objs.finalize();                            //调用 Object 类定义的方法
    }
    catch(Throwable te){                          //捕获 finalize 方法抛出的异常
    }
  }
}
```

上述程序 ObjectSample 类继承了 Object 类，通过 ObjectSample 类创建的对象 objs 继承了 Object 类的所有操作方法，通过 obj 或 objs 对象都可以实现对 Object 类中定义的操作方法的调用。

6.3 基本数据类型类

在 Java 语言体系中规定了基本数据类型，例如 boolean、byte、character、double、float、integer、long、short 等，通过它们可以声明基本数据类型的变量和常量，但是由于 Java 是一个纯面向对象程序设计语言，因此，在 java.lang 包中定义了对应于这些基本数据类型的类，定义基本数据类型类的目的是将基本数据类型的值或变量作为一个对象来处理，在基本数据类型类中封装了基本数据类型的变量类型、与变量相关的常量（变量的上、下界或取值范围等）和与变量相关的操纵方法，从真正意义上实现"面向对象"。基本数据类型类有 Boolean、Byte、Character、Double、Float、Integer、Long、Short 等。

在 java.lang 包中定义的抽象类 Number 是针对纯数字对象的，在基本数据类型中纯数字对象包括整数和浮点数，因此整数和浮点型数据类型类是 Number 类的直接子类。Number 类定义了适用于操作不同数据类型的纯数字对象的操作方法和抽象方法，Number 类中定义的抽象方法及其实现的和需要实现的功能如表 6-5 所示。

表 6-5　Number 类中定义的抽象方法及其需要实现的功能说明

返回类型	方法名称	操作功能
byte	byteValue	以 byte 形式返回指定的数值
double	doubleValue	以 double 形式返回指定的数值
float	floatValue	以 float 形式返回指定的数值
int	intValue	以 int 形式返回指定的数值

续表

返回类型	方法名称	操作功能
long	longValue	以 long 形式返回指定的数值
short	shortValue	以 short 形式返回指定的数值

父类：java.lang.Object

整数和浮点型数据类型类有 Byte、Double、Float、Integer、Long、Short 等，它们都是继承了 Number 类，并继承了 Number 类中的方法以及覆盖了 Number 类中的抽象方法。

6.3.1 整型类

在 java.lang 包中定义的整型基本数据类型类有 Byte、Integer、Long、Short 类，这些类封装了一个基本数据类型的数值，以及包含一个基本数据类型的字段，另外，还提供多个与数据相关的操作方法，例如整数转换为字符串、字符串转换为整数等。Integer 类封装了一个 int 类型的数据值以及 int 类型的字段，在该类中还有一些实现数据转换等操作的方法。表 6-6 描述了 Integer 类中的常量及其含义，表 6-7 描述了 Integer 类中的方法及其实现的操作功能。

表 6-6 Integer 类中定义的常量及其含义

常量类型	常量名称	常量含义
int	MAX_VALUE	int 类型能够表示的最大值，其值等于 $2^{31}-1$
int	MIN_VALUE	int 类型能够表示的最小值，其值等于 -2^{31}
int	SIZE	以二进制补码形式表示 int 值的比特位数
Class	TYPE	表示基本类型 int 的 Class 类对象

表 6-7 Integer 类中主要的、常用的方法及其操作功能说明

返回类型	方法名称	输入参数	操作功能
构造方法	Integer	int	创建一个指定 int 值的 Integer 对象
构造方法	Integer *	String	创建一个用 String 表示 int 值的 Integer 对象
String	toString		返回一个表示 Integer 对象值的 String 对象
String	toString	int	返回一个指定 int 值的 String(字符串)对象
String	toString	int,int	返回一个指定 int 值的确定基数的 String 对象
String	toHexString	int	返回 int 值的十六进制(基数=16)String 对象
String	toOctalString	int	返回 int 值的八进制(基数=8)的 String 对象
String	toBinaryString	int	返回 int 值的二进制(基数=2)的 String 对象
int	parseInt *	String	转换 String 对象为一个整数
int	parseInt *	String,int	以指定基数转换 String 对象为一个整数
Integer	valueOf	int	返回一个指定的 int 值的 Integer 对象
Integer	valueOf *	String	返回一个转换 String 对象后的 Integer 对象
Integer	valueOf *	String,int	返回转换 String 对象确定基数的 Integer 对象

续表

返回类型	方法名称	输入参数	操作功能
byte	byteValue		以 byte 类型返回 Integer 对象的值
short	shortValue		以 short 类型返回 Integer 对象的值
int	intValue		以 int 类型返回 Integer 对象的值
long	Long		以 long 类型返回 Integer 对象的值
float	floatValue		以 float 类型返回 Integer 对象的值
double	doubleValue		以 double 类型返回 Integer 对象的值
int	hashCode		返回 Integer 对象的哈希码
boolean	equals	Object	该对象与指定 Object 对象进行比较
Integer	getInteger	String	确定具有指定名称的系统属性的整数值
Integer	decode *	String	将 String 对象解码为 Integer 对象
int	compareTo	Integer	在数字上比较两个 Integer 对象

* 该方法抛出 NumberFormatException 异常

父类：java.lang.Number、java.lang.Object　　（按继承顺序排列）

其他整型基本数据类型类 Byte、Long、Short 的定义与 Integer 类基本相同，只是表示的数字位数不同。

【示例 6-2】 应用 Integer 类中的操作方法实现数据变换等功能的示例。其程序代码为：

```java
package integersample;
public class IntegerSample {
  public static void main(String[] args) {
    int x = 987654321; String s = "123456789";
    Integer ix = new Integer(x);              //通过变量 x 创建 Integer 对象 ix
    String xs = ix.toString();                //将整数 x 转换成字符串表示形式
    System.out.println(xs);                   //输出显示
    long lx = ix.longValue();                 //将整数 x 转换成长整数
    System.out.println(lx);                   //输出显示
    String bxs = ix.toBinaryString(x);        //将整数 x 转换成二进制字符串表示形式
    System.out.println(bxs);                  //输出显示
    String hxs = Integer.toHexString(x);      //直接应用 Integer 类中方法转换数据
    System.out.println(hxs);                  //输出显示
    try{                                      //调用 Integer 类中方法时有异常抛出
      int si = ix.parseInt(s);                //将字符串转换成整数
      System.out.println(si);                 //输出显示
      Integer iy = Integer.valueOf(s);        //将字符串转换成整数对象
      System.out.println(iy);                 //输出显示
      Integer iz = new Integer(s);            //通过字符串 s 创建 Integer 对象 iz
      System.out.println(iz);                 //输出显示
    }
    catch(java.lang.NumberFormatException nfe){
    }
  }
}
```

在上述程序中 x 是一个属于基本数据类型的变量,而 ix、iy、iz 是属于复合数据类型的类变量,通过 Integer 类创建为类对象,其目的是将一个基本数据类型的变量封装在一个对象中,通过 Integer 类中定义的通用方法对变量实施各种操作,其指导思想就是要符合面向对象程序设计——"一切皆对象"。

6.3.2 浮点类

在 java.lang 包中定义的浮点型基本数据类型类有 Double(双精度)、Float(单精度)类。Double 类封装了一个 double 类型的数据值以及 double 类型的字段,在该类中还有一些实现数据转换等操作的方法。表 6-8 描述了 Double 类中的常量及其含义,表 6-9 描述了 Double 类中的方法及其实现的操作功能。

表 6-8 Double 类中定义的常量及其含义

常量类型	常量名称	常量含义
int	MAX_EXPONENT	double 变量可能具有的最大指数
double	MAX_VALUE	double 类型的最大值 $(2-2^{-52}) \times 2^{1023}$
int	MIN_EXPONENT	double 变量可能具有的最小指数
double	MIN_NORMAL	double 类型的最小值 2^{-1022}
double	MIN_VALUE	double 类型的最小正非零值 2^{-1074}
double	NaN	NaN(非数字值)值
double	NEGATIVE_INFINITY	double 类型的负无穷大值
double	POSITIVE_INFINITY	double 类型的正无穷大值
int	SIZE	表示 double 类型值的位数
Class	TYPE	表示基本类型 double 的 Class 类对象

表 6-9 Double 类中常用的方法及其操作功能说明

返回类型	方法名称	输入参数	操作功能
构造方法	Double	double	创建一个指定 double 值的 Double 对象
构造方法	Double　*	String	创建用 String 表示 double 值的 Double 对象
String	toString		返回一个表示 Double 对象值的 String 对象
String	toString	double	返回指定 double 值的 String(字符串)对象
String	toHexString	double	返回 double 值的十六进制的 String 对象
double	parseDouble　*	String	转换 String 对象为一个浮点数值
Double	valueOf	double	返回一个指定的 double 值的 Double 对象
Double	valueOf　*	String	返回一个转换 String 对象后的 Double 对象
boolean	isNaN	double	判断指定的数是否为 NaN 值
boolean	isInfinite		判断指定的数是否为无穷大值
byte	byteValue		以 byte 类型返回 Double 对象的值
short	shortValue		以 short 类型返回 Double 对象的值
int	intValue		以 int 类型返回 Double 对象的值

续表

返回类型	方法名称	输入参数	操作功能
long	long		以 long 类型返回 Double 对象的值
float	floatValue		以 float 类型返回 Double 对象的值
double	doubleValue		以 double 类型返回 Double 对象的值
int	hashCode		返回 Double 对象的哈希码
boolean	equals	Object	该对象与指定 Object 对象进行比较
int	compareTo	Double	在数字上比较两个 Double 对象
int	compare	double,double	比较两个指定的 double 数值

* 该方法抛出 NumberFormatException 异常

父类：java.lang.Number、java.lang.Object　　（按继承顺序排列）

Float 类的定义与 Double 类基本相同，只是表示的数字位数不同。

【示例 6-3】 应用 Double 类中的操作方法实现数据变换等功能的示例。其程序代码为：

```
package doublesample;
public class DoubleSample {
  public static void main(String[] args) {
    double x = 98765.1234; String s = "12345.6789";
    Double dx = new Double(x);                    //通过变量 x 创建 Double 对象 dx
    String xs = dx.toString();                    //将浮点数 x 转换成字符串表示形式
    System.out.println(xs);                       //输出显示
    long lx = dx.longValue();                     //将浮点数 x 强制转换成长整数
    System.out.println(lx);                       //输出显示
    try{                                          //调用 Double 类中方法时有异常抛出
      double sd = dx.parseDouble(s);              //将字符串转换成浮点数
      System.out.println(sd);                     //输出显示
      Double dy = Double.valueOf(s);              //直接应用 Double 类中方法
      System.out.println(dy);                     //输出显示
      Double dz = new Double(s);                  //通过字符串 s 创建 Double 对象 dz
      System.out.println(dz);                     //输出显示
    }
    catch(java.lang.NumberFormatException nfe){
    }
    System.out.println(dx.MAX_VALUE);             //输出显示 Double 类中最大值
    System.out.println(dx.TYPE);                  //输出显示变量类型
  }
}
```

在上述程序中 x 是一个基本数据类型的变量，而 dx、dy、dz 是复合数据类型的类变量，通过 Double 类创建为类对象，将一个 double 类型的变量视为对象来处理。

6.3.3 其他常用类

在 java.lang 包中定义的其他基本数据类型类还有 Boolean、Character 类。

1. Boolean 类

Boolean 类封装了 boolean 类型的数值及相关的操作方法，表 6-10 描述了 Boolean 类中的常量及其含义，表 6-11 描述了 Boolean 类中的方法及其实现的操作功能。

表 6-10 Boolean 类中定义的常量及其含义

常量类型	常量名称	常量含义
Boolean	FALSE	对应 boolean 值 false 的 Boolean 对象
Boolean	TRUE	对应 boolean 值 true 的 Boolean 对象
Class	TYPE	表示基本类型 boolean 的 Class 类对象

表 6-11 Boolean 类中主要的、常用的方法及其操作功能说明

返回类型	方法名称	输入参数	操作功能
构造方法	Boolean	boolean	创建一个指定 boolean 值的 Boolean 对象
构造方法	Boolean	String	用 true 或其他字符串值创建 Boolean 对象
String	toString		返回一个表示 boolean 值的 String 对象
String	toString	boolean	返回指定 Boolean 对象值的 String 对象
boolean	parseBoolean	String	转换 String 对象为一个布尔数值
boolean	booleanValue		返回 Boolean 对象的布尔值
Boolean	valueOf	boolean	返回一个指定的 boolean 值的 Boolean 对象
Boolean	valueOf	String	返回一个转换 String 对象后的 Boolean 对象
int	hashCode		返回 Boolean 对象的哈希码
boolean	equals	Object	该对象与指定 Object 对象进行比较
boolean	getBoolean	String	获取 Boolean 对象的属性
int	compareTo	Boolean	比较两个 Boolean 对象

父类：java.lang.Object

【示例 6-4】 应用 Boolean 类中的操作方法实现数据变换等功能的示例。其程序代码为：

```
package booleansample;
public class BooleanSample {
  public static void main(String[] args) {
    boolean x = true; String s = "false";
    Boolean bx = new Boolean(x);              //用指定布尔值创建 Boolean 对象 bx
    String xs = bx.toString();                //转换 Boolean 对象值为 String 对象
    System.out.println(xs);                   //输出显示
    boolean blx = bx.booleanValue();          //调用 Boolean 类中方法
    System.out.println(blx);                  //输出显示
    Boolean sb = Boolean.valueOf(s);          //用指定 String 值创建 Boolean 对象 sb
    System.out.println(sb);                   //输出显示 Boolean 对象的数值
    blx = sb.equals(bx);                      //比较 sb 和 bx 对象的数值
```

```
        System.out.println(blx);                    //输出显示比较结果
    }
}
```

2. Character 类

Character 类封装了 char 类型的数值及相关的操作方法,其字符全部采用 Unicode 标准编码,表 6-12 描述了 Character 类中的常量及其含义,表 6-13 描述了 Character 类中的方法及其实现的操作功能。

表 6-12 Character 类中定义的常量及其含义

常 量 类 型	常 量 名 称	常 量 含 义
byte	CONTROL 等	表示 Unicode 字符编码数值
char	MAX_VALUE 等	表示 Unicode 字符编码范围等
int	SIZE	表示 char 类型值的位数
Class	TYPE	表示基本类型 char 的 Class 类对象

表 6-13 Character 类中主要的、常用的方法及其操作功能说明

返回类型	方法名称	输入参数	操 作 功 能
构造方法	Character	char	创建一个指定 char 值的 Character 对象
String	toString		返回一个表示 Character 对象值的 String 对象
String	toString	char	返回指定 char 值的 String 对象
char	charValue		返回 Character 对象的字符值
Character	valueOf	char	返回一个指定的 char 值的 Character 对象
int	charCount	int	确定指定 Unicode 字符所需的 char 值的数量
int	digit	char,int	返回使用指定基数的字符 char 的数值
boolean	isDigit	char	判断指定字符是否为数字
boolean	isDefined	char	判断指定字符是否为 Unicode 中的字符
boolean	isLetter	char	判断指定字符是否为字母
boolean	isJavaIdentifierStart	char	判断是否允许将指定字符作为 Java 标识符中的首字符
boolean	isJavaIdentifierPart	char	判断是否允许将指定字符作为 Java 标识符中的首字符以外的部分
int	getType	char	返回一个指示字符的常规类型的值
int	hashCode		返回 Character 对象的哈希码
boolean	equals	Object	该对象与指定 Object 对象进行比较
int	compareTo	Character	比较两个 Character 对象

父类:java.lang.Object

与 Character 类相关的 Unicode 编码被封装在 Character.Subset 和 Character.UnicodeBlock 类中,它们是表示 Unicode 字符集的特定子集。

【示例 6-5】 应用 Character 类中的操作方法实现数据变换等功能的示例。其程序代码为：

```java
package charactersample;
public class CharacterSample {
  public static void main(String[] args) {
    char c = 'a';
    Character cc = new Character(c);              //创建 Character 对象 cc
    String s = cc.toString();                     //转换 cc 对象数值为字符串
    System.out.println(s);                        //输出显示
    System.out.println(cc.charValue());           //输出显示 cc 对象的数值
    boolean b = Character.isDigit(c);             //判断字符 c 是否为数字
    System.out.println(b);                        //输出显示判断结果
    b = Character.isLetter(c);                    //判断字符 c 是否为字母
    System.out.println(b);                        //输出显示判断结果
  }
}
```

6.4 字符串 String 类

在 java.lang 包中为编程人员提供了处理字符串的 String 类，String 类被用于处理"不可变"的字符串，与之相对应的处理"可变"字符串的类为 StringBuffer 类，它们均被声明为 final 类型，因此不能当作父类被继承使用。String 类和 StringBuffer 类除了用于创建字符串对象外，它们还提供了处理字符串的操作方法。

6.4.1 String 类

String(字符串)类是用于创建字符串对象的，其值在创建之后将被视为常量。String 类封装了字符串类型的数值及相关的操作方法，表 6-14 描述了 String 类中的方法及其实现的操作功能。

表 6-14 String 类中常用的方法及其操作功能说明

返回类型	方法名称	输入参数	操作功能
构造方法	String		创建一个 String 对象
构造方法	String	byte[]	创建一个指定 byte 数组的 String 对象
构造方法	String	byte[],Charset	创建一个指定 byte 数组和字符集的 String 对象
构造方法	String *	byte[],int,int	创建一个指定 byte 数组长度、首址的 String 对象
构造方法	String	byte[],int,int,Charset	创建一个指定 byte 数组长度、首址、字符集的 String 对象
构造方法	String	char[]	创建一个指定 char 数组的 String 对象
构造方法	String *	char[],int,int	创建一个指定 char 数组长度、首址的 String 对象
构造方法	String	String	通过一个 String 对象创建另一个 String 对象

续表

返回类型	方法名称	输入参数	操作功能
构造方法	String	StringBuffer	通过一个 StringBuffer 对象创建一个 String 对象
int	length		返回字符串的长度
char	charAt *	int	返回字符串中指定索引处的 char 值
void	getChars *	int,int,char[],int	将字符从字符串中复制到目标字符数组 char[]
void	getBytes *	int,int,byte[],int	将字符从字符串中转换为字节复制到目标数组 byte[]
byte[]	getBytes *		使用默认字符集将 String 转换为字节存储到字节数组中
boolean	regionMatches	int,String,int,int	测试两个子字符串区域是否相等
boolean	startsWith	String,int	测试字符串是否以指定前缀 String 开始
boolean	endsWith	String	测试字符串是否以指定的后缀 String 结束
int	indexOf	int	返回指定字符在字符串中第一次出现处的索引
int	lastIndexOf	int	返回最后一次出现的指定字符在字符串中的索引
int	indexOf	String	返回第一次出现的指定子字符串在字符串中的索引
int	lastIndexOf	String	返回在字符串中最右边出现的指定子字符串的索引
String	substring	int	从字符串的开始 int 处返回一个新的子字符串
String	substring	int,int	从字符串的开始到结束处返回一个新的子字符串
String	concat	String	将指定字符串联到字符串的结尾
String	replace	char,char	用新 char 替换字符串中出现的所有 char 生成新的字符串
boolean	matches	String	判断字符串是否匹配给定的正则表达式
boolean	contains	CharSequence	判断字符串是否包含指定 char 序列
String	replaceAll	String,String	用子字符串替换字符串中指定的每个子字符串
String[]	split **	String,int	根据指定字符串来拆分字符串
String	toLowerCase	Locale	根据 Locale 规则转换字符串为小写的 String 对象
String	toUpperCase	Locale	根据 Locale 规则转换字符串为大写的 String 对象
String	toString		返回 String 对象本身
Char[]	toCharArray		将字符串转换为一个新的字符数组
String	valueOf	Object	返回一个指定对象 Object 的字符串表示
String	valueOf	char[]	返回一个指定字符数组的字符串表示
String	valueOf	char[],int,int	返回一个指定字符数组中一段字符的字符串表示
String	valueOf	boolean	返回一个指定 boolean 值的字符串表示
String	valueOf	char	返回一个指定 char 值的字符串表示
String	valueOf	int	返回一个指定 int 值的字符串表示
String	valueOf	long	返回一个指定 long 值的字符串表示
String	valueOf	float	返回一个指定 float 值的字符串表示
String	valueOf	double	返回一个指定 double 值的字符串表示

续表

返回类型	方法名称	输入参数	操 作 功 能
String	copyValueOf	char[],int,int	复制指定数组中表示字符序列的字符串
String	intern		返回字符串对象的规范化表示形式
String	trim	String	返回字符串的副本
int	hashCode		返回 String 对象的哈希码
boolean	equals	Object	该对象与指定 Object 对象进行比较
int	compareTo	String	比较两个 String 对象

* 该方法抛出 IndexOutOfBoundsException 异常

** 该方法抛出 PatternSyntaxException 异常

String 类中的所有操作方法都是针对已经创建的 String 对象而言的,而 String 对象是通过 String 类的构造方法创建的。

6.4.2 创建 String 对象并对其进行操作

【示例 6-6】 涉及创建多个字符串并应用 String 类中的操作方法实现各种操作功能的示例。其程序代码为：

```
package stringsample;
public class StringSample {
  public static void main(String[] args) {
    String s1 = new String("abcd");           //用"abcd"创建 String 对象 s1
    System.out.println(s1);                   //输出显示 s1
    System.out.println(s1.toString());        //调用 s1 中 toString()方法
    String s2 = "efgh";                       //用常量""efgh 创建 String 对象 s2
    System.out.println(s2);                   //输出显示 s2
    System.out.println(s2.length());          //输出显示 s2 的长度
    byte[] b = {49,50,51,52};                 //创建一个数组对象 b
    char[] c = {'5','6','7','8'};             //创建数组对象 c
    try{
      String s3 = new String(b);              //用数组对象 b 创建 String 对象 s3
      System.out.println(s3);                 //输出显示 s3
      System.out.println(s3.indexOf(50));     //指出"50"字符在字符串中的索引
      System.out.println(s3.charAt(2));       //输出显示 s3 第 2 个位置处的字符
      String s4 = new String(c);              //用数组对象 c 创建 String 对象 s4
      System.out.println(s4);                 //输出显示 s4
    }
    catch(IndexOutOfBoundsException iobe){    //捕获可能的异常
    }
    String s5 = new String(s1);               //用对象 s1 创建对象 s5(副本)
    System.out.println(s5);                   //输出显示 s5
    System.out.println(String.valueOf(c));    //输出显示数组 c 的内容
    System.out.println(String.valueOf(100));  //将整数按字符串方式显示
    System.out.println(String.valueOf(10.0)); //将浮点数按字符串方式显示
```

```
            System.out.println(String.valueOf(true));    //将布尔值按字符串方式显示
            System.out.println(String.valueOf('x'));     //将字符按字符串方式显示
            System.out.println(String.valueOf(s1));      //将对象按字符串方式显示
            String s6 = s1.concat(s2);                   //连接字符串 s1 和 s2,赋给 s6
            System.out.println(s6);                      //输出显示 s6
            s6 = s6.replaceAll("cd","34");               //用"34"代替 s6 中"cd"字符串
            System.out.println(s6);                      //输出显示 s6
            s6 = s2 + s5;                                //使用连接符号连接字符串 s2 和 s5
            System.out.println(s6);                      //输出显示 s6
            s1 = s6.substring(2,4);                      //取 s6 的 2、4 字符赋给 s1
            System.out.println(s1);                      //输出显示 s1
            s1 = "123456789".substring(3);               //将"456789"字符串赋给 s1
            System.out.println(s1);                      //输出显示 s1
      }
}
```

在上述程序中创建 String 对象 s1~s6 都是字符串常量,String 对象的再赋值相当于重新创建字符串常量对象,其各种操作都是按标准的 Java 对象来处理的。除上述程序中的操作外,String 类中还有用于检查序列的单个字符、比较字符串、搜索字符串、将所有字符全部转换为大写或小写等各种操作方法。

6.4.3 StringBuffer 类

StringBuffer(字符串缓冲区)类是用于创建可变长度的字符串对象的。"可变长度"是指通过某些方法的调用可以改变字符串的长度和内容,它意味着该字符串被视为"变量"来处理的,例如,在原字符串的基础上追加新的字符序列,或者在原字符串的某个位置上插入新的字符序列等操作实现构成一个新的字符串对象。

StringBuffer 类创建字符串对象是在开辟一个缓冲区的基础上实现的。在缓冲区中存放字符串的字符序列,因为缓冲区是有一定容量的,在实施字符串追加、插入等操作后,其最后所得结果字符串的整个长度超过缓冲区的容量时(发生缓冲区溢出时),Java 运行系统将会自动扩大 StringBuffer 对象创建的缓冲区的容量,所以可以保证对字符串各种操作的安全性。表 6-15 描述了 StringBuffer 类中的方法及其实现的操作功能。

表 6-15 StringBuffer 类中常用的方法及其操作功能说明

返回类型	方法名称	输入参数	操作功能
构造方法	StringBuffer		创建一个缓冲区容量为 16 个字符的 StringBuffer 对象
构造方法	StringBuffer *	int	创建一个指定缓冲区容量的 StringBuffer 对象
构造方法	StringBuffer **	String	创建一个指定 String 对象的 StringBuffer 对象
int	length		返回字符串的长度
int	capacity		返回当前缓冲区容量

续表

返回类型	方法名称	输入参数	操作功能
void	ensureCapacity	int	确保缓冲区容量至少等于指定的 int 最小值
void	trimToSize		减少用于字符序列的存储空间
void	setLength ***	int	设置字符序列的长度
char	charAt ***	int	返回字符串中指定索引处的 char 值
void	setCharAt ***	int,char	将指定 int 索引处的字符设置为 char
void	getChars ***	int,int,char[],int	将字符从字符串中复制到目标字符数组 char[]
StringBuffer	append	Object	在字符串中追加 Object 参数的字符串表示形式
StringBuffer	append	String	将指定的字符串 String 追加到当前字符序列中
StringBuffer	append	StringBuffer	将指定的字符串 StringBuffer 追加到当前字符序列中
StringBuffer	append	char[]	将指定的 char 数组字符串表示形式追加到当前字符序列
StringBuffer	append	char[],int,int	将 char 数组中子字符串表示形式追加到当前字符序列中
StringBuffer	append	boolean	将 boolean 字符串表示形式追加到当前字符序列中
StringBuffer	append	char	将 char 数据的字符串表示形式追加到当前字符序列中
StringBuffer	append	int	将 int 数据的字符串表示形式追加到当前字符序列中
StringBuffer	append	long	将 long 数据的字符串表示形式追加到当前字符序列中
StringBuffer	append	float	将 float 数据的字符串表示形式追加到当前字符序列中
StringBuffer	append	double	将 double 数据的字符串表示形式追加到当前字符序列中
StringBuffer	delete	int,int	删除指定字符序列中的字符
StringBuffer	deleteCharAt	int	删除 StringBuffer 对象中索引处字符
StringBuffer	replace ****	int,int,String	用指定 String 中的字符替换字符序列的字符
String	substring	int	在 StringBuffer 对象中从指定处返回一个新的 String 对象
String	substring	int,int	在 StringBuffer 对象中从起止处返回一个新的 String 对象
StringBuffer	insert ****	int,char[],int,int	将 char 数组中子串表示形式插入到当前字符序列指定处
StringBuffer	insert ****	int,Object	将 Object 字符串表示形式插入到当前字符序列指定处
StringBuffer	insert ****	int,String	将 String 字符串插入到当前字符序列指定处

续表

返回类型	方法名称	输入参数	操作功能
StringBuffer	insert ****	int,char[]	将 char 数组字符串表示形式插入到当前字符序列指定处
StringBuffer	insert ****	int,boolean	将 boolean 字符串表示形式插入到当前字符序列指定处
StringBuffer	insert ****	int,char	将 char 字符插入到当前字符序列指定处
StringBuffer	insert ****	int,int	将 int 字符串表示形式插入到当前字符序列指定处
StringBuffer	insert ****	int,long	将 long 字符串表示形式插入到当前字符序列指定处
StringBuffer	insert ****	int,float	将 float 字符串表示形式插入到当前字符序列指定处
StringBuffer	insert ****	int,double	将 double 字符串表示形式插入到当前字符序列指定处
int	indexOf **	int	返回指定字符在字符串中第一次出现处的索引
StringBuffer	reverse		反转 StringBuffer 对象的字符序列
String	toString		返回 StringBuffer 对象的字符串表示

* 该方法抛出 NegativeArraySizeException 异常

** 该方法抛出 NullPointerException 异常

*** 该方法抛出 IndexOutOfBoundsException 异常

**** 该方法抛出 StringIndexOutOfBoundsException 异常

另外,在 java.lang 包中还提供了一个与 StringBuffer 类功能相近的 StringBuilder 类,也是用于创建一个可变的字符序列的,在 StringBuffer 类中定义的操作方法与 StringBuilder 类基本相同,区别在于 StringBuffer 类适用于多线程操作,而 StringBuilder 类适用于单线程操作,StringBuilder 对象的执行效率要高于 StringBuffer 对象。

6.4.4 创建 StringBuffer 对象并对其进行操作

在 StringBuffer 类中定义的主要操作方法是 append()和 insert()方法,它们是为 StringBuffer 对象实现追加和插入字符序列功能的,每个方法都能有效地将给定的输入数据转换成字符串,然后将该字符串的字符追加或插入到字符串缓冲区中。

【示例 6-7】 涉及创建多个 StringBuffer 字符串对象并应用 StringBuffer 类中的操作方法实现各种操作功能的示例。其程序代码为:

```
package stringbuffersample;
public class StringBufferSample {
  public static void main(String[] args)
    throws NegativeArraySizeException,          //抛出可能产生的异常
        NullPointerException,
```

```
                    IndexOutOfBoundsException,
                    StringIndexOutOfBoundsException{
    StringBuffer s1 = new StringBuffer();      //创建 StringBuffer 对象 s1
    String s2 = "abcd";
    char a = 'e';
    s1 = s1.append(s2).append(a);              //将 s2 字符串和字符 a 连续追加到 s1
    System.out.println(s1);                    //输出显示 s1
    System.out.println(s1.toString());         //输出显示 s1 对象
    System.out.println(s1.length());           //输出显示 s1 的长度
    System.out.println(s1.capacity());         //输出显示 s1 缓冲区的容量
    int x = 5678;
    s1 = s1.append(x);                         //追加整数值字符表示到 s1
    System.out.println(s1);                    //输出显示 s1
    char[] c = {'1','2','3','4'};
    s1 = s1.insert(4,c);                       //插入字符数组的字符到 s1
    System.out.println(s1);                    //输出显示 s1
    double y = 10.98;
    s1 = s1.insert(2,y).insert(7,true);        //连续插入浮点数和布尔数的字符形式
    System.out.println(s1);                    //输出显示 s1
    s1 = s1.reverse();                         //反转 s1 字符串
    System.out.println(s1);                    //输出显示 s1
    s1 = s1.delete(4,8);                       //删除 s1 中 4 到 8 的字符
    System.out.println(s1);                    //输出显示 s1
    s1 = s1.replace(0,4,s2);                   //从 s1 的开始用 s2 替代 4 个字符
    System.out.println(s1);                    //输出显示 s1
    s2 = s1.substring(4);                      //从 s1 取子字符串赋予 s2
    System.out.println(s2);                    //输出显示 s2
    }
}
```

6.5 Math 类

在 java.lang 包中定义的 Math(数学运算)类封装了各种数据的算术操作,它包含了常用的数学运算操作,例如指数、对数、平方根和三角函数等操作。在 Math 类中所有的常量和方法都被定义为静态的,因此,在 Java 虚拟机启动后,Math 类中的成员可以直接被引用。表 6-16 描述了 Math 类中的常量及其含义,表 6-17 描述了 Math 类中常用的方法及其实现的算术操作功能。

表 6-16 Math 类中定义的常量及其含义

常量类型	常量名称	常量含义
double	E	表示自然对数的底数值,2.718 281 828 459 045
double	PI	表示圆的周长与直径的比值,圆周率,3.141 592 653 589 793

表 6-17　Math 类中常用的方法及其操作功能说明

返回类型	方法名称	输入参数	操作功能
double	abs	double	返回输入参数 double 值的绝对值
float	abs	float	返回输入参数 float 值的绝对值
int	abs	int	返回输入参数 int 值的绝对值
long	abs	long	返回输入参数 long 值的绝对值
double	acos	double	返回一个输入参数的反余弦值
double	asin	double	返回一个输入参数的反正弦值
double	atan	double	返回一个输入参数的反正切值
double	atan2	double,double	将矩形坐标(x,y)转换成极坐标(r,theta),返回所得 theta 角值
double	cbrt	double	返回输入参数 double 值的立方根值
double	ceil	double	返回最小的(最接近负无穷大)double 值
double	copySign	double,double	返回带有第二个浮点参数符号的第一个浮点参数
float	copySign	float,float	返回带有第二个浮点参数符号的第一个浮点参数
double	cos	double	返回输入参数的三角余弦值
double	cosh	double	返回输入参数的双曲线余弦值
double	exp	double	返回底数 e 的输入参数 double 次幂的值
double	expm1	double	返回 $e^x - 1$
double	floor	double	返回最大的(最接近正无穷大)double 值
int	getExponent	double	返回 double 表示形式中使用的无偏指数
int	getExponent	float	返回 float 表示形式中使用的无偏指数
double	hypot	double,double	返回 $sqrt(x^2+y^2)$
double	IEEEremainder	double,double	依 IEEE 754 标准,对两个参数进行余数运算
double	log	double	返回底数为 e 的输入参数 double 值的对数(自然对数)
double	log10	double	返回底数为 10 的输入参数 double 值的对数
double	log1p	double	返回输入参数与 1 之和的自然对数
double	max	double,double	返回两个输入参数 double 值中较大的一个
float	max	float,float	返回两个输入参数 float 值中较大的一个
int	max	int,int	返回两个输入参数 int 值中较大的一个
long	max	long,long	返回两个输入参数 long 值中较大的一个
double	min	double,double	返回两个输入参数 double 值中较小的一个
float	min	float,float	返回两个输入参数 float 值中较小的一个
int	min	int,int	返回两个输入参数 int 值中较小的一个
long	min	long,long	返回两个输入参数 long 值中较小的一个
double	nextAfter	double,double	返回第一个参数和第二个参数之间与第一个参数相邻的浮点数
double	nextUp	double	返回输入参数和正无穷大之间与输入参数相邻的浮点值
double	pow	double,double	返回第一个输入参数的第二个输入参数次幂的值

续表

返回类型	方法名称	输入参数	操作功能
double	random		返回一个在 0.0 到 1.0 之间的随机数
double	rint	double	返回最接近输入参数并等于某一整数的 double 值
long	round	double	返回最接近输入参数的 long 值
int	round	float	返回最接近输入参数的 int 值
double	scalb	double d, int i	返回 $d \times 2^i$ 值
float	scalb	float d, int i	返回 $f \times 2^i$ 值
double	signum	double	返回输入参数的符号函数
double	sin	double	返回输入参数的正弦值
double	sinh	double	返回输入参数的双曲线正弦值
double	sqrt	double	返回输入参数 double 值的正平方根值
double	tan	double	返回输入参数的正切值
double	tanh	double	返回输入参数的双曲线正切值
double	toDegrees	double	将用弧度表示的角转换为近似相等的用角度表示的角
Double	toRadians	double	将用角度表示的角转换为近似相等的用弧度表示的角

【示例 6-8】 使用 Math 类中方法进行数学运算操作的示例。其程序代码为:

```java
package mathsample;
public class MathSample {
  public static void main(String[] args){
     System.out.println(java.lang.Math.E);
     System.out.println(java.lang.Math.PI);
     double x = -50 * Math.random();      //产生一个负的随机数
     System.out.println(x);                //显示 x
     double y = Math.random();             //产生在 0~1 之间的随机数
     double z;
     z = Math.abs(x);                      //绝对值操作
     System.out.println(z);                //显示结果
     z = Math.acos(y);                     //反余弦操作
     System.out.println(z);                //显示结果
     z = Math.cos(x);                      //余弦操作(弧度输入值)
     System.out.println(z);                //显示结果
     z = Math.toDegrees(x);                //弧度转角度操作
     System.out.println(z);                //显示结果
     z = Math.cos(z);                      //余弦操作(角度输入值)
     System.out.println(z);                //显示结果
     z = Math.min(x,y);                    //取最小值操作
     System.out.println(z);                //显示结果
     z = Math.exp(y);                      //计算自然对数
```

```
        System.out.println(z);                    //显示结果
        z = Math.sqrt(y);                         //求平方根值
        System.out.println(z);                    //显示结果
    }
}
```

注意：在 Math 类中计算三角函数的方法输入值是以弧度为单位的。另外，在 java.lang 包中定义的 StrictMath 类也包含用于执行基本数学运算的方法，与 Math 类功能相近。

6.6 Runtime 类

在 java.lang 包中定义的 Runtime 类封装了与 Java 虚拟机相关的一些方法。在 Java 虚拟机启动每个 Java 应用程序时都会创建一个 Runtime 对象，它使得 Java 应用程序能够与其运行的环境相连接。由于 Runtime 对象已经建立，因此，在 Java 应用程序中可以直接调用 Runtime 类中定义的方法，例如获取当前程序运行信息、退出程序运行、关闭 Java 虚拟机等操作。表 6-18 描述了 Runtime 类中常用的方法及其实现的操作功能。

表 6-18　Runtime 类中常用的方法及其操作功能说明

返回类型	方法名称	输入参数	操 作 功 能
void	addShutdownHook　　*	Thread	注册新的虚拟机来关闭指定线程
int	availableProcessors		向 Java 虚拟机返回可用处理器的数目
Process	exec　　　　　　***	String	以单独的进程执行指定(String)程序
Process	exec　　　　　　***	String[]	以单独的进程执行一组指定(String[])程序
Process	exec　　　　　　***	String[],String[]	以单独的进程执行一组指定程序和程序的输入参数
void	exit　　　　　　　**	int	终止当前正在运行的 Java 虚拟机
long	freeMemory		返回 Java 虚拟机中的空闲内存量
void	gc		运行垃圾回收器
Runtime	getRuntime		返回在 Java 虚拟机中当前 Java 应用程序相关的运行对象
void	halt　　　　　　　**	int	强行终止目前正在运行的 Java 虚拟机
void	load　　　　　　****	String	加载指定文件名(String)的类库，作为动态库应用
void	loadLibrary　　****	String	加载指定库名(String)的动态库
long	maxMemory		返回 Java 虚拟机使用的最大内存容量
boolean	removeShutdownHook　*	Thread	取消注册某个先前已注册在 Java 虚拟机中的线程并关闭
void	runFinalization		调用所有对象的终止方法
long	totalMemory		返回 Java 虚拟机中的内存总量

续表

返回类型	方法名称	输入参数	操作功能
void	traceInstructions	boolean	启用或禁用指令跟踪
void	traceMethodCalls	boolean	启用或禁用方法调用跟踪

  * 该方法抛出 IllegalArgumentException、IllegalStateException、SecurityException 异常

  ** 该方法抛出 SecurityException 异常

  *** 该方法抛出 SecurityException、IOException、NullPointerException、IllegalArgumentException 异常

  **** 该方法抛出 SecurityException、UnsatisfiedLinkError、NullPointerException 异常

  由于 Runtime 对象是由 Java 虚拟机创建的，因此 Java 应用程序不能创建自己的 Runtime 类对象，在 Java 应用程序中要获得 Runtime 对象需要使用 getRuntime()方法，该方法返回与当前正在运行的 Java 程序相关的 Runtime 对象。

  【示例 6-9】 调用 Runtime 类中方法的示例。其程序代码为：

```
package runtimesample;
public class RuntimeSample {
  public static void main(String[] args){
    System.out.println(Runtime.getRuntime());        //显示 Runtime 对象
    System.out.println(
      Runtime.getRuntime().availableProcessors());   //显示处理器数目
    System.out.println(
      Runtime.getRuntime().freeMemory());            //查看内存容量
    System.out.println(
      Runtime.getRuntime().maxMemory());             //查看内存容量最大值
    System.out.println(
      Runtime.getRuntime().totalMemory());           //查看内存总容量
    try{
      java.lang.Process process                      //声明一个进程变量
        = Runtime.getRuntime().exec("MyProgram.exe");//创建一个进程对象
    }                                                //process 进程为执行 MyProgram.exe 程序
    catch(SecurityException se){ }
    catch(java.io.IOException ioe){ }
    catch(NullPointerException npe){ }
    catch(IllegalArgumentException iae){ }
  }
}
```

  上述程序中 java.lang 包提供的 Process 类是用于创建一个进程的类，通过该类和 Runtime 类中的 exec()方法可以实现执行外部其他的应用程序。

6.7 System 类

  在 java.lang 包中定义的 System 类封装了一些与计算机输入/输出系统相关的常量和与 Java 虚拟机相关的操作方法，在 Java 虚拟机启动后就创建了 System 对象，在 Java 应用程序中不能创建 System 对象，在 System 类中所有的常量和方法都被定义为静态的，因此，

在 Java 应用程序中可以直接调用 System 类中定义的常量和方法。表 6-19 描述了 System 类中的常量及其含义，表 6-20 描述了 System 类中常用的方法及其实现的操作功能。

表 6-19 System 类中定义的常量及其含义

常量类型	常量名称	常量含义
InputStream	in	标准输入流，实现输入操作
PrintStream	out	标准输出流，实现输出操作
PrintStream	err	标准错误输出流，实现输出操作

表 6-20 System 类中常用的方法及其操作功能说明

返回类型	方法名称		输入参数	操作功能
void	setIn	*	InputStream	重新分配标准输入流
void	setOut	*	PrintStream	重新分配标准输出流
void	setErr	*	PrintStream	重新分配标准错误输出流
Console	console			返回与当前 Java 虚拟机关联的唯一系统控制台对象
void	setSecurityManager	*	SecurityManager	设置系统安全性
SecurityManager	getSecurityManager			获取系统安全接口
long	currentTimeMillis			返回以毫秒为单位的当前时间
long	nanoTime			返回系统计时器的当前值，以毫微秒为单位
int	identityHashCode		Object	返回指定对象的哈希码
Properties	getProperties	*		获取当前的系统属性
Properties	getProperty	**	String	获取指定的系统属性
void	setProperties	*	Properties	设置当前的系统属性
void	setProperties		String,String	设置指定的系统属性
String	clearProperty	**	String	清除指定的系统属性
String	getenv	**	String	获取指定的环境变量值
void	exit		int	终止当前正在运行的 Java 虚拟机
void	gc			运行垃圾回收器
void	runFinalization			调用所有对象的终止方法
void	load	***	String	加载指定文件名(String)的类库，作为动态库应用
void	loadLibrary	***	String	加载指定库名(String)的动态库

* 该方法抛出 SecurityException 异常

** 该方法抛出 SecurityException、NullPointerException、IllegalArgumentException 异常

*** 该方法抛出 SecurityException、UnsatisfiedLinkError、NullPointerException 异常

在 System 类中定义的常量被定义为类对象，在对象中的操作方法是针对计算机标准输入和输出设备的，通常标准输入设备指的是键盘，标准输出设备为支持显示器显示数据的显示卡，通过它们实现 Java 的静态输入和输出操作。

【示例 6-10】 直接调用 System 类对象中方法的示例。其程序代码为：

```
package systemsample;
public class SystemSample {
  public static void main(String[] args){
    long t = System.currentTimeMillis();           //获取当前的时间
    System.out.println(t);                          //输出显示
    java.util.Properties p = System.getProperties();//获取当前的系统属性
    System.out.println(p);                          //输出显示
    System.exit(0);                                 //终止 Java 虚拟机运行
  }
}
```

上述程序中的 Properties 类被封装在 java.util 包中，java.util 包提供了一些不同类型的工具类，例如通用数据结构、目录树、时间日期等处理工具类。

示例 6-10 通过 Properties 类对象输出显示的系统属性说明如表 6-21 所示。

表 6-21 Properties 对象输出的系统属性说明

属 性 名	属 性 描 述
java.version Java	运行时环境版本
java.vendor Java	运行时环境供应商
java.vendor.url Java	供应商的 URL
java.home Java	安装目录
java.vm.specification.version	Java 虚拟机规范版本
java.vm.specification.vendor	Java 虚拟机规范供应商
java.vm.specification.name	Java 虚拟机规范名称
java.vm.version	Java 虚拟机现实版本
java.vm.vendor	Java 虚拟机现实供应商
java.vm.name	Java 虚拟机现实名称
java.specification.version	Java 运行时环境规范版本
java.specification.vendor	Java 运行时环境规范供应商
java.specification.name	Java 运行时环境规范名称
java.class.version	Java 类格式版本号
java.class.path	Java 类路径
java.library.path	加载库时搜索的路径列表
java.io.tmpdir	默认的临时文件路径
java.compiler	要使用的 JIT 编译器的名称
java.ext.dirs	一个或多个扩展目录的路径
os.name	操作系统的名称
os.arch	操作系统的架构
os.version	操作系统的版本
file.separator	文件分隔符（UNIX 系统中是"/"）
path.separator	路径分隔符（UNIX 系统中是"："）

属 性 名	属 性 描 述
line.separator	行分隔符（在 UNIX 系统中是"/n"）
user.name	用户的账户名称
user.home	用户的主目录
user.dir	用户的当前工作目录

6.8 小结

（1）Java 语言提供了大量的、可使用的 Java 类库，简称 API，实现了各种类型的操作。
（2）Object 类为 Java 体系中定义所有类的根类，即所有类都是由 Object 类派生的。
（3）在使用 Java 语言提供的 API 时，首先需要查阅 API 的帮助文档，明确其功能。
（4）调用 API 类中操作方法时应重点关注该方法的输入参数、返回值、产生的异常。

6.9 习题

（1）通过 J2SDK 提供的帮助文档学习 java.lang 包中数据类型 Byte、Long、Short、Float 等类的应用。
（2）int 数据类型和 Integer 类有什么区别？double 数据类型和 Double 类有什么区别？
（3）String 是最基本数据类型吗？String 和 StringBuffer 类有什么区别？
（4）在 J2SDK 环境中编译、调试、运行下述几个程序，查看和分析程序功能及运行后的输出结果。

```
/* =========== 程序1 =========== */
package integersample;
public class IntegerSample {
  public static void main(String[] args){
    String s = Translate("&# * 123456");
    System.out.println(s);
  }
  public static String Translate(String str) {
    String tempStr = "";
    try {
      tempStr = new String(str.getBytes("GB2312"),"GBK");
      tempStr = tempStr.trim();
    }
    catch (Exception e){
      System.err.println(e.getMessage());
    }
    return tempStr;
```

```
      }
   }
/* ========== 程序 2 ========== */
package mathsample;
public class MathSample {
   public static void main(String[] args){
      double x,y;
      x = 45;
      y = Math.tan(45);
      System.out.println(y);
      y = Math.tan((Math.PI/180) * 45);
      System.out.println(y);
      y = Math.tan(Math.toRadians(45));
      System.out.println(y);
   }
}
```

(5) 参照 java.lang 包中 Integer、Double、Character、Math、System 等类的学习模式，查阅和学习 java.util 和 java.text 包中的一些实用类，例如 Date、Calendar、GregorianCalendar、SimpleDateFormat、DateFormat 等类，分析并调试下述程序，查看运行结果。

```
package datetimesample;
import java.text.*;
import java.util.*;
public class DateTimeSample {
   public static void main(String[] args){
      SimpleDateFormat simlieDateFormat =
         new SimpleDateFormat("MM-dd-yyyy hh:mm:ss");
      DateFormat shortDateFormat =
         DateFormat.getDateTimeInstance(
            DateFormat.SHORT, DateFormat.SHORT);
      DateFormat mediumDateFormat =
         DateFormat.getDateTimeInstance(
            DateFormat.MEDIUM,
            DateFormat.MEDIUM);
      DateFormat longDateFormat =
         DateFormat.getDateTimeInstance(
            DateFormat.LONG,
            DateFormat.LONG);
      DateFormat fullDateFormat =
         DateFormat.getDateTimeInstance(
            DateFormat.FULL,
            DateFormat.FULL);
      Long time = new Long(System.currentTimeMillis());
      Date date = new Date();
      GregorianCalendar cal = new GregorianCalendar();
      System.out.println(simlieDateFormat.format(time));
```

```
        System.out.println(simlieDateFormat.format(date));
        System.out.println(simlieDateFormat.format(cal.getTime()));
        System.out.println(shortDateFormat.format(time));
        System.out.println(mediumDateFormat.format(date));
        System.out.println(longDateFormat.format(cal.getTime()));
        System.out.println(fullDateFormat.format(time));
        System.out.println(fullDateFormat.format(date));
        System.out.println(fullDateFormat.format(cal.getTime()));
    }
}
```

第2篇　Java 基础类库案例

　　Java 基础类库案例是通过实际基础类库的应用案例,学习 Java 语言提供的标准基础类库的使用,标准基础类库主要包括计算机输入和输出操作、图形用户界面操作、Applet 小程序的编写、图形绘制操作、多线程处理等,读者可通过应用案例掌握 Java 标准基础类库的使用。

第 7 章 Java 输入和输出操作案例

本章列举一些与 Java 输入和输出操作相关的案例,通过案例学习 java.io 包中主要类和接口的使用。

7.1 Java 的输入、输出机制

计算机最基础的功能就是与其他设备进行数据的交换,计算机从其他设备中读取数据的操作称为输入操作,计算机向其他设备写出数据的操作称为输出操作。计算机指的是CPU 和存储器的组合,其他设备有键盘、鼠标、显示器、打印机、磁盘、网络等。向计算机发送数据的设备称为输入设备,例如键盘、鼠标等;接收计算机数据的设备称为输出设备。例如显示器、打印机等;向计算机发送数据,又可接收计算机数据的设备称为输入/输出(I/O)设备,例如磁盘、网络等。

7.1.1 Java 数据流传输模式

计算机与其他设备进行数据交换有多种形式,Java 为解决数据传输问题,在传输形式上采用无结构的字节、字符或相同单位的数据序列,按照顺序"流"的方式通过某传输媒介实现数据交换的,即在 Java 体系中按单一模式进行数据交换——流(Stream)模式。流模式好比是建立在数据交换源和目的地之间的一条通信路径,一组数据作为"流"在该路径中进行传输。数据流的走向是有方向的——流向,数据流向的确定是相对计算机而言的,传向计算机的数据流称为输入流(InputStream),计算机发出的数据流称为输出流(OutputStream)。

Java 体系中数据流是由一个或多个数据组成,在传输过程中是按顺序进行的,因此,其数据的交换也称为顺序(串行)流的传输。数据流的组成如图 7-1 所示,在图中 1、2、…、n-1、n 是代表一位数据,一个数据流共有 n 个数据组成,n 大于等于 1,最后是流结束符,标志着数据传输的结束,数据的单位可以是字节、字符等。

| 1 | 2 | 3 | 4 | 5 | 6 | … | n-1 | n | 流结束符 |

图 7-1 数据流的组成

在 Java 体系中对数据流的操作类主要被封装在 java.io 包中,通过 java.io 包中类可以实现计算机对数据的输入、输出操作,在编写输入、输出操作代码时,需要使用 import 语句将 java.io 包导入,导入后才可以使用 java.io 包中的类和接口。

7.1.2 Java 数据流的主要操作类

java.io 包提供了外部设备与计算机之间数据交换的输入、输出操作类,主要操作类及其继承关系如图 7-2 所示,箭头方向为子类。

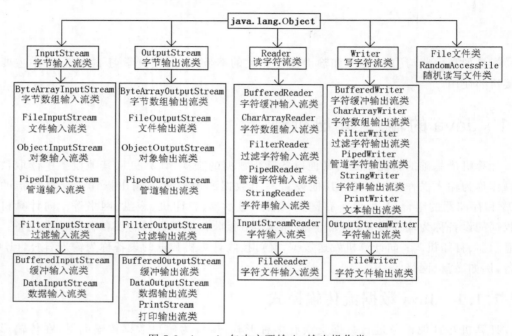

图 7-2 java.io 包中主要输入、输出操作类

目前,java.io 包中提供的输入、输出流操作类支持两种基本数据类型流的数据传输,即针对字节(或 ASCII 编码的字符)和 Unicode 编码的字符数据流进行传输。字节流或字符流的数据安排如图 7-1 所示,支持字节流传输的类有 InputStream 和 OutputStream 类,InputStream 类中的 read 方法实现从输入流对象中读取字节数据的操作,OutputStream 类中 write 方法实现向输出流对象写入字节数据的操作;支持 Unicode 编码的字符流传输的类有 Reader 和 Writer 类,并通过类中定义的 read 和 write 操作方法实现字符数据的传输。因为它们都是抽象类,是所有对数据流操作类的父类,它们只是提供了操作数据流的标准基础方法,因此,具体实现数据流输入/输出操作的是继承这些抽象类的子类。

另外,如果需要传输其他类型的数据流时,则需要将传输的数据对象进行序列化(Serializable),也称为串行化。序列化可使数据对象转换为顺序字节流,转换后方可应用 java.io 包中的输入/输出操作方法实现数据的传输,数据对象的序列化是通过数据对象类实现java.io包中提供的Serializable接口来完成的。

7.2 控制台输入、输出操作案例

控制台输入、输出操作也称为静态输入、输出操作,指的是在Java虚拟机启动后,要求提供输入、输出操作的类对象始终驻留在内存中,提供输入、输出操作的类对象被定义在java.lang包的System类中,类对象名称为in、out、err,而java.lang包是嵌入在Java虚拟机中,并在Java虚拟机启动后将该包中的类创建为对象驻留在内存,因此,在System类中提供的输入、输出操作为静态的。

【**案例7-1**】 控制台字节流数据输入、处理并输出。

该案例通过计算机键盘输入两个用于运算的浮点数,将浮点数显示在文本显示器上,同时显示1~4种(+、-、×、÷)运算操作,通过键盘选择一种操作,完成两个浮点数的指定运算操作,并将结果输出显示。

选择类库

System类定义的in、out、err静态对象是针对标准输入、输出设备的。标准输入设备有键盘,标准输出设备有字符(文本)显示器等,应用in对象中read()操作方法从标准输入设备读取字节流,应用out对象中print()和println()操作方法输出字符到标准输出设备。

实现步骤

(1) 定义输入浮点数类,根据输入字符长度实现浮点字符字节流的数据输入,将输入到字节数组中的数据通过String类创建(转换)为字符串形式的数据,并通过java.lang包中Double类的parseDouble()操作方法将字符串转换为浮点数,当转换出现错误时重新进行数据的输入。

(2) 定义浮点数运算操作类,根据两个浮点数及输入的运算符字节实现运算操作,输出显示运算结果。

程序代码

```java
package consoleio;
import java.io.*;
/** 定义输入浮点数类 */
public class InputNumber {
  double d_Num = 0;
  public double InNum(int Length) {
    int Length_Array = Length + 1;              //定义记录输入字符个数的变量
    byte[] b_Array =
      new byte[Length_Array];                   //创建接收Length_Array个字符的数组
    String s;
    System.out.print("输入浮点数:");
    do{                                         //输入浮点数操作
      try {
        Length_Array = System.in.read(b_Array); //等待从键盘输入一组字符
```

```java
            s = new String(b_Array, 0, Length_Array);    //转换为字符串
            d_Num = Double.parseDouble(s);               //将字符串转换为浮点数
            System.out.println("浮点数：" + d_Num);       //输出显示浮点数
            break;
        } catch (NumberFormatException nfe) {            //捕获数据转换异常
            System.out.print("输入浮点数有错误,请重新输入:");
        } catch (IOException ioe) {                      //捕获输入操作异常
            System.out.print("输入浮点数有错误,请重新输入:");
        }
    }while(true);
    return(d_Num);                                       //返回浮点数
  }
}
/** 定义浮点数运算操作类 */
package consoleio;
import java.io.*;
public class Operation {
  double z = 0;
  public double Operate(double Num1,double Num2 ) throws IOException{
    char c;
    System.out.println("1.加法运算操作");
    System.out.println("2.减法运算操作");
    System.out.println("3.乘法运算操作");
    System.out.println("4.除法运算操作");
    do{
      System.out.println("选择两个浮点数运算操作");
      c = (char)System.in.read();                        //输入单个字符
      System.in.read();                                  //读"回车"符
      //System.in.read();                                //读"换行"符
    }while(c<'1'||c>'4');
    switch(c) {                                          //运算操作
      case '1':
        z = Num1 + Num2;
        break;
      case '2':
        z = Num1 - Num2;
        break;
      case '3':
        z = Num1 * Num2;
        break;
      case '4':
        z = Num1 / Num2;
        break;
    }
    System.out.println("运算结果为：" + z);              //输出结果
    return(z);
  }
```

```java
}
/** 定义含 main 方法的应用类 */
package consoleio;
import java.io.*;
public class AppSample {
    public static void main(String[] args) throws IOException{
        InputNumber inn = new InputNumber();
        Operation op = new Operation();
        int l = 10;
        double d1,d2,d3;
        System.out.println("输入 10 位以内参与运算的两个浮点数");
        d1 = inn.InNum(l);                        //输入浮点数
        d2 = inn.InNum(l);
        d3 = op.Operate(d1,d2);                   //运算操作
    }
}
```

输出结果

输入 10 位以内参与运算的两个浮点数
输入浮点数:123.456
浮点数 : 123.456
输入浮点数:123.456
浮点数 : 123.456
1. 加法运算操作
2. 减法运算操作
3. 乘法运算操作
4. 除法运算操作
选择两个浮点数运算操作
1
运算结果为: 246.912

案例小结

（1）Java 的静态输入操作是针对字节数据流而言的，read(byte[])方法读一组 byte 类型的数据存放到数组中，其返回值为读入字符的个数(整数类型)。

（2）控制台输入操作的结束标志一般是输入"回车"键，而"回车"键也会作为一个输入字节输入到 byte[]数组中，因此，读到字节数组的实际数据个数为输入字符的个数加 1。另外，有些控制台输入操作的结束标志是"回车"和"换行"两个字节，因此，读到 byte[]数组中的最后两个字节数据为"回车(0x0D)"和"换行(0x0A)"。

（3）当使用无输入参数的 read()方法时，其返回值为读入以整数类型表示的字符，当使用字符(char)类型的数据时需要进行强制转换。

（4）read()方法抛出 java.io.IOException 异常，需要使用 try-catch 语句结构捕获异常，或者使用 throws 语句将 IOException 异常抛出。

（5）print()方法实现打印输出显示的，该方法以字符形式可以输出 boolean、char、char[]、

double、float、int、long、String、Object 九种类型的数据。println()方法在完成数据输出显示后再追加输出一个"换行"符。

7.3 文件输入、输出操作案例

在 java.io 包中定义了一些针对磁盘文件的输入、输出操作类,在 Java 体系的文件操作机制中,磁盘文件是被作为对象看待的,文件的内容被视为数据流,当一个数据流对象是通过某个文件对象创建的或称之为数据流对象绑定了一个文件对象时,则对数据流对象的输入、输出操作实际上是对文件内容的读、写操作,描述文件内容的数据流也是顺序(有序)数据流,只是最后一个流结束符数据是一个文件结束符(EOF)数据。

7.3.1 字节流文件输入、输出操作

在 java.io 包中定义的字节输入、输出流操作类都适合对磁盘文件内容的读、写操作,例如,直接用于磁盘文件读、写操作的类有 FileInputStream、FileOutputStream 等,它们可以通过(绑定)一个文件对象创建输入、输出流对象,也可以直接指定磁盘文件名创建输入、输出流对象,通过对输入、输出流对象实施读、写操作实现对指定文件的读、写操作。

【案例 7-2】 以字节数据流的方式实现文件数据的读、写操作。

该案例通过控制台行命令方式选择文件的读、写操作,其读、写操作是以字节数据流的形式进行的。

选择类库

java.io 包中定义的类是针对输入、输出流操作的类,选择 File 类用于创建文件对象,选择字节流操作类 FileInputStream 创建与文件对象绑定的文件输入流对象,用于从文件中读取字节数据;选择字节流操作类 FileOutputStream 创建与文件对象绑定的文件输出流对象,用于将字节数据写入文件中。

实现步骤

(1) 定义字节流输入类,通过行命令方式输入文件名,根据文件名创建文件对象,并创建与文件对象绑定的字节输入流对象,通过字节输入流对象的 3 种不同形式的读操作方法实现读取文件数据。

(2) 定义字节流输出类,通过行命令方式输入文件名,根据文件名创建文件对象,并创建与文件对象绑定的字节输出流对象,通过字节输出流对象的写操作将数据写入文件中。

(3) 定义文件数据读取、写入应用类,控制文件数据的读、写操作。

程序代码

```
package bytestreamfileio;
import java.io.*;
class ByteStreamFileInput {                    //定义读文件数据类
    public void readData() throws IOException{
```

```java
    int len = 30;
    byte[] temp = new byte[len];
    String fileName;
    System.out.print("输入文件名(小于 30 个字符):");
    len = System.in.read(temp);
    if( len < 2 ) return;
    fileName = new String(temp, 0, len-1);
    File f = new File(fileName);                    //根据文件名创建文件对象 f
    if(!f.exists()){                                //文件不存在,退出程序
      System.out.println("文件不存在!");
      return;                                       //返回
    }
    FileInputStream fis;                            //声明文件输入流类变量 fis
    fis = new FileInputStream(f);                   //创建与文件对象绑定的输入流
    System.out.println("文件长度 = " + f.length()); //查看文件长度
    int fl = fis.available();                       //读取文件中可读数据的长度
    int c;
    System.out.println("文件内容: ");
    while((c = fis.read())!= -1){
    /* 按单个字节方式循环从输入流 fis 中读文件数据,读到文件尾(数据为-1)结束读操作 */
      System.out.print((char)c);                    //显示读出的数据
    }
    System.out.println();
    System.out.println(" ===================== ");
    fis.skip(-fl);                                  //将读数据的位置调整到文件头
    byte[] b = new byte[fl];                        //创建字节数组
    fis.read(b);                                    //从输入流中读数据到数组 b 中
    String s = new String(b);                       //通过 b 数组创建字符串
    System.out.println(s);                          //显示文件内容
    fis.skip(-fl);                                  //将读数据的位置调整到文件头
    fis.read(b,0,5);                                //读文件的一部分内容到数组 b 中
    s = new String(b,0,5);                          //通过 b 数组部分内容创建字符串
    System.out.println(s);                          //显示部分文件内容
    fis.close();                                    //关闭输入流
  }
}
class ByteStreamFileOutput {                        //定义写文件数据类
  public void writeData() throws IOException {
    int len = 30;
    byte[] temp = new byte[len];
    String fileName;
    System.out.print("输入文件名(小于 30 个字符):");
    int l = System.in.read(temp);
    if( l < 2 ) return;
    fileName = new String(temp, 0, l-1);
    File f = new File(fileName);                    //根据文件名创建文件对象 f
    if(!f.exists())                                 //判断文件是否存在
```

```java
            f.createNewFile();                        //不存在,创建空文件 myfilename
      FileOutputStream fos;                           //声明输出流类变量 fos
      fos = new FileOutputStream(f);                  //创建与文件对象绑定的输出流
      System.out.println("输入写入文件中的数据(输入'exit'退出):");
      int i,b;
      while (true) {
        i = 0;b = 0;
        while (( i < len - 1 )&&(( b = System.in.read() ) != '\n')){
          temp[i++] = (byte)b;
        }
        if ("exit".equalsIgnoreCase(new String(temp,0,i))){
          fos.close();
          return;
        }
        fos.write(temp,0,i);                          //将 b 数组内容写到文件中
        fos.write('\r');                              //写入"回车"符
        fos.write('\n');                              //写入"换行"符
      }
    }
  }
  public class ByteStreamFileIO {                     //定义含 main 应用类
    public static void main(String[] args) throws IOException{
      ByteStreamFileInput bsfi = new ByteStreamFileInput();
      ByteStreamFileOutput bsfo = new ByteStreamFileOutput();
      int c;
      while (true) {
        System.out.println("1.从文件读数据");
        System.out.println("2.写数据到文件");
        System.out.println("3.退出");
        do {
          System.out.println("选择文件操作");
          c = (char) System.in.read();
          System.in.read();                           //读"回车(0x0D)"键
        }
        while (c < '1' || c > '3');
        switch (c) {
          case '1':
            bsfi.readData();
            break;
          case '2':
            bsfo.writeData();
            break;
          case '3':
            System.exit(0);
            break;
        }
      }
```

```
        }
}
```

输出结果

```
1. 从文件读数据
2. 写数据到文件
3. 退出
选择文件操作
2
输入文件名(小于 30 个字符):hello.txt
输入写入文件中的数据(输入'exit'退出):
hello
1234567890
exit
1. 从文件读数据
2. 写数据到文件
3. 退出
选择文件操作
1
输入文件名(小于 30 个字符):hello.txt
文件长度 = 17
文件内容:
hello
1234567890
======================
hello
1234567890
hello
1. 从文件读数据
2. 写数据到文件
3. 退出
选择文件操作
3
```

案例小结

（1）File 类对象中 exists() 操作方法是判断文件是否存在的。在读文件数据时，文件不存在则返回，不进行读操作，文件存在则通过 length() 或 available() 操作方法确定文件长度，根据文件长度建立字节数组；在写数据到文件中时，文件不存在则通过 createNewFile() 创建一个在磁盘上与文件名绑定的空文件，准备写入数据。

（2）FileInputStream 对象中有 read()、read(byte[])、read(byte[],int,int) 三种读数据的操作方法，而 skip() 操作方法可调整从文件中读取字节数据的位置。FileOutputStream 对象中也有多个 write() 写数据的操作方法实现不同方式的写操作。

（3）向文件中写入数据是通过控制台输入数据后再将数据写入文件中。

（4）java.io 包中定义的输入、输出操作类将产生 IO 异常，该案例将 IO 异常实施逐级抛出处理。

7.3.2 字符流文件输入、输出操作

在 java.io 包中除了定义适合字节流操作类外,还定义了适合字符流数据的输入、输出操作类,其目的为方便数据的传输,这些类也适用于对磁盘文件内容的读、写操作,例如 FileReader、FileWriter 等,它们操作磁盘文件的方式与 FileInputStream、FileOutputStream 等类的操作方式相同。

1. 字符流的输入、输出

【案例 7-3】 以字符数据流的方式实现文件数据的读、写操作,该案例操作形式与案例 7-2 相同,只是操作的数据流为字符形式。

选择类库

java.io 包中定义的 FileReader、FileWriter、BufferedReader、BufferedWriter、PrintWriter 等类都是针对字符数据流实施输入、输出操作的。

实现步骤

(1) 定义字符流输入类,根据文件名创建文件对象,并创建与文件对象绑定的字符输入流对象,通过字符输入流对象的读操作方法实现读取文件数据。

(2) 定义字符流输出类,根据文件名创建文件对象,并创建与文件对象绑定的字符输出流对象,通过字符输出流对象的输出操作将数据写入文件中。

(3) 定义文件数据读取、写入应用类,控制文件数据的读、写操作。

程序代码

```java
package wordstreamfileio;
import java.io.*;
class WordStreamFileInput {                        //定义读文件数据类
    public void readData() throws IOException{
        int len = 30;
        byte[] temp = new byte[len];
        String fileName;
        System.out.print("输入文件名(小于 30 个字符):");
        len = System.in.read(temp);
        if( len < 3 ) return;
        fileName = new String(temp, 0, len - 2);
        File f = new File(fileName);
        if(!f.exists()){
            System.out.println("文件不存在!");
            return;
        }
        long fl = f.length();                      //读取文件中可读数据的长度
        System.out.println("文件长度: " + fl);      //显示可读字节数
        FileReader fr;                             //声明文件输入流类变量 fr
        fr = new FileReader(f);                    //创建与文件对象绑定的输入流
```

```java
        System.out.println("字符编码为："
            + fr.getEncoding());              //显示所用字符编码
        BufferedReader br;                     //声明输入流缓冲区类变量 br
        br = new BufferedReader(fr);           //创建 fr 对象绑定的 br 对象
        String s = "";
        boolean eof = false;                   //定义读文件结束标志
        while( !eof ){
            String x = br.readLine();          //从文件中读一行字符数据
            if(x == null)                      //判断是否读文件结束
                eof = true;
            else
                s = s + x;                     //将文件内容拼接在一块
        }
        System.out.println("文件内容：");
        System.out.println(s);                 //显示文件内容
        br.close();fr.close();                 //关闭流对象
    }
}
class WordStreamFileOutput {                   //定义写文件数据类
    public void writeData() throws IOException {
        int len = 30;
        byte[] temp = new byte[len];
        String fileName;
        System.out.print("输入文件名(小于 30 个字符):");
        len = System.in.read(temp);
        if(len < 3 ) return;
        fileName = new String(temp, 0, len - 2);
        File f = new File(fileName);
        if(!f.exists())
            f.createNewFile();
        FileWriter fw;                         //声明文件输出流变量
        PrintWriter pw;                        //声明输出流变量
        BufferedReader stdin;                  //声明字符输入流缓冲区变量
        while(true){
            stdin = new BufferedReader(        //从控制台读字符流到缓冲区
                new InputStreamReader(System.in) ,"GBK");   //读入一行指定 GBK 编码的字符流
            String str = stdin.readLine();
            if (str.equalsIgnoreCase("exit"))  //判断字符串是否为 exit
                break;
            fw = new FileWriter(f, true);      //创建与文件绑定的字符输出流
            //fw.write(str + "\r" + "\n");     //追加字符串数据到文件中
            pw = new PrintWriter(fw);          //创建与输出流绑定的输出对象
            pw.println(str);                   //输出字符流到文件中
            fw.close(); pw.close();            //关闭输出流
        }
    }
}
```

```java
public class WordStreamFileIO {
  public static void main(String[] args) throws IOException{
    WordStreamFileInput bsfi = new WordStreamFileInput();
    WordStreamFileOutput bsfo = new WordStreamFileOutput();
    int c;
    while (true) {
      System.out.println("1.从文件读数据");
      System.out.println("2.写数据到文件");
      System.out.println("3.退出");
      do {
        System.out.println("选择文件操作");
        c = (char) System.in.read();
        System.in.read();                    //读"回车(0x0D)"键
        System.in.read();                    //读"换行(0x0A)"键
      }
      while (c < '1' || c > '3');
      switch (c) {
        case '1':
          bsfi.readData();
          break;
        case '2':
          bsfo.writeData();
          break;
        case '3':
          System.exit(0);
          break;
      }
    }
  }
}
```

输出结果

与案例 7-2 相同。

案例小结

（1）所有的输入、输出都是以字符流形式操作的,包括控制台的输入、输出。

（2）FileReader 类中 getEncoding()操作方法将返回当前字符流使用的编码格式的名称。

（3）InputStreamReader 类的功能是将字节流转换为字符流。

（4）字符流的输出可通过 FileWriter 对象的 write()操作方法将字符数据写到文件中，也可以通过 PrintWriter 对象绑定文件输出流 FileWriter 对象,使用 PrintWriter 类中 println()操作方法将字符数据写到文件中。

（5）创建 FileWriter 对象的构造方法第二个输入参数设置为 true,其含义为在原文件尾追加新的数据。

2. 字符的解析

Java 在 java.io 包中提供了字符流方式的输入、输出操作,其字符是建立在字符集的基础上的,例如 ASCII、ANSI、Unicode 等字符集。ASCII 字符集为单字节字符集,而 ANSI、Unicode 为多字节字符集,即一个字符由多个字节表示,这必然涉及表示一个字符的字节个数和排列顺序(多个字节数据在存储器中的存放顺序)。人为制定字节个数和排列顺序的规则称为编码。不同编码的字符其在内存中的字节个数和排列顺序是不同的,ANSI 字符集定义了 GB2312、BIG5、Shift_JIS、ISO-8859-2 等多种编码方式来表示,Unicode 字符集定义了 UTF-8、UTF-16(其中 UTF-16BE = Unicode Big Endian 大端序,UTF-16LE = Unicode Little Endian 小端序)等多种编码方式来表示。Java 的字符是基于 Unicode 字符集的,当 Java 字符输入流接收 Java 字符输出流时,其编、解码都是基于 Unicode,不会出现字符和字符串显示的混乱,但当 Java 字符输入流接收来自外部的其他国际通用的文本字符流数据时,如果与 Java 使用的 Unicode 不兼容,其接收到的字符串则可能会出现显示混乱(乱码)。

【案例 7-4】 解析字符编码。

该案例可解析字符使用的编码,显示某种编码的字符(字符串)在计算机存储器中其存放的字节个数和排列顺序(称其为"内码"),读取不同编码的文本文件,且可通过指定编码接收文本字符流数据,并正确显示文本内容。

选择类库

java.io 包中 InputStreamReader 类是通过指定字符集编码可将字节流转换为字符流。

实现步骤

(1)定义根据不同编码标准显示字符编码数值与排列顺序类。
(2)定义根据不同编码标准读取文本文件中的字符流数据类。
(3)定义操作控制类。

程序代码

```
package testencode;
import java.io.*;
/* 定义根据不同编码标准显示字符编码数值与排列顺序类 */
class CheckWord {
  public void chek()
       throws UnsupportedEncodingException,IOException{
    System.out.println("请输入字符");
    BufferedReader stdin = new BufferedReader(
      new InputStreamReader(System.in));
    String str = stdin.readLine();
    System.out.println("输入字符为: " + str);
    byte [] utf8 = str.getBytes("utf-8");          //按指定编码获取字符存储数据
    System.out.println("UTF-8 编码数据在内存中字节的排列为: ");
    showArr(utf8);                                  //按顺序显示字节数组数据
    byte[] utf16be = str.getBytes("utf-16be");
```

```java
            System.out.println("UTF-16BE 编码数据在内存中字节的排列为：");
            showArr(utf16be);
            byte[] utf16le = str.getBytes("utf-16le");
            System.out.println("UTF-16LE 编码数据在内存中字节的排列为：");
            showArr(utf16le);
            System.out.println("String 原始数据在内存中字节的排列为：");
            char ch; int lo, hi;
            for(int i = 0; i < str.length(); i++){
                ch = str.charAt(i);
                lo = ch & 0xff;                              //取字符低 8 位数据
                hi = (ch >> 8) & 0xff;                       //取字符高 8 位数据
                System.out.print("0x"
                        + Integer.toHexString(hi)
                        + " 0x" + Integer.toHexString(lo) + " ");
            }
            System.out.println();
        }
        void showArr(byte[] arr){
            int hex; byte b;
            for (int i = 0; i < arr.length; i++) {
                b = arr[i];
                hex = b&0xff;                                //取一个字节
                System.out.print(
                    "0x" + Integer.toHexString(hex) + " ");  //按十六进制输出显示
            }
            System.out.println();
        }
    }
    /* 定义根据不同编码标准读取文本文件中的字符流数据并显示字符类 */
    class ReadFileTest {
        void loadfile() throws IOException {
            int len = 30;
            byte[] temp = new byte[len];
            String fileName;
            System.out.print("输入文件名(小于 30 个字符):");
            len = System.in.read(temp);
            if( len < 2 ) return;
            fileName = new String(temp, 0, len-1);
            File f = new File(fileName);
            if(!f.exists()){
                System.out.println("文件不存在!");
                return;
            }
            char c;
            System.out.println("1.UTF-8 编码");
            System.out.println("2.UTF-16BE 编码");
            System.out.println("3.UTF-16LE 编码");
```

```java
      System.out.println("4.GBK 编码");
      do{
        System.out.println("选择编码方式");
        c = (char)System.in.read();
        System.in.read();
        //System.in.read();                              //读"回车换行"符
      }while(c<'1'||c>'4');
      String charsetName = "";
      switch(c) {
        case '1':
          charsetName = "UTF-8";
          break;
        case '2':
          charsetName = "UTF-16BE";
          break;
        case '3':
          charsetName = "UTF-16LE";
          break;
        case '4':
          charsetName = "GBK";
          break;
      }
      System.out.println("使用字符集编码为: " + charsetName);
      BufferedReader br = new BufferedReader(
        new InputStreamReader(
        new FileInputStream(f),charsetName));
      String s_Line ;
      while ((s_Line = br.readLine())!= null){
        System.out.println(s_Line);                     //输出显示一行字符串信息
      }
      br.close();
  }
}
public class TestEncode {
  public static void main(String[] args) throws IOException {
    CheckWord cw = new CheckWord();
    ReadFileTest rt = new ReadFileTest();
    int c;
    while (true) {
      System.out.println("1.查看字符编码及排列");
      System.out.println("2.读字符文件并显示");
      System.out.println("3.退出");
      do {
        System.out.println("选择操作");
        c = (char) System.in.read();
        System.in.read();
        //System.in.read();
```

```
            }
         while (c < '1' || c > '3');
         switch (c) {
            case '1':
               cw.chek();
               break;
            case '2':
               rt.loadfile();
               break;
            case '3':
               System.exit(0);
               break;
         }
      }
   }
}
```

输出结果

1.查看字符编码及排列
2.读字符文件并显示
3.退出
选择操作
1
请输入字符
国
输入字符为:国
UTF-8 编码数据在内存中字节的排列为: 0xe5 0x9b 0xbd
UTF-16BE 编码数据在内存中字节的排列为: 0x56 0xfd
UTF-16LE 编码数据在内存中字节的排列为: 0xfd 0x56
String 原始数据在内存中字节的排列为: 0x56 0xfd
1. 查看字符编码及排列
2. 读字符文件并显示
3. 退出
选择操作
2
输入文件名(小于 30 个字符):utf-8.txt
1. UTF-8 编码
2. UTF-16BE 编码
3. UTF-16LE 编码
4. GBK 编码
选择编码方式
1
使用字符集编码为: UTF-8
大家好
Hello World

案例小结

（1）String 类中 getBytes()操作方法为按照指定的字符编码将字符串内存中存放的数据以字节的形式按顺序存放到字节数组中。

（2）从"查看字符编码及排列"结果中可知，编码不同，表示字符的字节个数和存放顺序是不同的，另外，Java 字符串使用的编码是 UTF-16BE。

（3）InputStreamReader 类可指定字符编码创建对象，其输入将按照指定的编码解析字符流数据，并可正确显示字符串。

（4）当文件字符采用的字符编码与 InputStreamReader 对象指定字符编码不一致时，其字符串显示将出现"乱码"现象。

7.4 文件随机读写操作案例

在 java.io 包中定义对磁盘文件内容随机读、写的操作类是 RandomAccessFile，该类的操作是将各种基本数据类型的数据转换为顺序字节数据流的格式从文件中读出和将数据写入文件中。

【**案例 7-5**】 记录电话号码，文件内容有姓名和对应的电话号码，通过 RandomAccessFile 类对象绑定 File 类创建的对象实现对记录文件的读、写操作，人名和电话号码以基础的字节流形式通过控制台输入，并存入磁盘，文件名为 phonesnumber.txt，每次运行程序时显示已记录的人名和电话号码，并将文件读、写指针指向文件尾，当输入新的"姓名"和"电话号码"时，从文件尾追加新输入的内容，当输入 exit 字符串时程序结束。

选择类库

java.io 包中 RandomAccessFile 类为磁盘文件随机读、写的操作类。

实现步骤

（1）创建与文件对象绑定的随机读、写的操作类对象，指定读、写模式。

（2）从已存在的文件中读取数据并输出到控制台。

（3）输入字节数据写入文件中。

程序代码

```
package phones;
import java.io.*;
import java.lang.String;
class Phones {
  public static final int lineLength = 100;      //定义输入长度
  public static void main(String args[]) throws IOException {
    File teleFile;                               //定义文件变量
    RandomAccessFile rwTeleFile;                 //定义随机流变量
    byte[] phone = new byte[lineLength];         //定义数组变量
    byte[] name = new byte[lineLength];
    int i;
```

```java
        long b_Length;                                    //定义存放文件长度变量
        teleFile = new File("phonesnumber.txt");          //创建文件对象
        rwTeleFile =
          new RandomAccessFile(teleFile, "rw");           //创建随机流对象
        b_Length = rwTeleFile.length();                   //获取文件长度
        byte[] buff = new byte[(int)b_Length];            //创建存放文件数据数组
        if(teleFile.exists()){
        /** ============ 读文件内容并显示 ===================== */
          rwTeleFile.read(buff);                          //读文件数据到 buff
          String s = new String(buff);                    //将数组内容转换为字符串
          System.out.println("名字 ,电话号码");
          System.out.println(s);                          //显示文件内容
        }
        /** ============ 追加文件内容 ======================= */
        rwTeleFile.seek(rwTeleFile.length());             //将文件指针调整到尾部
        while (true) {                                    //输入名字和电话号码
          System.out.println( "请输入姓名:(输入 'exit'则退出)" );
          readLine(name);                                 //读入一行字符到 name 数组
          if ( "exit".equalsIgnoreCase(new String(name,0,4)) ){
            break;                                        //是 exit,退出 while 循环
          }
          for (i = 0;name[i]!= 0;i++){                    //写"姓名"字符
            rwTeleFile.write(name[i]);                    //写一行字符到文件
          }
          rwTeleFile.write(',');                          //写分隔符","
          System.out.println( "请输入电话号码:" );
          readLine(phone);                                //读一行字符到 phone 数组
          for ( i = 0; phone[i] != 0; i++){               //写一行字符到文件
            rwTeleFile.write(phone[i]);                   //在文件尾追加写字符
          }
          rwTeleFile.write('\r');                         //写"回车"符
          rwTeleFile.write('\n');                         //写"换行"符
        }
      rwTeleFile.close();
    }
    /** ============== 读入一行字符 ==================== */
    private static void readLine(byte line[])
          throws IOException {                            //读入一行字符
      int i = 0,b = 0;
      while (( i < lineLength - 1 )&&(
              ( b = System.in.read() ) != '\n')){
        line[i++] = (byte)b;                              //循环从键盘读字符
      }
      line[i] = (byte)0;                                  //加入一行结束符"0"
    }
}
```

输出结果

```
名字 ,电话号码
张三 , 0123456789
李四 , 9876543210
请输入姓名:(输入 'exit'则退出)
王五
请输入电话号码:
1357902468
请输入姓名:(输入 'exit'则退出)
exit
```

案例小结

(1) 创建 RandomAccessFile 类对象需要指出操作文件的模式,模式有"r"为只读;"w"为只写,"rw"为可读、可写。

(2) 从 RandomAccessFile 对象读出数据的类型需要与写入时的数据类型相一致。写入操作有:write()写入字节和整数数据,writeBoolean()写入布尔数据,writeChar()写入字符数据,writeDouble()写入浮点数据等。对应的读操作有 read()、readBoolean()、readChar()、readDouble()等。

(3) 文件当前读、写数据操作的指针是随着读、写操作的实现而不断向前移动的,也可通过 seek()操作方法移动操作指针。

7.5 对象序列化传输案例

对象的序列化指的是可以将对象以字节流的形式进行传输,即将对象转换(分解)为顺序字节流后应用 java.io 包中操作字节流的类实现在各种介质中的数据传输,对象的序列化被广泛地应用于网络分布式对象的远程方法调用(Remote Method Invocation,RMI)系统中。

当一个类实现了 java.io 包中的 Serializable 接口,则通过该类创建的对象称为可序列化对象,可序列化对象可以以字节流的形式实现传输。在对象数据的传输中,序列化的过程是指将对象写入字节流或从字节流中读取并恢复对象,将对象写入字节流称为序列化,而从字节流中读取数据并重构原来的对象称为反序列化,对象通过序列化和反序列化实现了应用 java.io 包现有的一些字节流传输操作的类来传输对象的目的。

【案例 7-6】 将一个对象转换为字节流的形式保存到磁盘文件中,当使用该对象时将其从文件中读出并还原为可应用的对象。

选择类库

在 java.io 包中定义的 ObjectInputStream、ObjectOutputStream 类则是针对对象数据进行输入、输出传输操作的。

实现步骤

(1) 定义需要传输的对象实现 java.io 包中 Serializable 接口的类,为序列化做准备。

（2）定义将可序列化的对象作为字节流写到文件中的类，实现对象传输。
（3）定义从文件中读出对象数据，并还原对象及应用该对象的类。

程序代码

```java
/* 定义对象可序列化的类,其要求为实现 Serializable 接口 */
package serializable.sample;                    //定义包名
public class SerializableClass                   //定义需要序列化的类
    implements java.io.Serializable{             //该类实现 Serializable 接口
  String s = "Hello";
  public void Display(){
    System.out.println(s);
  }
}
/* 将实现 Serializable 接口的类创建为对象,并作为字节流写到文件中 */
package serializable.sample;
import java.io.*;
public class SaveObjSample {
  public static void main(String args[]){
    try{                                         //将一个序列化的对象写到文件中(序列化)
      SerializableClass obj1 =
        new SerializableClass();                 //创建可序列化的类对象 obj1
      System.out.println("obj1:" + obj1);
      File fo = new File("OutObj");              //使用指定文件名创建文件对象
      FileOutputStream fos =
        new FileOutputStream(fo);                //使用指定文件对象创建文件输出流对象
      ObjectOutputStream oos =
        new ObjectOutputStream(fos);             //创建与 fos 绑定的 oos 输出流对象
      oos.writeObject(obj1);                     //写对象到输出流
      oos.close();
    }
    catch(Exception e){                          //异常处理
      System.out.println("Serialization Exception" + e);
      System.exit(0);
    }
  }
}
/* 从文件中读出对象数据,重新还原为对象,并调用对象中的操作方法 */
package serializable.sample;
import java.io.*;
public class UseObjSample {
  public static void main(String[] args) {
    try{                                         //将一个序列化的对象从文件中读出(反序列化)
      SerializableClass obj2;                    //声明 SerializableClass 类变量
      File fi = new File("OutObj");              //使用指定文件名创建文件对象
      FileInputStream fis =
        new FileInputStream(fi);                 //使用指定文件对象创建文件输入流对象
```

```
        ObjectInputStream ois =
          new ObjectInputStream(fis);           //创建与 fis 绑定的 ois 输入流对象
        obj2 = (SerializableClass)ois.readObject();  //从输入流读取对象
        ois.close();
        System.out.println("obj2:" + obj2);
        obj2.Display();                         //调用恢复后对象中的方法
      }
      catch(Exception e){                       //异常处理
        System.out.println("Deserialization Exception" + e);
        System.exit(0);
      }
    }
  }
```

输出结果

在磁盘中产生 OutObj 文件,其内容为 SerializableClass 类对象以字节流形式的数据。

案例小结

(1) 对象被传输的条件是其类需要实现 java.io 包中 Serializable 接口。

(2) java.io 包中提供的 ObjectInputStream、ObjectOutputStream 类是用于对象的输入、输出传输的。当将要传输的对象传输到磁盘文件中时,将 ObjectOutputStream 类对象与字节流文件输出对象绑定,通过 ObjectOutputStream 类提供的 writeObject()写操作方法将对象数据写入磁盘文件中;当从磁盘文件中读取对象数据时,将 ObjectInputStream 类对象与字节流文件输入对象绑定,通过 ObjectInputStream 类提供的 readObject()读操作方法可将对象数据从磁盘文件中读出。

(3) 从字节流中还原的对象其使用方式与普通对象的使用方式相同。

7.6 小结

(1) Java 输入、输出是以数据(字节和字符)流的形式进行传输的,并且是有方向的。

(2) java.io 包提供了用于数据传输的输入、输出操作基础类。

(3) 无论控制台、磁盘、网络等其数据传输的输入、输出操作是相同的。

(4) Java 对象可转换为字节流实现对象的传输。

7.7 习题

(1) 通过 J2SDK 提供的帮助文档学习 java.io 包中 BufferedInputStream、BufferedOutputStream、BufferedReader、BufferedWriter、File、FileInputStream、FileOutputStream、FileReader、FileWriter、FilterInputStream、FilterOutputStream、InputStream、InputStreamReader、ObjectInputStream、ObjectOutputStream、OutputStream、OutputStreamWriter、PrintStream、

PrintWriter、RandomAccessFile、Reader、StringReader、StringWriter、Writer 等基础输入、输出类的使用。

(2) 当一个被打开的文件使用完毕后,是否一定需要关闭(close)? 为什么?

(3) 在 J2SDK 环境中编译、调试、运行下述两个程序,查看和分析程序功能及运行后的输出结果。

```java
/* ====  程序 1 —— 在磁盘中建立有文件内容的文件名为 readfile 的文件  ==== */
package iostreamsample;
import java.io.*;
public class IOStreamSample {
  public static void main(String args[])throws IOException{
    BufferedReader stdin =
      new BufferedReader(new InputStreamReader(System.in));
    System.out.print("Enter a line:");
    System.out.println(stdin.readLine());
    BufferedReader in = new BufferedReader(new FileReader("readfile"));
    String s, s2 = new String();
    while((s = in.readLine())!= null)
      s2 += s + "\n";
    in.close();
    StringReader in1 = new StringReader(s2);
    int c;
    while((c = in1.read()) != -1)
      System.out.print((char)c);
    try {
      BufferedReader in2 = new BufferedReader(new StringReader(s2));
      PrintWriter out1 =
      new PrintWriter(new BufferedWriter(new FileWriter("writefile")));
      int lineCount = 1;
      while((s = in2.readLine()) != null )
        out1.println(lineCount++ + ": " + s);
      out1.close();
    }
    catch(EOFException e) {
      System.err.println("End of stream");
    }
    System.exit(0);
  }
}

/* ====  程序 2 —— 分析程序实现的功能  ==== */
package logonsample;
import java.io.*;
import java.util.*;
public class LogonSample implements Serializable{
  private Date date = new Date();
```

```java
    private String username;
    private transient String password;
    LogonSample(String name, String pwd) {
      username = name;
      password = pwd;
    }
    public String toString() {
      String pwd = (password == null) ? "(n/a)" : password;
      return "logon info: \n " + "username: "
              + username + "\n date: " + date
              + "\n password: " + pwd;
    }
    public static void main(String[] args)
        throws IOException, ClassNotFoundException {
      LogonSample logon = new LogonSample("Name", "Password");
      System.out.println( "logon = " + logon);
      ObjectOutputStream oos =
        new ObjectOutputStream( new FileOutputStream("Logon"));
      oos.writeObject(logon);
      oos.close();
      int seconds = 5;
      long t = System.currentTimeMillis() + seconds * 1000;
      while(System.currentTimeMillis() < t) ;
      ObjectInputStream ois =
        new ObjectInputStream( new FileInputStream("Logon"));
      System.out.println( "Recovering object at " + new Date());
      logon = (LogonSample)ois.readObject();
      System.out.println("logon = " + logon);
    }
}
```

（4）在磁盘当前目录中建立一个大小约为 10KB 的文件，文件名为 readfile，在 J2SDK 环境中调试、运行下述程序，分析程序实现的功能。

```java
package testiosample;
import java.io.*;
public class TestIOSample {
  public static void main(String[] args)throws IOException {
    long currentTime = System.currentTimeMillis() ;
    EncoderRW rw = new EncoderRW();
    rw.write("writefile",rw.read("readfile"));
    System.out.println(
       "InputStreamReader And OutputStreamWriter Use Time:"
       + Long.toString(System.currentTimeMillis() - currentTime) + " ms");
    currentTime = System.currentTimeMillis() ;
    WriterReader wr = new WriterReader();
    wr.write("writefile",wr.read("readfile"));
```

```java
      System.out.println(
        "BufferedReader And BufferedWriter Use Time:"
        + Long.toString(System.currentTimeMillis() - currentTime) + " ms");
      currentTime = System.currentTimeMillis();
      BufferedStream bf = new BufferedStream();
      bf.write("writefile",bf.read("readfile"));
      System.out.println(
        "BufferedInputStream And BufferedOutputStream Use Time:"
        + Long.toString(System.currentTimeMillis() - currentTime) + " ms");
    }
}
class EncoderRW {
    public static String read(String fileName) throws IOException {
      StringBuffer sb = new StringBuffer();
      BufferedReader in = new BufferedReader(
        new InputStreamReader(new FileInputStream(fileName), "utf-8"));
      String s;
      while((s = in.readLine()) != null) {
        sb.append(s);
        sb.append("\n");
      }
      in.close();
      return sb.toString();
    }
    public void write(String fileName, String text) throws IOException {
      OutputStreamWriter out = new OutputStreamWriter(
        new FileOutputStream(fileName),"utf-8");
      out.write(text);
      out.flush();
      out.close();
    }
}
class WriterReader {
    public String read(String fileName) throws IOException {
      StringBuffer sb = new StringBuffer();
      BufferedReader in = new BufferedReader(new FileReader(fileName));
      String s;
      while((s = in.readLine()) != null) {
        sb.append(s);
        sb.append("\n");
      }
      in.close();
      return sb.toString();
    }
    public void write(String fileName, String text) throws IOException {
      PrintWriter out = new PrintWriter(
        new BufferedWriter(new FileWriter(fileName)));
```

```
      out.print(text);
      out.close();
    }
  }
  class BufferedStream{
    public byte[] read(String fileName) throws IOException {
      BufferedInputStream remoteBIS =
        new BufferedInputStream(new FileInputStream(fileName));
      ByteArrayOutputStream baos = new ByteArrayOutputStream(10240);
      byte[] buf = new byte[1024];
      int bytesRead = 0;
      while(bytesRead >= 0){
        baos.write(buf, 0, bytesRead);
        bytesRead = remoteBIS.read(buf);
      }
      byte[] content = baos.toByteArray();
      return content;
    }
    public void write(String fileName, byte[] content) throws IOException {
      BufferedOutputStream out =
        new BufferedOutputStream(new FileOutputStream(fileName));
      out.write(content);
      out.flush();
      out.close();
    }
  }
```

（5）编写一个记录日常消费的 Java 应用程序，程序的功能为：自动显示当前日期，通过键盘输入消费项目、消费金额等信息，并将这些信息转为一个字符串追加存放到一个记录文件中，在程序启动时首先显示上一次的消费信息。

第 8 章 Java 图形用户界面设计案例

本章的案例涉及图形用户界面（Graphics User Interface，GUI）的设计和应用，通过案例学习和掌握基础 GUI 的设计和发生在 GUI 上的事件处理。

8.1 构成 GUI 的组件

Java 应用程序的图形用户界面（GUI）是由 java.awt、javax.swing 等包中定义的组件类对象组成的。依据面向对象机制，每个组件类都封装了该组件的属性和行为，属性体现了对组件的个性描述，其行为被称为"事件"，体现在 Java 语言的描述上也是一种操作方法，但与其他类中的操作方法不同的是，组件类中的操作方法是被动触发调用的，由 Java 执行系统（虚拟机）调用执行的，非 Java 应用程序自身主动调用执行的。

8.1.1 Java 组件类

java.awt 包中的类是创建图形用户界面（GUI）的基本构件，也称为组件，常用组件如图 8-1 所示。javax.swing 封装的同样也是 GUI 的组件，它涵盖了 java.awt 包中的组件类，并有所扩充，为创建图形用户界面提供了方便。

java.awt 包中的组件类都是由 Component 和 MenuComponent 抽象类派生的，它们定义了组件的共有属性和行为，其派生类的组合可构成应用程序的图形用户界面，如果组件是由 Container 容器类派生的，则在该组件上可以放置其他的组件。

8.1.2 组件属性控制

所有的组件都有其属性，有些是共有属性，例如组件的形状、颜色等，有些是与组件相关的特有属性。组件类中定义了操作属性的各种操作方法，其中主要有：setXyz() 操作方法，其功能为设置组件的 Xyz 属性；getXyz() 操作方法，功能为获取组件的 Xyz 属性；addXyz() 操作方法，功能是为组件添加 Xyz 事件的监听器；removeXyz() 操作方法，功能为移去已经绑定在组件上的 Xyz 事件监听器；isXyz() 操作方法，功能为判断组件是否具有 Xyz 功能等。另外，Container 容器类的派生类对象都可以在其上放置其他组件，而 Container 类提供

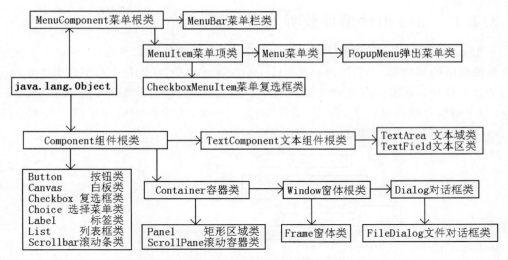

图 8-1 java.awt 中组件类

的 add()操作方法则用于在该组件上放置其他组件的。

8.1.3 GUI 的组成

Java 应用程序的图形界面是由组件构成的,其中包括窗体(Frame)、对话框(Dialog)、面板(Panel)、按钮(Button)、标签(Label)、画板(Canvas)、滚动条(Scrollbar)、列表框(List)、复选框(Checkbox)、文本域(TextField)、文本区(TextArea)、菜单(Menu)等组件,由组件组成的图形用户界面使得 Java 应用程序的使用者实施人机交互的各种操作更为直观和友好。

8.2 组件事件处理

事件处理是组件对象行为操作的一种形式,在 Java 面向对象编程理念中,其操作方法总是被另一个操作方法激活(调用)。其"另一个操作方法"有 Java 程序其他对象中定义的操作方法,例如,"另一个操作方法"为 main()方法,在 main()方法中主动激活(调用)一个操作方法,而"另一个操作方法"也可以是 Java 虚拟机中的操作方法,即由虚拟机调用组件中定义的操作行为(方法),并且是有条件的调用,条件是发生在组件上的"事件",其处理过程是在组件对象中定义了处理事件的操作方法,并通过监听器接口通知虚拟机。当在组件上发生某种操作(事件)时,例如鼠标单击组件,计算机操作系统将该操作信息对象传送给虚拟机,虚拟机根据监听器事先安排的处理过程调用事件处理方法,因此,事件操作方法是被外在条件激活的,即激活是被动的。

8.2.1 Java 组件事件监听处理机制

在 Java 体系中,组件产生的所有"事件"都是被作为对象来处理的,并且建立了完整的组件事件监听处理机制,它们被封装在 java.awt.event 包中,在该包中有组件事件处理机制应用的监听器接口和组件可能产生的所有事件的类描述,其类是实现了定义在 java.awt.event 包中的监听器接口的类,称为"事件"的适配器类,为事件的处理提供了便利。java.awt.event 包提供的主要事件处理类如图 8-2 所示。

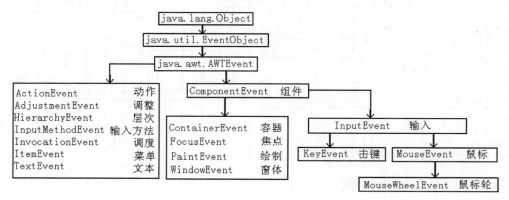

图 8-2 java.awt.event 中事件类

当具有图形用户界面的 Java 应用程序运行后,其操作焦点(Focus)停留在某个组件处等待用户对图形界面的操作,即获得焦点的组件则意味着处于活动期,用户可以在该组件上实施操作,当对组件实施某种操作后,组件将作为事件的原发地按照操作类型产生描述操作的事件对象。组件的事件监听处理机制则是针对组件发出的事件对象进行处理而制定的统一规则,主要由以下 5 部分组成:

(1) 用户界面中的组件被操作后将产生与操作相关联的事件对象 Xyz,当组件为 java.awt 和 javax.swing 包中定义的组件类创建的对象时,Xyz 则是由 java.awt.event 包中定义的事件类创建事件对象,该事件对象称为事件源,由于事件源是由组件对象激发的,因此,通过 EventObject 类中 getSource() 方法可以获知产生事件的组件对象。

(2) java.awt 和 javax.swing 包中定义的组件类根据组件的特性都封装了 addXyzListener 方法,该方法的功能是将一个针对 Xyz 事件的监听器接口 XyzListener(定义在 java.awt.event 包中)注册到组件上,以便通知虚拟机监听、捕获 Xyz 事件。

(3) 在 Xyz 事件监听器 XyzListener 接口中定义了处理 Xyz 事件的空方法,例如 componentXyz 方法为处理组件 Xyz 事件的方法,Xyz 事件监听器 XyzListener 接口的作用是指明处理 Xyz 事件的调用方法,例如,通过组件类的 addActionListener 方法将 ActionListener 监听器注册在该组件上,在发生操作事件时,则调用 actionPerformed 方法。

(4) 由于 Xyz 事件监听器 XyzListener 是一个接口(所有 Java 监听器接口须全部是定义在 util 包中 java.util.Event Listener 接口的派生接口),因此,需要由一个类来实现它,例如，使用 Component_XyzAdapter 为名的类实现 XyzListener 接口，在实现 Xyz 事件监听器接口的 Component_XyzAdapter 类中需要重写该接口中定义的 Xyz 事件处理 componentXyz 方法，该方法则是组件事件发生后真正被实际调用的方法，而方法体的内容则是需要程序员编写的针对 Xyz 事件的处理代码，实现 Xyz 事件监听器接口的类称为 Xyz 事件适配器。

（5）创建 Xyz 事件适配器 Component_XyzAdapter 类对象，并调用处理 Xyz 事件的 componentXyz 方法，当该方法被 Java JVM 调用执行后，则意味着 Xyz 事件处理的结束，根据 Xyz 事件处理结果 Java 应用程序完成需要实现的功能，或是回到图形用户界面获得焦点的组件处，由于处理事件的操作方法是由 JVM 调用的，并返回到 JVM，因此，该操作方法的返回值是 void。

Java 事件监听处理机制的组件事件处理流程如图 8-3 所示。

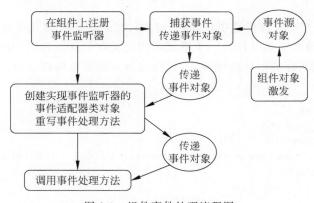

图 8-3　组件事件处理流程图

8.2.2　Java 组件事件监听标准程序代码

使用 Java 事件监听处理机制处理组件 Xyz 事件的程序标准代码如下：

```java
import java.awt.*;
import javax.swing.*;
import java.awt.event.*;
public class GUISample{
  ComponentXyz componentxyz = new ComponentXyz();   //创建一个组件对象
  public GUISample() {
    try {                                            //捕获异常
     init();
    }
    catch (Exception exception) {
      exception.printStackTrace();
    }
  }
```

```java
    private void init() throws Exception {        //初始化
        GUISample_ComponentXyz_xyzAdapter gcx;    //声明事件适配器类变量
        gcx = new GUISample_ComponentXyz_xyzAdapter();  //创建事件适配器类对象
        componentxyz.addXyzListener(gcx);         //在组件上注册事件监听器
        /* 上述三条代码可以简写为:
        componentxyz.addXyzListener(new GUISample_ComponentXyz_xyzAdapter());
        */
    }
}
/* 针对 Xyz 事件定义实现 Xyz 事件监听器的 Xyz 事件适配器类 */
class GUISample_ComponentXyz_xyzAdapter implements XyzListener {
    public void componentXyz(XyzEvent e) {        //Xyz 事件发生时被调用的处理方法
        …;               //(重写)编写处理 Xyz 事件的代码,事件类型为 XyzEvent,事件对象为 e
    }
}
```

在 Java 的事件监听处理机制中,一般不将事件处理代码安排在适配器类中。在适配器类中重写的事件处理方法只是作为一个桥梁调用定义在组件所在类中的一个实际事件处理方法,其作用是指明实际的事件处理方法,或通过该方法分发事件。其固定程序代码如下:

```java
import java.awt.*;
import javax.swing.*;
import java.awt.event.*;
public class GUISample{
    ComponentXyz componentxyz = new ComponentXyz();  //创建一个组件对象
    public GUISample() {
        try {
            init();
        }
        catch (Exception exception) {
            exception.printStackTrace();
        }
    }
    private void init() throws Exception {
        GUISample_ComponentXyz_xyzAdapter gcx;    //声明事件适配器类变量
        /* 将当前类对象 this 作为输入参数创建事件适配器类对象 */
        gcx = new GUISample_ComponentXyz_xyzAdapter(this);
        componentxyz.addXyzListener(gcx);         //在组件上注册事件监听器
        /* 上述三条代码可以简写为:
        componentxyz.addXyzListener(
        new GUISample_ComponentXyz_xyzAdapter(this));
        */
    }
    /* 在同一个类中定义组件 ComponentXyz 的实际 Xyz 事件处理方法 */
    public void ComponentXyz_xyzHandled(XyzEvent e) {
        …;               //编写处理 Xyz 事件的代码,事件类型为 XyzEvent,事件对象为 e
    }
```

```java
    public void Other_xyzHandled(XyzEvent e) {
    }
}
    /* 针对 Xyz 事件定义实现事件监听器的事件适配器类 */
class GUISample_ComponentXyz_xyzAdapter implements XyzListener {
    private GUISample adaptee;                          //声明 GUISample 类变量
    /* 定义事件适配器类的构造方法,用 GUISample 类对象创建事件适配器类对象 */
    GUISample_ComponentXyz_xyzAdapter(GUISample adaptee) {
    /* 为适配器类定义的 adaptee 变量赋值 */
      this.adaptee = adaptee;
    }
    public void componentXyz(XyzEvent e) {             //重写事件监听器接口的方法
    /* 该方法作为事件对象传递(转发)的桥梁,
       调用包含 ComponentXyz 组件的类中的实际 Xyz 事件处理方法,并传递事件对象,
       在该方法中还可以调用其他方法,达到分发事件的目的
     */
      adaptee.ComponentXyz_xyzHandled(e);              //该方法定义在 GUISample 类中
      adaptee.Other_xyzHandled(e);                     //定义在 GUISample 类中的其他方法
    }
}
```

在 Java 的事件监听处理机制程序代码的书写格式中,还有一种非显现适配器类代码的书写格式,称为"匿名"格式,该格式将适配器类嵌入到与组件同一个类中,代码格式为:

```java
import java.awt.*;
import javax.swing.*;
import java.awt.event.*;
public class GUISample{
    ComponentXyz componentxyz = new ComponentXyz();   //创建一个组件对象
    public GUISample() {
      try {
        init();
      }
      catch (Exception exception) {
        exception.printStackTrace();
      }
    }
    private void init() throws Exception {
      componentxyz.addXyzListener( new XyzAdapter(){
          public void componentXyz(XyzEvent e){        //重写 Xyz 事件处理方法
            ComponentXyz_xyzHandled(e);                //调用实际 Xyz 事件处理方法
          }
      });
    }
    public void ComponentXyz_xyzHandled(XyzEvent e) {  //实际 Xyz 事件处理方法
      …;                                               //编写处理 Xyz 事件的代码,事件类型为 XyzEvent,事件对象为 e
    }
}
```

在"匿名"代码格式中创建 Xyz 事件适配器对象的类是隐含指明实现 Xyz 事件监听器接口的,并重写监听器接口的 Xyz 事件处理方法,在该方法体内调用实际 Xyz 事件处理方法及传递 Xyz 事件对象。

由于 Java 事件监听处理代码是标准的、格式统一的,对程序编写者而言,其注意力就可集中到事件处理操作方法中。该操作方法返回值为 void,其输入参数为事件对象。事件对象封装了有关事件的信息,它是操作系统发送到虚拟机,虚拟机根据监听器的指示调用处理事件的方法时作为输入参数传递给该操作方法的。

8.3 java.awt 包中组件应用案例

应用 java.awt 包中的组件可以方便、快捷地创建人机交互的图形用户界面。当人机交互是通过图形用户界面进行时,最通用的、标准的操作设备是鼠标和键盘,因此,每个组件都提供了鼠标和键盘所有可能发生的事件处理的监听器和适配器。

8.3.1 鼠标操作应用案例

【案例 8-1】 通过鼠标操作在图形用户界面上实施人机交互。

案例实现的功能是在 Frame 窗体中通过标签等组件显示鼠标箭头在窗体中的位置,记录显示单击鼠标左键的次数,以及单击鼠标右键时弹出一个右键弹出式菜单,选择一个菜单项弹出一个显示信息的对话框等。

选择类库

应用 java.awt 包中组件 Frame 类创建应用程序窗体,在窗体中放置 Label 标签组件,以及使用 PopupMenu 弹出式菜单组件创建菜单。应用 java.awt.event 包中处理鼠标事件的监听器及适配器实现鼠标事件的处理。

实现步骤

(1) 创建所有使用的组件对象,将 Label 和 PopupMenu 对象添加到 Frame 对象上。

(2) 定义鼠标在 Frame 对象上移动、单击适配器类。

(3) 定义菜单单击适配器类。

(4) 处理鼠标各种操作事件。

程序代码

```
package mouseeventsample;
import java.awt.*;
import java.awt.event.*;
public class MouseEventSample extends Frame {
    Label label1 = new Label();                    //创建组件对象
    Label label2 = new Label();
    Label label3 = new Label();
    Label X =  new Label();
```

```java
    Label Y = new Label();
    Label No = new Label();
    PopupMenu popupMenu1 = new PopupMenu();              //创建弹出式菜单
    MenuItem menuItem1 = new MenuItem();                 //创建菜单项
    MenuItem menuItem2 = new MenuItem();
    public MouseEventSample() {
        try {
            init();
        }
        catch (Exception exception) {
            exception.printStackTrace();
        }
    }
    private void init() throws Exception {               //初始化组件
        this.setLayout(null);
        label1.setText("鼠标位置X:");
        label1.setBounds(new Rectangle(100, 100, 60, 30));
        X.setBounds(new Rectangle(200, 100, 50, 30));
        X.setText("");
        label2.setText("鼠标位置Y:");
        label2.setBounds(new Rectangle(100, 150, 60, 30));
        Y.setText("");
        Y.setBounds(new Rectangle(200, 150, 50, 30));
        label3.setText("鼠标左键点击计数:");
        label3.setBounds(new Rectangle(60, 200, 100, 30));
        No.setText("");
        No.setBounds(new Rectangle(200, 200, 50, 30));
        menuItem1.setLabel("About");
        menuItem2.setLabel("Exit");
        popupMenu1.add(menuItem1);
        popupMenu1.add(menuItem2);
        this.addMouseMotionListener(                     //注册鼠标移动事件监听器
            new MouseEventSample_this_mouseMotionAdapter(this));
        this.addMouseListener(                           //注册鼠标事件监听器
            new MouseEventSample_this_mouseAdapter(this));
        menuItem1.addActionListener(                     //注册菜单事件监听器
            new MouseEventSample_menuItem1_actionAdapter(this));
        menuItem2.addActionListener(                     //注册菜单事件监听器
            new MouseEventSample_menuItem2_actionAdapter(this));
        this.add(label1);                                //将组件添加到窗体上
        this.add(label2);
        this.add(label3);
        this.add(X);
        this.add(Y);
        this.add(No);
        this.add(popupMenu1);
    }
```

```java
    public static void main(String[] args) {
        MouseEventSample mouseeventsample = new MouseEventSample();
        mouseeventsample.setTitle("Mouse Event Sample");
        mouseeventsample.setSize(400,300);
        mouseeventsample.setVisible(true);
    }
    public void this_mouseMoved(MouseEvent e) {          //鼠标移动事件处理
        int x = e.getX();                                //获取鼠标位置 X
        int y = e.getY();                                //获取鼠标位置 Y
        X.setText(Integer.toString(x));                  //显示 x
        Y.setText(Integer.toString(y));                  //显示 y
    }
    public void this_mouseClicked(MouseEvent e) {        //鼠标单击事件处理
        if(e.getButton() == MouseEvent.BUTTON1){         //判断是否单击的是鼠标左键
            int n = e.getClickCount();                   //获取单击次数 n
            No.setText(Integer.toString(n));             //显示 n
        }
        else{                                            //非鼠标左键
            popupMenu1.show(this,e.getX(),e.getY());     //显示弹出式菜单
        }
    }
    public void menuItem1_actionPerformed(ActionEvent e){           //菜单项 1 事件处理
        Dialog informationdialog = new Dialog(new Frame(),"Information Dialog");
        informationdialog.setSize(200,100);
        informationdialog.setVisible(true);              //创建并显示对话框
    }
    public void menuItem2_actionPerformed(ActionEvent e){           //菜单项 2 事件处理
        System.exit(0);                                  //退出应用程序
    }
}
class MouseEventSample_this_mouseMotionAdapter         //定义鼠标移动事件适配器
    extends MouseMotionAdapter {                       //继承 java.awt.event 中鼠标移动事件适配器类
    private MouseEventSample adaptee;
    MouseEventSample_this_mouseMotionAdapter(MouseEventSample adaptee) {
        this.adaptee = adaptee;
    }
    public void mouseMoved(MouseEvent e) {             //只重写鼠标移动事件处理方法
        adaptee.this_mouseMoved(e);
    }
}
class MouseEventSample_this_mouseAdapter               //定义鼠标单击事件适配器
    extends MouseAdapter {                             //继承 java.awt.event 中鼠标事件适配器类
    private MouseEventSample adaptee;
    MouseEventSample_this_mouseAdapter(MouseEventSample adaptee) {
        this.adaptee = adaptee;
    }
    public void mouseClicked(MouseEvent e) {
```

```java
      adaptee.this_mouseClicked(e);            //只重写鼠标单击事件处理方法
    }
}
class MouseEventSample_menuItem1_actionAdapter   //定义针对菜单项1的事件适配器
    implements ActionListener {                  //实现菜单操作事件监听器接口
    private MouseEventSample adaptee;
    MouseEventSample_menuItem1_actionAdapter(MouseEventSample adaptee) {
      this.adaptee = adaptee;
    }
    public void actionPerformed(ActionEvent e) {  //重写菜单操作事件处理方法
      adaptee.menuItem1_actionPerformed(e);
    }
}
class MouseEventSample_menuItem2_actionAdapter   //定义针对菜单项2的事件适配器
    implements ActionListener {                  //实现菜单操作事件监听器接口
    private MouseEventSample adaptee;
    MouseEventSample_menuItem2_actionAdapter(MouseEventSample adaptee) {
      this.adaptee = adaptee;
    }
    public void actionPerformed(ActionEvent e) {  //重写菜单操作事件处理方法
      adaptee.menuItem2_actionPerformed(e);
    }
}
```

输出结果

鼠标操作应用程序 GUI 如图 8-4 所示。

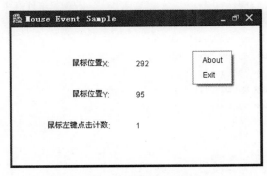

图 8-4　应用程序 GUI 图

案例小结

（1）通过组件类提供的 setXyz() 操作方法可设置组件的 Xyz 属性，例如 setTitle() 设置窗体标题，setSize() 设置窗体大小等。

（2）通过组件类提供的 addXyzListener() 操作方法将鼠标的每个操作的事件监听器注册在组件上，并通过适配器类实现每个监听器接口。

（3）每个事件的各种信息都封装在事件对象中，通过输入参数的形式传递到组件事件处理方法中,在该方法中通过事件对象可获取事件的各种信息,例如 getX()获取当前鼠标位置的 X 坐标值等。

8.3.2 键盘操作应用案例

【案例 8-2】 通过键盘操作在图形用户界面上实施人机交互。

案例实现的功能是计算三角函数的正法、余弦值,在 Frame 窗体中通过文本域、按钮等组件接收键盘的输入,根据输入的数值得出正法、余弦值并显示。

选择类库

应用 java.awt 包中组件 Frame 类创建应用程序窗体,在窗体中放置 Button 按钮、TextField 文本域、Label 标签等组件。应用 java.awt.event 包中处理键盘事件的监听器以及适配器实现键盘事件的处理。

实现步骤

(1) 创建所有使用的组件对象,将所有组件对象添加到 Frame 对象上。
(2) 在各组件上注册按键事件监听器。
(3) 处理按键操作事件。

程序代码

```
package keyeventsample;
import java.awt.*;
import java.awt.event.*;
public class KeyEventSample extends Frame {
  Label label1 = new Label();                        //创建组件对象
  Label label2 = new Label();
  TextField textField1 = new TextField();
  TextField textField2 = new TextField();
  Button button1 = new Button();
  Button button2 = new Button();
  Button button3 = new Button();
  public KeyEventSample() {
    try {
      init();
    }
    catch (Exception exception) {
      exception.printStackTrace();
    }
  }
  private void init() throws Exception {             //初始化组件对象
    this.setLayout(null);
    label1.setText("输入数值:");
    label1.setBounds(new Rectangle(20, 70, 60, 30));
    label2.setText("结果:");
```

```java
    label2.setBounds(new Rectangle(200, 70, 40, 30));
    textField1.setText("");
    textField1.setBounds(new Rectangle(100, 70, 80, 30));
    textField1.addKeyListener(new KeyAdapter() {        //注册键盘事件监听器
      public void keyTyped(KeyEvent e) {
        textField1_keyTyped(e);                          //调用键盘事件处理方法
      }
    });
    textField2.setText("");
    textField2.setEditable(false);                       //设置为不可编辑
    textField2.setBounds(new Rectangle(260, 70, 100, 30));
    button1.setLabel("正弦");
    button1.setBounds(new Rectangle(50, 180, 80, 30));
    button1.addKeyListener(new KeyAdapter() {           //注册键盘事件监听器
      public void keyPressed(KeyEvent e) {
        button1_keyPressed(e);                           //调用键盘按键事件处理方法
      }
    });
    button2.setLabel("余弦");
    button2.setBounds(new Rectangle(150, 180, 80, 30));
    button2.addKeyListener(new KeyAdapter() {           //注册键盘事件监听器
      public void keyTyped(KeyEvent e) {
        button2_keyTyped(e);                             //调用键盘输入事件处理方法
      }
    });
    button3.setLabel("退出");
    button3.setBounds(new Rectangle(250, 180, 80, 30));
    button3.addActionListener(new ActionListener() {              //注册操作事件监听器
      public void actionPerformed(ActionEvent e) {
        button3_actionPerformed(e);                      //调用操作事件处理方法
      }
    });
    this.add(label1);                                    //在窗体上添加组件对象
    this.add(label2);
    this.add(textField1);
    this.add(textField2);
    this.add(button1);
    this.add(button2);
    this.add(button3);
  }
  public static void main(String[] args) {
    KeyEventSample keyeventsample = new KeyEventSample();
    keyeventsample.setTitle("Key Event Sample -- 求正弦、余弦值");
```

```java
        keyeventsample.setSize(400,300);
        keyeventsample.setVisible(true);
    }
    public void textField1_keyTyped(KeyEvent e) {        //击键事件处理
        if (e.getKeyChar() == KeyEvent.VK_ENTER) {       //如果键符为"回车"
            button1.requestFocus();                      //设置焦点到按钮1
        }
    }
    public void button1_keyPressed(KeyEvent e) {         //按键事件处理
        if (e.getKeyCode() == KeyEvent.VK_SPACE) {       //如果键值为"空格"
            try {
                double d_Angle = (                       //按角度计算正弦
                    (double) Integer.parseInt(textField1.getText())) * (Math.PI/180);
                textField2.setText(String.valueOf( (double) Math.sin(d_Angle)));
            }
            catch (NumberFormatException nfe) {          //非数字输入
                textField2.setText("Err");               //显示错误
                textField1.setText("");                  //清空输入文本域
            }
        }
        textField1.setText("");                          //清空输入文本域
        textField1.requestFocus();                       //将焦点设置到该文本域
    }
    public void button2_keyTyped(KeyEvent e) {           //按键事件处理
        if (e.getKeyChar() == KeyEvent.VK_SPACE) {       //如果键符为"空格"
            try {                                        //按弧度计算余弦
                double d_Radian = (double) Integer.parseInt(textField1.getText());
                textField2.setText(String.valueOf( (double) Math.cos(d_Radian)));
            }
            catch (NumberFormatException nfe) {          //非数字输入
                textField2.setText("Err");               //显示错误
                textField1.setText("");                  //清空输入文本域
            }
        }
        textField1.setText("");                          //清空输入文本域
        textField1.requestFocus();                       //将焦点设置到该文本域
    }
    public void button3_actionPerformed(ActionEvent e) {
        System.exit(0);                                  //退出程序
    }
}
```

输出结果

键盘操作应用程序 GUI 如图 8-5 所示。

图 8-5　应用程序 GUI 图

案例小结

（1）按键事件适配器代码形式为"匿名"格式。
（2）通过按"Tab"键可以切换程序窗体中组件的输入焦点。
（3）按键信息被封装在事件对象中，其中包括键值等，通过 getKeyChar()、getKeyCode() 等操作方法获取按键键值。

8.4　javax.swing 包中组件应用案例

javax.swing 包是 Java 基础类库（JFC）的一部分，是一组符合 Java2 规范的图形用户界面（GUI）组件，包含了 java.awt 包中的所有组件。javax.swing 包的组件是纯 Java 实现的，通过 javax.swing 包中组件创建的图形用户界面可以自动与任何计算机操作系统平台（例如 Windows、Unix、Solaris、Macintosh 等）相吻合，这些组件在所有平台上的工作方式尽可能地相同，使应用程序界面的外观感觉效果更理想。

为了区别于 java.awt 包中 GUI 组件，javax.swing 包中的 GUI 组件的名称是在 java.awt 包中 GUI 组件的基础上前面增加一个大写的英文字母"J"，两组 GUI 组件在设置组件属性及处理组件事件上是相同的。

8.4.1　修改组件属性案例

【案例 8-3】　改变 Button 按钮组件形状属性。

javax.swing 和 java.awt 包提供的组件其形状都是确定的，例如 Button 按钮边界为长方形，如果希望在应用程序中按钮呈现圆形或椭圆形边界时，则需要在原方形 Button 按钮的基础上改变其边界属性。

选择类库

继承 javax.swing 包中 JButton 按钮组件类，在子类中重新定义边界属性。

实现步骤

（1）创建继承 javax.swing.JButton 类的子类。

(2) 在子类中覆盖原绘制 JButton 按钮边界的操作方法,重新绘制 JButton 按钮边界。
(3) 创建在 JFrame 窗体中测试圆形按钮类。

程序代码

```java
package jroundbutton;
import java.awt.*;
import java.awt.geom.*;
import javax.swing.*;
class JRoundButton extends JButton {                    //定义按钮 JRoundButton 类
    public JRoundButton() {
        super();
    }
    public JRoundButton(String label) {
        super(label);
        Dimension size = getPreferredSize();
        size.width = size.height = Math.max(size.width,size.height);
        setPreferredSize(size);
        setContentAreaFilled(false);
    }
    protected void paintComponent(Graphics g) {
        if (getModel().isArmed()) {
            g.setColor(Color.lightGray);
        }
        else {
            g.setColor(getBackground());
        }
        g.fillOval(0, 0, getSize().width-1,getSize().height-1);
        super.paintComponent(g);
    }
    protected void paintBorder(Graphics g) {            //重新绘制组件边界
        g.setColor(getForeground());
        g.drawOval(0, 0, getSize().width-1,getSize().height-1);
    }
    Shape shape;
    public boolean contains(int x, int y) {             //重新确定容器边界
        if (shape == null || !shape.getBounds().equals(getBounds())) {
            shape = new Ellipse2D.Float(0, 0, getWidth(), getHeight());
        }
        return shape.contains(x, y);
    }
}
public class TestFrame extends JFrame {                 //定义测试圆形按钮类
    JRoundButton jRoundButton1 = new JRoundButton();
    public TestFrame() {
        try {
```

```
      init();
    }
    catch (Exception exception) {
      exception.printStackTrace();
    }
  }
  private void init() throws Exception {
    jRoundButton1.setBounds(new Rectangle(10, 10, 147, 108));
    jRoundButton1.setText("jRoundButton1");
    this.getContentPane().add(jRoundButton1, null);
  }
  public static void main(String[] args) {
    TestFrame testframe = new TestFrame();
    testframe.setTitle("Test JRoundButton");
    testframe.setSize(300,300);
    testframe.setVisible(true);
  }
}
```

输出结果

在 JFrame 窗体中圆形边界按钮如图 8-6 所示。

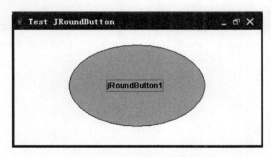

图 8-6　圆形边界按钮

案例小结

（1）需要继承 JButton 类所有内容，通过 super()方法创建原 JButton 对象。
（2）重新绘制 JButton 边界，在 paintComponent()方法中使用 fillOval()绘制椭圆。
（3）重新确定按钮点击有效范围，测试鼠标坐标是否在按钮覆盖面积中。

8.4.2　记事本应用程序案例

【**案例 8-4**】　记事本应用程序。

选择类库

选择 javax.swing 包中 JTextArea 组件作为文本编辑对象，JScrollPane 组件建立编辑区域上下、左右滚动条对象，JfileChooser 组件对象实现磁盘文件的打开、保存。

实现步骤

(1) 在 Jframe 窗体上添加 JtextArea、JscrollPane、JfileChooser、JmenuBar 等组件。
(2) 建立菜单选择事件监听器。
(3) 在菜单事件处理方法中,通过字符流实现文件的读、写操作。

程序代码

```java
package notepadsample;
import java.awt.*;
import javax.swing.*;
import java.awt.event.*;
import java.io.*;
public class NotepadSample extends JFrame {
  BorderLayout borderLayout = new BorderLayout();
  JTextArea jTextArea = new JTextArea();            //创建文本域组件对象
  JScrollPane jScrollPane
      = new JScrollPane(jTextArea);                 //创建垂直和水平滚动条窗口
  JMenuBar jMenuBar = new JMenuBar();               //创建菜单栏对象
  JMenu jMenu1 = new JMenu();                       //创建菜单对象
  JMenu jMenu2 = new JMenu();
  JMenuItem jMenuItem1 = new JMenuItem();           //创建菜单项对象
  JMenuItem jMenuItem2 = new JMenuItem();
  JMenuItem jMenuItem3 = new JMenuItem();
  JFileChooser jFileChooser = new JFileChooser();   //创建文件选择组件对象
  public NotepadSample() {
    try {
      init();
    }
    catch (Exception e) {
      e.printStackTrace();
    }
  }
  private void init() throws Exception {            //初始化组件对象
    getContentPane().setLayout(borderLayout);       //设置布局器
    jTextArea.setText("");
    this.setJMenuBar(jMenuBar);
    jMenu1.setText("文件");
    jMenu2.setText("关于");
    jMenuItem1.setText("打开文件");
    /* 在菜单项 jMenuItem1 组件对象上注册操作事件监听器 */
    jMenuItem1.addActionListener(new ActionListener() {
      public void actionPerformed(ActionEvent e) {
        jMenuItem1_actionPerformed(e);
      }
```

```java
    });
    jMenuItem2.setText("存文件");
    jMenuItem2.addActionListener(new ActionListener() {
      public void actionPerformed(ActionEvent e) {
        jMenuItem2_actionPerformed(e);
      }
    });
    jMenuItem3.setText("退出");
    jMenuItem3.addActionListener(new ActionListener() {
      public void actionPerformed(ActionEvent e) {
        jMenuItem3_actionPerformed(e);
      }
    });
    /* 在 JFrame 窗体上添加所有组件 */
    jFileChooser.setPreferredSize(new Dimension(0, 0));
    this.getContentPane().add(
        jScrollPane, java.awt.BorderLayout.CENTER);
    this.getContentPane().add(
        jFileChooser, java.awt.BorderLayout.SOUTH);
    jMenuBar.add(jMenu1);
    jMenuBar.add(jMenu2);
    jMenu1.add(jMenuItem1);
    jMenu1.add(jMenuItem2);
    jMenu1.add(jMenuItem3);
    this.addWindowListener(new WindowAdapter() {     //监听关闭窗体事件
      public void windowClosing(WindowEvent e) {
        System.exit(0);
      }
    });
  }
  public void jMenuItem1_actionPerformed(ActionEvent e) {
    try{                                             //打开文件事件处理
      jFileChooser.setPreferredSize(new Dimension(400,300));
      int returnVal
          = jFileChooser.showOpenDialog(this);       //显示打开文件对话框
      String myFileName
          = jFileChooser.getSelectedFile().getPath();          //获取含路径的文件名
      this.setTitle(myFileName);
      File file = new File(myFileName);              //创建文件对象
      char[] cTxt = new char[(int)file.length()];    //以文件长度创建字符数组
      FileReader inTxt = new FileReader(file);       //创建字符输入流
      int length = inTxt.read(cTxt);                 //读字符
      String sTxt = new String(cTxt);                //字符数组转换为字符串
```

```java
            jTextArea.setText(sTxt);                    //在文本区显示
            inTxt.close();
        }
        catch(IOException ioe){                         //IO异常处理
            this.setTitle("文件不能打开");
        }
        catch(NullPointerException npe){                //没有选择异常处理
            this.setTitle("没有选择文件");
        }
    }
    public void jMenuItem2_actionPerformed(ActionEvent e) {
        try{                                            //保存文件事件处理
            jFileChooser.setPreferredSize(new Dimension(400,300));
            int returnVal
                = jFileChooser.showSaveDialog(this);    //显示保存文件对话框
            String myFileName
                = jFileChooser.getSelectedFile().getPath();      //获取含路径的文件名
            File file = new File (myFileName);          //创建文件对象
            FileWriter outText = new FileWriter(file);  //创建字符输出流
            String sTxt = jTextArea.getText();          //获取文本区字符
            outText.write(sTxt);                        //将字符串写到文件中
            outText.close();
            this.setTitle(myFileName);
        }
        catch(IOException ioe){
            this.setTitle("文件不能存");
        }
        catch(NullPointerException npe){
            this.setTitle("没有选择文件");
        }
    }
    public void jMenuItem3_actionPerformed(ActionEvent e) {
        System.exit(0);
    }
    public static void main(String[] args) {
        NotepadSample notepadsample = new NotepadSample();
        notepadsample.setTitle("记事本");
        notepadsample.setSize(600,400);
        notepadsample.setVisible(true);
    }
}
```

输出结果

记事本应用程序打开文件对话框如图 8-7 所示。

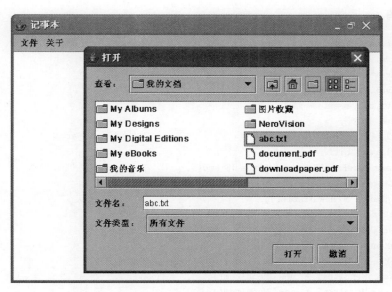

图 8-7 打开文件对话框

案例小结

（1）JfileChooser 组件对象中，showOpenDialog()操作方法实现打开磁盘文件对话框、showSaveDialog()操作方法实现保存磁盘文件对话框。

（2）FileReader 类对象实现字符流读操作，FileWriter 类对象实现字符流写操作。

（3）JtextArea 组件对象中，setText()操作方法完成在 JtextArea 对象中显示字符，getText()操作方法实现获取 JtextArea 对象中的所有字符。

8.4.3 Excel 表格文件内容显示案例

【案例 8-5】 读取 Excel 表格文件，并通过 JTable 表格组件显示 Excel 表格文件数据。

选择类库

选择 javax.swing 包中 JTable 表格组件作为 Excel 表格文件数据显示对象，选择继承 javax.swing.table 包中 AbstractTableModel 抽象类创建为 JTable 组件使用的表格模板对象。

jxl.jar 包提供了针对 Excel 文件操作的类，其中 Workbook 和 Sheet 等类中包含 Excel 表格文件的读、写等各种操作方法。

实现步骤

（1）在 Jframe 窗体上添加 JTable、JscrollPane、JfileChooser、JmenuBar 等组件。

（2）建立菜单选择事件监听器。

（3）在菜单"打开"事件处理方法中实现 Excel 文件的读操作，将 Excel 表格数据按行、列顺序加载到表格模板对象中，并将该对象传递给 JTable 组件实现数据显示。

程序代码

```java
package showexcelsample;
import java.awt.*;
import javax.swing.*;
import javax.swing.table.*;
import java.awt.event.*;
import java.io.*;
import jxl.*;                                              //导入 jxl.jar 包
import jxl.read.biff.*;
public class ShowExcelSample extends JFrame{
  BorderLayout borderLayout = new BorderLayout();
  JTable jTable = new JTable();
  JScrollPane jScrollPane = new JScrollPane(jTable);;
  JMenuBar jMenuBar = new JMenuBar();
  JMenu jMenu1 = new JMenu();
  JMenu jMenu2 = new JMenu();
  JMenuItem jMenuItem1 = new JMenuItem();
  JMenuItem jMenuItem2 = new JMenuItem();
  JFileChooser jFileChooser = new JFileChooser();
  public ShowExcelSample() {
    try {
      init();
    }
    catch (Exception e) {
      e.printStackTrace();
    }
  }
  private void init() throws Exception {
    getContentPane().setLayout(borderLayout);
    jTable.setAutoResizeMode(JTable.AUTO_RESIZE_SUBSEQUENT_COLUMNS);
    this.getContentPane().add(
        jScrollPane, java.awt.BorderLayout.CENTER);
    this.setJMenuBar(jMenuBar);
    jMenu1.setText("文件");
    jMenu2.setText("关于");
    jMenuItem1.setText("打开文件");
    jMenuItem1.addActionListener(new ActionListener() {
      public void actionPerformed(ActionEvent e) {
        jMenuItem1_actionPerformed(e);
      }
    });
    jMenuItem2.setText("退出");
    jMenuItem2.addActionListener(new ActionListener() {
      public void actionPerformed(ActionEvent e) {
        jMenuItem2_actionPerformed(e);
      }
    });
```

```java
        });
        jFileChooser.setPreferredSize(new Dimension(0, 0));
        this.getContentPane().add(
            jFileChooser, java.awt.BorderLayout.SOUTH);
        jMenuBar.add(jMenu1);
        jMenuBar.add(jMenu2);
        jMenu1.add(jMenuItem1);
        jMenu1.add(jMenuItem2);
        this.addWindowListener(new WindowAdapter() {
            public void windowClosing(WindowEvent e) {
                System.exit(0);
            }
        });
    }
    public void jMenuItem1_actionPerformed(ActionEvent e) {
        try{                                              //打开文件事件处理
            jFileChooser.setPreferredSize(new Dimension(400,300));
            int returnVal
                = jFileChooser.showOpenDialog(this);      //显示打开文件对话框
            String myFileName
                = jFileChooser.getSelectedFile().getPath();  //获取含路径的文件名
            this.setTitle(myFileName);
            java.io.File file = new java.io.File(myFileName);
            Workbook book = Workbook.getWorkbook(file);   //获取工作簿
            Sheet sheet = book.getSheet( 0 );             //获取第一个工作表
            int column = sheet.getColumns();              //获取工作表列数
            int rownum = sheet.getRows();                 //获取工作表行数
            TableModel dataModel = new TableModel();      //创建数据模板对象
            dataModel.data = new Object[rownum][column];
            dataModel.columnNames = new String[column];
            for(int i = 0; i < rownum; i++)               //从工作表中读数据
                for(int j = 0; j < column; j++)
                    dataModel.setValueAt(                 //加载数据到模板对象中
                        sheet.getCell(j,i).getContents(),i,j);
            jTable.setModel(dataModel);                   //加载到 Table 组件中
            book.close();
            dataModel = null;
        }
        catch(IOException ioe){
            this.setTitle("文件不能打开");
        }
        catch (BiffException ex) {
            this.setTitle("读 Excel 表错误");
        }
        catch(NullPointerException npe){
            this.setTitle("没有选择文件");
        }
```

```
    }
    public void jMenuItem2_actionPerformed(ActionEvent e) {
        System.exit(0);
    }
    public static void main(String[] args) {
        ShowExcelSample showexcelsample = new ShowExcelSample();
        showexcelsample.setTitle("显示 Excel 文件");
        showexcelsample.setSize(600,400);
        showexcelsample.setVisible(true);
    }
}
class TableModel extends AbstractTableModel {          //定义数据模板类
    Object[][] data = null;                            //定义二维数据数组
    String[] columnNames = null;                       //定义表头数据数组
    public int getColumnCount() {                      //实现父类操作方法
        return columnNames.length;                     //返回表头长度(列数)
    }
    public int getRowCount() {                         //实现父类操作方法
        return data.length;                            //返回表行数
    }
    public Object getValueAt(int row, int col) {       //实现父类操作方法
        return data[row][col];                         //返回表中某个位置的数值
    }
    public String getColumnName(int column) {          //实现父类操作方法
        return columnNames[column];                    //返回表头某个位置的数值
    }
    public Class getColumnClass(int col) {             //实现父类操作方法
        return getValueAt(0,col).getClass();
    }
    public void setValueAt(                            //实现父类操作方法
        Object aValue, int row, int column) {          //设置数组某个位置的数值
        data[row][column] = aValue;
    }
}
```

输出结果

读取 Excel 表格文件应用程序如图 8-8 所示。

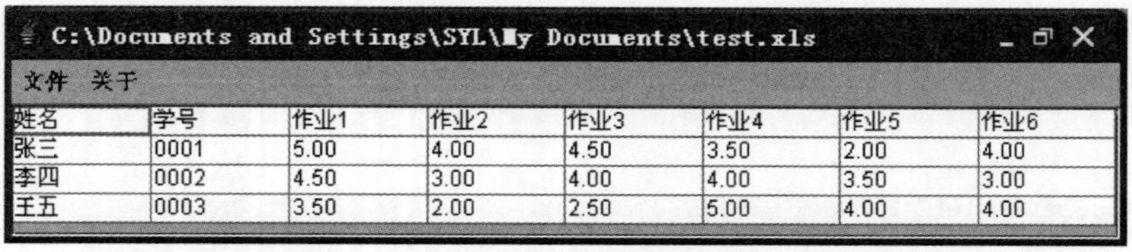

图 8-8　打开 Excel 文件并显示文件内容

案例小结

（1）jxl.jar 包中 Workbook 类通过绑定文件对象直接创建针对 Excel 文件输入、输出流的各种操作对象，该对象得到 Excel 文件的工作簿。Sheet 对象将从工作簿中获取一个工作表，其中 getCell() 操作方法获取指定行、列处的数据值。

（2）AbstractTableModel 类是定义在 javax.swing.table 包中的抽象类，是为 JTable 组件针对表格提供各种操作的模板，根据实际操作的需要定义 AbstractTableModel 类的派生类，实现所需要的针对表格的各种操作。

（3）该案例没有建立表头数据，如果需要建立表头，可为 columnNames 数组赋值，例如将 Excel 工作表的第一行数据传输给 columnNames 数组（可参照 data 数组的赋值）。

（4）Workbook 对象还提供了输出操作，即可将二维数组数据作为一个工作表写入 Excel 文件中，具体使用参考 jxl.jar 包中 Workbook 类的说明。

8.5 小结

（1）Java 应用程序的图形用户界面（GUI）主要由 java.awt、javax.swing 包中定义的组件类对象实现的。

（2）Java 组件类定义了两种类型的行为操作：一类为主动激活的操作方法；一类为被动触发激活的操作方法，即当产生事件对象时触发激活操作方法。

（3）事件对象由计算机操作系统产生，通过 Java 虚拟机传递给 Java 应用程序。

（4）Java 语言体系的事件处理类（适配器）和监听器接口定义在 java.awt.event 包中。

（5）组件"匿名"事件处理标准代码格式为：

```
private void init() throws Exception {              //初始化操作方法
  componentxyz.addXyzListener( new XyzAdapter(){
     public void componentXyz(XyzEvent e){          //重写 Xyz 事件处理方法
        ComponentXyz_xyzHandled(e);                 //调用实际 Xyz 事件处理方法
     }
  });
}
public void ComponentXyz_xyzHandled(XyzEvent e) {   //实际 Xyz 事件处理方法
   …;                                               //编写处理 Xyz 事件的代码,事件类型为 XyzEvent,事件对象为 e
}
```

8.6 习题

（1）通过 J2SDK 提供的帮助文档学习 java.awt 包中 Button、Canvas、Checkbox、CheckboxGroup、CheckboxMenuItem、Component、Container、Dialog、FileDialog、Frame、Label、List、Menu、MenuBar、MenuItem、Panel、PopupMenu、ScrollPane、Scrollbar、TextArea、TextField、Window 和 javax.swing 包中 JButton、JCheckBox、JCheckBoxMenuItem、

JComboBox、JComponent、JDialog、JEditorPane、JFileChooser、JFrame、JLabel、JList、JMenu、JMenuBar、JMenuItem、JPanel、JPasswordField、JPopupMenu、JRadioButton、JRadioButtonMenuItem、JScrollBar、JScrollPane、JSeparator、JTable、JTextArea、JTextField、JTextPane、JToolBar、JTree、JWindow 等基础组件类的使用。

(2) 通过 J2SDK 提供的帮助文档熟悉 java.awt.event 包中 ActionListener、ComponentListener、ContainerListener、FocusListener、ItemListener、KeyListener、MouseListener、MouseMotionListener、TextListener、WindowListener 等事件监听器接口和 ActionEvent、AdjustmentEvent、ComponentEvent、ContainerEvent、FocusEvent、InputEvent、ItemEvent、KeyEvent、MouseEvent、PaintEvent、TextEvent、WindowEvent 等事件类。

(3) 编写图形界面程序，在 Frame 窗体中创建一个列表框和文本域对象，在列表框中添加列表项，当使用鼠标双击列表框中某一列表项时，将该列表项显示在文本域中。

(4) 使用 java.awt 中的组件编写一个如图 8-9 所示的"计算器"程序，实现浮点数的加、减、乘、除功能（提示：文本域中刷新显示使用字符串相加实现按一个键显示一次）。

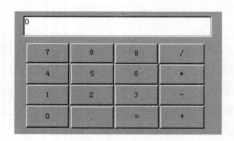

图 8-9　计算器

(5) 使用 javax.swing 中的组件创建一个"名片"管理程序，名片内容包括编号、姓名、电话号码、电子邮件地址、通信地址、邮政编码、工作单位等，用户界面可实现信息的录入，录入完成后将所有信息组合为一条信息追加到记录名片内容的名为 Card 的文件中，打开 Card 文件时可通过编号选择显示一个人的一组信息。

第 9 章 Java Applet 小程序案例

本章的案例涉及嵌入在网络 Web 浏览器中运行的 Java Applet 小程序,通过案例学习并掌握 Applet 小程序的功能和应用。

9.1 Applet 类及 Applet 小程序

Applet 小程序是 Java 应用程序的一种应用方式,它没有传统 Java 应用程序中程序起始执行的 main()操作方法,是运行在嵌入了 Java 虚拟机的网络 Web 浏览器中的,依据使用环境确定了它的运行机制。

9.1.1 Applet 小程序类

Applet 小程序是以 java.applet 包中的 Applet 类为基础创建的,或者是以 javax.swing 包中的 JApplet 类为基础创建的。Applet 和 JApplet 类都是 java.awt 包中 Panel 面板类的子类,它们的继承关系如图 9-1 所示。

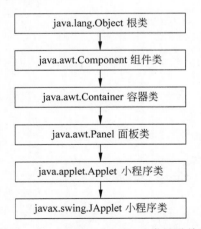

图 9-1 Applet、JApplet、Panel 类继承关系

9.1.2　Applet 小程序编程框架

所有 Applet 小程序都需要继承 Applet 或 JApplet 类,根据需要可以重写 Applet 或 JApplet 类的一些成员方法,一个继承 Applet 类的 Applet 小程序的程序框架代码如下:

```java
package appletsample;
import java.awt.*;
import java.awt.event.*;
import java.applet.*;
public class AppletSample extends Applet {
  boolean isStandalone = false;
  String var0;
  int var1;
  public String getParameter(String key, String def) {
    return isStandalone ? System.getProperty(key, def) :
      (getParameter(key) != null ? getParameter(key) : def);
  }                                                     //定义获取输入参数方法
  public AppletSample() {                               //定义构造器
  }
  public void init() {                                  //重载 Applet 类中初始化方法
    try {                                               //获取初始输入参数
      var0 = this.getParameter("param0", "");
    }
    catch(Exception e) {
      e.printStackTrace();
    }
    try {                                               //获取初始输入参数
      var1 = Integer.parseInt(this.getParameter("param1", "0"));
    }
    catch(Exception e) {
      e.printStackTrace();
    }
    try {
      sampleInit();
    }
    catch(Exception e) {
      e.printStackTrace();
    }
  }
  private void sampleInit() throws Exception {
  }                                                     //定义程序其他初始化操作方法
  public void start() {                                 //重写 Applet 类中启动方法
  }
  public void stop() {                                  //重写 Applet 类中停止方法
  }
  public void destroy() {                               //重写 Applet 类中退出方法
```

```java
    }
    public void paint(Graphics g){                    //重写Applet小程序输出显示方法
    }
    public String getAppletInfo() {                   //重写获取Applet小程序类信息方法
       return "Applet Information";
    }
    public String[][] getParameterInfo() {            //重写获取输入参数信息操作方法
       String[][] pinfo = {
          {"param0", "String", ""},
          {"param1", "int", ""},
          };
       return pinfo;
    }
}
```

通过 J2SDK 的 appletviewer 命令启动运行 Applet 小程序的 HTML 文档结构为：

```html
<html>
<head>
<title>appletsample.AppletSample 小程序</title>
</head>
<body>
appletsample.AppletSample 小程序输出显示如下：<br>
<applet
   codebase  = "."                                    <!-指示路径-!>
   code      = "appletsample.AppletSample.class"      <!-指示类文件-!>
   archive   = "AppletSample.jar"                     <!-指示含类文件的Jar文件-!>
   name      = "SampleAppletTest"
   width     = "400"
   height    = "300"
   hspace    = "0"
   vspace    = "0"
   align     = "top"
>
<param name = "param0" value = "AppletSample输入的参数">
<param name = "param1" value = "0">
</applet>
</body>
</html>
```

Applet 小程序是嵌入在一个网页中的，HTML 文档的 < APPLET ></ APPLET >语句是在网页中嵌入 Applet 小程序的语句。< APPLET >语句中的 CODEBASE 参数是用于指示存放在磁盘上 Applet 小程序类的路径，CODE 参数是用于指明 Applet 小程序类名的，ARCHIVE 参数是用于指明 Jar 文档名的，其他参数是用于指示 Applet 小程序在网页中位置等信息的。与< APPLET >语句配合使用的< PARAM >语句是用于为 Applet 小程序提供程序外部输入参数的，它相当于 Application 程序的外部行命令输入参数，< PARAM >语句的参数 NAME 是用于指示 Applet 小程序外部输入参数的名称，VALUE 为外部输入参数的数值。

在完成 AppletSample 小程序的编译后，AppletSample 类代码将被存放在相对于当前路径的 appletsample 目录中，当将上述 HTML 文档以文件名为 AppletSample.html 保存在磁盘当前路径中时，在 Windows 命令行窗口中，通过执行 J2SDK 的 appletviewer 命令运行 AppletSample 小程序的语句格式为：

appletviewer AppletSample.html

通过 Web 浏览器也可以启动运行 AppletSample 小程序，使用 IE 浏览器启动运行 AppletSample 小程序的步骤为：单击"文件(F)"菜单，选择"打开(O)"项，在"打开"对话框中打开 AppletSample.html 文件后，则 AppletSample 小程序将被执行。

另外，应用于 Web 互联网通用标记语言 HTML5 标准已经不支持<APPLET>语句，改用<OBJECT>语句统一指出嵌入对象来替代<APPLET>语句，同时在<OBJECT>语句中增加了 CLASSID 参数，其作用是指明 Web 浏览器所使用的 ActiveX 控件，其他用于描述 Applet 小程序的参数与<APPLET>语句中参数相同。

9.2 Applet 小程序的运行机制

由于目前的 Web 浏览器都是图形界面，因此，要求 Applet 小程序的人机交互界面也是由图形用户界面组件构成的。而 Applet 类是继承了 Panel 面板类，与 Frame 窗体组件相比，Panel 类对象是可以作为无边框窗体使用的，所以，当创建一个 Applet 类对象时自然就建立了一个无边框窗体的图形人机交互界面。Panel 组件类除了可以在该类对象上绘制图形外，其主要的功能就是作为 Applet 小程序的图形用户界面被应用。

Applet 类在扩展了 Panel 类的基础上又定义了一些 Applet 小程序特有的操作方法，与程序运行有关的默认调用的方法有 init()、start()、stop()、destroy()等，而在 Web 浏览器中显示图形用户界面组件则是默认调用 Component 组件类提供的 paint()、repaint()、update()等方法实现的。Applet 小程序在 Web 浏览器中的运行过程如图 9-2 所示，其运行生命周期共有如下 5 个阶段：

(1) 初始化阶段：Web 浏览器中的 Java 虚拟机调用 Applet 小程序的构造方法创建 Applet 小程序对象，并自动调用 Applet 类中的 init()初始化方法，在 Applet 小程序生命周期中仅调用一次 init()方法，然后自动调用 Applet 类中的 start()启动方法及 paint()绘制界面方法，小程序进入运行状态。

(2) 运行阶段：该阶段等待用户的操作。

(3) 停止运行阶段：当操作 Web 浏览器进入非活动期时，例如，Web 浏览器并非获得用户操作焦点，或是操作 Web 浏览器进入最小化图标状态等，Java 虚拟机将自动调用 Applet 类中的 stop()停止方法，使小程序进入休眠状态，在该阶段 Applet 小程序对象并没

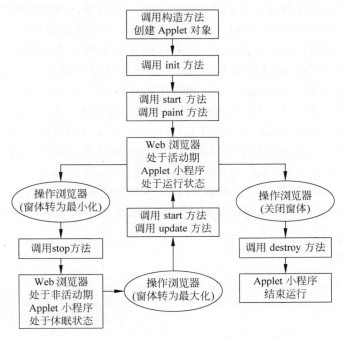

图 9-2　Applet 小程序在 Web 浏览器中的运行过程

有从计算机内存中清除。

（4）再运行阶段：当操作 Web 浏览器进入活动期时，例如，Web 浏览器获得了用户操作焦点，或是操作 Web 浏览器进入最大化等，Java 虚拟机自动重新调用 Applet 类中的 start() 启动方法及 update() 重新绘制界面方法，使小程序再次进入运行状态。

（5）结束运行阶段：当关闭 Web 浏览器时，Java 虚拟机将自动调用 Applet 类中的 destroy() 销毁 Applet 小程序方法，并且从计算机内存中清除 Applet 小程序对象，结束 Applet 小程序的运行。

在 Applet 小程序的生命周期中，Applet 小程序可以反复进入运行或停止运行状态，因此，Applet 类中定义的 start() 和 stop() 方法有可能会被多次自动调用，而 init() 和 destroy() 方法则仅自动被调用一次。

9.3　Java 程序 Application 和 Applet

Application 应用程序和 Applet 小程序都是 Java 语言程序，在本质上是没有区别的，因此可以将 Application 应用程序和 Applet 小程序合并，合并的意思是指该应用程序即可作为 Application 程序应用（通过 java 或 javaw 命令启动运行），也可以作为 Applet 小程序应用（通过 Web 浏览器启动运行）。Applet 与 Application 之间的技术差别来源于其运行环境的差别，Applet 小程序是运行在提供图形显示功能的操作系统中的，而 Application 应用程序可以运行在任何操作系统中,当要求 Application 应用程序提供图形用户界面进行人机交互,并运行在图形显示操作系统中时,Applet 与 Application 之间就没有实质上的区别了。

由于 Applet 小程序是继承 Panel 无边框窗体类创建的对象,而具有图形用户界面的 Application 应用程序也是通过继承 Window 类的子类创建的对象,因此,Applet 小程序窗体对象是可以直接添加到 Application 应用程序的窗体对象上,相当于在 Application 应用程序窗体对象中再添加一个窗体,人机交互则是通过 Applet 小程序窗体进行的。所以,合并 Applet 小程序和 Application 应用程序是以 Applet 小程序为基础的,由于 Application 应用程序需要有 main()方法作为程序启动入口,因此,要求在 Applet 小程序类中定义一个 main()方法,以便符合 Application 应用程序的定义要求,并在 main()方法中创建一个窗体,将小程序对象添加到该窗体上,调用 Applet 小程序的 init()和 start()方法完成程序初始化操作。合并 Application 应用程序和 Applet 小程序的 Java 程序源代码如下:

```java
package appandapplet;
import java.awt.*;
import java.awt.event.*;
import java.applet.*;
public class AppAndApplet extends Applet {          //定义 Applet 小程序类
    public void init() {                             //重写小程序初始化方法
        try {
            appAndAppletInit();                      //调用合并的初始化方法
        }
        catch (Exception e) {
            e.printStackTrace();
        }
    }
    void appAndAppletInit() throws Exception {       //定义两程序的初始化方法
    }
    public void start() {                            //重写 Applet 类中的启动方法
    }
    public static void main(String[] args) {         //定义 main()方法
        AppAndApplet applet = new AppAndApplet();    //创建 Applet 小程序对象
        applet.isStandalone = true;
        Frame frame = new Frame();                   //创建 frame 窗体对象
        frame.setTitle("Application And Applet Frame");
        /* 将小程序对象添加到 frame 窗体对象上 */
        frame.add(applet, BorderLayout.CENTER);
        applet.init();                               //调用初始化方法
        applet.start();                              //调用启动小程序方法
        frame.setSize(400, 320);                     //设置窗体尺寸
        frame.setVisible(true);                      //显示 frame 窗体对象
    }
}
```

启动 AppAndApplet 小程序的 HTML 文档代码为:

```
<html>
<head>
<title>AppAndApplet 程序</title>
</head>
<body>
<applet
  codebase = "."
  code     = "appandapplet.AppAndApplet.class"
  name     = "TestAppAndApplet"
  width    = "400"
  height   = "300"
>
</applet>
</body>
</html>
```

合并后的 AppAndApplet 程序可以作为两种 Java 程序被应用,可以通过 Web 浏览器启动该程序,也可以作为 Application 程序被应用(只能运行在图形操作系统中)。

9.4 Applet 小程序应用案例

Applet 小程序通过继承 Applet 类或 JApplet 类得到的,可以根据需要在 Applet 小程序中添加 main()操作方法(参照 9.3 节),它更适合于程序的调试,避免由于 Web 浏览器存在问题而干扰程序的运行,确保 Applet 小程序运行的正确性。

9.4.1 显示外部参数 Applet 小程序

【案例 9-1】 Applet 小程序显示 HTML 文档提供的信息。

案例实现的功能是在网页中通过 Applet 小程序显示 HTML 文档提供的文字信息。

选择类库

应用程序通过继承 java.applet.Applet 类创建 Applet 小程序。

实现步骤

(1) 定义继承 java.applet.Applet 类的 Applet 小程序类。
(2) 重载 init()方法,获取 HTML 提供的参数。
(3) 在小程序中添加 Label 标签组件,用于显示文字信息。
(4) 重载 start()方法,实现在标签上和浏览器状态栏中显示文字信息。

程序代码

```
package showwordsample;
import java.awt.*;
import java.awt.event.*;
import java.applet.*;
public class ShowWordSample extends Applet {
```

```java
      boolean isStandalone = false;
      BorderLayout borderLayout = new BorderLayout();
      String var0;
      Label label = new Label();
      public String getParameter(String key, String def) {
        return isStandalone ? System.getProperty(key, def) :
          (getParameter(key) != null ? getParameter(key) : def);
      }
      public ShowWordSample() {
      }
      public void init() {
        try {
          var0 = this.getParameter("param0", "欢迎浏览");    //获取外部参数
        }
        catch (Exception e) {
          e.printStackTrace();
        }
      }
      public void start() {                                 //重写 Applet 类中启动方法
        try {
          showInit();
        }
        catch (Exception e) {
          e.printStackTrace();
        }
      }
      private void showInit() throws Exception {
        label.setText(var0);                                //在标签上显示外部参数
        this.setLayout(borderLayout);
        this.add(label, java.awt.BorderLayout.CENTER);
        this.showStatus(var0);                              //在状态栏中显示外部参数
      }
    }


    < html >                                  <!-启动 ShowWordSample 小程序的 HTML 文档代码-!>
    < head >
    < title >显示外部字符串参数</title >
    </head >
    < body >
    < applet
      codebase = "."
      code     = "showwordsample.ShowWordSample.class"
      name     = "TestApplet"
      width    = "400"
      height   = "300"
    >
    < param name = "param0" value = "欢迎浏览">
```

```
</applet>
</body>
</html>
```

输出结果

在 Web 浏览器以及浏览器状态栏中显示"欢迎浏览"。

案例小结

(1) Applet 小程序继承 Applet 类后通过重写 init() 和 start() 方法实现程序功能, init() 实现获取显示信息,start() 实现信息显示,当浏览器重新被激活时,start() 实现重新显示。

(2) 当需要改动显示文字内容时,不需要重新编译 Applet 小程序,只需修改 HTML 文档,更改<PARAM>的 VALUE 参数值即可实现。

9.4.2 显示时间 Applet 小程序

【案例 9-2】 Applet 小程序显示系统时钟。

案例实现的功能是在网页中通过 Applet 小程序显示计算机的系统时钟,在 Applet 小程序界面上添加按钮和文本域组件,当单击按钮时,在文本域中显示系统时间。

选择类库

应用程序通过继承 javax.swing.JApplet 类创建 Applet 小程序。选择 java.util 包中 Date 类获取系统时间,选择 java.text 包中 SimpleDateFormat 类确定时间显示格式,选择 java.awt.event 包中相关的事件处理类。

实现步骤

(1) 定义继承 javax.swing.JApplet 类的 Applet 小程序类。
(2) 在小程序中添加 JButton 按钮和 JTextField 文本域组件。
(3) 处理按钮单击事件。

程序代码

```
package showtimesample;
import java.awt.*;
import java.awt.event.*;
import java.applet.*;
import javax.swing.*;
import java.util.*;
import java.text.*;
public class ShowTimeSample extends JApplet {
  FlowLayout flowLayout = new FlowLayout();
  JButton jButton = new JButton();                    //创建组件对象
  JTextField jTextField = new JTextField();
  public void init() {
    try {
      showInit();
```

```java
        }
        catch (Exception e) {
            e.printStackTrace();
        }
    }
    private void showInit() throws Exception {              //初始化组件
        this.setSize(100, 80);
        jButton.setText("显示系统时间");
        this.getContentPane().setLayout(flowLayout);
        this.getContentPane().add(jButton);
        jButton.addActionListener(new ActionListener() {
            public void actionPerformed(ActionEvent e) {
                jButton_actionPerformed(e);
            }
        });
        this.getContentPane().add(jTextField);
        jTextField.setText("系统时间");
    }
    public void jButton_actionPerformed(ActionEvent e) {    //响应事件
        Date timenow = new Date();                          //创建日期时间对象
        SimpleDateFormat sdf = new SimpleDateFormat(
            "yyyy 年 MM 月 dd 日 hh:mm:ss a");                //确定显示格式
        String s_time_msg = sdf.format(timenow);
        int l = s_time_msg.length() * 8;                    //计算文本域长度
        jTextField.setSize(l,jTextField.getHeight());       //设置文本域尺寸
        jTextField.setText(s_time_msg);                     //显示系统时间
    }
}
```

输出结果

ShowTimeSample 小应用程序在浏览器中的运行结果如图 9-3 所示。

图 9-3　ShowTimeSample 小程序运行结果

案例小结

（1）该案例只需重载 init() 操作方法，在 Applet 小程序界面上添加按钮和文本域组件及注册按钮单击事件监听器。

（2）java.util 包中 Date 类在创建对象的同时以长整数的形式读取计算机当前的系统时间。

（3）SimpleDateFormat 类对象为指定时间显示格式。

9.4.3　播放声音 Applet 小程序

【**案例 9-3**】　Applet 小程序播放音乐。

案例实现的功能是在网页中通过 Applet 小程序读取音乐文件,通过按钮选择开始播放、循环播放和停止播放音乐文件。

选择类库

应用程序通过继承 javax.swing.JApplet 类创建 Applet 小程序,选择 java.awt.event 包中相关的事件处理类。

实现步骤

(1) 定义继承 javax.swing.JApplet 类的 Applet 小程序类。
(2) 在小程序中添加三个 JButton 按钮组件。
(3) 处理每个按钮单击事件。

程序代码

```java
package playsoundsample;
import java.awt.*;
import java.awt.event.*;
import java.applet.*;
import javax.swing.*;
public class PlaySoundSample extends JApplet {
    boolean isStandalone = false;
    private AudioClip sound;
    private String playName;
    FlowLayout flowLayout1 = new FlowLayout();
    JButton jButton1 = new JButton();                    //添加按钮组件
    JButton jButton2 = new JButton();
    JButton jButton3 = new JButton();
    public String getParameter(String key, String def) {
        return isStandalone ? System.getProperty(key, def) :
        (getParameter(key) != null ? getParameter(key) : def);
    }
    public void init() {
    /* 获取播放的音频文件名,根据文件名 playName 创建音频剪辑对象 sound */
        try {
            playName = this.getParameter("fileName", "spacemusic.au");
            sound = getAudioClip( getDocumentBase(), playName );
        }
        catch(Exception e) {
            e.printStackTrace();
        }
        try {
            PlayInit();
        }
        catch (Exception e) {
            e.printStackTrace();
        }
    }
```

```java
/* 初始化组件,并为组件设置监听器 */
private void PlayInit() throws Exception {
  this.setSize( 100, 80);
  this.getContentPane().setLayout(flowLayout1);
  jButton1.setText("开始播放");
  jButton1.addActionListener(new ActionListener() {
    public void actionPerformed(ActionEvent e) {
      jButton1_actionPerformed(e);
    }
  });
  jButton2.addActionListener(new ActionListener() {
    public void actionPerformed(ActionEvent e) {
      jButton2_actionPerformed(e);
    }
  });
  jButton3.addActionListener(new ActionListener() {
    public void actionPerformed(ActionEvent e) {
      jButton3_actionPerformed(e);
    }
  });
  this.getContentPane().add(jButton1);
  jButton3.setText("停止播放");
  this.getContentPane().add(jButton2);
  this.getContentPane().add(jButton3);
  jButton2.setText("循环播放");
}
public void jButton1_actionPerformed(ActionEvent e) {
  sound.play();                                    //调用播放方法
}
public void jButton2_actionPerformed(ActionEvent e) {
  sound.loop();                                    //调用循环播放方法
}
public void jButton3_actionPerformed(ActionEvent e) {
  sound.stop();                                    //调用停止播放方法
}
}
<html>                    <!--启动 PlaySoundSample 小程序的 HTML 文档代码-!>
<head>
<title>播放声音</title>
</head>
<body>
<applet
  codebase = "."
  code     = "playsoundsample.PlaySoundSample.class"
  name     = "TestApplet"
  width    = "100"
  height   = "80"
```

```
>
< param name = "fileName" value = "spacemusic.au">
</applet >
</body >
</html >
```

输出结果

PlaySoundSample 小程序在浏览器中的运行结果如图 9-4 所示。

图 9-4　PlaySoundSample 小程序运行结果

案例小结

（1）AudioClip 是定义在 java.applet 包中的播放音频剪辑的接口，通过 java.applet. Applet 类中 getAudioClip 操作方法指定音频文件名创建 AudioClip 对象，在 AudioClip 对象中包含了音频信息，音频文件的格式为 AU、AIFF、WAVE、MIDI。

（2）针对 AudioClip 对象的 play() 操作方法为播放一遍音乐，loop() 操作方法为循环播放，stop() 操作方法为停止播放。

（3）该程序可以给浏览网页的同时增加背景音乐，音乐文件可以通过 HTML 文档中 < PARAM > 语句的 VALUE 参数值指定。

9.4.4　Applet 小程序界面添加菜单

【案例 9-4】　在 Applet 小程序的程序界面中添加菜单。

案例实现的功能为在 Applet 小程序界面中添加菜单"帮助"，菜单项"关于"，当操作选择"关于"菜单项时，弹出一个标题为"关于"的对话框。

选择类库

应用程序通过继承 javax.swing.JApplet 类创建 Applet 小程序，选择 java.awt.event 包中相关的事件处理类。

实现步骤

（1）定义继承 javax.swing.JApplet 类的 Applet 小程序类。

（2）在程序中添加 jMenuBar 菜单栏、JMenu 菜单、JMenuItem 菜单项组件。

（3）处理菜单项单击事件。

程序代码

```
package appletmenusample;
import java.awt. * ;
import java.awt.event. * ;
import java.applet. * ;
import javax.swing. * ;
```

```java
public class AppletMenuSample extends JApplet {
  boolean isStandalone = false;
  BorderLayout borderLayout = new BorderLayout();
  JMenuBar jMenuBar = new JMenuBar();
  JMenu jMenu = new JMenu();
  JMenuItem jMenuItem = new JMenuItem();
  public void init() {
    try {
      menuInit();
    }
    catch (Exception e) {
      e.printStackTrace();
    }
  }
  private void menuInit() throws Exception {
    this.setJMenuBar(jMenuBar);
    this.setSize(new Dimension(400, 300));
    this.getContentPane().setLayout(borderLayout);
    jMenu.setText("帮助");
    jMenuItem.setText("关于");
    jMenuItem.addActionListener(new ActionListener() {
      public void actionPerformed(ActionEvent e) {
        jMenuItem_actionPerformed(e);
      }
    });
    jMenuBar.add(jMenu);
    jMenu.add(jMenuItem);
  }
  public void jMenuItem_actionPerformed(ActionEvent e) {
    JDialog d = new JDialog(new JFrame());              //创建对话框
    d.setTitle("关于");
    d.setSize(100,80);
    d.setVisible(true);
  }
}
```

输出结果

AppletMenuSample 小应用程序在浏览器中的运行结果如图 9-5 所示。

图 9-5　AppletMenuSample 小程序运行结果

案例小结

（1）Java 应用程序中有两类菜单形式：固定菜单和弹出式菜单。Applet 小程序也可以在其界面中添加这两类菜单，该程序为添加一个固定菜单。

（2）添加弹出式菜单可参考案例 8-1。

（3）弹出的对话框是基于 JFrame 窗体组件创建的，其应用与 JFrame 组件相同。

9.5 小结

（1）Java Applet 小程序是运行在嵌入了 Java 虚拟机的网络 Web 浏览器中的。

（2）Applet 小程序通过继承 Applet 或 JApplet 类实现的，并可重写其成员方法。

（3）HTML 等网络描述语言专门设计有启动 Applet 小程序的语句。

9.6 习题

（1）通过 J2SDK 提供的帮助文档学习 java.applet 包中 Applet 和 javax.swing 包中 JApplet 类的使用。

（2）熟悉 HTML 基础语句的使用。

（3）在 J2SDK 环境中编译、调试、运行案例 9-3 程序，测试其播放音频格式的种类。

（4）将案例 9-4 小程序改成既可作为 Applet 使用，也可作为 Application 应用程序使用。

（5）在 J2SDK 环境中编译、调试、运行下述程序，分析程序功能及编写启动 Applet 小程序的 HTML 文档，并通过 Web 浏览器查看程序运行结果。

```java
package showkeysample;
import java.awt.*;
import java.awt.event.*;
import java.applet.*;
import javax.swing.*;
public class ShowKeySample extends JApplet {
  String s = ""; int x = 0; int y = 0;
  public void init() {
    try {
      showkeyInit();
    }
    catch (Exception e) {
      e.printStackTrace();
    }
  }
  private void showkeyInit() throws Exception {
    this.setSize(new Dimension(400, 300));
```

```java
    this.addMouseMotionListener(new MouseMotionAdapter() {
      public void mouseMoved(MouseEvent e) {
        this_mouseMoved(e);
      }
    });
    this.addKeyListener(new KeyAdapter() {
      public void keyTyped(KeyEvent e) {
        this_keyTyped(e);
      }
    });
  }
  public void this_keyTyped(KeyEvent e) {
    s = Character.toString(e.getKeyChar());
    repaint();
  }
  public void paint(Graphics g) {
    g.drawString(s,x,y);
  }
  public void this_mouseMoved(MouseEvent e) {
    x = e.getX();
    y = e.getY();
  }
}
```

第 10 章 Java 基础绘制图形案例

本章主要介绍 Graphics 基础绘制图形类,通过案例学习并掌握 Java 基础绘图操作。

10.1 Java 基础图形绘制功能

Java 语言的二维图形绘制类库封装在 java.awt 包中,主要的绘制图形类是 Graphics 图形类,另外,还定义了一些配合图形绘制的 Color 颜色设置、Font 字体设置等类。Graphics 图形类中的图形绘制方法是将二维图形绘制在可绘制图形的组件对象上。

10.1.1 Graphics 图形类

在 java.awt 包中的 Graphics 类提供了用于在组件对象上绘制二维图形的许多操作方法,例如,画板 Panel 等组件是图形绘制的主要对象,在组件 Component 类中定义的 paint()方法则是用于在组件上绘制图形的方法,其输入参数为 Graphics 类对象,通过重写 paint()方法,可实现在组件上绘制图形的目的。

为配合图形的绘制,通过 java.awt 包中的 Color 类可确定绘图的颜色,在图形显示模式中,文字也是以图形方式绘制的,Graphics 类中的 drawString()方法就是绘制文字的方法,java.awt 包中的 Font 类则是确定绘制文字字体、字号的。

在组件 Component 类中定义的 getGraphics()操作方法则是获取用于绘制图形的 Graphics 对象,当通过该方法获得了与某个组件相关的 Graphics 对象时,Graphics 类中的所有绘图操作方法都将实施于该组件上,即在该组件上绘制图形。

10.1.2 绘图坐标体系

Graphics 类绘制图形采用的是二维平面坐标体系,如图 10-1 所示,其坐标原点(0,0)在可绘制图形组件的左上角,水平向右为 X 轴的正方向,竖直向下为 Y 轴的正方向,每个坐标点的值表示屏幕上的一个像素点的位置,因此,X 轴和 Y 轴的步进是以像素为单位的,所有坐标点的值都是正整数。例如,在图 10-1 坐标体系中绘制线段时其表示形式为(30,30)、

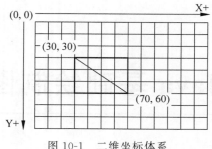

图 10-1　二维坐标体系

(70,60),即左上角坐标点和右下角坐标点,绘制矩形图形时其表示形式为(30,30)、(40,30),即左上角坐标点和 X 轴方向矩形的宽度及 Y 轴方向矩形的高度,该坐标体系决定了图形在组件(屏幕)上的精确定位。

10.1.3　Graphics 类中主要绘图操作方法

Graphics 类提供了绘制线段、矩形、多边形、椭圆、弧、文字等绘图操作方法,这些绘图操作方法的输入参数主要是二维平面坐标体系的坐标值。以下是 Graphics 类中提供的主要绘图操作方法。

1. 绘制线段方法

其语法格式为:

drawLine(int x1,int y1,int x2,int y2);

drawLine()方法的四个参数(x1,y1)表示线段的左上角坐标值,(x2,y2)表示线段的右下角坐标值,当将线段的两个点的坐标设置为相同时,则为绘制一个点。

2. 绘制普通矩形方法

其语法格式为:

drawRect(int x, int y, int width, int height);   //边框型风格
fillRect(int x, int y, int width, int height);   //填充型风格

drawRect()和 fillRect()方法的四个参数(x,y)表示矩形左上角的坐标值,width 和 height 参数分别表示矩形的宽度和高度,宽度和高度相等时为正方形,fillRect()方法为使用当前颜色填充整个矩形。

3. 绘制圆角矩形方法

其语法格式为:

drawRoundRect(int x, int y, int width, int height, int arcWidth, int arcHeight);
fillRoundRect(int x, int y, int width, int height, int arcWidth, int arcHeight);

drawRoundRect()和 fillRoundRect()方法的前 4 个参数与 drawRect 和 fillRect 方法的 4 个参数含义相同。arcWidth 和 arcHeight 是两个用来描述圆角性质的参数,arcWidth

为圆角弧的横向直径，arcHeight 为圆角弧的纵向直径，如图 10-2 所示。arcWidth 和 arcHeight 值增加则圆角越圆。

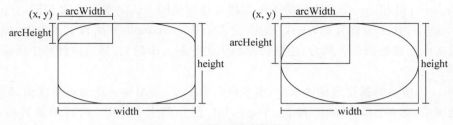

图 10-2　圆角矩形参数的表示

4．绘制伪三维矩形方法

其语法格式为：

```
draw3DRect(int x, int y, int width, int height, boolean raised);
fill3DRect(int x, int y, int width, int height, boolean raised);
```

draw3DRect()和 fill3DRect()方法是在二维平面坐标体系绘制边框上增加一点阴影的矩形，使矩形看上去相对表平面好像有凸出或凹下的效果，参数 raised 为定义该矩形是具有凸出（值为 true）还是凹下（值为 false）的效果。

5．绘制多边形方法

其语法格式为：

```
drawPolygon(int[] xPoints,int[] yPoints,int nPoints);
fillPolygon(int[] xPoints,int[] yPoints,int nPoints);
```

drawPolygon()和 fillPolygon()方法的数组参数 xPoints 和 yPoints 在二维平面坐标体系只表示一组点的坐标值，多边形的绘制为用直线段将这些点依次连接起来，nPoints 则表示共有 n 个坐标点。另外，在绘制多边形时，drawPolygon()方法并不自动关闭多边形的最后一条边，而是一段开放的折线，所以，若想绘制封闭的边框型多边形，需要将数组的尾部再添上一个起始点的坐标。

6．绘制椭圆方法

其语法格式为：

```
drawOval(int x, int y, int width, int height);            //边框型椭圆
fillOval(int x, int y, int width, int height);            //填充型椭圆
```

drawOval()和 fillOval()方法的输入参数（x,y）不是椭圆的圆心（或焦点）坐标值，而是椭圆外接矩形的左上角坐标值，参数 width 和 height 表示椭圆的宽度和高度，当 width 宽度和 height 高度相等时，则为绘制一个圆。

7．绘制弧方法

其语法格式为：

```
drawArc(int x, int y, int width, int height, int startAngle, int arcAngle);
fillArc(int x, int y, int width, int height, int startAngle, int arcAngle);
```

drawArc()和fillArc()方法的前4个参数与绘制椭圆方法的参数含义相同,startAngle参数表示该弧从什么角度开始,arcAngle参数表示从startAngle开始转了多少度,如图10-3所示。弧实际上是椭圆的一部分,绘制弧相当于先绘制一个椭圆,然后取椭圆中所需要的一部分。

在图10-3所示的弧度坐标体系中,水平向右表示0°,逆时钟方向为正角度值,顺时针方向为负角度值,如果startAngle和arcAngle中有任一值大于360°,则自动被转换为0°～360°之间的数值,当arcAngle参数值为360°的整数倍时,绘制的弧为一个椭圆。

8. 绘制文字方法

其语法格式为:

```
drawString(String str, int x, int y)
```

drawString()方法的参数(x,y)是表示字符在二维平面坐标体系中的左下角坐标值,如图10-4所示,被绘制的文字是由str参数表示。

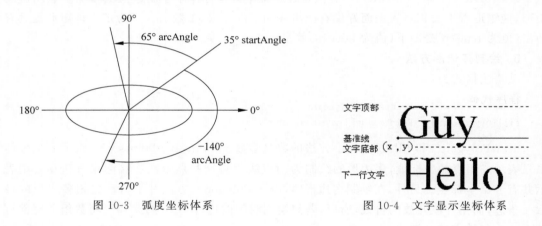

图 10-3　弧度坐标体系　　　　　　图 10-4　文字显示坐标体系

9. 复制图形方法

其语法格式为:

```
copyArea(int x, int y, int width, int height, int dx, int dy);
```

copyArea()方法的前4个参数表示一个矩形区域,dx和dy参数表示相对于原区域的右下角坐标值所偏移的像素值。复制图形相当于矩形区域的移动,原位置上的图形还保留,dx和dy参数为正整数时,矩形区域向下和向右移动,负值则移动方向相反。

10. 清除图形方法

其语法格式为:

```
clearRect(int x, int y, int width, int height);
```

clearRect()方法参数指示一个矩形区域,清除操作是用当前背景颜色填充整个矩形区域。

10.2 Java 图形绘制案例

在 Java 图形绘制案例中主要是使用 Graphics 类的绘图功能在画板组件 Panel 和 JPanel 对象上绘制图形的,通过重写 Component 类中定义的 paint()方法实现在组件对象上绘制图形。

10.2.1 绘制各种图形和图像

【案例 10-1】 在一个画板组件上绘制各种图形,在另一个画板组件上粘贴图像。

案例实现的功能是使用 Graphics 类的各种绘图功能在画板组件上绘制各种图形及将一个图像文件显示在另一个画板组件上。

选择类库

选择 java.awt 包中 Graphics 类实现图形的绘制。

实现步骤

(1) 定义继承 javax.swing.JFrame 类的窗体类。
(2) 在窗体对象上添加两个 JPanel 画板组件。
(3) 重载 JFrame 组件的 paint()操作方法,更改图形对象,实现在 JPanel 对象上绘图。

程序代码

```
package drawgraphsample;
import java.awt.*;
import javax.swing.*;
public class DrawGraphSample extends JFrame {
  JPanel jPanel1 = new JPanel();
  JPanel jPanel2 = new JPanel();
  GridLayout gridLayout1 = new GridLayout();
  Image img;
  public DrawGraphSample(){
    try {
      dgsInit();
    }
    catch (Exception e) {
      e.printStackTrace();
    }
  }
  private void dgsInit() throws Exception {
    this.setSize(new Dimension(700, 300));
    this.getContentPane().setLayout(gridLayout1);
    this.getContentPane().add(jPanel1);
```

```java
        this.getContentPane().add(jPanel2);
        img = getToolkit().getImage("Image.jpg");        //读取图像文件
    }
    public void paint(Graphics g) {                      //在组件上绘制
        g = jPanel1.getGraphics();                       //在 jPanel1 对象上绘制
        g.drawLine(10,10,30,30);                         //绘制线
        g.drawLine(15,20,15,20);                         //绘制点
        g.drawRect(40,10,60,30);                         //绘制矩形
        g.fillRect(120,10,60,30);
        g.drawRoundRect(200,10,50,30,20,20);             //绘制圆角矩形
        g.fillRoundRect(280,10,50,30,40,30);
        g.drawRoundRect(360,10,50,30,50,30);
        g.draw3DRect(20,60,80,60,true);                  //绘制立体矩形
        g.fill3DRect(120,60,80,60,false);
        int Poly1_x[] = {230,263,315,272,267};
        int Poly1_y[] = {60,40,115,94,126};
        int Poly1_pts = Poly1_x.length;
        int Poly2_x[] = {380,413,465,422,417};
        int Poly2_y[] = {60,40,115,94,126};
        int Poly2_pts = Poly2_x.length;
        g.drawPolygon(Poly1_x,Poly1_y, Poly1_pts);       //绘制多边形
        g.fillPolygon(Poly2_x,Poly2_y, Poly2_pts);
        g.drawOval(30,150,60,60);
        g.fillOval(130,150,80,60);                       //绘制椭圆
        g.drawArc(210,150,100,60,35, -140);              //绘制弧
        g.fillArc(310,150,100,60,35,65);
        g = jPanel2.getGraphics();                       //在 jPanel2 对象上绘制
        g.drawImage(img,0,0,this);                       //显示图像
    }
    public static void main(String[] args) {
        DrawGraphSample dgs = new DrawGraphSample();
        dgs.setDefaultCloseOperation(3);
        dgs.setTitle("左边绘图,右边显示图像");
        dgs.setSize(700,300);
        dgs.setVisible(true);
    }
}
```

输出结果

DrawGraphSample 程序运行结果如图 10-5 所示。

案例小结

（1）该案例将图形和图像绘制在不同的 JPanel 对象上,因此,使用 getGraphics()操作方法可将 Graphics 对象动态绑定在需要绘制的 JPanel 对象上,实质为"上溯造型"过程,此时 Graphics 对象的绘图操作就将针对绑定的 JPanel 对象了。

（2）getToolkit().getImage("Image.jpg")为在当前路径下读取 Image.jpg 图像文件

图 10-5　DrawGraphSample 程序运行结果

并创建一个 Image 对象。

10.2.2　绘制数学函数图形

【案例 10-2】　依据数学函数绘制图形。

案例实现的功能是使用 Graphics 类的绘图功能绘制正弦三角函数图。

选择类库

选择 java.awt 包中 Graphics 类实现图形的绘制。

实现步骤

（1）定义继承 javax.swing.JApplet 类的小程序类。

（2）重载 paint()操作方法,根据正弦三角函数计算绘制图形点坐标值。

程序代码

```
package drawsinsample;
import java.awt.*;
import java.awt.event.*;
import java.applet.*;
import javax.swing.*;
public class DrawSinSample extends JApplet {
  boolean isStandalone = false;
  int Phase;                                        //定义相位变量
  public String getParameter(String key, String def) {   //读输入参数
    return isStandalone ? System.getProperty(key, def) :
      (getParameter(key) != null ? getParameter(key) : def);
  }
  public void init() {                              //初始化
    try {
      Phase = Integer.parseInt( this.getParameter("Phase", "90") );
    }
```

```
            catch(Exception e) {
                e.printStackTrace();
            }
        }
        public void paint(Graphics g) {                           //绘制线段
            for (int x = 0; x < getSize().width; x++) {
                g.drawLine(x, (int) f(x), x + 1, (int) f(x + 1));
            }
        }
        double f(double x) {                                      //计算正弦值
            return (Math.sin(Phase + x/7) + 2) * getSize().height / 4;
        }
    }
    <html>                                        <!-启动 DrawSinSample 小程序的 HTML 文档代码-!>
    <head>
    <title>正弦图形显示小程序</title>
    </head>
    <body>
    浏览正弦图形如下：<br>
    <applet
        codebase = "."
        code     = "drawsinsample.DrawSinSample.class"
        name     = "TestDrawSinSample"
        width    = "400"
        height   = "300"
    >
    <param name = "Phase" value = "90">                           <!-提供相位初始值-!>
    </applet>
    </body>
    </html>
```

输出结果

DrawSinSample 小程序运行结果如图 10-6 所示。

案例小结

（1）绘制正弦三角函数图形的相位初始值由 HTML 文档 Phase 相位参数提供。

（2）getSize()为获取小程序在浏览器中所占大小，其中包括宽 width 和高 height 的数据。

10.2.3 绘制直方图

【**案例 10-3**】 依据 HTML 文档中提供的参数绘制直方平面柱状图。

案例实现的功能是在 HTML 文档中为 Applet 小程序提供 6 个参数，每个参数代表一个数据，例如产品的月产量或月销售量，根据 6 个参数的数值绘制半年的产量或销量的直方平面柱状图。

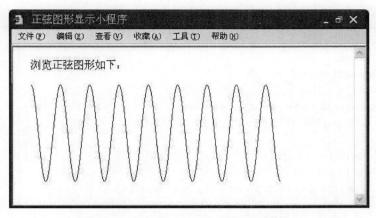

图 10-6　DrawSinSample 小程序运行结果

选择类库

选择 java.awt 包中 Graphics 类实现图形的绘制，选择 Color 类建立颜色对象。

实现步骤

（1）定义继承 javax.swing.JApplet 类的小程序类。
（2）重载 paint()操作方法，绘制坐标并根据输入数据在坐标中绘制矩形图。

程序代码

```java
package histogramsample;
import java.awt.*;
import java.awt.event.*;
import java.applet.*;
import javax.swing.*;
public class HistogramSample extends JApplet {
  boolean isStandalone = false;
  int[] month = new int[12];
  int i;
  public String getParameter(String key, String def) {
    return isStandalone ? System.getProperty(key, def) :
      (getParameter(key) != null ? getParameter(key) : def);
  }
  public void init() {
    try {
      for( i=1;i<=6;i++){
        month[i-1] = Integer.parseInt(this.getParameter("MONTH" + i));
      }
    }
    catch (Exception e) {
      e.printStackTrace();
    }
  }
```

```java
    public void paint(Graphics g) {
      g.drawString("A 产品上半年产量", 90, 20);
      Color c = new Color(0x888888);
      g.setColor(c);
      g.drawRect(30,25,300,200);
      for( i = 0;i < 7;i++) {
        g.drawLine(30,50 + i * 25,330,50 + i * 25);
        g.drawString(700 - i * 100 + "",5,52 + i * 25);
      }
      g.setColor(Color.blue);
      for( i = 0;i < 6;i++){
        g.fillRect(50 + i * 50,225 - month[i]/4,15,month[i]/4);
        g.drawString(month[i] + "",50 + i * 50,220 - month[i]/4);
        g.drawString(i + 1 + "月",50 + i * 50,240);
      }
    }
  }
}
```

```html
<html>                                <!-- 启动 HistogramSample 小程序的 HTML 文档代码 -->
<head>
<title> A 产品上半年产量 </title>
</head>
<body>
<applet
  codebase = "."
  code     = "histogramsample.HistogramSample.class"
  name     = "TestHistogramSample"
  width    = "400"
  height   = "300"
>
<param name = "MONTH1" value = "100">    <!-- 提供初始值 -->
<param name = "MONTH2" value = "200">
<param name = "MONTH3" value = "300">
<param name = "MONTH4" value = "400">
<param name = "MONTH5" value = "500">
<param name = "MONTH6" value = "600">
</applet>
</body>
</html>
```

输出结果

HistogramSample 小程序运行结果如图 10-7 所示。

案例小结

(1) 由 HTML 文档为 Applet 小程序提供输入参数,避免了小程序的改动。

(2) setColor()为设置绘图颜色。

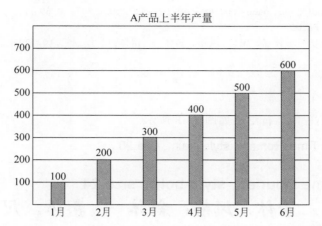

图 10-7　HistogramSample 小程序在 Web 浏览器中显示的直方平面柱状

10.2.4　绘制文字

【案例 10-4】　在图形界面中输出显示文字。

由于目前多数操作系统是以图形方式显示的,因此,文字也是以图形方式构成的,本案例实现的功能是通过 Font 类设置需要显示文字的属性(字体、字号等),以该属性在小程序界面上显示文字。

选择类库

选择 java.awt 包中 Graphics 类实现文字的绘制,选择 Font 类建立文字属性对象。

实现步骤

(1) 定义继承 javax.swing.JApplet 类的小程序类。
(2) 重载 paint()操作方法,根据文字属性输出显示文字。

程序代码

```
package fontsample;
import java.awt.*;
import javax.swing.*;
public class FontSample extends JApplet {
  public void paint( Graphics g ){
    Font fai15 = new Font( "Arial",Font.ITALIC,15 );
    Font ftp20 = new Font( "TimesRoman", Font.PLAIN, 20 );
    Font fcb24 = new Font( "Courier", Font.BOLD, 24 );
    Font fsib30 = new Font( "宋体",Font.ITALIC + Font.BOLD,30 );
    g.setFont( ftp20 );
    g.drawString( "Font name TimesRoman , style plain , size 20",10,20 );
    g.setFont( fai15 );
    g.drawString( "Font name Arial , style italic , size 15",10,50 );
    g.setFont( fcb24 );
```

```
            g.drawString( "Font name Courier , style bold , size 24",10,80 );
            g.setFont( fsib30 );
            g.drawString( "字体名：宋体,风格：斜体 ＋ 粗体,尺寸：30",10,120 );
      }
}
```

输出结果

FontSample 小程序运行结果如图 10-8 所示。

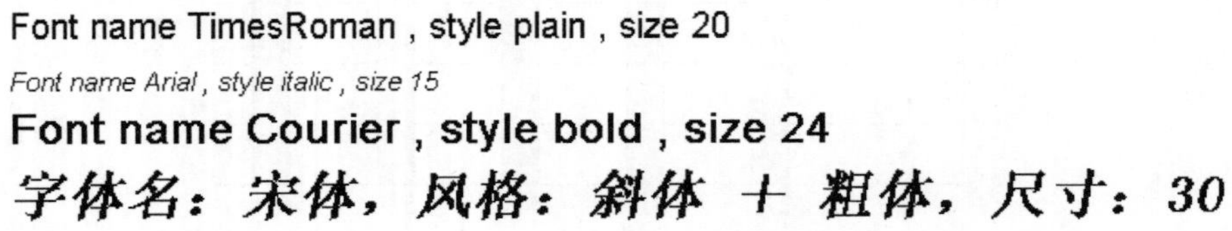

Font name TimesRoman , style plain , size 20

Font name Arial , style italic , size 15

Font name Courier , style bold , size 24

字体名：宋体，风格：斜体 ＋ 粗体，尺寸：30

图 10-8　FontSample 小程序在 Web 浏览器中显示的文字

案例小结

(1) Font 类可建立文字的字体、字号、字风格等属性对象。
(2) setFont()为设置输出显示文字的属性。

10.2.5　简单绘图程序

【**案例 10-5**】　编写"绘图程序"的简单样板程序。

案例实现的功能是根据选择的颜色和图形形状，通过鼠标确定图形的坐标值绘制图形。

选择类库

选择 java.awt 包中 Graphics 类实现图形的绘制，选择 Color 类建立绘图颜色对象，应用 java.awt.event 包中处理鼠标事件的监听器以及适配器实现鼠标事件的处理。

实现步骤

(1) 定义继承 javax.swing.JApplet 类的小程序类。
(2) 定义继承 javax.swing.JPanel 类的画板(绘图面板)类。
(3) 定义继承 javax.swing.JPanel 类的颜色和图形形状的选择类，即操作面板类，在该面板中添加 JComboBox 和 JRadioButton 组件。
(4) 对于两个面板对象分别实施鼠标操作事件的处理。
(5) 在绘图面板中重载 paint()操作方法，根据颜色和图形形状绘制图形。

程序代码

```
package drawsample;
import java.awt.*;
import java.awt.event.*;
import java.applet.*;
import javax.swing.*;
public class DrawSample extends JApplet {                    //定义应用类
```

```java
    BorderLayout borderLayout = new BorderLayout();        //创建布局器
    DrawPanel drawPanel = new DrawPanel();                 //创建画板对象
    OptionPanel optionPanel = new OptionPanel();           //创建操作对象
    public void init() {
      try {
        drawSampleInit();
      }
      catch (Exception e) {
        e.printStackTrace();
      }
    }
    private void drawSampleInit() throws Exception {
      this.setSize(new Dimension(400, 400));
      this.getContentPane().setLayout(borderLayout);       //设置布局器
      /* 将画板对象和操作对象添加到程序面板上 */
      this.getContentPane().add(drawPanel, java.awt.BorderLayout.CENTER);
      this.getContentPane().add(optionPanel, java.awt.BorderLayout.SOUTH);
    }
    public static void main(String[] args) {               //定义 main()方法
      DrawSample applet = new DrawSample();
      JFrame frame = new JFrame();
      frame.setDefaultCloseOperation(3);
      applet.init();
      applet.start();
      frame.getContentPane().add(applet,java.awt.BorderLayout.CENTER);
      frame.setTitle("绘图程序");
      frame.pack();
      frame.setVisible(true);
    }
}
    /* 定义画板类,在该画板上绘制图形 */
class DrawPanel extends JPanel{
    int x1,y1;                                             //定义起始点坐标变量
    int x2,y2;                                             //定义终止点坐标变量
    boolean mouseFirst;                                    //定义鼠标第一次单击变量
    String LINE = "Line";                                  //定义绘制线标志常量
    String RECT = "Rect";                                  //定义绘制矩形标志常量
    static String mode;                                    //定义绘制线或矩形(模式)标志变量
    static Color color;                                    //定义当前使用的颜色
    public DrawPanel() {
      try{
        drawInit();
      }
      catch(Exception e){
        e.printStackTrace();
      }
    }
```

```java
    private void drawInit() throws Exception {                //初始化绘图面板
      x1 = 0; y1 = 0; x2 = 0; y2 = 0;
      this.mouseFirst = true;
      this.mode = LINE;                                       //设置当前为画线
      this.color = Color.BLACK;                               //设置当前颜色为黑色
      this.setPreferredSize(new Dimension(400, 360));
      this.addMouseListener(new MouseAdapter() {              //添加鼠标单击监听器
        public void mouseClicked(MouseEvent e) {
          this_mouseClicked(e);
        }
      });
    }
    public void setDrawMode(String mode) {                    //定义设置绘制模式方法
      try{
        this.mode = mode;
      }
      catch(Exception e){
        e.printStackTrace();
      }
    }
    public void setColor(Color color) {                       //定义设置使用颜色方法
      try{
        this.color = color;
      }
      catch(Exception e){
        e.printStackTrace();
      }
    }
    public void this_mouseClicked(MouseEvent e) {             //鼠标单击处理方法
      if(mouseFirst){
        x1 = e.getX();                                        //确定起始点坐标
        y1 = e.getY();
        mouseFirst = false;
      }
      else{
        x2 = e.getX();                                        //确定终止点坐标
        y2 = e.getY();
        mouseFirst = true;
        /* 在当前的图形面板对象上调用重写的 paint 方法绘制图形 */
        this.paint(this.getGraphics());                       //在该面板上绘图
      }
    }
    public void paint(Graphics g) {                           //重写 paint 方法
      g.setColor(this.color);
      if(this.mode == LINE){                                  //绘制线段
        g.drawLine(x1, y1, x2, y2);
      }
```

```java
            if(this.mode == RECT){                              //绘制矩形
                g.drawRect(
                    Math.min(x1, x2), Math.min(y1, y2),         //矩形左上角坐标
                    Math.abs(x2 - x1), Math.abs(y2 - y1));      //矩形宽、高
            }
        }
    }
    /* 定义选择操作类,在该类中选择当前使用的颜色和绘图模式 */
    class OptionPanel extends JPanel{
        ButtonGroup buttonGroup = new ButtonGroup();            //创建选择按钮对象
        JRadioButton jRadioButtonr = new JRadioButton();
        JRadioButton jRadioButtong = new JRadioButton();
        JRadioButton jRadioButtonb = new JRadioButton();
        JRadioButton jRadioButtonbk = new JRadioButton();
        JComboBox jComboBoxs = new JComboBox();                 //创建列选框对象
        DrawPanel drawPanel = new DrawPanel();                  //创建绘图画板对象
        public OptionPanel() {
            try{
                optionInit();
            }
            catch(Exception e){
                e.printStackTrace();
            }
        }
        /* 初始化每个组件对象,并为组件对象添加操作监听器 */
        private void optionInit() throws Exception {
            this.setPreferredSize(new Dimension(400, 40));
            jComboBoxs.setPreferredSize(new Dimension(100, 20));
            jComboBoxs.addItem("Line");
            jComboBoxs.addItem("Rect");
            jComboBoxs.addActionListener(new ActionListener() {
                public void actionPerformed(ActionEvent e) {
                    jComboBoxs_actionPerformed(e);
                }
            });
            jRadioButtonr.setBackground(Color.red);
            jRadioButtonr.setText("");
            jRadioButtonr.addActionListener(new ActionListener() {
                public void actionPerformed(ActionEvent e) {
                    jRadioButtonr_actionPerformed(e);
                }
            });
            jRadioButtong.setBackground(Color.green);
            jRadioButtong.setText("");
            jRadioButtong.addActionListener(new ActionListener() {
                public void actionPerformed(ActionEvent e) {
                    jRadioButtong_actionPerformed(e);
```

```java
            }
        });
        jRadioButtonb.setBackground(Color.blue);
        jRadioButtonb.setText("");
        jRadioButtonb.addActionListener(new ActionListener() {
            public void actionPerformed(ActionEvent e) {
                jRadioButtonb_actionPerformed(e);
            }
        });
        jRadioButtonbk.setBackground(Color.black);
        jRadioButtonbk.setSelected(true);
        jRadioButtonbk.setText("");
        jRadioButtonbk.addActionListener(new ActionListener() {
            public void actionPerformed(ActionEvent e) {
                jRadioButtonbk_actionPerformed(e);
            }
        });
        buttonGroup.add(jRadioButtonbk);
        buttonGroup.add(jRadioButtong);
        buttonGroup.add(jRadioButtonr);
        buttonGroup.add(jRadioButtonb);
        this.add(jRadioButtonbk);                          //将组件对象添加到该面板上
        this.add(jRadioButtonb);
        this.add(jRadioButtong);
        this.add(jRadioButtonr);
        this.add(jComboBoxs);
    }
    /* 定义各组件操作事件处理方法 */
    public void jComboBoxs_actionPerformed(ActionEvent e) {
        drawPanel.setDrawMode((String)jComboBoxs.getSelectedItem());
    }                                                       //设置绘图模式(画线或画矩形)
    public void jRadioButtonr_actionPerformed(ActionEvent e) {
        drawPanel.setColor(Color.RED);
    }                                                       //设置当前绘图使用的颜色
    public void jRadioButtong_actionPerformed(ActionEvent e) {
        drawPanel.setColor(Color.GREEN);
    }
    public void jRadioButtonb_actionPerformed(ActionEvent e) {
        drawPanel.setColor(Color.BLUE);
    }
    public void jRadioButtonbk_actionPerformed(ActionEvent e) {
        drawPanel.setColor(Color.BLACK);
    }
}
```

输出结果

DrawSample 小程序运行结果如图 10-9 所示。

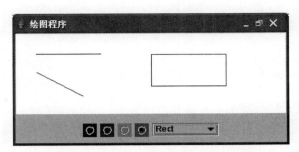

图 10-9　DrawSample 小程序运行显示窗体

案例小结

（1）该程序既可作为 Applet 小程序被应用，也可作为 Application 程序被应用。

（2）在该程序界面中添加了两个继承了 JPanel 的对象：一个是在其上实现绘图的，另一个为选择菜单，其中包含 1 个下拉列选框 JComboBox，用于选择画线或矩形等图形形状，4 个选择按钮 JRadioButton，用于选择红、绿、蓝、黑绘画颜色。

（3）图形形状和颜色变量被修饰为 static（静态的），保证各类对象访问的唯一性。

（4）通过 getGraphics()操作方法获取 Graphics 对象，实施绘图操作，绘图是通过鼠标单击选取两个点（x1,y1）、（x2,y2）的坐标，在画板上绘制线或矩形。

（5）鼠标事件根据操作面板对象和绘图面板对象分别实施监听和事件处理。

10.3　小结

（1）Graphics 类为抽象类，它确定了基础绘图操作。

（2）每个组件都提供 getGraphics()操作方法，其返回值为 Graphics 对象，应用"上溯造型"技术可动态绑定需要绘制图形的对象。

（3）输出在 GUI 组件中的文字也作为图形处理。

（4）java.awt 包提供了颜色、文字字体等用于图形属性设置的基础类。

10.4　习题

（1）通过 J2SDK 提供的帮助文档学习 java.awt 包中 Graphics、Color、Font、FontMetrics、Image、Point、Polygon 等与图形绘制相关的基础类的使用。

（2）参考案例 10-2 正弦函数图形绘制程序，编写显示正切函数图形的 Apple 小程序。

（3）在 J2SDK 环境中编译、调试、运行下述两个程序，分析程序功能及编写启动 Applet 小程序的 HTML 文档，并通过 Web 浏览器查看程序的运行结果。

```
/* ==== 程序 1 —— 在当前工作路径中保存一幅名为"Image.jpg"的彩色图像 ==== */
import java.awt.*;
```

```java
import java.applet.Applet;
public class DrawImage extends Applet {
  Image img;
  public void init( ) {
     img = getImage(getDocumentBase( ),"Image.jpg");
  }
  public void paint(Graphics g) {
     g.drawImage(img,0,0,this);
  }
}
/* ============ 程序2 ============= */
package fillrectsample;
import java.awt.*;
import javax.swing.*;
public class FillRectSample extends JApplet {
  public void init() {
    try {
      fillRectInit();
    }
    catch (Exception e) {
      e.printStackTrace();
    }
  }
  private void fillRectInit() throws Exception {
    this.setSize(new Dimension(400, 300));
  }
  public void paint( Graphics g ){
    int red,green,blue;
    for ( int i = 10; i < 400; i += 40 ){
      red = (int)Math.floor( Math.random() * 256 );
      green = (int)Math.floor( Math.random() * 256 );
      blue = (int)Math.floor( Math.random() * 256 );
      g.setColor( new Color(red,green,blue) );
      g.fillRect( i,20,30,30 );
    }
  }
}
```

(4) 编写一个显示图像文件的 Application 应用程序，在该程序 JFrame 窗体中添加 JPanel 面板和一个 JToolBar 工具栏，在工具栏上添加一个 JButton"打开"按钮，单击"打开"按钮，弹出"JFileChooser(文件打开选择)"对话框，选择图像文件后将其显示在 JPanel 面板中。

(5) 扩展案例 10-5 简单绘图程序功能，添加绘制实心矩形、椭圆等各种图形绘制功能。

第 11 章 Java 高级图像处理案例

本章主要介绍包含在 JFC(Java Foundation Classes)中的 Java 高级图形、图像处理类的使用,通过案例学习并掌握 Java 高级图形、图像处理操作。

11.1 Java 2D 绘制图形案例

Java 2D API 是 Java 用于开发二维图形的 API,体现了 Java 对处理二维图形的支持。二维图形处理类主要封装在 java.awt、java.awt.geom、javax.swing 等包中,支持二维图形、字体等绘制和处理,并且提供统一的图形转换机制。

11.1.1 二维图形的绘制机制

Java 2D API 绘制二维几何图形由 java.awt 包中 Graphics2D(图形绘制基础类 Graphics 的扩展类)和 java.awt.geom 包中一些创建基础几何形状 Xyz 对象的 Xyz…2D 等类来完成的,例如 Arc2D 绘制二维空间中的弧,CubicCurve2D 绘制二维空间中的三次曲线段,Dimension2D 定义在二维坐标系中宽度 x 和高度 y 的尺寸大小,Ellipse2D 绘制二维椭圆,Line2D 绘制二维空间中的线段,Point2D 绘制二维空间中的点,QuadCurve2D 绘制二维空间中的二次曲线段,Rectangle2D 绘制二维空间中的矩形,RoundRectangle2D 绘制二维空间中的圆角矩形等。Xyz…2D 类提供了绘制几何形状 Xyz 的操作方法,绘制方法在 Java 2D 体系定义的逻辑坐标系中绘制几何形状 Xyz,且与设备无关。

另外,由于定义在 java.awt.geom 包中 Xyz…2D 类都是抽象类,因此,每个创建基础几何形状 Xyz 对象的 Xyz…2D 类都有两个直接子类:Xyz…2D.Double 和 Xyz…2D.Float 类。创建 Xyz 几何图形对象则需要使用 Xyz…2D.Double 或 Xyz…2D.Float 类,Double 或 Float 表示创建几何形状时使用相关参数的精度,例如 Rectangle2D.Double 类则使用 double 精度的坐标值创建一个矩形几何形状。

二维几何图形的绘制操作是通过 Graphics2D 和 java.awt.geom 包的 Xyz…2D 等类在虚拟画板中绘制的,其实现的是与分辨率无关的二维图形。绘制二维几何图形需要以下步骤。

(1) 确定坐标系。应用 Java 2D API 绘制二维几何形状的图形时有两种坐标系统：一种是与设备无关的逻辑坐标系统，其原点位于空间左上角，x 值向右递增，y 值向下递增，一般 Java 应用程序是在该坐标系统中绘制图形；另一种是与设备（例如显示器、打印机等）有关的设备坐标系统，它是根据绘制设备的不同而发生变化的，Java 2D API 具有自动转换两种坐标系统的功能。

(2) 设置图形绘制类的属性。图形绘制类有 Graphics、Graphics2D 和 geom 包中 Xyz…2D 等类，这些类都提供了设置属性的操作方法，属性设置包括绘制图形时使用画笔的线条样式、宽度、颜色等，以及填充图形的方式。

(3) 在坐标系中绘制图形的几何形状。Graphics 和 Graphics2D 类提供了直接绘制图形几何形状的操作方法，通过对绘图操作方法的调用实现图形的绘制。geom 包中 Xyz…2D 等类则是创建 Xyz 几何形状（shape）的对象，其封装的是图形矢量化对象，绘制的几何形状由图形路径来表示，描述的是几何形状的轮廓线，它为后期的图形处理提供了方便。geom 包中 Xyz…2D 类创建的 Xyz 几何形状对象需要通过 Graphics 或 Graphics2D 类对象将其显示在画板上。

11.1.2 绘制二维图形案例

【案例 11-1】 通过创建几何对象绘制图形。

该案例是使用 java.awt.geom 包中 Rectangle2D 和 Ellipse2D 类创建一个矩形和矩形内接椭圆的几何形状对象，并通过 Graphics2D 类对象将其显示在 JPanel 画板上。

选择类库

选择 java.awt.geom 包中 Rectangle2D 和 Ellipse2D 类创建几何形状对象，选择 java.awt 包中 Graphics2D 类显示几何形状对象。

实现步骤

(1) 定义绘制图形的面板类，创建几何形状对象，创建 Graphics2D 类对象显示几何形状。

(2) 定义应用程序窗体类，在窗体中添加显示面板对象。

程序代码

```
package drawrectanglesample;
import java.awt.*;
import java.awt.event.*;
import javax.swing.*;
import java.awt.geom.*;
public class DrawRectangleSample extends JFrame {
    public static final int DEFAULT_WIDTH = 400;
    public static final int DEFAULT_HEIGHT = 300;
    DrawRectanglePanel panel;
    Container contentPane;
    public DrawRectangleSample() {
```

```java
    enableEvents(AWTEvent.WINDOW_EVENT_MASK);
    try {
      DrawInit();
    }
    catch(Exception e) {
      e.printStackTrace();
    }
  }
  private void DrawInit() throws Exception {
    panel = new DrawRectanglePanel();
    contentPane = getContentPane();
    contentPane.add(panel);
    this.setSize(new Dimension(DEFAULT_WIDTH, DEFAULT_HEIGHT));
    this.setTitle("绘制矩形和椭圆");
  }
  protected void processWindowEvent(WindowEvent e) {
    super.processWindowEvent(e);
    if (e.getID() == WindowEvent.WINDOW_CLOSING) {
      System.exit(0);
    }
  }
  public static void main(String[] args) {
    DrawRectangleSample drawrectanglesample = new DrawRectangleSample();
    drawrectanglesample.setVisible(true);
  }
}
class DrawRectanglePanel extends JPanel {                      //定义绘制图形的面板
  public void paintComponent(Graphics g){
    super.paintComponent(g);
    /* 绘制矩形,使用给定的左上角坐标、宽度和高度创建一个矩形对象 */
    Graphics2D g2 = (Graphics2D)g;
    double leftX = 50;                                         //定义创建矩形参数
    double topY = 30;
    double width = 200;
    double height = 150;
    Rectangle2D rect =                                         //创建一个矩形对象
      new Rectangle2D.Double(leftX, topY, width, height);
    g2.draw(rect);                                             //在 JPanel 面板上绘制矩形
    g2.setPaint(Color.yellow);                                 //将矩形填充成黄色
    g2.fill(rect);                                             //填充矩形
    /* 绘制矩形内接的椭圆,根据给定边界矩形的左上角位置、宽度和高度创建一个椭圆对象 */
    Ellipse2D ellipse =                                        //创建一个无位置和大小的椭圆对象
      new Ellipse2D.Double();
    ellipse.setFrame(rect);                                    //将矩形边界设置为椭圆外接边界
    g2.draw(ellipse);                                          //绘制矩形内接的椭圆
```

```
        g2.setPaint(new Color(0, 0, 128));                    //使用蓝色填充椭圆
        g2.fill(ellipse);                                      //绘制填充椭圆
    }
}
```

输出结果

在应用程序窗体中可以看到二维矩形图形和在矩形内的椭圆图形。

案例小结

（1）创建二维空间中的矩形对象是通过 Rectangle2D 类的直接子类 Rectangle2D. Double 实现的，在创建的同时确定矩形的位置和大小，同理 Ellipse2D 的直接子类 Ellipse2D.Double 创建一个无位置和大小的椭圆对象。

（2）通过几何形状对象的属性设置操作方法设置椭圆对象的位置和大小。

11.2 Java 2D 图形、文字处理案例

通过 java.awt.geom 包中定义的图形绘制类创建的二维几何图形是以矢量对象的形式表现的，为图形的后期处理提供了方便。java.awt.geom 包中定义的 AffineTransform 类中多种操作方法是对几何图形矢量对象实现后期的处理，AffineTransform 类对几何图形实施操作的过程是在二维坐标系表示的图形从源坐标(x,y)系线性映射到目标坐标(x',y')系中表示，在映射（变换）的过程中实现 rotate（旋转）、scale（缩放）、shear（修剪）、translate（平移）等图形处理操作。

11.2.1 二维图形后期处理案例

【案例 11-2】 创建几何图形对象并实施各种图形处理操作。

该案例是使用 java.awt.geom 包中 Rectangle2D 创建一个矩形几何形状对象，通过使用 AffineTransform 类对象中的操作方法对矩形对象实施各种变换操作。

选择类库

选择 java.awt.geom 包中 Rectangle2D 创建矩形几何形状对象，选择 AffineTransform 类实现对图形的后期处理，选择 java.awt 包中 Graphics2D 类显示几何形状对象。

实现步骤

（1）定义几何图形变换操作面板类，实现旋转、平移、缩放、修剪等图形处理操作。

（2）定义应用程序窗体类，在窗体中添加图形变换操作面板对象，响应单选按钮事件。

程序代码

```
package transformsample;
import java.awt.*;
import java.awt.event.*;
import java.awt.geom.*;
import java.util.*;
```

```java
import javax.swing.*;
public class TransformSample extends JFrame {                    //定义显示图形窗体
    private TransformPanel canvas;                                //声明图形变换操作面板
    private static final int WIDTH = 300;
    private static final int HEIGHT = 300;
    public TransformSample() {
        enableEvents(AWTEvent.WINDOW_EVENT_MASK);
        try {
            TransformInit();
        }
        catch(Exception e) {
            e.printStackTrace();
        }
    }
    private void TransformInit() throws Exception {
        this.setTitle("应用 Java 2D API 实现几何图形的变换");
        this.setSize(new Dimension(WIDTH, HEIGHT));
        Container contentPane = getContentPane();
        canvas = new TransformPanel(
                    -50, -50, 100, 100);                          //创建一个以窗体中心为原点的矩形
        contentPane.add(canvas, BorderLayout.CENTER);
        JPanel buttonPanel = new JPanel();
        ButtonGroup group = new ButtonGroup();
        JRadioButton rotateButton = new JRadioButton("Rotate", true);
        buttonPanel.add(rotateButton);
        group.add(rotateButton);
        rotateButton.addActionListener(new ActionListener() {
            public void actionPerformed(ActionEvent event) {
                canvas.setRotate(60);                             //旋转60°
            }
        });
        JRadioButton translateButton = new JRadioButton("Translate", false);
        buttonPanel.add(translateButton);
        group.add(translateButton);
        translateButton.addActionListener(new ActionListener() {
            public void actionPerformed(ActionEvent event) {
                canvas.setTranslate(20, 15);                      //平移 x=20,y=15(像素)
            }
        });
        JRadioButton scaleButton = new JRadioButton("Scale", false);
        buttonPanel.add(scaleButton);
        group.add(scaleButton);
        scaleButton.addActionListener(new ActionListener() {
            public void actionPerformed(ActionEvent event) {
                canvas.setScale(2.0, 1.5);                        //放大横向2倍,纵向1.5倍
            }
        });
```

```java
        JRadioButton shearButton = new JRadioButton("Shear", false);
        buttonPanel.add(shearButton);
        group.add(shearButton);
        shearButton.addActionListener(new ActionListener() {
          public void actionPerformed(ActionEvent event){
            canvas.setShear(-0.2, 0);                    //换位变换操作
          }
        });
        contentPane.add(buttonPanel, BorderLayout.NORTH);
    }
    protected void processWindowEvent(WindowEvent e) {
      super.processWindowEvent(e);
      if (e.getID() == WindowEvent.WINDOW_CLOSING) {
        System.exit(0);
      }
    }
    public static void main(String[] args) {
      TransformSample transformsample = new TransformSample();
      transformsample.setVisible(true);
    }
}
/* 定义几何图形变换操作面板类 */
class TransformPanel extends JPanel {
    private Rectangle2D square;
    private AffineTransform atf;
    public TransformPanel(double x, double y, double w, double h) {
      square = new Rectangle2D.Double(x,y,w,h);          //绘制一个矩形
      atf = new AffineTransform();                       //创建变换操作对象
      setRotate(30);                                     //旋转 30°
    }
    public void paintComponent(Graphics g) {
      super.paintComponent(g);
      Graphics2D g2 = (Graphics2D)g;
      g2.translate(getWidth() / 2, getHeight() / 2);
      g2.setPaint(Color.gray);
      g2.draw(square);
      g2.transform(atf);
      g2.setPaint(Color.black);
      g2.draw(square);
    }
    public void setRotate(double theta){                 //实施旋转变换
      atf.setToRotation(Math.toRadians(theta));
      repaint();
    }
    public void setTranslate(double tx, double ty){      //实施平移变换
      atf.setToTranslation(tx, ty);
      repaint();
```

```java
        }
        public void setScale(double sx, double sy){              //实施缩放变换
            atf.setToScale(sx, sy);
            repaint();
        }
        public void setShear(double shx, double shy){            //实施修剪变换
            atf.setToShear(shx, shy);
            repaint();
        }
    }
```

输出结果

该案例程序运行结果如图 11-1 所示。

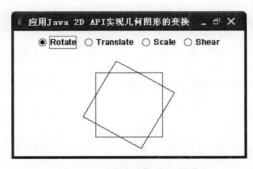

图 11-1　图形后期处理操作

案例小结

（1）AffineTransform 类中的操作方法是对矢量对象实施的变换操作，其中 setToRotation()操作为旋转变换、setToTranslation()为平移变换、setToScale()为缩放变换、setToShear()为修剪变换。

（2）完成变换后的图形对象再通过 Graphics2D 类对象将其显示在 JPanel 画板上。

11.2.2　二维文字后期处理案例

【案例 11-3】　绘制文字并实施后期处理。

该案例是通过文字绘制类绘制文字并通过 AffineTransform 类对象对文字实施剪切处理操作。

选择类库

选择 java.awt 包中有关文字处理类，例如 Font、FontRenderContext、TextAttribute 等类创建与文字相关的对象，以及通过几何形状 Shape 接口定义文字轮廓，选择 AffineTransform 类实现对文字的后期处理，选择 java.awt 包中 Graphics2D 类显示文字对象。

实现步骤

（1）创建与文字相关的对象，例如字体等。

(2) 提取文字外形轮廓,实施剪切操作。
(3) 显示处理后的文字。

程序代码

```java
package shapewordsample;
import java.awt.*;
import java.awt.event.*;
import java.awt.font.*;
import java.awt.geom.*;
import java.util.*;
import javax.swing.*;
public class ShapeWordSample extends JFrame{                    //定义显示文字窗体
  private JPanel panel;
  private Shape clipShape;
  private static final int WIDTH = 300;
  private static final int HEIGHT = 300;
  public ShapeWordSample() {
    enableEvents(AWTEvent.WINDOW_EVENT_MASK);
    try {
      ShapeWordInit();
    }
    catch(Exception e) {
      e.printStackTrace();
    }
  }
  private void ShapeWordInit() throws Exception {
    setTitle("应用 Java 2D API 实现剪切文字图形");
    setSize(WIDTH, HEIGHT);
    Container contentPane = getContentPane();
    final JCheckBox checkBox = new JCheckBox("Clip");
    checkBox.addActionListener(new ActionListener(){
      public void actionPerformed(ActionEvent event){
        panel.repaint();
      }
    });
    contentPane.add(checkBox, BorderLayout.NORTH);
    panel = new JPanel() {
      public void paintComponent(Graphics g) {
        super.paintComponent(g);
        Graphics2D g2 = (Graphics2D)g;
        if (clipShape == null)
          clipShape = makeClipShape(g2);                        //创建文字图形
        g2.draw(clipShape);
        if (checkBox.isSelected())
```

```java
            g2.clip(clipShape);                                //剪切文字图形
        final int NLINES = 50;
        Point2D p = new Point2D.Double(0, 0);
        for (int i = 0; i < NLINES; i++) {
          double x = (2 * getWidth() * i) / NLINES;
          double y = (2 * getHeight() * (NLINES - 1 - i)) / NLINES;
          Point2D q = new Point2D.Double(x, y);
          g2.draw(new Line2D.Double(p, q));                    //绘制剪切形状以及绘制一组线条
        }
      }
    };
    contentPane.add(panel, BorderLayout.CENTER);
  }
  /* 提取文字外形轮廓,实施剪切操作 */
  Shape makeClipShape(Graphics2D g2) {
    FontRenderContext context =
      g2.getFontRenderContext();                               //获取字体绘制环境
    Font f = new Font("Serif", Font.PLAIN, 100);               //创建字体对象
    GeneralPath clipShape = new GeneralPath();                 //将字体的外形附加给剪切的形状
    TextLayout layout = new TextLayout("Hello", f, context);
    AffineTransform transform =                                //创建剪切操作对象
    AffineTransform.getTranslateInstance(0, 100);
    Shape outline = layout.getOutline(transform);              //创建文字外形轮廓
    clipShape.append(outline, false);
    layout = new TextLayout("Java", f, context);
    transform = AffineTransform.getTranslateInstance(0, 200);
    outline = layout.getOutline(transform);
    clipShape.append(outline, false);
    return clipShape;
  }
  protected void processWindowEvent(WindowEvent e) {
    super.processWindowEvent(e);
    if (e.getID() == WindowEvent.WINDOW_CLOSING) {
      System.exit(0);
    }
  }
  public static void main(String[] args) {
    ShapeWordSample shapewordsample = new ShapeWordSample();
    shapewordsample.setVisible(true);
  }
}
```

输出结果

该案例程序运行结果如图 11-2 所示。

图 11-2 文字后期处理操作

案例小结

(1) 在计算机的图形显示模式中,文字被作为特殊图形看待的,Java 对文字的绘制和处理也不例外。Java 2D API 的文字绘制类主要封装在 java.awt 包中,其用于辅助绘制文字的类有 Font、FontRenderContext、GlyphJustificationInfo、GlyphMetrics、GlyphVector、GraphicAttribute、TextAttribute、TextHitInfo、TextLayout 等。

(2) Java 2D API 是通过调用计算机系统提供的字体来绘制字符文字的,因此,在显示文本字符时,首先需要指定一种字体,指定字体是通过创建一个字体(Font)类的对象来实现的,当创建字体对象时即可指定字体名、字体风格和字体大小,然后使用图形绘制 Graphics 或 Graphics2D 类将文字绘制在画板上。

(3) 绘制文字类似于绘制几何图形,因为每个字符是按照单个的字形来绘制的,而每种字形都是一个几何形状(Shape),因此,文字的处理模式是与二维图形处理模式相同的。AffineTransform 类对象的图形处理操作同样适用于文字的处理。

11.3 Java 2D 图像处理案例

Java 2D API 中的有关图像处理的类和接口主要包含在 java.awt.image 包中,它支持图像的多种存储格式数据的访问,提供了处理像素映射图像的手段,以及各种图像的过滤操作等,例如针对图像的几何变换、仿射变换、边缘检测、钝化、锐化、增强对比、图像颜色校正等处理。

11.3.1 二维图像处理机制

图像是按空间位置组织的像素的集合,而像素则定义了某个显示位置的图像外观。Java 2D API 在处理图像中提供了一些实用的处理机制,Java 2D API 的图像处理主要是针对 java.awt.image 包中 BufferedImage 类创建图像对象进行的。BufferedImage 类对象是直接在内存中创建的,用来保存和操作从文件或 URL 中检索的图像数据,并提供一组在 BufferedImage 对象上进行图像处理操作的 Xyz…Op 类,例如 AffineTransformOp、

BandCombineOp、ColorConvertOp、ConvolveOp、LookupOp、RescaleOp 等类。这些类可用于图像的缩放等几何变换、仿射变换、边缘检测、钝化、锐化、增强对比、图像颜色校正等操作，并可以通过 Graphics2D 对象将图像数据显示在屏幕设备上。对图像的各种操作一般是通过被称为过滤器（filter）的图像操作类实现的，常规的图像处理过程如图 11-3 所示。

图 11-3　图像处理过程

BufferedImages 类对象支持的图像数据处理（filter，过滤）Xyz 操作有仿射变换、卷积变换、旋转、缩放、模糊、查询表、图像颜色空间的线性组合、颜色转换、增强对比度、灰度变换等，每一项处理都是根据应用于图像数字处理技术中的数学公式进行的。一般情况下，某项变换（过滤操作）都是建立在以下形式的二维矩阵基础上的：

$$K = \begin{bmatrix} a_1\lambda_1, & a_2\lambda_2, & \cdots, & \cdots \\ \cdots, & \cdots, & \cdots, & \cdots \\ \cdots, & \cdots, & \cdots, & \cdots \\ \cdots, & \cdots, & a_{n-1}\lambda_{n-1}, & a_n\lambda_n \end{bmatrix}$$

例如，在二维空间情况下的仿射变换操作（AffineTransformOp，仿射）是对一系列基本图形执行线性变换操作，仿射变换不改变线段，它改变的是点与点之间的距离或非平行线之间的角度等，即将一个 $N \times N$ 的矩阵 $f(x,y)$ 变换为另一个 $N \times N$ 的矩阵 $g(u,v)$，其线性变换的一般形式表示为：

$$g(u,v) = \sum_{x=0}^{N-1} \sum_{y=0}^{N-1} \alpha(x,y;u,v) f(x,y), \quad 0 \leqslant u,v \leqslant N-1$$

再如，图像的模糊处理操作（ConvolveOp，卷积），其变换操作是将图像中每个像素的值与其相邻像素的值进行平均处理，即处理后的像素值（目标图像中每个像素的值）是由其（源图像中）周围八个像素值和它本身的像素值平均后确定的，其变换矩阵为：

$$K = \begin{bmatrix} i-1,j-1 & i,j-1 & i+1,j-1 \\ i-1,j & i,j & i+1,j \\ i-1,j+1 & i,j+1 & i+1,j+1 \end{bmatrix}$$

图像处理后 (i,j) 像素点的值是由在其周围（相邻）八个像素点值和它自身的像素的平均值产生的，因此，在 Kernel（核心算法）对象中使用的矩阵是一个将九个相同元素添入矩阵数组内的等值矩阵，将 Kernel 矩阵对象作为输入参数实施 ConvolveOp（卷积操作）即可实现图像的模糊处理。

BufferedImage 类对象处理的图像类型（存储格式）主要有 TYPE_3BYTE_BGR、TYPE_4BYTE_ABGR、TYPE_BYTE_BINARY、TYPE_BYTE_GRAY、TYPE_INT_ARGB、TYPE_INT_BGR、TYPE_INT_RGB、TYPE_USHORT_555_RGB、TYPE_USHORT_565_

RGB、TYPE_INT_GRAY 等。例如，TYPE_3BYTE_BGR 图像类型代表的是 3 字节表示一个像素，使用的颜色空间为 RGB（红、绿、蓝）空间，红、绿、蓝每种颜色由一个字节表示。再如，TYPE_INT_GRAY 为在灰度等级空间中应用整数类型的数值表示一个像素。

对 BufferedImages 类对象进行图像数据处理需要如下步骤：

（1）创建 BufferedImage 对象，将图像数据存储在 BufferedImage 对象中。

（2）确定图像数据处理模式、变换方式。

（3）确定变换矩阵 Kernel。

（4）变换操作，图像数据处理，应用图像数据处理操作类。

（5）通过 Graphics2D 对象将图像显示在屏幕上。

利用 BufferedImage 类处理图像数据的主要程序框架如下：

```
Image img = getToolkit().getImage(                      //获取图像文件的数据
ClassLoader.getSystemResource("图像文件名"));
MediaTracker mt = new MediaTracker(this);               //等待加载图像数据
mt.addImage(img,0);
try{                                                     //判断图片是否完全加载
    mt.waitForAll();
}
catch(Exception err){
    err.printStackTrace();
}
int w = img.getWidth(this);                              //获取图像宽度
int h = img.getHeight(this);                             //获取图像高度
/* 创建 img 图像对象大小的 BufferedImage(图像缓冲区)对象 */
BufferedImage bi = new BufferedImage(
       w,h,BufferedImage.TYPE_INT_ARGB);
/* 根据 BufferedImage 对象创建 Graphics2D 对象 */
Graphics2D big = bi.createGraphics();
/* 操作 BufferedImage 对象中的数据，实现图像的处理 */
big.drawImage(img,X0,Y0,this);
BufferedImageOp biop = null;                             //创建用于图像处理操作缓冲区
AffineTransform at = new AffineTransform();              //创建仿射变换
BufferedImage bimg = new BufferedImage(
     w,h,BufferedImage.TYPE_INT_RGB);
/* 使用矩阵元素创建 Kernel 对象，指定图像处理算法 */
float[] data = {                                         //定义变换矩阵元素
   0.aaaf,0.bbbf,0.cccf,
   ……,……,……,
   0.xxxf,0.yyyf,0.zzzf
};
/* 例如，图像模糊处理使用的等值矩阵 Kernel 对象创建时矩阵输入数据生成代码示例：
float dataValue = 1.0f/9.0f;
float[] data = new float[9];
for (i = 0; i < 9; i++) {
```

```
        data[i] = dataValue;
    }
    */
Kernel kernel = new Kernel(m,n, data);                    //创建矩阵 Kernel 对象
/* 将缓冲区图像的数据进行过滤器处理,实施 Xyz 图像处理操作 */
Xyz…Op xyzop = new Xyz…Op(kernel, Xyz…Op.XXX_XX_OP,null);
/* 过滤处理,并将处理后图像存于 bimg */
xyzop.filter(bi,bimg);
biop = new AffineTransformOp(                             //仿射变换操作
    at,AffineTransformOp.TYPE_NEAREST_NEIGHBOR);
big.setXyz(Xyz);                                          //设置 Graphics2D 属性
big.drawImage(img,X0,Y0, null);                           //将图像绘制到图像缓冲区
big.drawXyz();                                            //其他绘图操作
Graphics2D g2d = (Graphics2D)g;                           //定义显示对象
g2d.drawImage(bimg, X0, Y0, null);                        //显示处理后的缓冲区图像
```

11.3.2 二维图像边缘检测案例

【案例 11-4】 针对图像实施边缘检测处理操作。

该案例是一个针对图像实施边缘检测处理操作的应用程序,程序运行后将源图像和经过边缘检测处理后的图像通过 Graphics2D 对象显示在屏幕上。

选择类库

选择 java.awt.image 包中 BufferedImage 类创建图像对象,选择 AffineTransform 类实现对图像进行仿射变换处理,选择 java.awt 包中 Graphics2D 类显示图像对象。

实现步骤

(1) 参考 BufferedImage 类处理图像数据程序框架定义图像处理操作类,针对图像的数据进行卷积过滤处理,并显示图像。

(2) 定义应用程序窗体类,在窗体中添加显示面板对象。

程序代码

```
package picturefiltersample;
import java.awt.*;
import java.awt.event.*;
import javax.swing.*;
import java.awt.image.*;
import java.awt.geom.*;
public class PictureFilterSample extends JFrame {
  PictureFilterPanel panel;
  Container contentPane;
  public PictureFilterSample() {
    enableEvents(AWTEvent.WINDOW_EVENT_MASK);
    try {
      PictureFilterInit();
    }
```

```java
      catch(Exception e) {
        e.printStackTrace();
      }
    }
    private void PictureFilterInit() throws Exception {
      panel = new PictureFilterPanel();
      contentPane = getContentPane();
      contentPane.add(panel);
      this.setSize(new Dimension(panel.w * 2, panel.h + 25));
      this.setTitle("应用 Java 2D API 进行图像过滤处理");
    }
    protected void processWindowEvent(WindowEvent e) {
      super.processWindowEvent(e);
      if (e.getID() == WindowEvent.WINDOW_CLOSING) {
        System.exit(0);
      }
    }
    public static void main(String[] args) {
      PictureFilterSample picturefiltersample = new PictureFilterSample();
      picturefiltersample.setVisible(true);
    }
}
class PictureFilterPanel extends JPanel {                //定义图像处理操作类
    private Image img;
    public int w;
    public int h;
    float[] elements = {0.0f, -1.0f, 0.0f, -1.0f, 4.f, -1.0f, 0.0f, -1.0f, 0.0f};
    public PictureFilterPanel(){
      img = getToolkit().getImage(
        ClassLoader.getSystemResource("boy.gif"));       //加载图片
      MediaTracker mt = new MediaTracker(this);
      mt.addImage(img,0);
      try{                                               //判断图片是否完全加载
        mt.waitForAll();
      }
      catch(Exception err){
        err.printStackTrace();
      }
      w = img.getWidth(this);
      h = img.getHeight(this);
      this.setSize(w * 2, h);
    }
    public void paintComponent(Graphics g){
      super.paintComponent(g);
      BufferedImage bi = new BufferedImage(w, h, BufferedImage.TYPE_INT_RGB);
      Graphics2D big = bi.createGraphics();
      big.drawImage(img,0,0,this);
```

```
        BufferedImageOp biop = null;
        AffineTransform at = new AffineTransform();
        BufferedImage bimg = new BufferedImage(w,h,BufferedImage.TYPE_INT_RGB);
        /* 创建图像卷积过滤器,将缓冲区图像的数据进行卷积过滤处理,处理后保存在 bimg 对象
           中 */
        Kernel kernel = new Kernel(3,3,elements);
        ConvolveOp cop = new ConvolveOp(kernel,ConvolveOp.EDGE_NO_OP,null);
        cop.filter(bi,bimg);
        biop = new AffineTransformOp(
          at,AffineTransformOp.TYPE_NEAREST_NEIGHBOR);
        Graphics2D g2d = (Graphics2D)g;
        g2d.drawImage(img, 0, 0, w, h, null);              //显示原图像
        g2d.drawImage(bimg, w, 0, w, h, null);             //显示处理后缓冲区中的图像
    }
}
```

输出结果

该案例程序运行结果如图 11-4 所示。

图 11-4 图像边缘检测处理操作示例

案例小结

（1）图像的边缘检测处理是对 BufferedImage 类对象中的数据进行卷积过滤处理。

（2）java.awt.image 包中 Kernel 类定义的矩阵对象描述了图像某个像素与其周围像素的数据值,用于计算某个像素变换后的数据值。

（3）java.awt.image 包中 ConvolveOp 类为根据指定矩阵 Kernel 创建卷积操作对象。

（4）通过 java.awt.image 包中 AffineTransformOp 类实现仿射转换操作。

（5）其他对图像的各种过滤操作方法与边缘检测操作方法基本相同。

11.3.3　二维图像综合处理案例

【案例 11-5】　针对图像实施各种处理操作。

该案例是一个针对图像实施翻转、锐化(图像增强处理)、钝化(图像模糊处理)、变灰(具有灰度等级的图像)、还原,以及图像明暗度的调节和沿 X、Y 方向拉伸图像等处理操作的应用程序。

选择类库

选择 java.awt.image 包中 BufferedImage 类创建图像对象,并实施各种数据处理操作,选择 AffineTransform 类实现对图像进行仿射变换处理,选择 java.awt 包中 Graphics2D 类显示图像对象。

实现步骤

(1) 参考 BufferedImage 类处理图像数据程序框架定义图像处理操作类,针对图像进行各种数据处理,并显示处理后的图像。

(2) 定义应用程序窗体类,在窗体中添加图像处理操作类对象,以及实现事件响应处理。

程序代码

```java
package disposeimage;
import java.awt.*;
import javax.swing.*;
import java.awt.image.*;
import java.awt.geom.*;
import java.awt.color.*;
class DrawPicturePanel extends JPanel{                    //定义图像处理操作类
/** 定义缓冲区,bfdImage 表示最终的要填充结果图,
 * bfdImage1 存放 bfdImage 的原图,bfdImage2 存放 bfdImage 变化后的图形
 */
  private BufferedImage bfdImage;
  private BufferedImage bfdImage1;
  private BufferedImage bfdImage2;
  private double scaleX = 1.0;                            //控制缩放比例
  private double scaleY = 1.0;
  private Image image;
  LookupTable lut;
  AffineTransform transform = new AffineTransform();      //仿射变换处理
  boolean turn = true;                                    //判断图像翻转的情况
  public DrawPicturePanel(){                              //构造方法
    loadImage();
    createBufferedImage();
    this.setSize(image.getWidth(this),image.getHeight(this));
  }
  public void loadImage(){                                //加载图片操作
```

```java
    image = this.getToolkit().getImage(
    ClassLoader.getSystemResource("image.jpg"));
    MediaTracker mt = new MediaTracker(this);        //创建存放图片的容器
    mt.addImage(image,0);                            //加载图片
    try{                                             //判断图片是否完全加载
      mt.waitForAll();
    }
    catch(Exception err){
      err.printStackTrace();
    }
}
public void createBufferedImage(){
    /** 创建缓冲区 bfdImage1,并将 bfdImage 填充到 bfdImage1 中 */
    bfdImage1 = new BufferedImage(image.getWidth(this),
    image.getHeight(this),BufferedImage.TYPE_INT_ARGB);
    Graphics2D g2D = bfdImage1.createGraphics();
    g2D.drawImage(image,0,0,this);
    bfdImage = bfdImage1;                            //将 bfdImage 指向 bfdImage1
    bfdImage2 = new BufferedImage(image.getWidth(this),
    image.getHeight(this),BufferedImage.TYPE_INT_ARGB);
}
/**         图像变亮操作方法          */
public void brightenLUT(){
    short[] brighten = new short[256];
    short pixelValue;
    for (int i = 0;i < 256;i++){                     //将源像素增加 10 个单位值
      pixelValue = (short)(i + 10);
      if (pixelValue > 255){
        pixelValue = 255;
      }
      else
        if (pixelValue < 0){
      pixelValue = 0;
      }
      brighten[i] = pixelValue;
    }
    lut = new ShortLookupTable(0,brighten);
    LookupOp lop = new LookupOp(lut,null);
    lop.filter(bfdImage1,bfdImage2);
    bfdImage = bfdImage2;
}
public void darkenLUT(){                             //查找表的数据数组
    short[] darken = new short[256];
    short pixelValue;                                //定义像素值
    for (int i = 0;i < 256;i++){                     //将源像素减少 10 个单位值
      pixelValue = (short)(i - 10);
      if (pixelValue > 255){                         //控制像素的范围在 0~255 之间
```

```java
      pixelValue = 255;
    }
    else
      if (pixelValue < 0){
      pixelValue = 0;
      }
      darken[i] = pixelValue;
    }
    lut = new ShortLookupTable(0,darken);              //将变暗的像素点加入表中
    LookupOp lop = new LookupOp(lut,null);             //根据查找表,创建查找过滤器
    lop.filter(bfdImage1,bfdImage2);                   //过滤图像
    bfdImage = bfdImage2;
}
/**          图像变灰操作方法         */
public void grayImage(){
    ColorConvertOp cco = new ColorConvertOp(
    ColorSpace.getInstance(ColorSpace.CS_GRAY),null);
    cco.filter(bfdImage1,bfdImage2);                   //将源缓冲区的处理结果放入新缓冲区
    bfdImage = bfdImage2;
}
/**          图像仿射变换方法         */
public void transform(){
    transform.setToScale(scaleX,scaleY);
    AffineTransformOp ato =
        new AffineTransformOp(transform,null);
    bfdImage2.createGraphics().clearRect(
    0,0,bfdImage2.getWidth(this),bfdImage2.getHeight(this));
    ato.filter(bfdImage1,bfdImage2);
    bfdImage = bfdImage2;
}
/**          图像翻转变换方法         */
public void turnBufferedImage(){
    bfdImage2 = new BufferedImage(bfdImage1.getWidth(),
    bfdImage1.getWidth(),bfdImage1.getType());
    DataBuffer db1 = bfdImage1.getRaster().getDataBuffer();
    DataBuffer db2 = bfdImage2.getRaster().getDataBuffer();
    for (int i = db1.getSize() - 1,j = 0;i >= 0;i--,j++){
       db2.setElem(j,db1.getElem(i));
    }
    if(turn){                                          //由正像翻转到倒像的情况
       bfdImage = bfdImage2;
       turn = false;
    }
    else{                                              //由倒面翻转到正面的情况
       bfdImage = bfdImage1;
       turn = true;
    }
```

```java
}
/**          图像锐化(卷积)处理方法            */
public void sharpImage(){
    bfdImage = null;
    float[] data = {
    -1.0f,-1.0f,-1.0f,
    -1.0f,10.0f,-1.0f,
    -1.0f,-1.0f,-1.0f
    };
    Kernel kernel = new Kernel(3,3,data);
    ConvolveOp co = new ConvolveOp(
        kernel,ConvolveOp.EDGE_NO_OP,null);
    co.filter(bfdImage1,bfdImage2);
    bfdImage = bfdImage2;                          //处理后将 bfdIamge2 传给 bfdImage
}
/**          图像模糊处理方法            */
public void blurImage(){
    float[] data = {
    0.0625f,0.125f,0.0625f,
    0.125f,0.125f,0.125f,
    0.0625f,0.125f,0.0625f
    };
    Kernel kernel = new Kernel(3,3,data);
    ConvolveOp co = new ConvolveOp(
        kernel,ConvolveOp.EDGE_NO_OP,null);
    co.filter(bfdImage1,bfdImage2);
    bfdImage = bfdImage2;
}
/**          图像还原处理方法            */
public void resume(){
    bfdImage = bfdImage1;
    this.repaint();
}
/**          设置 X 方向像素值            */
public void setscaleX(double scalex){
    this.scaleX = scalex;
}
/**          设置 Y 方向像素值            */
public void setscaleY(double scaley){
    this.scaleY = scaley;
}
/**    重载 update 方法,用于执行重画屏幕      */
public void update(Graphics g){
    g.clearRect(0,0,this.getWidth(),this.getHeight());
    this.paintComponent(g);
```

```java
    }
    /**    重载父类 JPanel 中的 paintComponent 方法        */
    public void paintComponent(Graphics g){
        super.paintComponent(g);
        Graphics2D g2d = (Graphics2D)g;
        g2d.drawImage(bfdImage,0,0,this);                          //重画屏幕
    }
}
package disposeimage;
import java.awt.*;
import java.awt.event.*;
import javax.swing.*;
import javax.swing.border.*;
import javax.swing.event.*;
public class MainFrm extends JFrame {                              //定义窗体事件响应处理类
    /**         定义并创建在窗体中的组件            */
    DrawPicturePanel dpp = new DrawPicturePanel();
    JPanel contentPane;
    Border border1;
    JPanel jPanel1 = new JPanel();
    Border border2;
    Border border3;
    Border border4;
    JButton turn_btn = new JButton();
    JButton jButton4 = new JButton();
    JButton jButton5 = new JButton();
    JButton jButton8 = new JButton();
    JPanel jPanel2 = new JPanel();
    Border border5;
    JButton jButton1 = new JButton();
    JPanel jPanel3 = new JPanel();
    Border border6;
    JSlider jSlider1 = new JSlider();
    JSlider jSlider2 = new JSlider();
    JPanel jPanel4 = new JPanel();
    Border border7;
    TitledBorder titledBorder1;
    JLabel jLabel1 = new JLabel();
    JLabel jLabel2 = new JLabel();
    Border border8;
    JButton jButton2 = new JButton();
    JButton jButton3 = new JButton();
    JButton jButton6 = new JButton();
    JButton jButton7 = new JButton();
    public MainFrm(DrawPicturePanel dpp) {
```

```java
    enableEvents(AWTEvent.WINDOW_EVENT_MASK);
    try {
      MainInit();
      dpp.repaint();
    }
    catch(Exception e) {
      e.printStackTrace();
    }
  }
  private void MainInit() throws Exception {
    contentPane = (JPanel) this.getContentPane();
    border1 = new EtchedBorder(EtchedBorder.RAISED,
      Color.lightGray,new Color(148, 145, 140));
    border2 = BorderFactory.createEtchedBorder(
      Color.white,new Color(148, 145, 140));
    border3 = BorderFactory.createEtchedBorder(
      Color.white,new Color(148, 145, 140));
    border4 = BorderFactory.createEtchedBorder(
      Color.white,new Color(148, 145, 140));
    border5 = BorderFactory.createEtchedBorder(
      Color.white,new Color(148, 145, 140));
    border6 = new TitledBorder(
      BorderFactory.createEtchedBorder(
      Color.white,new Color(148, 145, 140)),"拉伸");
    border7 = BorderFactory.createEtchedBorder(
      Color.white,new Color(148, 145, 140));
    titledBorder1 = new TitledBorder(
      BorderFactory.createEtchedBorder(
      Color.white,new Color(148, 145, 140)),"明暗度");
    border8 = BorderFactory.createEtchedBorder(
      Color.white,new Color(148, 145, 140));
    contentPane.setLayout(null);
    this.setDefaultCloseOperation(EXIT_ON_CLOSE);
    this.setSize(new Dimension(512, 480));
    this.setTitle("图像处理器");
    jPanel1.setBorder(border2);
    jPanel1.setBounds(new Rectangle(3, 317, 1, 1));
    jPanel1.setLayout(null);
    turn_btn.setBounds(new Rectangle(406, 85, 82, 29));
    turn_btn.setText("翻转");
    turn_btn.addActionListener(new ActionListener(){
      public void actionPerformed(ActionEvent e) {
        turn_btn_actionPerformed(e);
      }
    });
```

```java
jButton4.setBounds(new Rectangle(406, 118, 82, 29));
jButton4.setText("锐化");
jButton4.addActionListener(new ActionListener(){
  public void actionPerformed(ActionEvent e) {
    jButton4_actionPerformed(e);
  }
});
jButton5.setBounds(new Rectangle(406, 153, 82, 29));
jButton5.setText("模糊");
jButton5.addActionListener(new ActionListener(){
  public void actionPerformed(ActionEvent e) {
    jButton5_actionPerformed(e);
  }
});
jButton8.setBounds(new Rectangle(406, 276, 82, 29));
jButton8.setText("退出");
jButton8.addActionListener(new ActionListener(){
  public void actionPerformed(ActionEvent e) {
    jButton8_actionPerformed(e);
  }
});
jPanel2.setBorder(border4);
jPanel2.setBorder(border5);
jPanel2.setBounds(new Rectangle(377, 3, 1, 1));
jPanel2.setLayout(null);
jButton1.setBounds(new Rectangle(406, 245, 82, 29));
jButton1.setActionCommand("");
jButton1.setText("还原");
jButton1.addActionListener(new ActionListener(){
  public void actionPerformed(ActionEvent e) {
    jButton1_actionPerformed(e);
  }
});
jPanel3.setBorder(border6);
jPanel3.setBounds(new Rectangle(8, 321, 237, 88));
jPanel3.setLayout(null);
jPanel4.setBorder(titledBorder1);
jPanel4.setBounds(new Rectangle(264, 321, 236, 89));
jPanel4.setLayout(null);
jLabel1.setText("x 轴");
jLabel1.setBounds(new Rectangle(13, 18, 33, 18));
jLabel2.setRequestFocusEnabled(true);
jLabel2.setText("y 轴");
jLabel2.setBounds(new Rectangle(12, 43, 34, 18));
jSlider1.setInverted(true);
```

```java
jSlider1.setPaintLabels(false);
jSlider1.setPaintTicks(true);
jSlider1.setPaintTrack(true);
jSlider1.setEnabled(true);
jSlider1.setDoubleBuffered(false);
jSlider1.setRequestFocusEnabled(true);
jSlider1.setVerifyInputWhenFocusTarget(true);
jSlider1.setBounds(new Rectangle(48, 22, 176, 32));
jSlider1.addChangeListener(new ChangeListener(){
  public void stateChanged(ChangeEvent e) {
    jSlider1_stateChanged(e);
  }
});
jSlider2.setPaintTicks(true);
jSlider2.setBounds(new Rectangle(49, 50, 175, 32));
jSlider2.addChangeListener(new ChangeListener(){
  public void stateChanged(ChangeEvent e) {
    jSlider2_stateChanged(e);
  }
});
jButton2.setBounds(new Rectangle(26, 34, 72, 29));
jButton2.setText("明");
jButton2.addActionListener(new ActionListener(){
  public void actionPerformed(ActionEvent e) {
    jButton2_actionPerformed(e);
  }
});
jButton3.setBounds(new Rectangle(98, 34, 47, 29));
jButton3.setText("中");
jButton3.addActionListener(new ActionListener(){
  public void actionPerformed(ActionEvent e) {
    jButton3_actionPerformed(e);
  }
});
jButton6.setBounds(new Rectangle(143, 34, 72, 29));
jButton6.setText("暗");
jButton6.addActionListener(new ActionListener(){
  public void actionPerformed(ActionEvent e) {
    jButton6_actionPerformed(e);
  }
});
jButton7.setBounds(new Rectangle(406, 190, 82, 29));
jButton7.setText("变灰");
jButton7.addActionListener(new ActionListener(){
  public void actionPerformed(ActionEvent e) {
```

```java
        jButton7_actionPerformed(e);
      }
    });
    contentPane.add(this.dpp,new Rectangle(0, 0, 300, 300));
    jPanel3.add(jSlider2, null);
    jPanel3.add(jSlider1, null);
    jPanel3.add(jLabel1, null);
    jPanel3.add(jLabel2, null);
    contentPane.add(jButton7, null);
    contentPane.add(jButton4, null);
    contentPane.add(jButton5, null);
    contentPane.add(turn_btn, null);
    contentPane.add(jButton8, null);
    contentPane.add(jButton1, null);
    contentPane.add(jPanel2, null);
    contentPane.add(jPanel1, null);
    contentPane.add(jPanel4, null);
    jPanel4.add(jButton2, null);
    jPanel4.add(jButton3, null);
    jPanel4.add(jButton6, null);
    contentPane.add(jPanel3, null);
  }
  public void jMenuFileExit_actionPerformed(ActionEvent e) {
    System.exit(0);
  }
  protected void processWindowEvent(WindowEvent e) {
    super.processWindowEvent(e);
    if (e.getID() == WindowEvent.WINDOW_CLOSING) {
      jMenuFileExit_actionPerformed(null);
    }
  }
  void turn_btn_actionPerformed(ActionEvent e) {
    dpp.turnBufferedImage();
    dpp.repaint();
  }
  void jButton3_actionPerformed(ActionEvent e) {
    dpp.resume();
  }
  void jButton4_actionPerformed(ActionEvent e) {
    dpp.sharpImage();
    dpp.repaint();
  }
  void jButton1_actionPerformed(ActionEvent e) {
    dpp.resume();
  }
```

```java
void jButton5_actionPerformed(ActionEvent e) {
    dpp.blurImage();
    dpp.repaint();
}
void jButton8_actionPerformed(ActionEvent e) {
    System.exit(0);
}
void jButton2_actionPerformed(ActionEvent e) {
    dpp.brightenLUT();
    dpp.repaint();
}
void jButton6_actionPerformed(ActionEvent e) {
 dpp.darkenLUT();
 dpp.repaint();
}
void jSlider1_stateChanged(ChangeEvent e) {
    double scalex = ((double)(
        (JSlider)e.getSource()).getValue())/100;
    if(scalex == 0){
        scalex = 0.01;
    }
    dpp.setscaleX(scalex);
    dpp.transform();
    dpp.repaint();
}
void jSlider2_stateChanged(ChangeEvent e) {
    double scaley = ((double)(
        (JSlider)e.getSource()).getValue())/100;
    if(scaley == 0){
        scaley = 0.01;
    }
    dpp.setscaleY(scaley);
    dpp.transform();
    dpp.repaint();
}
void jButton7_actionPerformed(ActionEvent e) {
 dpp.grayImage();
 dpp.repaint();
}
public static void main(String[] args) {
    DrawPicturePanel dpp = new DrawPicturePanel();
    MainFrm mf = new MainFrm(dpp);
    mf.setVisible(true);
 }
}
```

输出结果

该案例程序运行结果如图 11-5 所示。

图 11-5　针对图像实施各种处理操作

案例小结

（1）针对图像实施的各种过滤处理操作的过程是基本相同的，只是使用的操作方法不同。

（2）在该案例的基础上添加文件的输入、输出操作后即是一个完整的小型图像处理工具。

11.4　小结

（1）java.awt 包中 Graphics2D 类是专门用于绘制二维图形的。

（2）java.awt.geom 包中 Xyz…2D 类是用于建立几何形状 Xyz 的图形矢量化对象的，由于 Xyz…2D 类为抽象类，因此，创建几何形状 Xyz 对象需要使用 Xyz…2D 类的直接子类 Xyz…2D.Double 和 Xyz…2D.Float。

（3）矢量图形对象更有利于图形的后期处理，其显示由 Graphics2D 类对象实现。

（4）在 java.awt.geom 包中 AffineTransform 类定义了旋转、缩放、修剪、平移等多种针对矢量图形处理的操作方法。

（5）java.awt.image 包中包含了许多针对图像的 Xyz…Op 过滤处理操作类，可方便地对图像实施几何变换、仿射变换、边缘检测、钝化、锐化、增强对比、颜色校正等处理。

（6）图像过滤操作针对 BufferedImage 对象进行的,同时需要建立变换矩阵 Kernel 对象。

11.5 习题

（1）通过 J2SDK 提供的帮助文档学习 java.awt 包中 Graphics2D 和 java.awt.geom 包中 AffineTransform、Arc2D、Arc2D.Double、Arc2D.Float、Area、Dimension2D、Ellipse2D、Ellipse2D.Double、Ellipse2D.Float、Line2D、Line2D.Double、Line2D.Float、Point2D、Point2D.Double、Point2D.Float、QuadCurve2D、QuadCurve2D.Double、QuadCurve2D.Float、Rectangle2D、Rectangle2D.Double、Rectangle2D.Float、RectangularShape、RoundRectangle2D、RoundRectangle2D.Double、RoundRectangle2D.Float 等与图形处理相关类的使用。

（2）通过 J2SDK 提供的帮助文档学习 java.awt.image 包中 AffineTransformOp、BandCombineOp、BufferedImage、ColorConvertOp、ColorModel、ConvolveOp、DataBuffer、DataBufferByte、ImageFilter、Kernel、LookupOp、RescaleOp 等与图像处理相关类的使用。

（3）在 J2SDK 环境中编译、调试、运行本章案例,体会图形、图像处理操作过程。

（4）在 J2SDK 环境中编译、调试、运行下述二维文字绘制程序,调整文字绘制使用的相关参数,查看文字的输出效果。

```
/* ============== 文字绘制类 ================== */
package displayword;
import java.awt.*;
import java.awt.font.*;
import java.awt.geom.*;
import javax.swing.JPanel;
public class WordPanel extends JPanel {                    //文件名 WordPanel.java
  public void paintComponent(Graphics g){
    super.paintComponent(g);
    Graphics2D g2 = (Graphics2D)g;
    String message = "Hello!";
    Font f = new Font("Serif", Font.BOLD, 48);
    g2.setFont(f);
    FontRenderContext context = g2.getFontRenderContext();
    Rectangle2D bounds = f.getStringBounds(message, context);
    double x = (getWidth() - bounds.getWidth()) / 2;
    double y = (getHeight() - bounds.getHeight()) / 2;
    double ascent =  - bounds.getY();
    double baseY = y + ascent;
    g2.drawString(message, (int)x, (int)(baseY));
    g2.setPaint(Color.gray);
```

```java
        g2.draw(new Line2D.Double(x, baseY, x + bounds.getWidth(), baseY));
        Rectangle2D rect = new Rectangle2D.Double(x, y,
            bounds.getWidth(), bounds.getHeight());
        g2.draw(rect);
    }
}
/* ============== 显示文字窗体类 ============== */
package displayword;
import java.awt.*;
import java.awt.event.*;
import javax.swing.*;
public class DisplayWordFrame extends JFrame { //文件名 DisplayWordFrame.java
    public static final int DEFAULT_WIDTH = 300;
    public static final int DEFAULT_HEIGHT = 200;
    WordPanel panel;
    Container contentPane;
    BorderLayout borderLayout1 = new BorderLayout();
    public DisplayWordFrame() {
        enableEvents(AWTEvent.WINDOW_EVENT_MASK);
        try {
            wordInit();
        }
        catch(Exception e) {
            e.printStackTrace();
        }
    }
    private void wordInit() throws Exception {
        panel = new WordPanel();
        contentPane = getContentPane();
        contentPane.add(panel);
        this.setSize(new Dimension(DEFAULT_WIDTH, DEFAULT_HEIGHT));
        this.setTitle("应用 Java 2D API 绘制文字");
    }
    protected void processWindowEvent(WindowEvent e) {
        super.processWindowEvent(e);
        if (e.getID() == WindowEvent.WINDOW_CLOSING) {
            System.exit(0);
        }
    }
}
```

(5) 在 J2SDK 环境中编译、调试、运行下述图像颜色过滤程序,观察过滤效果。

```java
/* ==== 在当前工作路径中保存一幅名为"Image.jpg"的彩色图像 ==== */
package colorconvert;
import java.awt.*;
import java.awt.image.*;
```

```java
import java.awt.geom.*;
import java.awt.color.ColorSpace;
import javax.swing.*;
import javax.swing.JPanel;
public class ColorConvert extends JPanel {                    //文件名 ColorConvert.java
    private Image img;
    public int w;
    public int h;
    private static Color colors[] = { Color.red, Color.pink, Color.orange,
        Color.yellow, Color.green, Color.magenta, Color.cyan, Color.blue};
    float[] elements = {0.0f, -1.0f, 0.0f, -1.0f, 4.f, -1.0f,0.0f, -1.0f, 0.0f};
    public ColorConvert(){
        img = getToolkit().getImage(
            ClassLoader.getSystemResource("Image.gif"));
        MediaTracker mt = new MediaTracker(this);
        mt.addImage(img,0);
        try{
            mt.waitForAll();
        }
        catch(Exception err){
            err.printStackTrace();
        }
        w = img.getWidth(this);
        h = img.getHeight(this);
        this.setSize(w*2,h*2);
    }
    public void paintComponent(Graphics g){
        super.paintComponent(g);
        ColorSpace cs = ColorSpace.getInstance(ColorSpace.CS_GRAY);
        BufferedImage bi = new BufferedImage(
            w,h,BufferedImage.TYPE_INT_RGB);
        Graphics2D big = bi.createGraphics();
        big.drawImage(img,0,0,this);
        BufferedImageOp biop = null;
        AffineTransform at = new AffineTransform();
        BufferedImage bimg =
                new BufferedImage(w,h, BufferedImage.TYPE_INT_RGB);
        Kernel kernel = new Kernel(3,3,elements);
        ColorConvertOp cop = new ColorConvertOp(cs,null);
        cop.filter(bi,bimg);
        biop = new AffineTransformOp(
            at,AffineTransformOp.TYPE_NEAREST_NEIGHBOR);
        Graphics2D g2d = (Graphics2D)g;
        g2d.drawImage(img, 0, 0, w, h, null);
        g2d.drawImage(bimg, w, 0, w, h, null);
    }
}
```

```java
/* ============== 显示图像窗体类 ============= */
package colorconvert;
import java.awt.*;
import java.awt.*;
import java.awt.event.*;
import javax.swing.*;
public class ColorConvertFrm extends JFrame {//文件名 ColorConvertFrm.java
  ColorConvert panel;
  Container contentPane;
  BorderLayout borderLayout1 = new BorderLayout();
  public ColorConvertFrm() {
    enableEvents(AWTEvent.WINDOW_EVENT_MASK);
    try {
      colorInit();
    }
    catch(Exception e) {
      e.printStackTrace();
    }
  }
  private void colorInit() throws Exception {
    panel = new ColorConvert();
    contentPane = getContentPane();
    contentPane.add(panel);
    this.setSize(new Dimension(panel.w * 2, panel.h + 25));
    this.setTitle("应用 Java 2D API 进行图像颜色空间转换处理");
  }
  protected void processWindowEvent(WindowEvent e) {
    super.processWindowEvent(e);
    if (e.getID() == WindowEvent.WINDOW_CLOSING) {
      System.exit(0);
    }
  }
  public static void main(String[] args) {
    ColorConvertFrm colorConvertFrm = new ColorConvertFrm();
    colorConvertFrm.show();
  }
}
```

第 12 章 Java 多线程应用案例

本章主要介绍 java.lang 包中的 Thread 类和 Runnable 接口的应用,通过案例学习并掌握 Java 多线程程序的编写。

12.1 线程

现代计算机操作系统大多数已经实现了多进程或多线程的多任务工作方式。所谓进程是指一个完成一项完整任务的可执行程序,线程同进程基本相同,但是线程比进程的内涵要小一个等级,一个进程至少包含一个或多个线程。线程是多任务操作系统用于分配计算机 CPU 时间片"顺序"执行的最小单元。单核 CPU 不能同一时刻执行两个或两个以上的线程,除非是多核 CPU。因此,单核 CPU 将时间切割为时间片分配给每个等待执行的线程。真实情况是每个线程被轮流"串行"执行一段时间,由于计算机 CPU 运行速度很快,多个线程在计算机中"串行"运行时,相对于计算机操作人员而言,可以感觉到"同时"运行的效果,因此,多线程机制可以大大地提高计算机 CPU 的工作效率。

多线程是与单线程比较而言的,早期的计算机操作系统只执行单线程程序,如果有多个任务需要完成,则每个任务是"顺序"被执行。例如,当人机交互等待用户输入时,计算机 CPU 有很多时间是处于等待状态的,浪费了计算机 CPU 的时间。多线程操作系统的发明就是为了充分利用计算机 CPU 的时间,解决 CPU 时间浪费等问题的,它是将一个大任务(进程)分成多个小任务(线程),当一个小任务处于等待状态时,计算机 CPU 可执行另外的其他小任务而无须等待该小任务的完成,达到实现多任务的"同时"处理。

由于目前的计算机操作系统是可以"同时"执行多个线程程序的,因此,也要求计算机语言编写出的程序具有多个线程能力而实现充分利用 CPU 的时间。Java 语言为此制定了完整的多线程处理机制,通过建立多个线程对象,并分别通知操作系统执行每个线程对象,从而实现多个线程对象"同时"运行的效果。

多线程编程指的是将一个程序任务(进程)分成多个独立并行的子任务(线程),每个子任务完成单一功能,多个单一功能的线程程序组成进程程序的所有功能,实现程序设计要求。

12.1.1　Runnable 接口和 Thread 类

java.lang 包中定义的 Runnable 接口和 Thread 类可以使应用程序具有多线程功能，如果希望应用程序中的某个类具有多线程功能，则需要该类实现 Runnable 接口或者继承 Thread 类。Thread 类和 java.lang.Object 类封装了所有需要的线程操作和控制方法。

1. Runnable 接口

定义在 java.lang 包中的 Runnable 接口中只定义了一个公共的、抽象的 run() 方法，它为线程对象提供了一个执行代码的公共协议。

在 Runnable 接口中的 run() 方法是 Java 多线程机制规定的执行一个线程对象的入口点，它相当于一个 Java Application 应用程序的 main() 方法。在实现了 Runnable 接口的类中需要重写 run() 方法，该方法是实现线程主要逻辑的核心方法，当需要通过线程完成一项任务时，则将实现该任务的程序逻辑代码放置在 run() 方法中。

2. Thread 类

定义在 java.lang 包中 Thread 类是实现了 Runnable 接口的具有线程能力的类，在 Thread 类中封装了描述线程的常量和控制线程的操作方法，其主要操作方法有：start() 启动线程对象开始执行，即通知 Java 虚拟机调用线程对象中的 run() 方法，sleep() 让当前正在执行的线程休眠，以及 getXyz()、isXyz()、setXyz() 等针对线程对象的操作方法。

Thread 类中定义了 3 个 int 常量，表示线程对象的运行优先级。MAX_PRIORITY 常量表示线程具有最高优先级，MIN_PRIORITY 常量表示线程具有最低优先级，NORM_PRIORITY 常量表示线程具有默认（中级）优先级。

当一个类实现 Runnable 接口或继承 Thread 类时，则该类具有了线程能力，如果只需要重写 run 方法，而不再重写 Thread 类的其他方法时，可应用实现 Runnable 接口使一个类具有线程能力，而不是通过继承 Thread 类使一个类具有线程能力，目的是减少继承关系，使具有线程能力的类不过于臃肿。

12.1.2　创建启动线程对象

线程对象是作为一个相对独立的可执行对象被创建和运行的，创建一个具有线程能力的对象与创建其他类对象是一样的，非线程对象的使用或激活是通过引用对象的成员变量或方法，而线程对象是通过 Thread 类中的 start() 方法启动（激活）的，线程对象被激活后，将自动执行 run() 方法中的程序代码。定义和创建线程类对象并启动该线程的过程如图 12-1 所示。

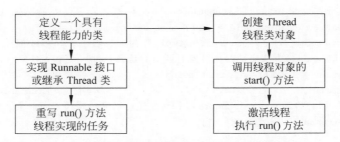

图 12-1　定义线程类和创建并启动线程对象的过程

1. 继承 Thread 类创建并启动线程对象

定义一个继承 Thread 类的具有多线程功能的类并启动该线程对象的程序结构为：

```
public class ThreadSample extends Thread{                //继承 Thread 类
  public static void main(String[] args) {
    ThreadSample threadsample = new ThreadSample();      //创建线程对象
    threadsample.start();                                //启动线程对象
  }
  public void run() {                                    //重写 run 方法
    //…;                                                 //编写在线程中需要执行的代码
    System.out.println("This is a Thread Sample");
  }
}
```

Thread 类中定义的 start() 方法是用于启动线程对象的，当调用 start() 方法后，则该线程对象处于等待计算机操作系统为之分配 CPU 时间片执行 run() 方法中的程序代码阶段，并不是立即执行线程对象中的 run() 方法，当条件允许时，线程对象中的 run() 方法将被自动执行，在 Thread 类中定义的 start() 方法是不做任何事的，只是申请执行线程对象的 run() 方法。

2. 实现 Runnable 接口创建并启动线程对象

在 Runnable 接口中只定义了一个 run() 方法，实现 Runnable 接口的类需要重写 run() 方法，在 run() 方法中完成线程任务，但是实现 Runnable 接口的类并没有获得与线程配套提供的所有功能。例如，启动线程对象的 start() 方法等，因为 Runnable 接口中也没有定义启动线程对象的 start() 方法，因此，实现 Runnable 接口的类只是表示该类具有线程能力，并有一个 run() 方法可被异步执行，如果要激活实现 Runnable 接口类创建的对象，则需要使用 Thread 类（非 Thread 类子类）通过指定实现 Runnable 接口的类对象作为参数创建一个线程对象，表示将实现 Runnable 接口的类对象作为线程的执行目标，通过调用 Thread 类对象的 start() 方法激活实现 Runnable 接口的类对象，并申请执行实现 Runnable 接口类对象中的 run() 方法，定义一个实现 Runnable 接口的类并启动该线程对象的程序结构为：

```
public class RunnableSample implements Runnable {        //实现 Runnable 接口
  public static void main(String[] args) {
```

```java
    /* 创建实现 Runnable 接口的 RunnableSample 类对象 */
    RunnableSample runnablesample = new RunnableSample();
    /* 将 RunnableSample 类对象 runnablesample 作为参数创建 Thread 线程类对象
       指定通过 start()方法启动线程对象后调用的是 runnablesample 对象的 run()方法 */
    Thread tsample = new Thread(runnablesample);
    tsample.start();                                      //实际启动 runnablesample 线程对象
    /* 上两条语句,启动 runnablesample 线程对象还可以简单写为下面一条语句
    new Thread(runnablesample).start(); */
  }
  public void run() {                                     //重写 run()方法
    //…;                                                   //编写在线程中需要执行的代码
    System.out.println("This is a Runnable Sample");
  }
}
```

另外,实现 Runnable 接口的类对象在使用时相当于同一个标准的 Thread 线程对象绑定在一起的,因此,Thread 类中定义的方法都适用于实现 Runnable 接口的类对象。

在定义一个具有线程能力的类,当不需要扩展 Thread 线程类的功能,仅仅需要重写 run()方法实现线程任务时,建议使用实现 Runnable 接口的方式定义具有线程能力的类。

12.1.3 创建具有多线程功能的 Applet 小程序

Applet 小程序是不支持线程的,因为继承 java.applet.Applet 或 javax.swing.JApplet 类的 Applet 小程序类并不是 Thread 类的子类,Applet 小程序类的所有父类也没有一个是实现了 Runnable 接口的。为了使 Applet 小程序具有线程能力,最理想的方式就是在定义 Applet 小程序类的同时实现 Runnable 接口,其 Applet 小程序类定义的程序结构为:

```java
import java.applet.*;
import java.awt.*;
/* 声明继承 Applet 类并实现 Runnable 接口的 Applet 小程序类 */
public class ThreadAppletSample extends Applet implements Runnable {
  Thread thisThread;                                      //声明线程变量
  public void start() {                                   //重写 Applet 类中 start()方法
    if ( thisThread == null ) {                           //如果线程对象没有被创建
      /* this 表示当前 ThreadAppletSample 类对象,
         将 this 作为参数创建 Thread 线程类对象 thisThread 并启动该线程对象 */
      thisThread = new Thread(this);                      //创建 thisThread 线程对象
      thisThread.start();                                 //启动线程对象,执行 run()方法
    }
  }
  public void stop() {                                    //重写 Applet 类中 stop()方法
    if ( thisThread != null ) {                           //如果线程对象存在
      thisThread = null;                                  //消除线程对象
    }
  }
```

```
/* 实现 Runnable 接口中的 run()方法,编写 Applet 小程序在线程中实现的任务 */
public void run() {                          //重写 run()方法
    //…;                                     //编写在线程中需要执行的代码
    repaint();
}
public void paint(Graphics g) {
    g.drawString("This is a Thread Applet Sample",50,50);
}
}
```

Applet 小程序通过实现线程 Runnable 接口使其具备多线程能力,并在 Applet 小程序类的 start()方法中创建和启动线程对象,在 stop()方法中消除线程对象,重写 Runnable 接口的 run()方法,在 run()方法中编写 Applet 小程序中线程实现的功能。

12.2　Java 多线程机制

Java 的多线程机制是建立在当前大多数操作系统(Windows、Unix 等)已经实现了线程调度的基础上的,Java 虚拟机的很多任务也都是依赖线程调度的,而且所有的类库都是为可以实现多线程而设计的。Java 语言利用多线程实现的整体运行环境是异步进行程序执行的,一个 Java 语言多线程程序在 Java 运行系统中执行时,每一个线程的执行过程都是由 Java 运行系统的线程调度来控制的,而 Java 多线程程序自身是不能控制每个线程的执行顺序的。

12.2.1　线程对象的生命周期和状态

一个线程对象的生命周期可分为生成、运行、等待、终止四个阶段,图 12-2 反映了一个线程对象处于不同阶段的相互关系。

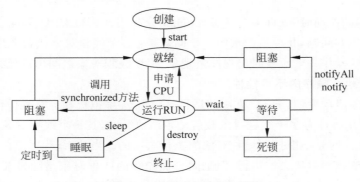

图 12-2　线程对象的生命周期

一个线程对象在四个阶段中可以处于以下八种活动状态:
(1) 创建新线程对象状态:线程对象已经创建,但未启动,不运行。

(2) 等待运行(就绪)状态：调用 start()方法申请 CPU 时间片运行线程对象。

(3) 运行状态：申请运行成功，计算机 CPU 执行线程对象的 run()方法。

(4) 休眠状态：线程对象调用 Thread 类的 sleep()方法，不占用 CPU 时间片。

(5) 等待状态：线程对象调用 Object 类的 wait()方法，不占用 CPU 时间片。

(6) 阻塞状态：线程对象由于某种原因的阻碍不能被执行。

(7) 线程对象之间死锁状态：线程对象之间相互等待，等待对方唤醒。

(8) 终止状态：线程对象被终止运行并清除。

12.2.2 线程对象的基本控制

在 Java 的根类 java.lang.Object 中提供了一些简单的基础的线程对象控制方法，例如 wait()等待方法、notify()通知解除等待方法，这些方法是用于线程对象之间协调工作的。Object 类中定义的用于控制线程的方法及其功能如下。

1. wait()方法

wait()方法可使线程对象处于等待状态，当一个线程对象调用 wait()方法时，该线程对象或是无休止的等待，或是等待一段时间（wait()方法的参数设定值，时间单位为毫秒）后自动使线程对象再处于"就绪"状态。

2. notify()方法

notify()方法是唤醒针对调用 wait()方法后处于等待状态的线程对象，解除线程对象的等待状态，notify()方法是针对一个处于等待状态的线程对象实施解除等待的。

3. notifyAll()方法

当多个线程对象都处于 wait()等待状态时，notifyAll()方法将解除所有处于等待状态的线程对象，使所有线程对象都处于申请运行"就绪"状态。

12.2.3 多线程问题

多线程程序具有"同时"处理多个任务，并能充分利用计算机 CPU 等优点，但同时也会带来一些不可避免的问题，其中最严重的三个问题是：多个线程对象执行顺序不可控性，多个线程对象"同时"操作一个对象时出现并发现象，多个线程对象之间出现死锁现象。

1. 线程对象执行顺序的不可控性

由于线程对象启动后，其 run()方法的运行是由 Java 虚拟机和计算机操作系统安排的，如果一个 Java 应用程序有多个线程对象被启动申请执行时，其每个线程对象是随机被执行的，程序员编写程序时是不能控制线程对象的执行顺序的。当然，线程对象的优先级设置可以控制高优先级的线程对象先被执行，但是同一优先级的线程对象是随机被执行的。当一个 Java 应用程序有大于 3 个（Thread 类定义的标准优先级为 3 级，除非扩展线程的优先级）以上的线程对象时，必定会有两个线程对象是同优先级的，其执行的顺序将是不可控的，因此，多线程可能导致执行的无序性。

Java 的多线程机制只提供了简单的线程执行顺序的控制，即通过对线程对象实施 wait

操作，让该线程对象等待一段时间，或是等到 notify 的通知后再进入申请运行阶段。

2．多个线程对象之间的并发现象

多线程对象之间的"并发"现象是指两个或两个以上的线程对象"同时"对一个目标对象实施操作，可能会出现操作失败，或者得出错误的操作结果。例如，"同时"操作一个变量等，因为计算机操作系统是分配 CPU 时间片进而轮流运行线程对象的，当一个线程对象没有完全运行完毕时又开始运行第二个线程对象了（CPU 时间片定时到并切换执行另外的程序），而且两个线程对象都是针对一个目标对象（例如一个变量）实施操作，第二个线程对象的操作就有可能得出错误的操作结果。另外，由于线程对象执行的无序性，有可能出现第一个线程对象还没有被执行就开始执行第二个线程对象了，但是第二个线程对象的操作是建立在第一个线程对象操作的基础上的，因此，第二个线程对象的操作可能就是错误的。

为了防止多线程对象之间发生"并发"现象，在 Java 多线程机制中制定"多线程同步控制机制"，保证一个线程对象执行完后再执行另一个线程对象，并根据优先级等控制使线程对象的执行有序化。

3．多个线程对象之间的死锁现象

由于线程对象可以调用其 wait() 等待控制等方法，有时为了控制线程对象的执行顺序，需要通过 wait() 方法进行排序执行。多个线程对象都处于等待时有可能进入阻塞状态，因为它们将同时申请 CPU 时间片，多个线程对象也有可能出现封闭循环等待状态，例如，一个线程对象等待另一个线程对象，而另一个线程对象又在等待下一个线程对象，以此类推，最后形成循环等待，这样就发生了多个线程对象进入"死锁"状态。死锁状态是由于多个线程对象之间交叉调用造成的，它使线程对象陷入无休止的相互等待中，谁也运行不了。

在 Java 的多线程机制中，没有制定检测和解决死锁问题的机制，需要编程人员在编写程序时就采取一些积极的措施，防止多个线程对象出现死锁现象，最重要的是尽量避免线程对象之间交叉或嵌套调用，避免不了则需要调整和安排好它们之间的调用顺序。

12.2.4　线程间的同步控制机制

多线程应用的一个重要领域就是线程之间可以互相通信、传递信息、操作共享资源等。当设计多个线程操作一个公共对象时，每个线程都可以独立操作公共对象。一个 Java 应用程序创建多个线程共同操作相同资源是常见的情况，而在同一时间里两个或多个线程访问共享的资源也是经常发生的，但是在多个线程"同时"操作一个公共对象时就会存在线程之间协调地共享资源以及线程之间的并发、阻塞、死锁等问题。Java 制定的线程之间的同步控制机制就是使多个线程之间能够协调工作，避免发生线程本身存在的问题。

1．线程监视器

当两个或两个以上的线程对象通信或共享一个数据结构对象时，需要一种机制让它们相互牵制并且能够正确地被执行。为了这个目的，Java 运行系统用一种称为线程监视器（monitor）的机制来实现线程对象间的异步执行。线程监视器是在 Java 虚拟机中，用来管理线程对象中方法的运行，其作用是只允许一种特别声明（被约束）的方法在其内部运行，并且只运行一个方法,当一个方法被全部运行完毕后才允许运行另一个方法。可以将线程监视器看作是一个小的单线程容器,只能容纳一个线程对象中的被约束的方法在监视器中执行,一旦一个线程对象进入监视器中执行时,所有其他需要使用在监视器中的线程对象则需要等到监视器执行完当前代码后才被允许。

线程监视器是用来申请计算机 CPU 时间片去执行在其内部的程序代码的,因为线程监视器只能容纳一个线程对象,其他要在线程监视器中运行的线程对象则需要等待线程监视器的调度,即在等待队列中排队等待,运行的顺序原则上是"先进先出",但是可以通过 Thread 类中的 setPriority()方法设置线程对象的优先级别的,而线程监视器也还具有选择线程对象运行优先级别的功能,因此,线程监视器会让优先级别高的线程对象先执行。

Java 运行系统的线程监视器解决了访问共享资源发生冲突的问题,例如,当出现多个线程对象共享或"同时"操作一个数据时,线程监视器就成了保护共享数据而不被多个线程对象同时操作的容器。

对程序员而言,在编写 Java 多线程应用程序时,要想让一个对象中的方法能够进入线程监视器中运行,Java 语言提供的解决方案有两种方式:一是将对象中的方法通过修饰符 synchronized(同步的)修饰为"同步"状态,当一个对象中的方法被修饰为 synchronized 时,其方法中的所有代码都是在线程监视器中受保护地运行的,其他任何线程对象在该时刻不能调用这个对象中修饰为 synchronized 的方法;二是将需要线程监视器保护的一段可执行代码放在 synchronized()语句中,synchronized()语句被称为同步控制代码块,可以防止多线程对象同时访问 synchronized()语句中的代码,synchronized()语句只是保护一段代码,而不是保护线程对象中的整个方法。这两种方式就是 Java 为多线程编程提供的线程同步控制机制。

2. synchronized 修饰符

Java 关键字 synchronized 可以用于修饰一个类中的操作方法,它与方法的其他修饰符的使用是一样的,在一个类中将一个方法修饰为 synchronized 的声明格式为:

```
public synchronized void methodname(){     //声明 methodname 方法实行同步操作
  //…                                       //编写 methodname 方法体操作内容
}
```

在线程对象中当一些操作有可能产生线程问题时,可将它们放在被 synchronized 修饰的方法体中,当线程对象中 synchronized 修饰的方法被调用时,相当于该线程对象进入了线程监视器并受到保护。方法体中的所有程序代码将在线程监视器中受保护地运行,其他试图调用进入线程监视器受保护对象中修饰为 synchronized 方法的一些线程对象则都需要等待,这些线程对象将自动进入等待状态。

在多线程程序中,虽然可以使用 synchronized 关键字来修饰需要同步的方法,但是并不是线程对象中的每一个方法都可以用其修饰的,线程对象的 run()方法就不需要被 synchronized 修饰。因为每个线程对象的运行都是从 run()方法开始的,当通过被 synchronized 修饰 run()方法的线程类创建多个线程对象并启动时,本意是希望这些线程对象能"同时"运行,但是由于 run()方法修饰为 synchronized,所以,在同一时间内只能有一个线程对象在监视器中运行,其他线程对象都需要等待前一个线程对象运行结束后才能被执行,所有线程对象成了真正的异步顺序运行了,这违背了多线程的设计初衷。因此,修饰符 synchronized 的使用是需要根据实际操作内容来决定是否要修饰对象中的方法。

3. synchronized()语句

关键字 synchronized 可作为方法的修饰符,还可以作为方法体内的语句来使用。synchronized 语句的语法格式为:

```
synchronized(syncObject){      //syncObject 是指出需要有"同步"机制约束的类对象
  //…;                         //定义类对象 syncObject 中的一段代码(语句块)
}
```

在 synchronized()语句中,syncObject 是指示一个对象,"{}"中的代码是要受到同步控制约束的,是需要进入线程监视器中运行的,因此,synchronized()语句又被称为同步控制代码块。当 synchronized()语句中的代码在线程监视器运行时,包含 synchronized()语句的对象也同时进入线程监视器受到保护,该对象中的 synchronized()语句和被 synchronized 修饰的方法被调用时是需要等待的。

通过 synchronized 修饰的方法或 synchronized()语句运行时在线程监视器中是没有区别的,synchronized 修饰的方法运行时独占线程监视器,而运行 synchronized()语句的内容时也是独占线程监视器。如果 synchronized 修饰的方法消耗 CPU 时间太长,而又只有一两条语句是需要在线程监视器中受保护运行时,可将需要在线程监视器中运行的语句放到 synchronized()语句的"{}"中,这样就不需要将整个的方法都修饰为 synchronized,可以提高线程对象的工作效率。

4. 线程锁

Java 的线程同步机制是将 synchronized 修饰的方法或 synchronized()语句锁定在线程监视器中运行的,相当于为该方法上了一把锁(线程锁),而同时也锁定了包含该方法的对象。例如,如果在一个对象中存在几个使用 synchronized 修饰的方法或 synchronized()语句,那么一次只能有一个 synchronized 修饰的方法或 synchronized()语句独自占用线程监视器,当一段代码在监视器中被执行时,包含该代码的对象就会被锁定,称为对象获得了锁,在该对象中所有其他被调用的 synchronized 修饰的方法或 synchronized()语句则都需要等待。在线程监视器被执行的方法结束运行时,意味着它退出了线程监视器,解除了对象的被锁状态,因此,对象上的锁被打开,在对象中的方法方可被调用或运行,优先级高的线程对象中的方法就可以进入线程监视器中运行了。

为防止数据对象的并发访问,Java 多线程机制设计了线程监视器。线程监视器是针对一个完整对象进行锁定的,一个监视器只能锁定一个对象,但是在对象中的 synchronized 方法或含有 synchronized()语句的方法很有可能会被其他对象调用,当两个对象被两个监视器锁定但又相互试图调用对方的操作方法而处于等待状态时,就有可能出现无休止的等待,无休止的等待将导致线程之间的死锁。因此,程序员设计多线程程序时需要小心谨慎,尽量避免多线程对象的 synchronized 方法或含有 synchronized() 语句的方法之间相互交叉调用。另外，Java 多线程的同步机制需要占用较大的计算机系统开销，所以应该尽量避免使用无用的同步控制。

12.3 多线程应用程序案例

多线程应用程序的案例是关于定义线程类、创建线程对象，以及运行线程对象和控制线程对象的应用实例。

12.3.1 Thread 类中的 sleep() 方法

【案例 12-1】 java.lang.Thread 类中 sleep() 方法的使用。
该案例为测试 sleep() 方法及占用线程监视器的情况。
选择类库
选择 java.lang 包中 Runnable 接口定义线程类，使用 Thread 类创建并启动多个线程。
实现步骤
（1）定义实现 Runnable 接口的具有线程能力的类。
（2）重写 run() 操作方法，将 sleep() 方法限定在 synchronized() 语句中。
（3）通过 Thread 类创建并启动线程。
程序代码

```java
package threadsample;
public class ThreadSample {
  public static void main(String[] args) {
    SleepThread st = new SleepThread();        //创建线程对象 st
    new Thread(st).start();                    //创建并启动一个线程对象
    new Thread(st).start();                    //创建并启动另一个线程对象
    new Thread(st).start();                    //创建并启动另一个线程对象
    new Thread(st).start();                    //创建并启动另一个线程对象
  }
}
class SleepThread implements Runnable {        //定义线程类
  static int num = 0;
  public void run() {                          //重写 run() 方法
    try {
      synchronized(this) {                     //使用 synchronized() 语句
        Thread.sleep(100);                     //睡眠 100 毫秒
      }
    }
    catch(Exception e) {
      e.getMessage();
```

```
        }
        System.out.println(
            " The Thread Number Is " + num++);         //输出变量 num,线程编号
        System.out.println(" The Thread Name Is "
            + Thread.currentThread().getName());       //输出当前激活的线程对象名
    }
}
```

输出结果

多个线程对象被执行后只是实现占用线程监视器 100 毫秒的时间,运行结果如下:

```
The Thread Number Is 0
The Thread Name Is Thread-1
The Thread Number Is 1
The Thread Name Is Thread-2
The Thread Number Is 2
The Thread Name Is Thread-3
The Thread Number Is 3
The Thread Name Is Thread-4
```

案例小结

(1) sleep()方法通过 synchronized()语句进入线程监视器,通知 Java 虚拟机线程对象需要休息多少个毫秒的时间,其目的是使线程对象推迟一段固定的时间再被执行,当 sleep()方法被执行时,线程对象进入睡眠状态,当线程对象是在线程监视器中调用的 sleep()方法时,则该线程对象将继续占着线程监视器,只是不做任何事情。

(2) sleep()方法被调用后线程对象不再占用计算机 CPU 时间,等到定时睡眠时间到后,线程对象将被重新激活,才会再占用 CPU 时间。

(3) sleep()方法处于睡眠状态时不能被强制中断。

(4) sleep()方法运行出错时将抛出 InterruptedException 异常,使用 sleep()方法需要进行异常的处理。

(5) currentThread()方法为返回当前正在执行的线程对象的属性信息,例如线程名等。

(6) num 变量定义为 static(静态的),使每个线程对象都操作同一个 num 变量。

12.3.2　Object 类中的线程控制方法

【案例 12-2】　java.lang.Object 中控制线程对象的 wait()、notify()方法的使用。

该案例程序是多个线程对象同时访问共享资源的示例,在被 synchronized 修饰的方法中使用 wait()和 notify()方法,其目的是控制对共享资源的操作,在"读""写"共享资源操作时,当所有的"读"操作完成后才进行"写"操作,最后改变共享资源的内容,防止在修改共享资源前"读"出不相同的数据。

选择类库

选择 java.lang 包中 Object 类中线程控制操作方法。

实现步骤

（1）使用 synchronized 关键字定义线程加锁、解锁类。
（2）定义使用加锁、解锁类的线程类，重写 run()方法，实现加锁、解锁操作。
（3）创建线程对象并启动线程。

程序代码

```java
package threadsample;
public class ThreadSample {
  public static void main(String[] args) {
    WaitSample waitlock = new WaitSample();      //创建加锁类对象
    new LockSample( "1","read",waitlock );       //创建"读"线程对象1
    new LockSample( "2","read",waitlock );       //创建"读"线程对象2
    new LockSample( "3","write",waitlock );      //创建"写"线程对象3
    new LockSample( "4","read",waitlock );       //创建"读"线程对象4
  }
}
class WaitSample {                               //定义线程加锁、解锁类
  final static int EMPTY = 0;                    //定义"空"状态
  final static int READING = 1;                  //定义"读"状态
  final static int WRITING = 2;                  //定义"写"状态
  int state = EMPTY;                             //为状态变量赋值
  int readCnt = 0;                               //定义指示"读"的变量
  public synchronized void readLock() {          //定义控制锁定"读"状态的方法
    if( state == EMPTY ) {                       //当状态为空时
      state = READING;                           //设置状态为"读"
    }
    else
      if( state == READING ){
      }
    else
      if( state == WRITING ) {                   //当状态为"写"时
        while( state == WRITING ) {              //当"写"状态时循环
          try{                                   //等待"读"状态的结束
            wait();                              //进入"写"等待状态
          }catch(Exception e){}
        }
        state = READING;
      }
    readCnt++;
    return;
  }
  public synchronized void writeLock() {         //定义控制锁定"写"状态的方法
    if( state == EMPTY ) {                       //当状态为"空"时
      state = WRITING;                           //设置状态为"写"
    }
    else {
```

```java
      while( state != EMPTY ) {                      //当状态为"非空"时
        try{
          wait();                                    //进入等待状态
        }catch(Exception e){}
      }
    }
  }
  public synchronized void readUnlock() {            //定义控制"读"状态解锁的方法
    readCnt -- ;
    if( readCnt == 0 ) {                             //当 readCnt 变量为 0 时
      state = EMPTY;                                 //设置状态为"空"
      notify();                                      //通知解锁
    }
  }
  public synchronized void writeUnlock() {           //定义控制"写"状态解锁的方法
    state = EMPTY;
    notify();                                        //通知解锁
  }
}
class LockSample extends Thread {                    //定义应用 WaitSample 的线程类
  String op;
  WaitSample ws;                                     //声明 WaitSample 类变量
  LockSample( String name,String op,WaitSample ws ) {
    super( name );                                   //为创建线程对象赋初值
    this.op = op;
    this.ws = ws;
    start();                                         //启动线程对象
  }
  public void run() {                                //重写 run()方法
    if( op.compareTo("read") == 0 ) {
      System.out.println( "Try to get readLock" + getName() );
      ws.readLock();                                 //为"读"线程对象加锁
      System.out.println( "Read op:" + getName() );
      try{
        sleep( (int)Math.random() * 50 );
      }catch(Exception e){}
      System.out.println( "Unlocking readLock:" + getName() );
      ws.readUnlock();                               //为"读"线程对象解锁
    }
    else
      if( op.compareTo( "write" ) == 0 ) {
        System.out.println( "Try to get writeLock" + getName() );
        ws.writeLock();                              //为"写"线程对象加锁
        System.out.println( "Write op:" + getName() );
        try{
          sleep( (int)Math.random() * 50 );
        }catch(Exception e){}
```

```
            System.out.println( "Unlocking writeLock:" + getName() );
            ws.writeUnlock();                          //为"写"线程对象解锁
      }
   }
}
```

输出结果

多线程程序运行后输出结果之一如下：

```
Try to get readLock2                    //线程对象 2 试图获得"读"锁
Read op:2                               //完成线程对象 2"读"操作
Try to get writeLock3                   //线程对象 3 试图获得"写"锁
Try to get readLock4                    //线程对象 4 试图获得"读"锁
Read op:4                               //完成线程对象 4"读"操作
Try to get readLock1                    //线程对象 1 试图获得"读"锁
Read op:1                               //完成线程对象 1"读"操作
Unlocking readLock:2                    //解除线程对象 2"读"锁
Unlocking readLock:4                    //解除线程对象 4"读"锁
Unlocking readLock:1                    //解除线程对象 1"读"锁
Write op:3                              //完成线程对象 3"写"操作
Unlocking writeLock:3                   //解除线程对象 3"写"锁
```

案例小结

（1）Object 类中定义的 wait()、notify()、notifyAll()方法提供了线程对象运行的简单控制和管理，它们是多个线程对象之间进行异步运行的一种手段。wait()方法是使一个线程对象定时或无休止的等待，线程对象进入等待状态，但同时又在等待该状态发生改变，线程对象不占用线程监视器，也不占用 CPU 的时间片，当定时时间到时，线程对象自动解除等待，其他线程对象中 notify()、notifyAll()方法是强制唤醒处于等待状态的线程对象。线程监视器允许哪个线程对象运行需要视线程对象在监视器中排列的顺序或者由其优先级别而确定。

（2）wait()方法有两种常用的基本调用格式：一是采用一个以毫秒为单位的输入参数，与线程 Thread 类中的 sleep()方法的输入参数含义相同，使线程暂停一段规定的时间，并在达到规定的时间后自动结束等待，在规定的时间中 notify()方法也可以强迫线程对象退出等待；二是不用任何输入参数，意味着线程对象无休止的等待，不会自动解除等待，直到被其他线程对象中的 notify()或 notifyAll()方法唤醒，由于 wait()方法使线程对象不再占用线程监视器，因此，它解除了线程对象的锁，允许其他对象的被 synchronized 修饰的方法或 synchronized()语句使用线程监视器。

（3）wait()、notify()、notifyAll()方法只能用在被 synchronized 修饰的方法或 synchronized()语句中，否则在运行时将会产生 IllegalMonitorStateException（非法监视器状态）的异常。

（4）该案例创建了多个线程对象，每次执行程序后其输出顺序是不确定的，但总是在所有"读"操作完成后,最后才进行"写"操作,避免"读"出不一致的信息。

(5) 当编写的 Java 应用程序被分成几个逻辑线程时,则需要清晰地知道这些线程之间应该如何进行相互通信,当 Java 应用程序处理某些特定事件需要等候某些其他条件,或者是从线程外部控制的,相当于外部触发信号的条件发生变化后才能决定事件的处理方法,而同时又不想在线程内部占用线程监视器一直等待下去时,解决该情况的最佳方案之一便是根据线程对象的需要来确定使用 Object 类中线程控制的 wait()、notify()方法。

12.3.3 账户数据操作问题

【案例 12-3】 使用多个线程对象同时对一个银行账号的操作。

该案例程序是模拟银行访问同一个共享资源的操作示例,多个线程对象同时对同一个银行账号进行存款、取款操作是常见的情况,但是需要保证存款和取款操作的安全性,尤其是保证存款操作完全结束后才可以取款或再存款操作。

选择类库

选择 java.lang 包中 Thread 类创建线程,使用 Object 类中线程控制操作方法。

实现步骤

(1) 定义银行账号存款、取款、查询余额操作类,将存款操作修饰为 synchronized。
(2) 创建并启动多个线程对象,重写 run()方法,实现存款、取款操作。

程序代码

```java
package accountsample;
public class AccountSample {
    private static int NUM_OF_THREAD = 1000;      //定义创建的线程数
    static Thread[] threads
        = new Thread[NUM_OF_THREAD];               //声明并创建线程数组
    public static void main(String[] args){
        final AccountOption ao                     //创建操作账户对象
            = new AccountOption("Wang",0.0f);      //开始账户余额为 0
        for (int i = 0; i< NUM_OF_THREAD; i++){    //创建多个线程对象
            threads[i] = new Thread(new Runnable(){
                public void run() {                //重写 run()方法
                    ao.deposit(60.0f);             //模拟对账户进行存款操作
                    ao.withdraw(100.0f);           //模拟对账户进行取款操作
                }
            });
            threads[i].start();                    //启动所有的线程对象
        }
        for (int i = 0; i< NUM_OF_THREAD; i++){    //结束所有的线程对象
            try {
                threads[i].join();
            }
            catch (InterruptedException ie) {
```

```
                }
            }
            System.out.println("Finally, Wang's balance is:" + ao.getBalance());
        }
    }
    class AccountOption {                              //定义账户操作类
        String name;                                   //声明账户名变量
        float amount;                                  //声明账户数据变量
        public AccountOption(String name, float amount) {
            this.name = name;
            this.amount = amount;
        }
        public synchronized void deposit(float amt){   //定义存款操作方法
            float tmp = amount;
            tmp += amt;                                //完成账户数据的加操作
            amount = tmp;
        }
        public void withdraw(float amt){               //定义取款操作方法
            if(amount > amt){
                float tmp = amount;
                tmp -= amt;                            //完成账户数据的减操作
                amount = tmp;
            }
        }
        public float getBalance() {                    //定义查询账户余额方法
            return amount;
        }
    }
```

输出结果

该案例创建了 1000 个线程对象，每个线程存 60 元，取 100 元，当账户中余额小于 100 元时不做取款操作，停止线程工作，最后账户余额为小于等于 100 元，一次运行结果如下：

```
Finally, Wang's balance is:100.0          //余额的可能值还有：40.0、0.0 等
```

案例小结

（1）synchronized 修饰只修饰存款操作方法，即只能有一个存款操作方法使用线程监视器，保证账户变量被修改的唯一性。

（2）存款操作需要同步机制的约束，但取款操作不一定需要同步机制的约束，因为如果取款也受到同步机制约束，当账号中没有足够的余额使得取款操作处于等待而占用线程监视器时，存款操作将无法进行。当余额小于 100 元时取款操作作废，当大于 100 元时将被取出，因此，最终账户余额只能是小于等于 100 元。

（3）join()操作方法为等待该线程结束。

12.3.4 实时时钟显示 Applet 小程序

【案例 12-4】 定时实时时钟显示。

该案例程序是定时实时时钟显示 Applet 小程序,通过图形和文字方式每隔 1 秒在屏幕上显示当前计算机的时间。

选择类库

选择 java.lang 包中 Runnable 接口定义线程类,使用 Thread 类创建并启动线程对象。选择 java.util 包中 Date 类获取系统时间,以及 Calendar 类获取时、分、秒数据,选择 java.text 包中 SimpleDateFormat 类确定时间显示格式。

实现步骤

(1) 根据计算机系统时、分、秒数据定义绘制钟表图形类。
(2) 重写 Applet 中的 paint()方法,实现绘制钟表和文字时间的输出显示。
(3) 创建并启动线程对象,重写 run()方法,每延时 1 秒实现 1 次屏幕刷新显示操作。

程序代码

```java
package clockappletsample;
import java.awt.*;
import javax.swing.*;
import java.util.*;
import java.text.*;
public class ClockAppletSample extends JApplet implements Runnable {
  Calendar calendar = new GregorianCalendar();   //声明并创建 Calendar 对象
  Date timenow;                                  //声明 Date 变量
  Clock nowClock;                                //声明 Clock 变量
  Thread clockthread = null;                     //声明一个线程
  public void start(){                           //启动线程
    if (clockthread == null) {
      clockthread = new Thread(this);            //创建新线程
      clockthread.start();                       //启动线程
    }
  }
  public void stop() {                           //终止线程
    clockthread = null;
  }
  public void run(){                             //重写 run 方法
    while(true) {                                //循环显示
      repaint();                                 //刷新界面
      try{
      Thread.sleep(1000);                        //延迟一秒钟
      }
      catch(InterruptedException e){
      }
```

```java
    }
    public void paint(Graphics g) {
        timenow = new Date();                              //获取年、月、日、时、分、秒
        calendar.setTime(timenow);
        SimpleDateFormat sdf = new SimpleDateFormat(
            "yyyy 年 MM 月 dd 日 hh:mm:ss a");              //设置显示的格式
        String s_time_msg = sdf.format(timenow);
        nowClock = new Clock(                              //创建绘制图形模拟钟表
            calendar.get(Calendar.HOUR_OF_DAY),            //获取"时针"数据
            calendar.get(Calendar.MINUTE),                 //获取"分针"数据
            calendar.get(Calendar.SECOND) );               //获取"秒针"数据
    g.clearRect(0,0,                                       //清屏幕
        this.getWidth(),this.getHeight());
    g.drawString(s_time_msg,25,240);                       //显示文字时钟
        nowClock.show(g,100,100,100);                      //显示图形时钟
    }
}
class Clock {                                              //定义绘制图形钟表类
    int hour,minute,second;
    Clock(int hrs,int min,int sec) {
        hour = hrs % 12;
        minute = min;
        second = sec;
    }
    void show(Graphics g,int cx,int cy,int rad) {          //定义显示图形钟表方法
        int hrs_len = (int)(rad * 0.5);                    //时针长度
        int min_len = (int)(rad * 0.6);                    //分针长度
        int sec_len = (int)(rad * 0.9);                    //秒针长度
        double theta;
        g.drawOval(cx - rad,cy - rad,rad * 2,rad * 2);     //画钟面
        theta = (double)(hour * 60 * 60 + minute * 60 + second)/43200.0 * 2.0 * Math.PI ;
        drawNiddle(g,Color.blue,cx,cy,hrs_len,theta);      //画时针
        theta = (double)(minute * 60 + second)/3600.0 * 2.0 * Math.PI ;
        drawNiddle(g,Color.red,cx,cy,sec_len,theta);       //画分针
        theta = (double)(second)/60.0 * 2.0 * Math.PI ;
        drawNiddle(g,Color.green ,cx,cy,sec_len,theta);    //画秒针
    }
    private void drawNiddle(                               //绘制钟表指针
        Graphics g,Color c,int x,int y,int len,double theta){
        int ex = (int)(x + len * Math.sin(theta));
        int ey = (int)(y - len * Math.cos(theta));
        g.setColor (c);
        g.drawLine(x,y,ex,ey);
    }
}
```

输出结果

ClockAppletSample 小应用程序在浏览器中运行的结果如图 12-3 所示。

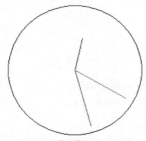

图 12-3 ClockAppletSample 小程序运行结果

案例小结

(1) 在 run()方法中采用无限循环操作,通过 sleep()方法每延时 1 秒刷新显示屏幕 1 次。

(2) java.util 包中 Date 对象以长整数的形式获取计算机系统时间,而 Calendar 为抽象类用于对一个 Date 对象获取的时间数据进行年、月、日、时、分、秒的解析。

12.3.5 滚动显示文字信息 Applet 小程序

【**案例 12-5**】 在 Web 网页中定时滚动显示文字信息。

该案例程序的功能是在 Applet 小程序的面板上从下向上滚动显示信息,滚动字符(信息)通过 HTML 文档输入给 Applet 小程序,当鼠标移动到显示区时,停止滚动显示信息,当鼠标离开时,则继续滚动显示信息。

选择类库

选择 java.lang 包中 Runnable 接口定义小程序线程类,使用 Thread 类创建并启动线程对象。选择 java.awt.event 包中相关的鼠标事件处理类。

实现步骤

(1) 定义具有线程能力的 Applet 小程序类。

(2) 重写 Applet 中的 paint()方法,实现文字信息滚动显示。

(3) 创建并启动线程对象,重写 run()方法,每延时 100 毫秒实现 1 次屏幕刷新显示操作。

程序代码

```
package showinfosample;
import java.awt.*;
import java.awt.event.*;
import javax.swing.*;
public class ShowInfoSample extends JApplet implements Runnable{
```

```java
    Thread thisThread;                                              //声明线程变量
    private int y;                                                  //声明显示文字的 Y 坐标变量
    private Image rollImg;                                          //声明图像变量
    private Graphics rollG;                                         //声明图形变量
    boolean pause = false;                                          //声明暂停标志变量
    private int info_num;                                           //声明参数个数变量
    public void init() {
      setBackground(Color.white);                                   //设置小程序面板背景色
      this.addMouseListener(new MouseAdapter() {                    //添加鼠标事件监听器
        public void mouseEntered(MouseEvent e) {
          this_mouseEntered(e);
        }
      });
      this.addMouseListener(new MouseAdapter() {                    //添加鼠标事件监听器
        public void mouseExited(MouseEvent e) {
          this_mouseExited(e);
        }
      });
      this.rollImg =                                                //创建图像对象
    createImage(getSize().width, getSize().height);
      this.rollG = this.rollImg.getGraphics();
      y = getSize().height + 14;                                    //设置 Y 坐标初始值
      try {                                                         //获取 HTML 文档中的输入参数
        this.info_num = Integer.parseInt(getParameter("info_num"));
      }
      catch(Exception e) {               //当有错误发生时,错误信息显示在 Web 浏览器的状态栏中
        showStatus("HTML 文档中的参数有错误!");
        System.exit(-1);
      }
    }
    public void paint(Graphics g) {
      this.rollG.clearRect(                                         //清显示区
        0,0, getSize().width, getSize().height);
      for(int i = 1; i <= info_num; i++){
        rollG.drawString(getParameter(
          "info_" + String.valueOf(i)),10,y+(i*14));                //显示文字
      }
      if(this.rollG!= null){
        g.drawImage(this.rollImg,0,0,this);
      }
    }
    public void update(Graphics g){                                 //刷新显示
      paint(g);
    }
    public void run(){                                              //重写 run()方法
      Thread current = Thread.currentThread();                      //获取当前线程对象
      while (this.thisThread == current) {
```

```java
            try {
                Thread.currentThread().sleep(100);              //延迟 100 毫秒
            }
            catch (InterruptedException e) {
            }
            repaint();
            if(!this.pause){
                this.y--;
            }
            if(this.y < 0 - this.info_num * 14){
                this.y = getSize().height + 14;
            }
        }
    }
    public void start(){                                        //启动线程对象
        if ( this.thisThread == null ) {
            this.thisThread = new Thread(this);
            this.thisThread.start();
        }
    }
    public void stop(){                                         //清除线程对象
        if ( this.thisThread != null ) {
            this.thisThread = null;
        }
    }
    public String getAppletInfo() {
    return "滚动显示信息";
    }
    public String[][] getParameterInfo(){
        String[][] pinfo = {
            {"info_num","int","将要显示信息的数量"},
            {"info_X","String","信息,X 代表第几条信息"}
        };
        return pinfo;
    }
    public void this_mouseEntered(MouseEvent e) {               //处理鼠标进入事件
        this.pause = true;                                      //暂停滚动文字
    }
    public void this_mouseExited(MouseEvent e) {                //处理鼠标退出事件
        this.pause = false;                                     //恢复滚动文字
    }
}
< html >                    <!－启动 ShowInfoSample 小程序的 HTML 文档代码－!>
< head >
< title > ShowInfoSample 小程序演示 </title >
</ head >
< body >
```

ShowInfoSample 小程序演示如下：
<applet
  codebase = "."
  code   = "showinfosample.ShowInfoSample.class"
  name   = "TestShowInfo"
  width   = "400"
  height   = "100"
  align   = "top"
>
<param name = info_num value = 3 >   <!-有 3 条信息要显示-!>
<param name = info_1 value = "通知:"> <!-第 1 条信息要显示-!>
<param name = info_2 value = "1.今天下午 6:00 上实验课.">
<param name = info_3 value = "2.明天下午 6:00 前交实验报告.">
</applet>
</body>
</html>

输出结果

ShowInfoSample 小程序在浏览器中实现自小程序面板底部向上滚动显示 HTML 文档中提供的显示文字信息参数，当鼠标移动到显示区时，停止滚动，当鼠标离开时，继续滚动显示信息，滚动到小程序面板顶部后消失再重新自底向上滚动显示文字。

案例小结

（1）在 run()方法中获取当前线程对象，当是当前线程对象时，延时 100 毫秒后重新显示屏幕信息。

（2）当鼠标进入显示区（Panel 面板）时，每延时 100 毫秒后还是重新显示屏幕信息，但指示显示位置的 Y 坐标不再递减，实现停止滚动效果。

（3）当需要更换 ShowInfoSample 小程序的显示信息时，只需修改 HTML 文档中 PARAM 语句内容即可，不需要修改 ShowInfoSample 小程序。

12.4 小结

（1）多线程程序设计使得"同时"处理多任务成为可能，提高了 CPU 的利用率。
（2）定义继承 java.lang 包中 Thread 类的具有线程能力的类结构为：

```
public class ThreadSample extends Thread{      //继承 Thread 类
  public void run() {                          //重写 run 方法
    //…;                                       //编写在线程中需要执行的代码
  }
}
```

执行 Thread 类中 start()方法启动线程对象，执行 run()方法。
（3）定义实现 java.lang 包中 Runnable 接口的具有线程能力的类结构为：

```
public class RunnableSample implements Runnable {    //实现 Runnable 接口
    public void run() {                              //重写 run()方法
        //…;                                         //编写在线程中需要执行的代码
    }
    RunnableSample runnablesample = new RunnableSample();
    new Thread(runnablesample).start();              //在操作方法中启动线程对象
}
```

（4）线程监视器保障了线程之间避免发生"并发"等对共享资源竞争现象，其使用方式为通过修饰符 synchronized 修饰操作方法或将操作动作约束在 synchronized()语句中。

12.5 习题

（1）通过 J2SDK 提供的帮助文档学习 java.lang 包中 Thread 类和 Runnable 接口的使用。

（2）描述通过继承 Thread 类和实现 Runnable 接口创建线程类的两种方式的异同处，以及创建线程对象并启动的异同处，描述 run()方法的作用，以及与 main()方法的异同处，描述 Thread 类中 sleep()方法与 Object 类中 wait()方法的异同处，描述被 synchronized 修饰的方法与 synchronized()语句的区别。

（3）在 J2SDK 环境中编译、调试、运行案例 12-3，观察和分析多次运行的结果。在源程序代码的基础上修改程序，解除同步控制约束（删除 synchronized 修饰符），并在存款和取款操作方法中添加 sleep(100)延时操作，加长存款和取款操作的时间，同时修改 run()方法，将存款数额等于取款数额，即存入资金后马上取出相同的资金，观察在没有同步控制约束的情况下程序的多次运行结果，分析运行结果。

（4）Applet 小程序可以通过继承 Thread 类实现具有线程能力吗？为什么？在 J2SDK 环境中编译、调试案例 12-4 和案例 12-5，通过 Web 浏览器观察程序运行结果。

（5）通过 J2SDK 提供的帮助文档学习 java.lang 包中 ThreadGoup 类的使用，并在 J2SDK 环境中编译、调试、运行下述程序，分析并描述线程组中多个线程对象的工作过程。

```
package threadgroupsample;
public class ThreadGroupSample extends Thread {
    public static int flag = 1;
    ThreadGroup tgA;
    ThreadGroup tgB;
    public static void main(String[] args){
        ThreadGroupSample tgs = new ThreadGroupSample();
        tgs.tgA = new ThreadGroup("A");
        tgs.tgB = new ThreadGroup("B");
        for(int i = 1; i < 3; i++)
            new ThreadSample(tgs.tgA, i * 1000, "One" + i);
        for(int i = 1; i < 3; i++)
```

```java
      new ThreadSample(tgs.tgB,1000,"Two" + i);
    tgs.start();
  }
  public void run(){
    try{
      this.sleep(5000);
      this.tgB.checkAccess();
      this.sleep(1000);
      this.tgA.checkAccess();
    }
    catch(SecurityException se){
      se.printStackTrace();
    }
    catch(Exception e){
      e.printStackTrace();
    }
  }
}
class ThreadSample extends Thread {
  int pauseTime;
  String name;
  public ThreadSample(ThreadGroup g, int x, String n) {
    super(g,n);
    pauseTime = x;
    name = n;
    start();
  }
  public void run (){
    while(true) {
      try {
        System.out.print(name + " -->");
        this.getThreadGroup().list();
        Thread.sleep(pauseTime);
      }
      catch(Exception e) {
        e.printStackTrace();
      }
    }
  }
}
```

第3篇　Java 扩展类库案例

　　Java 扩展类库案例是通过实际应用案例学习 Java 语言提供的扩展类库的使用,扩展类库主要包括动画制作、网络操作、数据库操作、音视频媒体流的处理与传输、适用于 Android 系统的 Java 类库,以及 Java 扩展或新增语句的应用等,通过案例掌握 Java 扩展类库的使用。

第 13 章 Java 动画制作案例

本章在图形绘制和多线程应用的基础上介绍 Java 的动画制作。

13.1 简单图形动画制作案例

Java 简单图形动画制作是建立在图形绘制和多线程技术基础上的，其操作过程是间隔固定的时间后重新绘制所要显示的图形，应用多线程技术控制固定时间。"简单图形"动画一般指图形形状是固定的，只是在每次重新绘制图形时，其图形绘制的坐标发生变化，即显示在面板上的图形位置改变了，当时间间隔比较短时，则可看到连续移动的图形，实现动画显示。另外，在重新绘制图形时需要清除显示面板上的原图形。

【案例 13-1】 在 Applet 小程序面板中定时绘制图形，实现动画效果。

该案例程序是一个模拟车辆通过交通路口的多线程 Applet 小程序，每辆车的运动由一个线程来实现，当一个方向的车辆通过十字路口时，需要判断另外的方向是否有车要通过，有车时则等待，无车时则通过十字路口。

选择类库

选择 java.lang 包中的 Runnable 接口定义具有线程能力的 Applet 小程序类，使用 Thread 类创建并启动线程对象，以及继承 java.lang 包中的 Thread 类定义绘制车辆图形类，应用 java.awt 包中的 Graphics 类实现车辆图形的绘制。

实现步骤

（1）定义继承 Thread 类的绘制车辆的图形类。

（2）定义车辆是否在十字路口处判断类。

（3）定义具有线程能力的 Applet 小程序类，重写 Applet 中的 paint() 方法，实现绘制车辆。

（4）创建并启动线程对象，重写 run() 方法，实现延时一段时间再刷新屏幕显示。

程序代码

```
package animationsample;
import java.awt.*;
```

```java
import javax.swing.*;
public class AnimationSample extends JApplet implements Runnable {
  Thread thisThread = null;
  ICar LRcar, TBcar;                         //声明两个车辆类变量
  TrafficCop tCop;                           //声明判断处于路口车辆的类变量
  int speed1;                                //声明第一辆车的运行速度变量
  int speed2;                                //声明第二辆车的运行速度变量
  public void init() {
    this.setSize(400,400);
    tCop = new TrafficCop();
    do{                                      //为第一辆车的运行速度赋值
      speed1 = (int)(50 * (Math.random()));
    } while(speed1 == 0);                    //运行速度不等于 0
    do{
      speed2 = (int)(50 * (Math.random()));
    } while(speed2 == 0);
    /* 根据车辆的运行方向和速度,创建两个车辆线程对象,并沿规定方向行走 */
    LRcar = new ICar( tCop, ICar.leftToRight, speed1 );
    TBcar = new ICar( tCop, ICar.topToBottom, speed2 );
  }
  public void start() {                      //启动所有线程对象
    if( thisThread == null ) {
      thisThread = new Thread(this);
      thisThread.start();
      if( LRcar != null && TBcar != null ) {
        LRcar.start();
        TBcar.start();
      }
    }
  }
  public void stop() {
    if ( thisThread != null ) {
      thisThread = null;
    }
  }
  public void run() {                        //重写 run()方法
    while ( true ) {                         //Applet 主线程
      try {
        Thread.sleep(50);
      }
      catch (InterruptedException e) {
      }
      repaint();                             //重新绘制车辆图
    }
  }
  public void paint(Graphics g) {            //绘制车辆图
    g.setColor( Color.black );
```

```java
      g.fillRect( 0, 180, 400, 40 );
      g.fillRect( 180, 0, 40, 400 );
      LRcar.drawCar( g );
      TBcar.drawCar( g );
    }
    public void update(Graphics g) {            //刷新屏幕
      if( !isValid() ) {
        paint( g );
        return;
      }
      LRcar.updateCar( g );
      TBcar.updateCar( g );
    }
  }
  /* 定义车辆线程类,功能为：根据车的位置、速度及两车不相遇的情况,在道路上绘制车辆 */
  class ICar extends Thread {
    public int lastPos = -1;                    //定义车辆最后位置变量
    public int carPos = 0;                      //定义车辆所处位置变量
    public int speed = 10;                      //定义车辆行驶速度变量
    public int direction = 1;                   //定义车辆运行方向变量
    public TrafficCop tCop;                     //定义车辆处于路口判断变量
    public final static int leftToRight = 1;    //定义车辆从左至右运行常量
    public final static int topToBottom = 2;    //定义车辆从上至下运行常量
    public ICar( TrafficCop tCop ) {
      this( tCop, ICar.leftToRight, 10 );
    }
    public ICar( TrafficCop tCop, int direction, int speed ) {
      this.tCop = tCop;
      this.speed = speed;
      this.direction = direction;
    }
    public void run() {                         //车辆自动行进控制及绘制
      while( true ) {
        tCop.checkAndGo( carPos, speed );
        carPos += speed;
        if( carPos >= 400 ) carPos = 0;         //判断是否行进到边界
        try {
          Thread.sleep(100);
        }
        catch (InterruptedException e) {
        }
      }
    }
    public void drawCar( Graphics g ) {
      if( direction == ICar.leftToRight ) {     //确定行进方向
        if( lastPos >= 0 ) {                    //根据位置绘制车辆
          g.setColor( Color.black );
```

```java
          g.fillRect( 0 + lastPos, 185, 40, 32 );
        }
        g.setColor( Color.gray );
        g.fillOval( 2 + carPos, 185, 10, 10 );
        g.fillOval( 26 + carPos, 185, 10, 10 );
        g.fillOval( 2 + carPos, 205, 10, 10 );
        g.fillOval( 26 + carPos, 205, 10, 10 );
        g.setColor( Color.green );
        g.fillRect( 0 + carPos, 190, 40, 20 );
        lastPos = carPos;
      }
      else {
        if( lastPos >= 0 ) {
          g.setColor( Color.black );
          g.fillRect( 185, 0 + lastPos, 32, 40 );
        }
        g.setColor( Color.gray );
        g.fillOval( 185, 2 + carPos, 10, 10 );
        g.fillOval( 185, 26 + carPos, 10, 10 );
        g.fillOval( 205, 2 + carPos, 10, 10 );
        g.fillOval( 205, 26 + carPos, 10, 10 );
        g.setColor( Color.blue );
        g.fillRect( 190, 0 + carPos, 20, 40 );
        lastPos = carPos;
      }
    }
    public void updateCar( Graphics g ) {        //刷新绘制车辆
      if( lastPos != carPos ) {
        drawCar(g);
      }
    }
}
/* 定义根据车的位置和速度判断是否将要在相会处相遇,相遇则等待,防止车辆碰撞的类 */
class TrafficCop {
    private boolean IntersectionBusy = false; //定义十字路口忙变量
    /* 根据两车的位置和速度判断是否将要在十字路口相遇 */
    public synchronized void checkAndGo( int carPos, int speed ) {
      if( carPos + 40 < 180 && carPos + 40 + speed >= 180 && carPos + speed <= 220 ) {
        while( IntersectionBusy ) {
          try {
            wait();                          //进入等待
          }
          catch ( InterruptedException e ) {
          }
        }
        IntersectionBusy = true;
      }
```

```
        if( carPos + speed > 220 ) {
            IntersectionBusy = false;
        }
        notify();                                    //通知等待线程解除等待
    }
}
```

输出结果

AnimationSample 小程序在浏览器中运行的结果如图 13-1 所示。

图 13-1　AnimationSample 小程序运行的结果

案例小结

（1）该案例程序启动两个车辆绘制对象，车辆沿指定方向运动，并根据随机数设定车辆的运动速度。

（2）图形的形状是固定的，在重新绘制时仅改变绘制在显示面板中的坐标值。

（3）在绘制车辆前需要判断是否进入十字路口，当进入十字路口时，绘制车辆图形的对象需要进入线程监视器中运行，保证一个方向的车辆通过，而不至于在十字路口处相碰撞。

13.2　文字动态显示案例

计算机显示的文字是一种特殊的图形，每个字是由点阵图或矢量图构成的，动态文字显示指的是组成句子的每个文字按各种方式显示出来。例如，按"打字方式"逐字显示一句话，每隔一段时间显示一个文字，其顺序为第 1 帧显示空白，第 2 帧显示句子的第 1 个文字，第 3 帧显示句子的第 1、2 两个文字，直至最后一帧显示完整个句子的文字，其效果是文字像打字一样一个字一个字地间隔一段时间跳出来显示，实现打字显示效果。

【**案例 13-2**】　在 Applet 小程序面板中动态显示文字，实现动画效果。

该案例程序是按"打字方式"逐字显示一句话的动态文字显示程序，其实现过程是通过线程控制间隔时间，定时时间到后重新逐字绘制文字。

选择类库

选择 java.lang 包中的 Runnable 接口定义具有线程能力的 Applet 小程序类，应用 java.awt 包中的 Graphics 类实现文字的绘制。

实现步骤

(1) 定义具有线程能力的 Applet 小程序类,重写 run()方法,实现固定时间的延时。
(2) 重写 Applet 中的 paint()方法,实现绘制文字。

程序代码

```java
package typewordsample;
import java.awt.*;
import javax.swing.*;
public class TypeWordSample extends JApplet implements Runnable {
  Thread runThread;
  String s = "你好,欢迎浏览!";              //定义文字
  int s_length = s.length();                //获取字符串长度
  int x_character = 0;                      //定义显示到第几个字符
  Font wordFont = new Font(
      "宋体", Font.BOLD, 50);               //创建使用的字体
  public void start() {
    if( runThread == null ){
      runThread = new Thread(this);         //创建线程
      runThread.start();                    //启动线程
    }
  }
  public void stop() {
    if( runThread != null ){
      runThread = null;
    }
  }
  public void run() {
    while(true) {
      if ( x_character++ >= s_length )      //显示字符计数加 1
        x_character = 0;                    //显示字符计数清零
      repaint ();                           //刷新显示
      try {
        Thread.sleep(300);                  //线程休眠
      }
      catch ( InterruptedException e ) {
      }
    }
  }
  public void paint ( Graphics g ) {        //显示文字
    g.setFont (wordFont);
    g.setColor (Color.red);
    g.drawString (
        s.substring(0,x_character), 8, 50 );//从字符串中取子串
  }
  public static void main(String args[]) {
    Frame f = new Frame("动画程序");
```

```
        TypeWordSample tws = new TypeWordSample();
        tws.init();
        tws.start();
        f.add("Center", tws);
        f.setSize(450, 100);
        f.setVisible(true);
    }
}
```

输出结果

该案例程序运行的结果如图 13-2 所示。

图 13-2　TypeWordSample 程序运行的显示结果

案例小结

（1）"打字方式"显示是指在字符串中从 0 开始每次增加一个字符作为显示的子串重新绘制在显示面板上。

（2）依据"打字方式"显示字符规则，可以设计出多种文字的动态显示，例如文字从下至上、从右向左等方式的滚动显示。

13.3　图像动态显示案例

Java 图像动画处理技术的主要表现形式为在屏幕上每秒钟显示一系列连续动画的图像。连续动画的图像是预先按显示顺序生成的一组图像，从第一帧图像（第一幅画面）开始每隔很短的时间再显示下一帧图像，如此往复。一般计算机每秒显示 10～20 帧图像，由于人眼视觉的暂留现象而感觉好像画面中的物体在均匀连续的运动，从而实现动画显示。

一般显示动画程序的主体是一个动画循环线程，该线程在休眠一段时间后重新刷新一次屏幕，达到动画效果。在动画程序初始化或启动方法中显示动画的背景画面（或一个静态帧）或是第一幅画面，然后通过在线程中每隔一段时间按图像顺序依次显示其他帧的画面，直到完成所有图像的显示。

13.3.1　动态显示多幅图像

【案例 13-3】　在 Applet 小程序面板中实时显示时钟。

该案例程序的功能为时钟实时显示，每秒钟刷新显示一次。图像数据是数码管八段显示形式的数字 0～9 和冒号及钟表外边框，以 gif 图像文件格式保存在磁盘中。

选择类库

选择 java.lang 包中的 Runnable 接口定义具有线程能力的 Applet 小程序类，应用 java.awt 包中的 Graphics 类实现图像的显示。

实现步骤

（1）定义具有线程能力的 Applet 小程序类，重写 run()方法，实现 1 秒延时。

（2）重写 Applet 中的 paint()方法，实现图像显示。

程序代码

```java
package showclocksample;
import java.awt.*;
import javax.swing.*;
import java.util.*;
public class ShowClockSample extends JApplet implements Runnable {
  Thread timer = null;
  Image[] digit_image = new Image[10];         //数码(0~9)图像数组
  Image colon_image,                            //冒号图像
    frame_image;                                //边框图像
  int digit_height = 21;                        //数码(及冒号)高度
  int digit_width = 16;                         //数码宽度
  int colon_width = 9;                          //冒号宽度
  int offset = 4;                               //边框厚度
  int applet_width, applet_height;              //定义小程序宽、高变量
  int[] image_start_x = new int[8];             //数码或冒号的水平起始位置数组
  public void init() {
    for (int i = 0; i < 10; i++){
    digit_image[i] =                            //读取图像到数组缓冲区
    getImage( getCodeBase(), "lcdimages/lcd" + i + ".gif" );
    }
    colon_image = getImage( getCodeBase(), "lcdimages/colon.gif" );
    frame_image = getImage( getCodeBase(), "lcdimages/frame.gif" );
    applet_width =                              //计算显示宽度
      ( 2 * offset ) + ( 6 * digit_width ) + ( 2 * colon_width );
    applet_height =                             //计算显示高度
      ( 2 * offset ) + ( digit_height );
    image_start_x[0] = offset;                  //填充起始位置数组
    for (int i = 1; i < 8; i++){
    if ( (i == 3) || (i == 6) )                 //计算冒号位置
      image_start_x[i] = image_start_x[i - 1] + colon_width;
    else                                        //计算数码位置
      image_start_x[i] = image_start_x[i - 1] + digit_width;
    }
  }
  public void start() {
    if (timer == null) {
    timer = new Thread(this);                   //创建线程
```

```java
      timer.start();                              //启动线程
    }
  }
  public void run() {
    while ( timer != null ) {
      try{
        timer.sleep(1000);                        //1秒延时,每秒显示一次
      }
      catch (InterruptedException e){
      }
      repaint();                                  //刷新显示
    }
  }
  public void stop() {
    if ( timer != null ) {
      timer = null;
    }
  }
  public void paint( Graphics g ) {
    GregorianCalendar gc =
        new GregorianCalendar();                  //读取系统时钟
    int hour = gc.get(Calendar.HOUR_OF_DAY);      //取小时数
    int minute = gc.get(Calendar.MINUTE);         //取分钟数
    int second = gc.get(Calendar.SECOND);         //取秒钟数
    int i = 0;                                    //水平起始位置数组的索引
    g.drawImage(frame_image, 0, 0, this);
    g.drawImage( digit_image[hour / 10],image_start_x[i++],offset,this );
    g.drawImage( digit_image[hour % 10],image_start_x[i++],offset,this );
    g.drawImage( colon_image,image_start_x[i++],offset,this);             //显示冒号
    g.drawImage(digit_image[minute/10],image_start_x[i++],offset,this);
    g.drawImage(digit_image[minute%10],image_start_x[i++],offset,this);
    g.drawImage(colon_image,image_start_x[i++],offset,this);              //显示冒号
    g.drawImage(digit_image[second/10],image_start_x[i++],offset,this);
    g.drawImage(digit_image[second%10], image_start_x[i],offset,this );
  }                                               //按时、分、秒位置显示图像
  public void update( Graphics g ) {
    paint(g);
  }
}
```

输出结果

该案例程序运行结果如图 13-3 所示。

图 13-3　ShowClockSample 程序运行显示结果

案例小结

（1）在程序执行前，所有的图像已经制作完毕，并且以图像文件的形式保存在磁盘上。

（2）该案例的图像文件为 0～9 共 10 幅数码管八段显示图像（文件名为 lcd0.gif，lcd1.gif，…，lcd9.gif），冒号图像（colon.gif 文件），钟表的边框图像（frame.gif 文件）。这些图像文件存放在 ShowClockSample 程序所在目录下的 lcdimages 子目录中，各幅图像如图 13-4 所示。

图 13-4　图像表示的数字 0～9 和冒号及外边框

（3）该案例程序每隔一秒读取一次系统时钟，根据系统时间数字读取对应的图像文件显示在屏幕上。

13.3.2　单幅图像变形动态显示

【案例 13-4】　在 Applet 小程序面板中实现单幅图像飘动的动画。

选择类库

选择 java.lang 包中的 Runnable 接口定义具有线程能力的 Applet 小程序类，应用 java.awt 包中的 Graphics 类实现图像的显示。

实现步骤

（1）定义具有线程能力的 Applet 小程序类，重写 run()方法，实现固定时间的延时。

（2）重写 Applet 中的 paint()方法，实现图像显示。

程序代码

```
package wavesample;
import java.awt.*;
import javax.swing.*;
public class WaveSample extends JApplet implements Runnable{
    private Thread m_wave = null;
    Image imgf,imgv;
    Graphics gv;
    int gw,gh,n,k,d[];
    final int w = 4,b = 5;
    Color c1;
    public void init() {
        gw = getSize().width;
        gh = getSize().height;
        n = gw/w;
        k = n-1;
        d = new int[n];
        for(int i = 1;i < n;i++){
            d[i] = (int)(Math.sin(Math.PI * 2/n * i) * b);
```

```java
    }
    imgf = getImage(getCodeBase(),getParameter("Image"));
    imgv = createImage(gw,gh*2-b*2);
    gv = imgv.getGraphics();
    c1 = new Color(Integer.parseInt(getParameter("bgcolor"),16));
    gv.setColor(c1);
}
public void paint(Graphics g){
    gv.fillRect(0,0,gw,gh);
    gv.drawImage(imgf,0,gh,this);
    for(int i = 0;i<n;i++){
        gv.copyArea(i*w,gh,w,gh-2*b,0,-gh+b+d[(i+k)%n]);
    }
    g.drawImage(imgv,0,0,this);
}
public void start(){
    m_wave = new Thread(this);
    m_wave.start();
}
public void stop(){
    m_wave = null;
}
public void run(){
    while (true){
        try{
            Thread.sleep(50);                    //间隔 50 毫秒
            k--;
            if(k<0) k = n-1;
            repaint();
        }
        catch (InterruptedException ie){
        }
    }
}
public void update(Graphics g){
    paint(g);
}
}
<html>                     <!-启动 WaveSample 小程序的 HTML 文档代码-!>
<head>
  <title>图像飘动动画</title>
</head>
<body>
<applet
  codebase = "."
  code     = "wavesample.WaveSample.class"
  name     = "TestWaveSample"
```

```
    width   = "165"
    height  = "110"
    hspace  = "0"
    vspace  = "0"
    align   = "middle"
>
< param name = Image value = "Image.gif" >        <!-指示单幅图像的文件名-!>
< param name = bgcolor value = "e8ffff" >
</applet>
</body>
</html>
```

输出结果

该案例程序运行后其图像显示为上下连续飘动的效果。

案例小结

（1）动态显示图像即按照确定的原则在屏幕上放映图像，控制每秒放映图像的帧数达到动画效果。

（2）该案例是以正弦曲线为图像水平基线，分段复制图像内容并显示到面板上，并逐步循环递进形成图像飘动。

13.4　图像缓冲技术动态显示案例

缓冲区技术是编写 Java 动画程序的关键技术之一，实际上它也是计算机动画的一项传统技术。当一组动画图像的每一幅文件的数据量都比较大时，计算机系统每次在屏幕上画图像的速度就有所减慢，可能会造成动画画面的闪烁，而在动画程序中使用缓冲区就可以避免画面的闪烁，但是，它是以占用大量的内存为代价的。

13.4.1　缓冲技术

动态显示图像是将所有图像存放在图像 Image 对象中，按一定的时间间隔将所有图像依次顺序地显示出来，因所有图像具有相关性，所以连续播放出的图像就可以形成动画的效果。

连续播放一组图像实现动画效果的 Java 程序，尤其是应用于网络中的 Java Applet 动画小程序，经常会使用到缓冲技术，其核心是将要显示的一组图像数据在 Applet 动画小程序的初始化过程中通过媒体跟踪器将图像数据读到为该数据创建的缓冲区中，用于显示的图像数据是从缓冲区中读出的，而并非是从网络服务器端读取的。

Java 缓冲区技术是通过媒体跟踪器（java.awt.MediaTracker）实现的，它解决了由于网络传输速度或图像绘制速度比较慢等情况引起播放的图像画面出现不完整或闪烁等现象的问题。媒体跟踪器用来跟踪图像等一些媒体信息的数据，检测所有的使用数据是否完全传输到内存中，以便决定播放动画的开始时间。

媒体跟踪器的构造方法需要一个 Component 对象作为参数，来表明此媒体跟踪器是为谁服务的，当使用 this 作为参数值时，表明该动画程序是 java.awt.Component 类中的一个子类。

当创建了一个 MediaTracker 对象后，可以调用 MediaTracker 类中的 addImage()方法将某个 Image 对象列入跟踪监控的范围。Image 对象列入跟踪范围后，在开始播放动画图像前调用 MediaTracker 类提供的 waitForID()方法来等待图像数据全部到达，此时应用程序将处于等待状态，直到所有图像文件数据全部装载好后才执行下一条语句。

在 Java 动画应用程序中，应用媒体跟踪器的主要程序框架如下：

```java
import java.awt.*;
MediaTracker tracker;                          //声明媒体跟踪器变量
Image[] image;                                 //声明图像变量数组
int length;                                    //声明数组长度
public void init() {                           //定义初始化方法
  tracker = new MediaTracker(component);       //创建媒体跟踪器
  for (int i = 0; i < length; i++){
    image[i] = getImage(
        getCodeBase(),"*" + i + ".gif" );
    tracker.addImage(image[i], 0);             //将图像列入第 0 组跟踪范围
  }
}
public void run() {                            //定义 run 方法
  try{
    tracker.waitForID(0);                      //等待 0 组图像媒体数据的到达
  }
  catch( InterruptedException ie ) {
    return;                                    //发生异常返回
  }
  //paint();                                   //按顺序显示图像
}
```

应用媒体跟踪器的程序框架在初始化方法中将所有使用的图像数据文件作为一组列入媒体跟踪器中，在 run()方法中的图像显示之前，首先需要完成该组图像数据全部到达内存的等待，然后再开始显示图像。

媒体跟踪器实现了将图像数据从磁盘或网络中读到内存中，当需要在屏幕上显示的单幅图像数据量比较大，而计算机绘制图像又比较慢时，图像的绘制过程可能会被看到，这将影响动画的效果。为解决该问题，一般在屏幕外面创建一个虚拟的后台备用屏幕，计算机系统直接在后台的备用屏幕上绘制图像，等图像绘制完成以后再将备用屏幕中的点阵内容直接切换给当前屏幕，直接切换准备好的画面的速度比在屏幕上当场绘制图像的速度要快得多。在后台备用屏幕绘制图像相当于又开辟了一个屏幕显示缓冲区，因此，Java 实现动画的技术又称为双缓冲区技术。采用后台备用屏幕绘制图像的主要程序框架如下：

```
/* 定义作为后台备用屏幕缓冲区的 Image 对象和 Graphics 对象 */
Image offScreenImg;                              //声明备用屏幕类型
Graphics offScreenG;                             //声明备用屏幕绘图类型
/* 在初始化方法中创建 Image 对象和 Graphics 对象 */
int width = getSize().width;                     //获取程序显示区宽度
int height = getSize().height;                   //获取程序显示区高度
offScreenImg = createImage(width, height);       //创建后台备用屏幕
offScreenG = offScreenImg.getGraphics();         //获取后台备用屏幕绘图环境
/* 在 paint 方法中将要显示的图形和文字绘制在后台备用屏幕上 */
offScreenG.drawImage( XXimg, x, y, this );       //将图像绘制在备用屏幕上
offScreenG.drawString( "字符……", x, y );         //将字符绘制在备用屏幕上
/* 使用 update 方法,将后台备用屏幕的内容绘制到 Java 动画程序的真正图像显示区 */
g.drawImage(offScreenImg, 0, 0, this);           //将备用屏幕切换到当前屏幕上
```

当后台备用屏幕创建成功后,Java 动画程序将后台备用屏幕的绘图环境 offScreenG 传递给 paint()方法,paint()方法将图像内容都绘制在备用屏幕上,然后在 update()方法中调用 drawImage()方法可将后台备用屏幕 offScreenImg 对象中的内容切换到当前的显示屏幕上。

13.4.2 利用缓冲技术实现动态显示图像案例

【案例 13-5】 使用媒体跟踪器在 Applet 小程序面板中实现图像移动型的动画效果。

该案例程序实现的效果为一只大鸟在沙漠(背景图像)中飞翔(移动)的图像移动型动画,在设计动画程序之前,需要将显示的图片以图像文件的形式保存在磁盘上。

选择类库

选择 java.lang 包中 Runnable 接口定义具有线程能力的 Applet 小程序类,选择 java.awt 包中 MediaTracker 类实现图像数据缓冲读取,应用 java.awt 包中 Graphics 类实现图像的显示。

实现步骤

(1) 依据媒体跟踪器应用程序框架定义具有线程能力的 Applet 小程序类。
(2) 采用双缓冲区(前、后绘图环境)技术切换显示两幅图像。

程序代码

```
package birdflysample;
import java.awt.*;
import javax.swing.*;
public class BirdFlySample extends JApplet implements Runnable {
    Thread thisThread;
    Image offScreenImg;                          //定义存放备用屏幕变量
    Graphics offScreenG;                         //定义备用屏幕的绘图环境
    MediaTracker tracker;                        //定义媒体跟踪器
    Image walkerImgs[] = new Image[4];           //定义存放大鸟走路姿势图像
    Image currentImg;                            //定义当前放映的大鸟动作图像
```

```java
    int xpos,ypos = 0;                          //定义大鸟动作图像显示的位置
    int walk_step = 20;                         //定义大鸟图像每次移动的距离
    int delay = 250;                            //定义每帧时延(毫秒)
    Image bgImage;                              //定义存放草原背景图像
    int applet_width,applet_height;
    int birdImg_width;                          //定义大鸟图像宽度
    public void init() {
      try {
        BirdFlyInit();
      }
      catch(Exception e) {
        e.printStackTrace();
      }
    }
    private void BirdFlyInit() throws Exception {
      tracker = new MediaTracker(this);         //创建媒体跟踪器对象
      for (int i = 0;i < walkerImgs.length;i++){ //获取大鸟动作图像
        walkerImgs[i] = getImage(
            getCodeBase(),"images/bird" + i + ".gif");
        tracker.addImage(walkerImgs[i], 0);     //列入 0 组跟踪范围
      }
      bgImage = getImage(                       //获取草原背景图像
              getCodeBase(),"images/" + "bg.gif");
      tracker.addImage(bgImage, 0);
      applet_width = getSize().width;
      applet_height = getSize().height;
      try {
        offScreenImg = createImage(             //创建备用屏幕
                      applet_width,applet_height);
        offScreenG = offScreenImg.getGraphics ();  //获取备用屏幕的绘图环境
      }
      catch (Exception e) {
        offScreenG = null;
      }
    }
    public void start() {
      if ( thisThread == null ) {
        thisThread = new Thread(this);
        thisThread.start();
      }
    }
    public void stop() {
      if ( thisThread != null ) {
        thisThread = null;
      }
    }
    public void run(){
      try{
```

```java
      tracker.waitForID(0);                       //等待0组中所有图像的到达
    }
    catch(InterruptedException e){
      return;
    }
    birdImg_width = walkerImgs[0].getWidth(this);
    int i = 0;
    while( true ){                                //计算显示图像的位置
      for(xpos = - birdImg_width;xpos < = applet_width;xpos += walk_step){
        currentImg = walkerImgs[i];
        repaint();
        i = (i + 1) % walkerImgs.length;          //计算下一帧显示的图像
        try{
          Thread.sleep(delay);
        }
        catch(InterruptedException ie){
        }
      }
    }
  }
  public void paint(Graphics g){
    g.drawImage(bgImage,0,0,this);
    g.drawImage(currentImg,xpos,ypos,this);
  }
  public void update(Graphics g){
    if (offScreenG != null) {                     //如果备用屏幕创建成功
      paint(offScreenG);
      g.drawImage(offScreenImg,0,0,this);         //将备用屏幕内容切换为当前屏幕
    }
    else{
      paint(g);
    }
  }
}
```

输出结果

该案例程序运行结果如图13-5所示。

图13-5　BirdFlySample程序运行的显示结果

案例小结

（1）该案例动画图像为四幅各种大鸟连续飞翔的姿势，如图 13-6 所示，其文件名为 bird0.gif、bird1.gif、bird2.gif、bird3.gif，背景图像的文件名为 bg.gif，将这些图像存放在启动该案例的 HTML 文档所在目录下的 images 子目录中。

图 13-6　动画使用的四幅图像

（2）在该案例动画 Applet 小程序中的一组大鸟图像是以白色为背景的 GIF 格式的图片，而 GIF 图像格式是支持透明背景技术的（即使用图形处理软件将 GIF 格式的图片设置为背景透明的图片），它能清除整幅图像的矩形背景，使其变为透明背景，通过透明背景技术可将该组动画图片叠加到背景图片中，使前景与背景图片混为一体，因此需要提前将每幅大鸟图片都转换为透明背景图片。

（3）该案例每隔一段时间在屏幕的不同位置上显示一幅图像，循环显示一组图像（四幅大鸟），显示的位置是从左到右（X 方向）递增，通过线程控制显示每幅图像。

13.5　小结

（1）动画处理技术主要通过图形沿某种运动轨迹运动或者在单位时间内在屏幕上显示一系列连续动画的图像实现的。

（2）利用线程可控制在固定时间内完成图形或图像的刷新操作。

（3）Java 缓冲区技术可解决画面的闪烁等问题，并由媒体跟踪器 MediaTracker 实现。

13.6　习题

（1）通过 J2SDK 提供的帮助文档学习 java.awt 包中 MediaTracker 类的使用。

（2）在 J2SDK 环境中编译、调试、运行本章案例 13-1 至案例 13-4 程序，编写启动 Applet 小程序的 HTML 文档，并通过 Web 浏览器查看程序运行结果。

（3）参考案例 12-5（从下向上滚动显示文字信息），编写 Applet 小程序，其功能为一行文字从右向左循环滚动显示。

（4）修改案例 13-5 程序，不经过媒体跟踪器的缓冲，直接将图像文件输出显示到屏幕上（参考案例 13-4 读取图像文件），观察程序运行结果。当与原案例程序运行结果区别不明显时，可增加动画图像文件的数量，再比较两个程序的运行结果，体会媒体跟踪器的作用。

（5）在 J2SDK 环境中编译、调试、运行下述动画程序，分析原理，观察程序运行结果。

```java
package bounceball;
import java.awt.*;
import java.awt.event.*;
import java.awt.geom.*;
import java.util.*;
import javax.swing.*;
public class BounceBall extends JFrame {
   private BallCanvas canvas;
   public static final int WIDTH = 450;
   public static final int HEIGHT = 350;
   public BounceBall(){
     setSize(WIDTH, HEIGHT);
     setTitle("BounceThread");
     Container contentPane = getContentPane();
     canvas = new BallCanvas();
     contentPane.add(canvas, BorderLayout.CENTER);
     JPanel buttonPanel = new JPanel();
     addButton(buttonPanel, "Start", new ActionListener(){
        public void actionPerformed(ActionEvent evt){
           addBall();
        }
     });
     addButton(buttonPanel, "Close",new ActionListener(){
        public void actionPerformed(ActionEvent evt){
           System.exit(0);
        }
     });
     contentPane.add(buttonPanel, BorderLayout.SOUTH);
   }
   public void addButton(Container c,
        String title,ActionListener listener){
     JButton button = new JButton(title);
     c.add(button);
     button.addActionListener(listener);
   }
   public void addBall(){
     Ball b = new Ball(canvas);
     canvas.add(b);
     BallThread thread = new BallThread(b);
     thread.start();
   }
   public static void main(String[] args){
     BounceBall bounceball = new BounceBall();
     bounceball.setDefaultCloseOperation(JFrame.EXIT_ON_CLOSE);
     bounceball.show();
   }
}
```

```java
class BallThread extends Thread{
  private Ball b;
  public BallThread(Ball aBall) {
    b = aBall;
  }
  public void run(){
    try{
      for (int i = 1; i <= 1000; i++){
        b.move();
        sleep(10);
      }
    }
    catch (InterruptedException exception){
    }
  }
}
class BallCanvas extends JPanel{
  private ArrayList balls = new ArrayList();
  public void add(Ball b){
    balls.add(b);
  }
  public void paintComponent(Graphics g){
    super.paintComponent(g);
    Graphics2D g2 = (Graphics2D)g;
    for (int i = 0; i < balls.size(); i++){
      Ball b = (Ball)balls.get(i);
      b.draw(g2);
    }
  }
}
class Ball{
  private Component canvas;
  private static final int XSIZE = 15;
  private static final int YSIZE = 15;
  private int x = 0;
  private int y = 0;
  private int dx = 2;
  private int dy = 2;
  public Ball(Component c){
    canvas = c;
  }
  public void draw(Graphics2D g2){
    g2.fill(new Ellipse2D.Double(x, y, XSIZE, YSIZE));
  }
  public void move(){
    x += dx;
    y += dy;
```

```java
        if (x < 0){
          x = 0;
          dx = - dx;
        }
        if (x + XSIZE >= canvas.getWidth()){
          x = canvas.getWidth() - XSIZE;
          dx = - dx;
        }
        if (y < 0){
          y = 0;
          dy = - dy;
        }
        if (y + YSIZE >= canvas.getHeight()){
          y = canvas.getHeight() - YSIZE;
          dy = - dy;
        }
        canvas.repaint();
    }
}
```

第 14 章　Java 网络应用案例

本章主要介绍 java.net 包中适用于网络编程类的使用，通过案例学习并掌握使用 HTTP、FTP、TCP/IP、UDP 等数据传输协议编写 Internet 网络应用程序。

14.1　URL 通信

URL 通信是建立在高层次传输协议上的，URL（Uniform Resource Locator，统一资源定位）主要是用于描述网络资源的传输协议、IP 地址等信息的。建立 URL 网络通信时首先需要知道网络资源的 URL，并通过 java.net 包提供的 URL、URLConnection、HttpURLConnection 等类对象中的方法实现网络资源的获取等操作。

14.1.1　创建并连接 URL 对象

java.net 包中的 URL 类主要是针对 URL 网络通信中的客户端设计的，URL 网络通信是建立在远程服务器中专门设有为 URL 网络通信服务的基础上，即在服务器中有为此服务的服务程序，其数据交换是依照传输协议与该服务程序进行的。例如，使用 HTTP 协议传输数据时，当客户端对服务器有数据传输请求时，在服务器中的服务程序则将数据发送到客户端，客户端程序实现数据的接收。由于建立的是 URL 网络通信，因此，在客户端需要创建 URL 对象并建立连接，而数据的交换是依照传输协议在服务程序与 URL 对象之间进行的，对客户端程序而言数据的交换是在数据类对象与建立连接的 URL 对象之间进行的，相当于同 URL 对象进行数据传输。对于不同的协议服务器中有不同的服务程序，如果服务器中没有为某种协议提供服务，即没有该协议的服务程序，则客户端将不能与远程服务器建立该协议的 URL 网络通信。

建立 URL 网络通信是与 URL 对象关联的，首先需要创建包含传输协议、服务器域名（IP 地址）、文件名、端口号等相关信息绑定的 URL 对象，然后通过 URL 类提供的操作方法将 URL 对象与 URLConnection、InputStream（输入流）等类对象绑定建立 URL 连接，或通过输入流对象进行数据交换等操作。

创建一个 URL 对象所需要的输入信息有：

(1) 传输协议(Communication Protocol)：例如 HTTP、FTP、NEWS 等。
(2) 服务器域名(Host Name)：服务器 IP 地址。
(3) 文件名(File Name)：读取的文件名，默认值 Index.html。
(4) 文件路径(File Path)：文件所在位置。
(5) 端口号(Port Number)：指定服务器的服务程序，默认值 80 或 8080。
(6) 参考点标记(ref、reference)：标识在一个文件中的特定偏移位置("锚"地址)。
描述完整网络资源的 URL 格式为：

Communication Protocol://Host Name: Port Number/ File Path/ File Name #ref
　　传输协议　　　服务器域名　　　端口号　　　目录名　　文件名　　参考点

在创建 URL 对象时不需要使用完整的 URL 格式，只需要传输协议和在网络中存在的服务器 IP 地址即可，其他信息都可以自动设置为默认值。下面是一个创建 URL 对象并建立连接(同时打开该连接)，且与输入流对象绑定的 Java 应用程序框架，其程序代码为：

```java
package urlsample;
import java.net.*;
import java.io.*;
public class URLSample {
  public static void main(String[] args) {
    String url_adr = "http://www.bnu.edu.cn";  //定义URL统一资源定位字
    URL url = null;                            //声明URL类变量
    URLConnection url_con = null;              //声明URL连接变量
    HttpURLConnection h_url_con = null;        //声明适合HTTP协议的连接变量
    InputStream in = null;                     //声明输入流变量
    try {
      url = new URL(url_adr);                  //创建URL对象
      url_con = url.openConnection();          //创建并打开一个连接对象
      url_con.connect();                       //建立连接
      in = url_con.getInputStream();           //将已连接对象与输入流对象绑定
      /* 下面的语句是针对HTTP协议的连接
      h_url_con = (HttpURLConnection)url.openConnection();
      url_con.connect();
      in = h_url_con.getInputStream();
       */
      /* 还可以使用下面的语句将输入流对象直接与URL对象绑定并打开输入流
      in = url.openStream();
       */
    }
    catch( MalformedURLException mue ) {       //创建URL对象异常处理
      mue.printStackTrace();
      System.out.println("创建URL错误");
    }
      catch( UnknownHostException uhe ) {      //服务器地址异常处理
        uhe.printStackTrace();
```

```
            System.out.println("IP 地址等错误");
        }
        catch( IOException ioe ) {                        //输入/输出异常处理
            ioe.printStackTrace();
            System.out.println("输入/输出错误");
        }
    }
}
```

当在客户端一个 URL 对象被创建后,便包含了一个指定网站的各种信息,例如网站的属性和内容。URL 类提供了获取网站属性的方法,而获取网站的内容,则需要将一个输入流对象与指定的 URL 对象绑定,然后按照标准输入流方式操作输入流对象,达到读取网络数据内容的目的。通过 URL 实现网络连接读取网络数据的步骤如下:

(1) 使用 URL 类创建一个 URL 对象。
(2) 使用 URL 类的 openConnection 操作方法建立 URL 对象的连接并打开该连接。
(3) 或者使用 URL 类的 openStream 操作方法将 URL 对象与一个输入流对象绑定。
(4) 通过操作输入流对象实现网站数据信息的读取。

网络的数据交换同样是以流的形式进行的,当在客户端一个网络资源的 URL 对象被创建并建立了连接后,就可以与 java.io 包提供的流操作类对象进行绑定,对流对象的操作等同于对远程服务器中数据的操作。

另外,创建 URL 对象根据输入参数的组合有多种方式,使用参考 URL 类的构造方法。

14.1.2　获取网络资源案例

当通过 URL 对象连接读取网站数据内容时,需要已知数据内容存放在网站中的文件名及文件类型,例如 HTML 文档,GIF、JPEG 等图形、图像文件,WAV 等声音文件,MOV 等动画影视文件,TXT 文本文件等,并相应地创建接收文件的对象。

1. 通过 URL 连接获取网站提供的 HTML 文档

【案例 14-1】　获取网站提供的 HTML 文档。

在 Internet 网络中的 HTML 文档都是以文本文件的形式存于网络服务器中的,并在服务器中有等待进行 URL 连接通信的服务程序。该案例为请求 URL 连接,并申请传输 HTML 文档文本数据的客户端 Java 应用程序。

选择类库

选择 java.net 包提供的 URL 类创建 URL 对象实现网络远程连接,应用 java.io 包提供的 InputStreamReader 类创建字符输入流对象实现数据输入操作,通过 javax.swing 包中的类创建应用程序界面,以及通过 java.awt.event 包中的类处理键盘事件。

实现步骤

(1) 声明 URL、InputStream(输入流)等类变量。
(2) 在键盘事件处理方法中,根据输入的 URL 地址创建 URL 对象,建立远程连接。

(3) 按流方式打开 URL 对象,并绑定字符输入流对象。
(4) 从字符输入流对象中读取字符数据并显示在文本区中。

程序代码

```java
package showtxtsample;
import java.awt.*;
import java.awt.event.*;
import java.io.*;
import java.net.*;
import javax.swing.*;
public class ShowTXTSample extends JFrame {
  BorderLayout borderLayout = new BorderLayout();
  JTextArea jTextArea = new JTextArea();              //创建文本域组件对象
  JScrollPane jScrollPane                             //创建垂直和水平滚动条窗口
      = new JScrollPane(jTextArea);
  JToolBar jToolBar = new JToolBar();
  JLabel jLabel = new JLabel("地址: ");
  JTextField jTextField = new JTextField("输入协议以及 IP 地址");
  String url_adr = null;
  URL url = null;                                     //声明 URL 类变量
  InputStream in = null;                              //声明输入流变量
  BufferedReader br = null;                           //声明读缓冲区变量
  String txt = null;
  public ShowTXTSample() {
    try {
      showInit();
    }
    catch (Exception exception) {
      exception.printStackTrace();
    }
  }
  private void showInit() throws Exception {
    getContentPane().setLayout(borderLayout);
    jTextField.addKeyListener(new KeyAdapter(){       //添加按键监听器
      public void keyTyped(KeyEvent e) {
        jTextField_keyTyped(e);
      }
    });
    jToolBar.add(jLabel);
    jToolBar.add(jTextField);
    getContentPane().add(jToolBar,borderLayout.NORTH);
    getContentPane().add(jScrollPane,borderLayout.CENTER);
  }
  public void jTextField_keyTyped(KeyEvent e) {
    if(e.getKeyChar() == KeyEvent.VK_ENTER){          //按"回车"键时
      try {
```

```java
        url_adr = jTextField.getText();
        url = new URL(url_adr);                    //创建 URL 对象
        in = url.openStream();                     //按流方式打开 URL 对象
        br = new BufferedReader(                   //创建读缓冲区对象
               new InputStreamReader(in));         //将对象绑定到输入流对象上
        while( (txt = br.readLine()) != null ) {   //读文本字符
          jTextArea.append(txt);                   //显示到文本域中
          jTextArea.append("\n");                  //添加"回车换行"符
        }
      }
      catch( MalformedURLException mue ) {
        mue.printStackTrace();
      }
      catch( UnknownHostException uhe ) {
        uhe.printStackTrace();
      }
      catch( IOException ioe ) {
        ioe.printStackTrace();
      }
    }
  }
  public static void main(String[] args) {
    ShowTXTSample showtxtsample = new ShowTXTSample();
    showtxtsample.setTitle("显示网络文本数据");
    showtxtsample.setSize(600,400);
    showtxtsample.setVisible(true);
    showtxtsample.setDefaultCloseOperation(JFrame.EXIT_ON_CLOSE);
  }
}
```

输出结果

在地址栏中输入传输协议和 IP 地址后，该程序的运行结果如图 14-1 所示。

图 14-1　ShowTXTSample 程序的运行结果

案例小结

(1) URL 对象中的 openStream() 操作方法返回用于从 URL 连接读取数据的 InputStream (输入流) 对象,并与字符输入流对象绑定实现字符的输入操作。

(2) 在地址栏中输入传输协议和 IP 地址后,其文件名是网站默认的 Index.html,读取的文本数据为 Index.html 文档的内容。

2. 通过 URL 连接获取网站提供的图形、图像文件

【案例 14-2】 获取网站提供的图形、图像数据文件。

存于 Internet 网络服务器中的图形、图像文件数据可以通过 URL 连接后直接读到 Image 对象中,该案例为请求 URL 连接,并从该连接中读取图形、图像文件数据的客户端 Java 应用程序。

选择类库

选择 java.net 包提供的 URL 类创建 URL 对象实现网络远程连接,使用 java.awt 包提供的 Image 类声明图像类变量。

实现步骤

(1) 定义继承 JPanel 类的显示图像类。
(2) 声明 URL 类变量。
(3) 在键盘事件处理方法中,根据输入的 URL 地址创建 URL 对象,建立远程连接。
(4) 从 URL 对象中直接读取图像数据内容并显示在 JPanel 画板上。

程序代码

```java
package showimgsample;
import java.awt.*;
import java.awt.event.*;
import java.awt.image.*;
import java.io.*;
import java.net.*;
import javax.swing.*;
public class ShowIMGSample extends JFrame {
    BorderLayout borderLayout = new BorderLayout();
    DrawPanel drawPanel = new DrawPanel();
    JToolBar jToolBar = new JToolBar();
    JLabel jLabel = new JLabel("地址: ");
    JTextField jTextField = new JTextField("输入协议、IP 地址、图像文件名");
    String url_adr = null;
    URL url = null;
    public ShowIMGSample() {
      try {
        showInit();
      }
      catch (Exception exception) {
        exception.printStackTrace();
```

```java
        }
    }
    private void showInit() throws Exception {
        getContentPane().setLayout(borderLayout);
        jTextField.addKeyListener(new KeyAdapter() {
            public void keyTyped(KeyEvent e) {
                jTextField_keyTyped(e);
            }
        });
        jToolBar.add(jLabel);
        jToolBar.add(jTextField);
        getContentPane().add(jToolBar,borderLayout.NORTH);
        getContentPane().add(drawPanel,borderLayout.CENTER);
        drawPanel.img = null;
    }
    public void jTextField_keyTyped(KeyEvent e) {
        if(e.getKeyChar() == KeyEvent.VK_ENTER){        //按"回车"键时
            try {
                url_adr = jTextField.getText();
                url = new URL(url_adr);                 //创建 URL 对象
                drawPanel.img = drawPanel.createImage(  //创建 Image 对象
                    (ImageProducer)url.getContent());   //从连接的 URL 对象中读取
                 drawPanel.repaint();                   //显示图像
            }
            catch( UnknownHostException uhe ) {
                uhe.printStackTrace();
            }
            catch( MalformedURLException mue ) {
                mue.printStackTrace();
            }
            catch( IOException ioe ) {
                ioe.printStackTrace();
            }
        }
    }
    public static void main(String[] args) {
        ShowIMGSample showimgsample = new ShowIMGSample();
        showimgsample.setTitle("显示网页图像");
        showimgsample.setSize(600,400);
        showimgsample.setVisible(true);
        showimgsample.setDefaultCloseOperation(JFrame.EXIT_ON_CLOSE);
    }
}
class DrawPanel extends JPanel{                         //定义显示图像面板
    static Image img;
    public DrawPanel() {
        try{
```

```java
        drawInit();
      }
      catch(Exception e){
        e.printStackTrace();
      }
    }
    private void drawInit() throws Exception {
      this.setSize(new Dimension(400, 260));
      img = null;
    }
    public void setImage(Image img) {                //设置图像内容
      try{
        this.img = img;
      }
      catch(Exception e){
        e.printStackTrace();
      }
    }
    public void paint(Graphics g) {                  //在面板上显示图像
      if(img != null){
        g.drawImage(img, 0, 0, this);
      }
    }
  }
```

输出结果

当输入传输协议、IP 地址、文件存放路径、图像文件名等信息后,该程序的运行结果如图 14-2 所示。

图 14-2　ShowIMGSample 程序的运行结果

案例小结

(1) URL 对象中的 getContent()操作方法实际为 openConnection().getContent()操作,openConnection()为打开 URL 对象指定的远程对象的连接,getContent()为获取该连接对象中的数据内容。

(2) URL 中的数据内容是通过 java.awt.image 包中接口 ImageProducer 指定的位图

格式实现创建 Image 对象,并显示在画板上。

14.1.3　Web 服务器提供 HTTP 服务案例

在 Internet 网络通信中一般是在两台计算机之间进行的,多数采用的模式是客户机/服务器模式,在通信过程中总是需要有一方首先提出通信请求,另一方接受请求并进行相互的数据交换。首先提出通信请求的计算机被称为客户机(客户端),被动等待通信请求并响应请求的计算机被称为服务器,Java 适用于网络的类库除了提供用于客户端通信的类库外,还提供了用于服务器端实现通信的类。

【案例 14-3】　提供 URL 连接的简单 Web 服务器。

该案例为在服务器端应用 Java 提供的通信类等待 URL 请求,使用 HTTP 协议实现数据传输服务的 Java 应用程序。

选择类库

选择 com.sun.net.httpserver 包中 HttpServer 类实现简单的 HTTP 服务,HttpExchange 抽象类规范了接受 HTTP 请求及获取输入、输出流信息等。

实现步骤

(1) 定义服务程序类,设置监听端口,创建连接响应对象。

(2) 定义实现 HttpHandler 接口的类,完成连接响应及输出数据操作。

程序代码

```java
package httpserversample;
import java.io.*;
import java.net.*;
import com.sun.net.httpserver.*;
public class HTTPServerSample {
  HttpServer server = null;
  int servPort = 8088;                          //设置服务器端口
  public HTTPServerSample() throws IOException {
    server = HttpServer.create(                 //根据监听端口,创建 HTTP 服务对象
      new InetSocketAddress(servPort), 10);     //在监听的端口上可受理 10 个请求
    server.createContext("/",
      new HttpHandlerSample());                 //注册并创建响应处理对象
  }
  public void start(){
    if (server!= null){
      server.start();                           //启动 HTTP 服务
    }
    else{
      System.out.println("error when start server");
    }
  }
  public static void main(String[] args) {
    try {
```

```java
            new HTTPServerSample().start();              //启动服务器
        }
        catch (IOException e) {
            e.printStackTrace();
        }
    }
}
class HttpHandlerSample implements HttpHandler {
    String htmlroot = "html/index.html";                 //指定 html 页面文件
    int BUFFSZ = 2046;                                   //设置文件缓冲区大小
    String errormsg = "File not found";                  //返回错误信息
    public void handle(HttpExchange exchange)
        throws IOException {
      File retfile = new File(htmlroot);
      OutputStream os = exchange.getResponseBody();      //返回可写输出流对象
      if(retfile.exists()){                              //判断页面是否存在
        long totsz = retfile.length();                   //获取文件大小
        exchange.sendResponseHeaders(200,totsz);
                       //向客户端发送响应正常的标记 200 和页面大小
        FileInputStream fis = new FileInputStream(retfile);       //创建文件输入流
        byte[] buff = new byte[BUFFSZ];
        int cnt = 0;
        while ((cnt = fis.read(buff))>= 0){              //读 html 文件数据
          os.write(buff, 0, cnt);                        //输出数据
        }
      }
      else{                                              //返回页面不存在信息
        byte [] dat = errormsg.getBytes();
        exchange.sendResponseHeaders(404,dat.length);
        os.write(dat);
      }
      os.close();                                        //关闭输出流
    }
}
```

输出结果

在 html 路径下存放 index.html 文件，运行案例程序，通过浏览器访问 http://localhost:8088/可测试该案例程序的输出结果，或使用案例 14-1 可得到 HTML 文档内容，验证 HTTP 协议的通信。

案例小结

（1）J2SDK6 提供了简单 HTTP 服务的应用程序接口，实现客户端请求处理操作。

（2）getResponseBody()返回一个可写的输出流对象，作为响应客户端请求的数据输出流。

（3）IP 地址 http://localhost:8088/的 localhost 为本机地址，8088 为端口号。

14.2 Socket 通信

Java 中的 Socket 连接（Socket 称为"套接字"）技术是网络通信的一种应用。套接字定义了两台计算机之间进行通信的规范，当两台计算机之间建立了通信通道时，套接字代表通信通道的两个端点，两台计算机都需要建立各自的端点（套接字）方可实现套接字方式的通信。Java 定义的 Socket 连接技术是建立在 TCP/IP（Transmission Control Protocol/Internet Protocol，传输控制协议/网间协议，TCP 是面向连接的协议，IP 面向网络的协议）通信协议基础上的，封装在 java.net 包的 Socket 和 ServerSocket 类分别是客户机和服务器的两个通信端点使用 TCP/IP 协议实现通信的套接字应用类，其创建的对象表示客户机和服务器的各自通信端点，使用套接字通信可以保证网络上两台计算机之间（程序之间）连接的可靠性。

14.2.1 建立服务器和客户机 Socket 通信程序框架

java.net 包的 Socket 类是实现客户端套接字连接对象的，而 ServerSocket 类是实现服务器套接字连接对象的。在编写 Java 网络应用程序时，需要将 Socket 和 ServerSocket 类分别用于客户端和服务器端，其实现的功能是在客户机和服务器两台机器之间建立可靠的双向通信模式的连接，但是 Socket 和 ServerSocket 类对象仅仅是实现了客户机和服务器两台机器之间的可靠连接，并不实现数据的交换，完成数据交换需要使用 java.io 包中的流操作类。Socket 和 ServerSocket 类对象相当于在两台机器之间建立了一条可靠的"通信管道"，它为无差错地进行数据交换提供了保证。

客户机和服务器之间实现 Socket 连接的机制如下：
- 客户机请求 Socket 套接字方式通信。
- 服务器的套接字 ServerSocket 接受客户机的通信请求。
- 建立两台机器之间的"通信管道"，实现套接字与套接字之间的连接。

根据客户机和服务器之间的 Socket 连接机制可知，首先需要在服务器端创建一个在指定端口（或默认端口）上进行监听的 ServerSocket 类对象，其功能是等待客户机的通信请求，ServerSocket 对象一般被封装在一个线程类中，该线程被称为监听线程或守护线程，它被置于等待状态，负责监听指定端口上是否有客户机提出了通信请求，其次需要在客户端创建一个指定主机名和端口号的 Socket 类对象，Socket 对象创建后将自动与指定的服务器（主机名）进行连接，并向指定端口号处的监听 ServerSocket 对象提出通信请求，当 ServerSocket 对象接受通信请求后，完成"通信管道"的建立。

在 Java 的 Socket 通信机制中，客户机要求服务器提供某种服务时，服务器中应该有该服务程序，客户端应用程序需要知道服务器的 IP 地址和端口号才能获得所需要的服务。因此，创建 Socket 对象时客户端需要指定主机号和端口号，主机号表示网络中计算机（服务器）的 Internet 地址或者是 IP 地址，端口号则表示一台机器内部的一个独一无二的抽象场所。该场所是由通过指定端口号的 ServerSocket 对象建立的，端口号实质是服务器提供的一种服务。一台服务器一般运行着多个服务程序，通过端口号区分不同的服务，端口的编号相当于一种二级定址，在客户端指明的端口号表示请求与指定端口编号关联的程序提供服务，当在服务器中建立了与该端口号匹配的 ServerSocket 对象，并接受通信请求后，则客户机和服务器的连接成功，可以进行数据交换了。

当客户机和服务器之间建立了 Socket 连接后，其数据的交换是通过绑定在 Socket 对象和 ServerSocket 对象上的输入、输出流对象进行的，因此，数据的发送与接收是在 Socket "通信管道"中实现的，完成一次数据交换的完整过程如下：

- 在服务器端创建 ServerSocket 对象，监听客户机的通信请求。
- 在客户端创建 Socket 对象，申请通信连接。
- 连接成功后，在 Socket 和 ServerSocket 对象上绑定数据输入、输出流对象。
- 通过数据输入、输出流对象进行数据交换。
- 数据交换完毕，关闭 Socket 网络通信连接。

1. 服务器端 Socket 通信程序框架

建立服务器端等待客户机 Socket 套接字连接和数据交换程序结构框架如下：

```java
package serversocketsample;
import java.net.*;
import java.io.*;
public class ServerSocketSample {
    private int port = 8080;                              //声明端口号变量
    private int backlog = 16;                             //声明接受客户机申请个数的变量
    private ServerSocket serverSocket = null;             //声明服务器套接字变量
    private InputStream in = null;                        //声明输入流变量
    private OutputStream out = null;                      //声明输出流变量
    private int d_length = 100;                           //声明传输数据的长度变量
    private byte[] data = new byte[d_length];             //声明传输数据组变量
    public ServerSocketSample() {                         //创建服务器套接字对象
        try {
        /* 创建在 port 端口监听，可接受 backlog 个客户机通信请求的服务器套接字对象 */
            serverSocket = new ServerSocket(port,backlog);
        }
        catch (IOException e) {                           //异常处理
            e.printStackTrace();
        }
    }
    public void service() {                               //定义服务器端服务方法
        Socket socket = null;                             //声明接受客户机连接的套接字变量
        try {
            socket = serverSocket.accept();               //监听并接受客户机的连接请求
            System.out.println("New Connection Accepted :" +
                socket.getInetAddress() +                 //输出显示客户机的 IP 地址和端口号
                ":" + socket.getPort());
```

```java
    /* 从客户机套接字 socket 对象(套接字通信管道)中读取数据
      in = socket.getInputStream();            //将输入流对象绑定到客户机套接字上
      d_length = in.read(data);                //从套接字输入流中读数据到 data 数组
    */
    /* 向客户机套接字 socket 对象(套接字通信管道)中写数据
      out = socket.getOutputStream();          //将输出流对象绑定到客户机套接字上
      out.write(data);                         //将数组数据写到套接字输出流中
    */
    }
    catch (IOException e) {                    //异常处理
      e.printStackTrace();
    }
    finally {                                  //处理完成套接字通信事件后的事情
      try{
        if(socket != null)
          socket.close();                      //与一个客户机通信结束后关闭 Socket
      }
      catch (IOException e) {                  //异常处理
        e.printStackTrace();
      }
    }
  }
  public static void main(String[] args) {
    ServerSocketSample sss = new ServerSocketSample();
    sss.service();                             //(调用)启动服务器端服务程序
  }
}
```

在服务器端接受客户机 Socket 套接字连接和进行数据交换程序结构中，ServerSocket 类的构造方法将创建一个与某一端口(port)绑定的 ServerSocket 对象，并指定可接受客户机通信申请的个数(backlog)，该数据表示服务器端连接请求队列的长度，当客户机通信申请的个数超出该值后，服务器端将不再接受申请，除非连接请求队列没有被占满，另外，ServerSocket 对象具有的 IP 地址是该对象所在的服务器 IP 地址。

在上述程序结构中，当服务器套接字 ServerSocket 对象创建后，调用并执行该对象的 accept()方法时，该程序处于监听客户机 Socket 套接字连接请求状态，当 accept()方法监听到客户机连接请求并可以接受该请求后，服务器与客户机完成 Socket 套接字的连接。accept()方法是实现监听和连接任务的，如果没有指定连接超时的时间，同时服务器端连接请求队列不满，则 accept()方法将一直等待客户机的连接请求，除非通过 setSoTimeout()方法设置服务器监听等待时间，超过设置时间后，accept()方法将停止监听任务，并抛出 SocketTimeoutException 异常。

当 accept()方法没有抛出任何异常，并正常返回时，其返回值为接收到的客户机 Socket 对象。该对象包含了客户机的 IP 地址、端口号等信息，此时实现了服务器与客户机的 Socket 套接字连接，通过 Socket 类中 getInputStream()或 getOutputStream()方法可将输入流或输出流对象绑定到 accept() 方法返回的 Socket 对象上,当对输入流、输出流进行读、写操作时,实际上是实现了服务器与客户机的数据交换。

在创建服务器套接字 ServerSocket 对象时,可以通过一个 backlog 参数指定该对象可以接受多少个客户机的连接请求,监听并连接客户机都是通过该对象的 accept() 方法实现的,当有多个客户机同时提出连接请求时,只要连接请求数目在不大于 backlog 范围内,则 ServerSocket 对象可以与所有提出申请的客户机实现 Socket 连接,并可以同所有已连接的客户机实现数据交换。为了有效地与每一个客户机进行数据交换,当有多个客户机申请 Socket 套接字连接并进行数据交换时,服务器端则应该为每个客户机建立一个服务线程专门与该客户机进行数据交换,因此,需要在服务器端建立多线程的服务程序。为多客户机服务的服务器端多线程数据交换程序结构框架如下:

```java
package serversocketsample;
import java.net.*;
import java.io.*;
public class ServerSocketSample {
  private int port = 8080;                          //声明端口号变量
  private int backlog = 16;                         //声明接受客户机申请的个数变量
  private ServerSocket serverSocket = null;         //声明服务器套接字变量
  public ServerSocketSample() {                     //创建服务器套接字对象
    try {
    /* 创建在 port(端口)监听,可接受 backlog 个客户机通信请求的服务器套接字对象 */
      serverSocket = new ServerSocket(port,backlog);
    }
    catch (IOException e) {
      e.printStackTrace();
    }
  }
  public void service() {
    while (true) {                                  //循环接受多个客户机的连接
      Socket socket = null;                         //声明接受客户机连接的套接字变量
      try {
        socket = serverSocket.accept();             //监听并接受客户机的连接请求
        Thread transfersDataThread = new Thread(new DataHandler(socket));
                                                    //针对一个客户创建一个实现数据交换的线程
        transfersDataThread.start();                //启动数据交换线程
      }
      catch (IOException e) {                       //异常处理
        e.printStackTrace();
      }
    }
  }
  public static void main(String[] args) {
    ServerSocketSample sss = new ServerSocketSample();
    sss.service();                                  //启动服务器服务程序
```

```java
        }
    }
    /* 定义具有线程功能的数据处理类,实现数据在 Socket 套接字通信管道中的传输 */
    class DataHandler implements Runnable{              //实现 Runnable 接口
        private Socket socket;                          //声明 Socket 变量
        private InputStream in = null;                  //声明输入流变量
        private OutputStream out = null;                //声明输出流变量
        private int d_length = 100;                     //声明传输数据长度变量
        private byte[] data = new byte[d_length];       //声明传输数据数组变量
        public DataHandler(Socket socket){              //传递客户机套接字对象
            this.socket = socket;
        }
        public void run(){                              //定义线程中的 run 方法
            try {
                System.out.println("Connect Client" +   //输出显示已连接客户机的 IP 和端口
                    socket.getInetAddress() + ":" + socket.getPort());
                /* 从一个客户机套接字 socket 对象中读取数据
                in = socket.getInputStream();           //将输入流对象绑定到客户机套接字上
                d_length = in.read(data);               //从输入流中读数据到 data 数组
                */
                /* 向一个客户机套接字 socket 对象中写数据 */
                out = socket.getOutputStream();         //将输出流对象绑定到客户机套接字上
                out.write(data);                        //将数组数据写到输出流中
                */
            }
            catch (IOException e) {                     //异常处理
                e.printStackTrace();
            }
            finally {                                   //数据交换完毕后处理事情
                try{
                    if(socket != null)
                        socket.close();                 //断开该客户机的套接字连接
                }
                catch (IOException e) {                 //异常处理
                    e.printStackTrace();
                }
            }
        }
    }
```

在上述程序的 service()方法中使用了 while 语句循环接受客户机的 Socket 套接字连接申请,接受多少个客户机的连接请求是由创建服务器套接字 ServerSocket 对象时的 backlog 参数决定的,如果客户机的连接请求个数已经大于 backlog 时将抛出 IllegalBlockingModeException 异常。在 ServerSocket 对象每次连接客户机成功后,将创建一个专门与该客户机进行数据交换的 DataHandler 线程对象 transfersDataThread,并启动该对象,实现与客户机的数据交换,当完成数据交换后,DataHandler 线程将关闭与该客户机的 Socket 连接。

2. 客户机 Socket 通信程序框架

建立客户机与服务器的 Socket 套接字连接和数据交换程序结构框架如下：

```java
package clientsocketsample;
import java.net.*;
import java.io.*;
public class ClientSocketSample {
    private String host = "localhost";           //声明将要连接的服务器主机名变量
    private int port = 8080;                     //声明将要连接的服务器端口号变量
    private Socket socket = null;                //声明客户机使用的套接字变量
    private InputStream in = null;               //声明输入流变量
    private OutputStream out = null;             //声明输出流变量
    private int d_length = 100;                  //声明传输数据的长度变量
    private byte[] data = new byte[d_length];    //声明传输数据数组变量
    public ClientSocketSample() {
        try {
        /* 通过主机名和端口号创建将要连接服务器的客户机套接字对象 */
            socket = new Socket(host,port);
            System.out.println("Server Name and Port :" +
                socket.getInetAddress() +                //输出显示服务器的 IP 地址和端口号
                ":" + socket.getPort());
        }
        catch (IOException e) {                  //异常处理
            e.printStackTrace();
        }
    }
    public void receive_send(){                  //定义接收与发送数据的方法
        try {
        /* 从客户机套接字 socket 对象(套接字通信管道)中读取数据
            in = socket.getInputStream();        //将输入流对象绑定到客户机套接字上
            d_length = in.read(data);            //从套接字输入流中读数据到 data 数组
        */
        /* 向客户机套接字 socket 对象(套接字通信管道)中写数据
            out = socket.getOutputStream();      //将输出流对象绑定到客户机套接字上
            out.write(data);                     //将数组数据写到套接字输出流中
        */
        }
        catch (IOException e) {                  //异常处理
            e.printStackTrace();
        }
        finally {
            try{
                if(socket != null)
                    socket.close();              //关闭套接字,断开连接
            }
```

```
        catch (IOException e) {                          //异常处理
          e.printStackTrace();
        }
      }
    }
  }
  public static void main(String[] args) {
    ClientSocketSample css = new ClientSocketSample();
    css.receive_send();                                  //调用接收与发送数据方法
  }
}
```

在服务器端需要有执行监听任务的服务程序在运行,客户机方可执行,客户机 Socket 套接字 socket 对象创建后将自动与指定主机和端口号进行连接,如无异常抛出则连接成功,之后就可以通过 Socket 类中 getInputStream()或 getOutputStream()方法将输入流或输出流对象绑定到 socket 对象上,在客户端使用输入流、输出流的读、写操作实现与服务器的数据交换。

14.2.2　Socket 通信案例

Socket 套接字通信方式是遵循 TCP/IP 协议进行连接和数据交换的,套接字的连接方式一般应用在要求无错误地实现数据传输中,高层次的用于文件传输的 FTP(File Transfer Protocol,文件传输协议)就是基于 TCP/IP 协议实现的,高层次的用于电子邮件接收的 POP(Post Office Protocol,邮局协议)和电子邮件传输的 SMTP(Simple Mail Transfer Protocal,Mail 传输协议)也是基于 TCP/IP 协议实现电子邮件接收和发送的,TCP/IP 协议可以保证数据传输的准确性,Socket 套接字可以保证连接的可靠性。

1. 通过 Socket 连接实现客户机与服务器之间的通信

【案例 14-4】　通过 Socket 连接实现客户机与服务器之间的交换数据。

该案例是一个客户机和服务器之间进行字节数据传输的 Java 应用程序示例,客户端申请套接字连接并接收服务器传递的数据,服务器端将其界面文本区显示的内容转换为最基础的字节类型传递给客户机,客户端将数据转换为字符在 Applet 小程序界面显示出来。

选择类库

选择 java.net 包中 ServerSocket 和 Socket 类分别创建服务器和客户机端套接字对象用于建立网络连接,选择 java.io 包中输入、输出流操作类实现数据传输。

实现步骤

(1) 依照服务器端 Socket 多线程数据交换程序框架定义服务器通信类,其中通过指定端口号创建服务器端套接字对象,以及创建发送字节类型数据的线程对象。

(2) 定义发送字节类型数据的线程类,实现数据发送。

(3) 依照客户端 Socket 通信程序框架定义申请通信的 Applet 小程序类,实现套接字模式的连接,以及数据的接收。

程序代码

```java
/*-------------- 服务器端程序代码 ---------------*/
package serversocketsample;
import java.awt.*;
import java.awt.event.*;
import java.io.*;
import java.net.*;
import javax.swing.*;
public class ServerFrameSample extends JFrame{        //创建操作界面
  BorderLayout borderLayout = new BorderLayout();
  JTextArea jTextArea = new JTextArea("Hello Everyone");
  JScrollPane jScrollPane
     = new JScrollPane(jTextArea);
  JToolBar jToolBar = new JToolBar();
  JLabel jLabel = new JLabel("端口号: ");
  JTextField jTextField = new JTextField("输入端口号");
  String txt = null;
  int port = 8080;
  public ServerFrameSample() {
    try {
      ServerInit();
    }
    catch (Exception exception) {
      exception.printStackTrace();
    }
  }
  private void ServerInit() throws Exception {
    getContentPane().setLayout(borderLayout);
    jTextField.addKeyListener(new KeyAdapter(){
      public void keyTyped(KeyEvent e) {
        jTextField_keyTyped(e);
      }
    });
    jToolBar.add(jLabel);
    jToolBar.add(jTextField);
    getContentPane().add(jToolBar,borderLayout.NORTH);
    getContentPane().add(jScrollPane,borderLayout.CENTER);
  }
  public void jTextField_keyTyped(KeyEvent e) {
    if(e.getKeyChar() == KeyEvent.VK_ENTER){
      try {
        txt = jTextField.getText();
        port = Integer.parseInt(txt);
        txt = jTextArea.getText();
        ServerSocketSample sss
           = new ServerSocketSample(port,txt);
```

```java
            sss.service();                           //启动实现一次等待接受客户机连接
        }
        catch( NumberFormatException nfe ) {
            nfe.printStackTrace();
        }
      }
    }
    public static void main(String[] args) {
        ServerFrameSample sfs = new ServerFrameSample();
        sfs.setTitle("服务器端Socket通信");
        sfs.setSize(600,400);
        sfs.setVisible(true);
        sfs.setDefaultCloseOperation(JFrame.EXIT_ON_CLOSE);
    }
}
/* 定义创建服务器套接字、创建发送字节类型数据的线程对象,传递数据等类 */
class ServerSocketSample {
    private int backlog = 16;                        //声明接受客户机申请的个数变量
    private ServerSocket serverSocket = null;        //声明服务器套接字变量
    String txt = null;
    public ServerSocketSample(int port,String txt) {
        this.txt = txt;
        try {                                        //创建服务器套接字对象
            serverSocket = new ServerSocket(port,backlog);
        }
        catch (IOException e) {                      //异常处理
            e.printStackTrace();
        }
    }
    public void service() {
        Socket socket = null;                        //声明接受客户机连接的套接字变量
        try {
            socket = serverSocket.accept();          //监听并接受客户机的连接请求
            Thread transfersDataThread =             //创建发送数据线程类
                new Thread(new DataHandler(socket,txt));
            transfersDataThread.start();             //启动发送数据线程
        }
        catch (IOException e) {                      //异常处理
            e.printStackTrace();
        }
    }
}

/* 定义发送字节类型数据的线程类 */
class DataHandler implements Runnable{
    private Socket socket;
    String txt = null;
```

```java
    private OutputStream out = null;                    //声明输出流变量
    private int length = 0;                             //声明发送数据的长度变量
    byte[] data;                                        //声明字节类型数据数组变量
    public DataHandler(Socket socket,String txt){
      this.socket = socket;
      this.txt = txt;
      this.length = this.txt.length();                  //获取数据长度
      this.data = new byte[this.length];                //创建数组
      for(int i = 0;i < this.length;i++){               //将字符数据转换为字节
        data[i] = (byte)this.txt.charAt(i);
      }
    }
    public void run(){                                  //定义线程的run方法
      try {
        out = socket.getOutputStream();                 //获取与套接字绑定的输出流对象
        out.write(this.length);                         //发送数据长度
        out.write(data);                                //发送数据
      }
      catch (IOException e) {                           //异常处理
        e.printStackTrace();
      }
      finally {
        try{
          if(socket != null)
            socket.close();                             //断开套接字连接
        }
        catch (IOException e) {                         //异常处理
          e.printStackTrace();
        }
      }
    }
}
/* ---------- 客户端Applet小程序代码 ----------- */
package clientsocketsample;
import java.awt.*;
import java.awt.event.*;
import java.applet.*;
import javax.swing.*;
import java.io.*;
import java.net.*;
public class ClientRecieveSample extends JApplet {
    private String host = "localhost";                  //声明将要连接的服务器主机名变量
    private int port = 8080;                            //声明将要连接的服务器端口号变量
    private Socket socket = null;                       //声明客户机使用的套接字变量
    private InputStream in = null;                      //声明输入流变量
    private int length = 0;                             //声明接收数据的长度变量
    private byte[] data;                                //声明字节类型数据数组变量
```

```java
String txt = null;
public void init() {
  try {
    ClientInit();
  }
  catch (Exception e) {
    e.printStackTrace();
  }
}
private void ClientInit() throws Exception {
  this.setSize(new Dimension(400, 300));
  socket = new Socket(host,port);
}
public void start() {
  try {
    in = socket.getInputStream();        //将输入流对象绑定到客户机套接字上
    length = in.read();                   //读传送数据的长度
    data = new byte[length];              //创建数组
    length = in.read(data);               //读数据
    this.txt = new String(data);          //将数据转换为字符串用以显示
    repaint();
  }
  catch (IOException e) {                 //异常处理
    e.printStackTrace();
  }
  finally {
    try{
      if(socket != null)
        socket.close();                   //关闭套接字,断开连接
    }
    catch (IOException e) {               //异常处理
      e.printStackTrace();
    }
  }
}
public void paint(Graphics g) {
  g.drawString(this.txt,50,50);           //显示字符串
}
}
```

输出结果

运行服务器端 ServerFrameSample 通信程序后,输入端口号后则启动套接字连接监听,在客户端通过 Web 浏览器或 Applet 小程序查看器运行 ClientRecieveSample 小程序,在服务器和客户机的运行结果如图 14-3 所示。

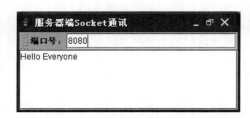 

图 14-3 服务器端和客户端 Socket 通信程序运行显示结果

案例小结

（1）服务器端建立套接字对象后通过 accept()方法监听（等待）网络上客户机的连接请求，当有连接请求时创建发送数据线程对象，调用 start()方法启动线程对象。

（2）服务器套接字和客户端套接字类对象中与硬件相关的实际操作是由 java.net 包中 SocketImpl 类的子类对象实现的，其中包括 getOutputStream()获取输出流对象和 getInputStream()获取输入流对象等，其实际操作是将输入、输出流对象与套接字对象绑定，数据的传输是在套接字连接的管道中进行的。

2. 通过 Socket 连接实现 FTP 功能

【案例 14-5】 通过 Socket 连接实现文件传输功能。

该案例是通过 Socket 通信实现文件传输功能的 Java 应用程序，将磁盘中的文件数据读出，通过 Socket 通信管道传输给客户端。

选择类库

选择 java.net 包中 ServerSocket 和 Socket 类分别创建服务器和客户端套接字对象用于建立网络连接，选择 java.io 包中输入、输出流操作类实现数据传输。

实现步骤

（1）依照服务器端 Socket 数据交换程序框架定义服务器通信类，其中通过指定端口号创建服务器端套接字对象，准备好要传输的文件，等待接受客户机连接。

（2）依照客户端 Socket 通信程序框架定义申请通信的客户端通信类，请求连接服务器，接收服务器传输的文件数据，并将数据以文件的形式写入磁盘。

程序代码

```
/* -------------- 服务器端程序代码 ---------------- */
package ftpsample;
import java.io.*;
import java.net.*;
public class ServerFTPSample {                    //定义服务器端文件传输类
  int port = 8080;
  String filePath = "C:\\abc.rar";
  void start() {                                  //定义传输文件的方法
    Socket s = null;
    try {
```

```java
      ServerSocket ss = new ServerSocket(port);   //创建服务器套接字
      while (true) {
        File file = new File(filePath);           //创建并打开磁盘文件
        System.out.println("文件长度:" + (int) file.length());
        s = ss.accept();                          //等待接受客户机连接
        System.out.println("建立 socket 链接");
        DataInputStream dis = new DataInputStream(//创建数据输入流对象
          new BufferedInputStream(new FileInputStream(filePath)));
        DataOutputStream dos =                    //创建数据输出流对象
          new DataOutputStream(s.getOutputStream());
        dos.writeUTF(file.getName());             //传输文件名
        dos.writeLong((long) file.length());      //传输文件长度
        int bufferSize = 8192;
        byte[] buf = new byte[bufferSize];
        while (true) {
          int read = 0;
          if (dis != null) {
            read = dis.read(buf);                 //读磁盘文件
          }
          if (read == -1) {
            break;
          }
          dos.write(buf, 0, read);                //传输文件数据
        }
        dis.close();                              //文件传输完毕
        s.close();
        System.out.println("文件传输完毕");
      }
    }
    catch (Exception e) {
      e.printStackTrace();
    }
  }
  public static void main(String arg[]) {
    new ServerFTPSample().start();
  }
}
/* --------------- 客户端程序代码 ---------------- */
package ftpsample;
import java.io.*;
import java.net.*;
public class ClientFTPSample {                    //定义客户机接收文件数据类
  private Socket s = null;
  private String ip = "localhost";                //localhost = 127.0.0.1
  private int port = 8080;
  public ClientFTPSample() {
    createConnection();                           //建立 Socket 连接
```

```java
        }
        private void createConnection() {
            try {
                s = new Socket(ip, port);                    //创建 Socket 连接对象
            }
            catch (Exception e) {
            }
        }
        private void getFile() {                             //定义获取文件数据的方法
            String savePath = "D:\\";
            int bufferSize = 8192;
            byte[] buf = new byte[bufferSize];
            int passedlen = 0;
            long length = 0;
            try {
                DataInputStream dis = new DataInputStream(   //创建数据输入流对象
                    new BufferedInputStream(s.getInputStream()));
                savePath += dis.readUTF();                   //读服务器传输的文件名
                DataOutputStream dos = new DataOutputStream(
                    new BufferedOutputStream(new BufferedOutputStream(
                    new FileOutputStream(savePath))));       //创建数据输出流对象
                length = dis.readLong();                     //接收文件数据长度
                System.out.println("文件长度:" + length + "\n");
                while (true) {
                    int read = 0;
                    if (dis != null) {
                        read = dis.read(buf);                //接收文件数据
                    }
                    passedlen += read;
                    if (read == -1) {
                        break;
                    }
                    dos.write(buf, 0, read);                 //将数据写到磁盘文件中
                }
                System.out.println("接收文件另存为:" + savePath + "\n");
                dos.close();                                 //接收文件数据结束
            }
            catch (Exception e) { }
        }
        public static void main(String arg[]) {
            new ClientFTPSample().getFile();
        }
    }
```

输出结果

将要传输的文件以程序中指定的文件名存放在指定的路径中,首先需要运行服务器端

通信程序,然后运行客户端程序,通过连接后,在客户端程序中指定的路径内可以看到接收到的文件。

案例小结

(1) 本机 IP 地址 localhost 一般为 127.0.0.1,通过本机 IP 地址案例可实现单机测试。
(2) FTP(文件传输协议)是建立在 Socket 通信基础上的。

14.2.3 网络聊天室程序案例

网络聊天室程序是两个客户机之间进行数据交换的,但是需要通过服务器作为桥梁来连接两个客户机,服务器从一个与服务器连接的客户机读数据后,将数据发送给已经与服务器建立了连接并等待接收数据的另一个客户机上,实现客户机之间的数据通信。

【案例 14-6】 应用 Socket 连接通过服务器建立客户机之间的通信。

该案例是通过 Socket 连接实现通信的,其传输的数据是一个对象,为了适应各种类型的数据传输,统一客户机的数据格式,该案例将数据封装在一个对象中,因此,数据的传输是以对象的形式进行的。

选择类库

选择 java.net 包中 ServerSocket 和 Socket 类分别创建服务器和客户端套接字对象用于建立网络连接,选择 java.io 包中输入、输出流操作类实现数据传输,选择 java.util 包中的 Vector 类实现客户端的请求管理。

实现步骤

(1) 定义实现 Serializable 接口的封装传输数据类。
(2) 依照服务器端多线程 Socket 数据交换程序框架定义服务器通信类,其中通过指定端口号创建服务器端套接字对象,等待接受客户机连接,创建数据传输线程对象。
(3) 定义数据传输线程类,绑定套接字对象传输数据。
(4) 依照客户端 Socket 通信程序框架定义申请通信的客户端通信类,请求连接服务器,从服务器端接收数据对象,以及发送数据对象到服务器端。

程序代码

```
/* -------------- 数据封装程序代码 ---------------- */
package transfersdatasample;
import java.io.*;
public class DataSample implements Serializable {
    public int toSocketNum;                    //声明指示目的客户机编号变量
    public String message;                     //声明一个消息数据变量
    public DataSample(int toSocketNum,String message){
        this.toSocketNum = toSocketNum;
        this.message = message;                //数据为一个字符串
    }
}
```

```java
/* -------------- 服务器端程序代码 ---------------- */
package transfersdatasample;
import java.io.*;
import java.net.*;
import java.util.*;
public class ServerBridgeSample extends Thread{
  public static int port = 8080;
  Socket socket;                                    //声明套接字变量
  int toSocketNum = 0;                              //声明连接客户机套接字编号变量
  ServerSocket serverSocket;                        //声明服务器套接字编号变量
  static Vector clientList = new Vector(1,1);       //声明存储客户机套接字数组
  public ServerBridgeSample(){
    try{
      serverSocket = new ServerSocket(port);        //创建服务器套接字对象
    }
    catch(IOException ioe){
      ioe.printStackTrace();
    }
    this.start();                                   //启动该线程对象
  }
  public void run(){
    try{
      while (true){
        socket = serverSocket.accept();             //接受客户机套接字连接请求
        clientList.addElement(socket);              //将客户机套接字存入数组
        toSocketNum++;                              //编号加 1,Vector 数组的管理
        TransfersDataThread tdt =                   //创建一个数据传输线程对象
          new TransfersDataThread(clientList,socket);
      }
    }
    catch(IOException ioe) {
      ioe.printStackTrace();
    }
  }
  public static void main(String args[]){
    ServerBridgeSample sbs = new ServerBridgeSample();
  }
}
/* -------------- 数据传输线程类代码 ---------------- */
class TransfersDataThread extends Thread {
  Vector clientList;
  Socket socket;
  public TransfersDataThread(Vector clientList,Socket socket){
    this.socket = socket;
    this.clientList = clientList;
    this.start();
  }
```

```java
    public void run(){
        try {
            DataSample ds = readData(this.socket);      //读对象数据
            writeData(ds);                              //写对象数据
        }
        catch(Exception e){
            e.printStackTrace();
        }
    }
    public synchronized DataSample readData(Socket socket)throws Exception {
        ObjectInputStream fromClient =                  //获取数据源套接字绑定的对象输入流
            new ObjectInputStream(socket.getInputStream());
        DataSample ds = (DataSample)fromClient.readObject();
        return ds;
    }
    public synchronized void writeData(DataSample ds) throws Exception{
        Socket tempsocket =                             //取出数据到达目的的套接字对象
            (Socket)this.clientList.elementAt(ds.toSocketNum);
        ObjectOutputStream toClient =                   //获取数据目的地套接字绑定的对象输出流
            new ObjectOutputStream(tempsocket.getOutputStream());
        toClient.writeObject(ds);                       //写对象数据
    }
}
/* -------------- 客户端程序代码 ---------------- */
package transfersdatasample;
import java.io.*;
import java.net.*;
public class ClientTransfersDataSample {               //定义客户机接收文件数据类
    private Socket socket = null;
    private String ip = "localhost";                   //localhost = 127.0.0.1
    private int port = 8080;
    int toSocketNum = 2;                               //声明连接客户机套接字编号变量
    private String txt = "Hello";
    DataSample ds;
    public ClientTransfersDataSample() {
        createConnection();                            //建立 Socket 连接
    }
    private void createConnection() {
        try {
            socket = new Socket(ip, port);             //创建 Socket 连接对象
        }
        catch (Exception e) {
        }
    }
    private void TransfersData() {                     //定义数据传输的方法
        ds = new DataSample(toSocketNum,txt);
        try {
```

```java
            writeData(ds);                          //写对象数据
            DataSample ds = readData(socket);       //读对象数据
        }
        catch (Exception e) {
        }
    }
    public void writeData(DataSample ds) throws Exception{
        ObjectOutputStream oos =                    //获取与套接字绑定的对象输出流
            new ObjectOutputStream(socket.getOutputStream());
        oos.writeObject(ds);                        //写对象数据
    }
    public DataSample readData(Socket socket)throws Exception {
        ObjectInputStream ois =                     //获取与套接字绑定的对象输入流
            new ObjectInputStream(socket.getInputStream());
        DataSample tempds =                         //声明数据对象变量
            (DataSample)ois.readObject();           //读对象数据
        return tempds;                              //返回数据对象
    }
    public static void main(String arg[]) {
        new ClientTransfersDataSample().TransfersData();
    }
}
```

输出结果

首先需要运行服务器端通信程序,然后运行两个客户端程序,需要改变客户机套接字编号变量值,代表两个不同的客户机,在单机上可观察到每个客户端程序接收和发送数据情况。

案例小结

(1) DataSample 类实现 Serializable 接口后,该类作为对象数据流实现数据传输,在该类中可以封装有关连接、数据内容、客户机编号(IP 地址)等所有信息。

(2) 在服务器端定义接受客户机申请连接的类中应用 java.util 包中的 Vector 类(实现可增长的对象数组)实现管理客户机的 Socket 请求,记录客户机指定数据传送到达的另一个客户机信息等。

(3) 客户端的程序基础功能是组织数据类 DataSample 对象的内容,为 toSocketNum、message 变量赋值,toSocketNum 为选择一个数据到达的目的地套接字编号,message 为需要传输的数据。

(4) 该案例仅仅描述了服务器端和客户端的程序主框架结构,以及主要使用的类库和类中的操作方法,在此基础上添加其他管理程序代码则可构成完整的网络聊天室系统。例如,在客户端界面中设置一个显示已经与服务器连接的其他客户机列表,其列表顺序指示了目的地套接字在 Vector 数组中的编号或 IP 地址,在服务器端当一个客户机申请连接成功或断开连接后,Vector 数组存储的 Socket 对象将增加或减少,同时将 Vector 数组对象发送给所有与服务器连接的客户机等。

14.3 UDP 通信

UDP(User Datagram Protocol,用户数据报通信协议)通信是以 UDP 为通信协议的一种通信方式。UDP 也被称为 TCP/UDP,为两台计算机之间提供一种非可靠的连接投递报文(数据包,即被传送的信息内容)的通信服务。由于这种通信方式不建立可靠的连接,所以不能保证所有的数据都能准确、有序地传送到目的地,但它允许重新传输那些由于各种原因半路"走失"的数据包。UDP 网络通信的特点是通信速度比较快,一般用于传送非关键性的实时数据,例如视频、音频及时钟、股票等数据。

在网络通信中有时不需要将数据完整地从一端传送到另一端,即不需要建立可靠的 Socket 网络通信连接,而当在网络中数据传输的速度显得更重要且需要实时性更好些时,使用 UDP 网络通信则更为合适。例如,服务器向客户机提供时钟报时服务,即服务器向客户端发送当前的时间信息,客户机丢失了一个数据包或者数据包没有按指定顺序到达时,服务器再重新发送一次丢失的时间数据包就已经没有意义了,因为已经过时了。再如,声音数据的传输,有少量数据包的丢失对播放出声音的整体效果并没有太大的影响,但是,在播放音乐时,则需要保证音乐节拍的正确性,即要求数据传输的速度要快,采用 UDP 网络通信就可以达到传输速度的要求。

14.3.1 建立 UDP 通信程序框架

java.net 包中 DatagramSocket 和 DatagramPacket 类是用于建立 UDP 网络通信的。DatagramSocket 类用于建立以 UDP 方式收发数据包的通信连接,即建立使用数据报协议来实现网络中计算机之间的通信,而 DatagramPacket 类用于在 UDP 方式通信连接的基础上传输具体的数据信息,它是以包的形式传送的。数据报 DatagramSocket 是实现通信的传输协议,数据包 DatagramPacket 则是以包的形式被传输的数据内容。DatagramSocket 和 DatagramPacket 类适用于所有在网络上的机器,并不分别对待客户机和服务器,因为数据要投递的地址信息都封装在 DatagramPacket 类对象中了,而网络的路由器中有专门针对 DatagramPacket 对象数据包进行解析和转发的功能。

实现 UDP 方式通信连接并在此连接基础上传输数据的步骤为:
(1) 依据接收或发送数据(数据内容和 IP 等信息)创建 DatagramPacket 数据包对象。
(2) 创建 DatagramSocket 对象建立 UDP 通信连接,指定连接或等待连接的端口号。
(3) 在 DatagramSocket 对象上发送或监听并接收 DatagramPacket 数据包对象。
建立 UDP 方式的通信连接并发送数据包的程序结构框架如下:

```
package udpsample;
import java.net.*;
public class UDPSendDataSample {
    int dataLength = 4096;                    //声明发送数据的长度变量
```

```java
      byte[] data = new byte[dataLength];              //声明并创建发送数据的数组
      String ip = "SendDataIP(127.0.0.1)";             //声明数据到达的 IP 地址
      int port = 8080;                                 //声明数据到达的机器端口号
      SocketAddress sendAdd =                          //声明数据到达目的地地址变量
        new InetSocketAddress(ip,port);                //创建数据到达目的地地址
      DatagramPacket outPacket;                        //声明数据报变量
      DatagramSocket outSocket;                        //声明 UDP 连接套接字变量
      public void connectSendPacket() {                //定义连接并发送数据的方法
        try {
          outPacket =                                  //创建数据报对象
            new DatagramPacket(
              data,dataLength,sendAdd);                //指定数组、数组长度、送达目的地地址
          outSocket = new DatagramSocket(port);        //创建 UDP 连接对象
          outSocket.send(outPacket);                   //发送到 UDP 连接的套接字中
        }
        catch (Exception e) {
          e.printStackTrace();
        }
      }
      public static void main(String arg[]) {
        UDPSendDataSample uss = new UDPSendDataSample();
        uss.connectSendPacket();
      }
    }
```

UDP 方式通信的发送数据需要在发送端创建一个发送数据使用的 DatagramSocket 对象和包含数据内容的 DatagramPacket 对象，数据发送的目的地 IP 地址和端口号可以在创建 DatagramSocket 对象时指明，也可以在创建 DatagramPacket 对象时指明，创建 DatagramPacket 对象时还需要确定发送的数据内容和数据长度，数据发送操作由 DatagramSocket 类的 send() 方法实现。

建立 UDP 方式的通信连接并接收数据包的程序结构框架如下：

```java
    package udpsample;
    import java.net.*;
    public class UDPReceiveDataSample {
      int dataLength = 4096;                           //声明接收数据长度变量
      byte[] data = new byte[dataLength];              //声明并创建接收数据数组
      DatagramPacket inPacket;                         //声明接收数据报变量
      int port = 8080;                                 //声明接收时监听的端口变量
      DatagramSocket inSocket;                         //声明 UDP 连接套接字变量
      public void connectReceivePacket() {             //定义接收数据的方法
        try {
          inPacket =                                   //创建准备接收数据的数据报对象
            new DatagramPacket(data,dataLength);
          inSocket = new DatagramSocket(port);         //创建监听指定端口的套接字对象
          inSocket.receive(inPacket);                  //从 UDP 连接的套接字中接收数据
```

```
        }
        catch (Exception e) {
            e.printStackTrace();
        }
    }
    public static void main(String arg[]) {
        UDPReceiveDataSample urds = new UDPReceiveDataSample();
        urds.connectReceivePacket();
    }
}
```

UDP 方式通信的数据接收需要在接收端创建一个指定端口号并监听数据到达的 DatagramSocket 对象和等待接收数据的 DatagramPacket 对象(数据容器),当监听到数据到达后,DatagramSocket 类的 receive()操作方法将数据接收到 DatagramPacket 对象的字节数组中,实现数据接收。

在 UDP 通信方式中数据的监听和等待接收一般是由一个线程实现的,接收数据的线程程序结构框架如下:

```
package udpsample;
import java.net.*;
public class UDPReceiveDataSample {
    DatagramPacket inPacket;                            //声明接收数据报变量
    int port = 8080;
    DatagramSocket inSocket;                            //声明 UDP 连接套接字变量
    public void connectReceivePacket() {
        try {
            inSocket = new DatagramSocket(port);
            new ReceiveThread(inSocket).start();        //依据监听套接字创建接收线程
        }
        catch (Exception e) {
            e.printStackTrace();
        }
    }
    public static void main(String arg[]) {
        UDPReceiveDataSample urds = new UDPReceiveDataSample();
        urds.connectReceivePacket();
    }
}
/* 定义接收数据的线程类,从指定套接字对象 inSocket 中接收数据 */
class ReceiveThread extends Thread {
    int dataLength = 4096;
    byte[] data = new byte[dataLength];                 //声明并创建接收数据数组
    DatagramPacket inPacket;                            //声明接收数据报变量
    DatagramSocket inSocket;                            //声明 UDP 连接套接字变量
    public ReceiveThread(DatagramSocket inSocket) {
```

```java
        this.inSocket = inSocket;                    //传递数据报套接字
      }
      public void run() {
        while (this.inSocket != null) {              //套接字不为空时,接收数据
          try {
            this.data = new byte[dataLength];
            this.inPacket =                          //创建数据报对象
              new DatagramPacket(data, data.length);
            this.inSocket.receive(inPacket);         //接收数据到指定的 inPacket 数据报对象
          }
          catch (Exception e) {
            e.printStackTrace();
          }
        }
      }
    }
```

在服务器和客户机之间传递信息的 Socket 和 UDP 两种通信方式中,都是以数据包 (Data Packet) 的形式进行数据传递的。在 Socket 通信连接时,因为是点对点的"无缝管道式"连接,因此,数据包中不包含数据传输的发送源地址和接收目的地址等信息,发送源地址和接收目的地址是由 Socket 协议保证的,其数据的传输操作是由 java.io 包中数据流操作类实现的。使用 UDP 通信连接时,所有的数据包都需要包含该数据包完整的发送源地址、接收目的地址、数据包发送顺序等信息,以便指明该数据包的走向和按顺序被接收,其数据包的发送和接收是 DatagramSocket 类提供的 send() 和 receive() 操作方法实现的。另外,数据包发送顺序信息是封装在 DatagramPacket 对象中的,在 UDP 网络通信规则中规定总是利用最新数据包中的信息,相同内容的 DatagramPacket 对象发送时间靠前的将被忽略。

14.3.2 UDP 通信案例

UDP 通信是一种非可靠连接的通信方式,通信双方是不保持对方的各种状态的,适合于视频、音频、时钟等实时数据的传输。高层次的 HTTP 协议是基于 UDP 协议传输的,因为 UDP 网络通信并不保证数据传输的准确性,因此,在浏览网页时,常会出现数据丢失现象,但并不影响 Web 浏览器对网页内容的解析和显示。

1. 通过 UDP 通信方式提供时间服务

【案例 14-7】 时间服务程序。

该案例是一个在服务器中有一个等待申请时间服务的程序,该程序功能是通过 UDP 通信方式为客户机提供服务器的时间。

选择类库

选择 java.net 包中 DatagramSocket 和 DatagramPacket 类建立连接和数据包内容,以及时间数据的发送和接收,选择 java.util 包中 Date 类读取系统时间。

实现步骤

（1）依照 UDP 通信程序框架定义服务器通信类，其中通过指定端口号创建服务器端 UDP 套接字对象，等待接受客户机连接。

（2）当有客户机连接请求时，读取系统时间封装到数据包中发送给客户机。

（3）依照 UDP 通信程序框架定义申请通信的客户端通信类，请求连接服务器，从服务器端接收数据包。

程序代码

```java
/*-------------- 服务器端程序代码 ---------------- */
package timeudpsample;
import java.io.*;
import java.net.*;
import java.util.*;
public class TimeServerSample {
    int bufLength = 256;                           //声明数据缓冲区的长度变量
    byte[] buf = new byte[bufLength];              //声明并创建数据缓冲区
    String date = "";                              //声明时间表示字符串变量
    int port = 8080;                               //声明数据到达的机器端口号
    DatagramPacket outTimePacket;                  //声明数据报变量
    DatagramSocket outTimeSocket;                  //声明 UDP 连接套接字变量
    public void connectSendTimePacket()
        throws IOException {                       //定义连接并发送时间的方法
        outTimeSocket =
            new DatagramSocket(port);              //创建 UDP 连接对象
        while (true) {                             //在 port 处等待客户机通信请求
            outTimePacket =
                new DatagramPacket(buf, buf.length);
            outTimeSocket.receive(outTimePacket);  //接收客户机发送的数据报
            date = new Date().toString();          //读服务器时间
            buf = date.getBytes();                 //转换为字节数据
            InetAddress tempAddress =
                outTimePacket.getAddress();        //获取客户机地址
            int tempPort = outTimePacket.getPort();//获取客户机端口号
            outTimePacket = new DatagramPacket(    //创建发送的时间数据报
                buf, buf.length, tempAddress, tempPort);
            outTimeSocket.send(outTimePacket);     //发送到 UDP 连接的套接字中
        }
    }
    public static void main(String args[]) throws IOException{
        TimeServerSample tss = new TimeServerSample();
        tss.connectSendTimePacket();               //启动时间服务
    }
}
/*-------------- 客户端程序代码 ---------------- */
package timeudpsample;
```

```java
import java.io.*;
import java.net.*;
import java.util.*;
public class GetTimeSample {
    int bufLength = 256;                                //声明数据缓冲区的长度变量
    byte[] buf = new byte[bufLength];                   //声明并创建数据缓冲区
    String host = "localhost";                          //声明获取时间的服务器名
    int port = 8080;                                    //声明端口号变量
    static DatagramPacket inTimePacket;                 //声明数据报变量
    DatagramSocket inTimeSocket;                        //声明UDP连接套接字变量
    public void connectReceiveTimePacket()
      throws IOException {                              //定义连接并接收时间的方法
      InetAddress localAddress = InetAddress.getByName(host);
      System.out.println("Checking at: " + localAddress);
      inTimePacket =                                    //创建一个发送到服务器的数据报
        new DatagramPacket(buf, buf.length, localAddress,port);
      inTimeSocket = new DatagramSocket();              //创建数据报套接字对象
      inTimeSocket.send(inTimePacket);                  //发送起同步作用的无数据的数据报
      inTimePacket =
        new DatagramPacket(buf, buf.length);            //创建一个用于接收的数据报
      inTimeSocket.receive(inTimePacket);               //从数据报套接字接收数据报
      String time =
        new String(inTimePacket.getData());             //获取数据报中数组数据
      System.out.println("The time at " + host + " is: " + time);
      inTimeSocket.close();                             //关闭数据报套接字通信
    }
    public static void main(String args[]) throws IOException {
      GetTimeSample gts = new GetTimeSample();
      gts.connectReceiveTimePacket();                   //启动获取服务器时间程序
    }
}
```

输出结果

首先需要运行服务器端通信程序，然后运行客户端程序，在单机上可进行测试，并在运行客户机程序控制台上可观察到客户端接收到服务器发送的时间数据。

案例小结

（1）DatagramSocket 类对象是用于建立 UDP（数据报套接字）方式连接的，连接建立后，数据包的传递就可以绑定在该连接上实现发送和接收。

（2）DatagramPacket 类对象是用于封装数据信息的，将数据内容、数据长度、IP 地址和端口号等信息以数据包的形式封装起来。发送信息时，将数据包发送到数据报 UDP 套接字上，没有指出 IP 地址和端口号信息时创建的 DatagramPacket 类对象则用于从数据报套接字中接收数据包。

（3）客户端请求连接时需要发送本机的数据包，其内容包括本机 IP 地址、端口号等信息，java.net 包中 InetAddress 类对象可获取本机的 IP 地址等信息。

(4) 在服务器端首先需要等待接收客户机发送的数据包,从中获取客户机的 IP 地址、端口号等信息,然后再根据这些信息发送给客户机时间数据。

2．客户机与服务器通过 UDP 连接交换数据

【案例 14-8】 通过 UDP 通信方式进行数据交换。

该案例是客户机和服务器之间通过 UDP 通信方式进行数据传输的 Java 应用程序。

选择类库

选择 java.net 包中 DatagramSocket 和 DatagramPacket 类建立连接和数据包内容,实现数据的发送和接收。

实现步骤

(1) 依照 UDP 通信程序框架定义服务器通信类,其中通过指定端口号创建服务器端 UDP 套接字对象,等待接受客户机连接。

(2) 依照 UDP 多线程接收数据包程序框架定义接收数据类,负责接收客户端发送的数据包及显示客户端的信息。

(3) 依照 UDP 通信程序框架定义申请通信的客户端通信 Applet 小程序类,完成请求连接服务器,发送和接收数据包。

程序代码

```
/* --------------- 服务器端程序代码 ---------------- */
package udpsample;
import java.awt.*;
import java.awt.event.*;
import javax.swing.*;
import java.net.*;
import java.io.*;
public class ServerFrameSample extends JFrame {
  public int length = 100;
  public byte[] data = new byte[length];
  public DatagramPacket packet;
  public int port = 8080;
  public String ip = "localhost";
  public DatagramSocket socket;
  JPanel contentPane;
  JLabel jLabel = new JLabel();
  JTextField jTextField = new JTextField();
  JTextArea jTextArea = new JTextArea();
  public ServerFrameSample() {
    try {
      ServerInit();
    }
    catch(Exception e) {
      e.printStackTrace();
    }
```

```java
    }
    private void ServerInit() throws Exception {
        jLabel.setText("通信记录: ");
        contentPane = (JPanel) this.getContentPane();
        contentPane.setLayout(new BorderLayout());
        this.setSize(new Dimension(400, 200));
        this.setTitle("通信控制台:");
        jTextField.setText("输入通信内容");
        jTextField.addActionListener(new ActionListener() {
            public void actionPerformed(ActionEvent e) {
                jTextField_actionPerformed(e);
            }
        });
        jTextArea.setText("你好!");
        contentPane.add(jLabel, BorderLayout.NORTH);
        contentPane.add(jTextArea, BorderLayout.CENTER);
        contentPane.add(jTextField, BorderLayout.SOUTH);
        socket = new DatagramSocket(port);                //创建监听 UDP 连接对象
        packet = new DatagramPacket(data,data.length);
        socket.receive(packet);                           //接收数据报
        ip = packet.getAddress().toString();              //获取发送的数据报 IP 地址
        port = packet.getPort();                          //获取发送的数据报端口号
        jTextArea.append("\n来自主机: " + ip + "\n端口: " + port);
        new ReceiveThread().start();                      //启动接收数据报线程
    }
    void jTextField_actionPerformed(ActionEvent e) {
        try{
            jTextArea.append("\n服务器: ");
            String string = jTextField.getText();
            jTextArea.append(string);
            data = string.getBytes();
            packet = new DatagramPacket(                  //创建发送的数据报对象
                data,data.length,InetAddress.getByName(ip),port);
            socket.send(packet);                          //发送数据报
        }
        catch(IOException ioe){
            jTextArea.append("\n网络通信出现错误,问题在" + ioe.toString());
        }
    }
    public static void main(String[] args) {
        ServerFrameSample sfs = new ServerFrameSample();
        sfs.setSize(400,300);
        sfs.setVisible(true);
        sfs.setDefaultCloseOperation(JFrame.EXIT_ON_CLOSE);
    }
    class ReceiveThread extends Thread {                  //嵌套定义接收数据包线程类
        public void run() {
```

```java
            while(socket != null) {
                try {
                    packet = new DatagramPacket(data, data.length);
                    socket.receive(packet);                    //接收数据包
                    jTextArea.append(new String(packet.getData()));
                }
                catch(Exception ex) {
                }
            }
        }
    }
}
/* ---------- 客户端 Applet 小程序代码 ------------ */
package udpsample;
import java.awt.*;
import java.awt.event.*;
import java.applet.*;
import javax.swing.*;
import java.net.*;
import java.io.*;
public class ClientAppletSample extends Applet {
    public int length = 100;
    public byte[] data = new byte[length];
    public DatagramPacket packet;
    public int port = 8080;
    public String ip = "localhost";
    public DatagramSocket socket;
    JLabel jLabel = new JLabel();
    JTextArea jTextArea = new JTextArea();
    JTextField jTextField = new JTextField();
    public void init() {
        try {
            ClientInit();
        }
        catch(Exception e) {
            e.printStackTrace();
        }
    }
    private void ClientInit() throws Exception {
        this.setLayout(new BorderLayout());
        jLabel.setText("通信记录:");
        jTextArea.setText("你好!");
        jTextField.setText("输入通信内容");
        jTextField.addActionListener(new java.awt.event.ActionListener() {
            public void actionPerformed(ActionEvent e) {
                jTextField_actionPerformed(e);
```

```java
        }
      });
      this.add(jLabel, BorderLayout.NORTH);
      this.add(jTextArea, BorderLayout.CENTER);
      this.add(jTextField, BorderLayout.SOUTH);
      packet = new DatagramPacket(
          data, data.length, InetAddress.getByName(ip),port);
      socket = new DatagramSocket();
      socket.send(packet);
      new ReceiveThread().start();
    }
      void jTextField_actionPerformed(ActionEvent e) {
      try{
        jTextArea.append("\n 客户端: ");
        String string = jTextField.getText();
        jTextArea.append(string);
        data = string.getBytes();
        packet = new DatagramPacket(
          data,data.length, InetAddress.getByName(ip),port);
        socket.send(packet);
      }
      catch(IOException ioe){
        jTextArea.append("网络通信出现错误,问题在" + ioe.toString());
      }
    }
    class ReceiveThread extends Thread {          //嵌套定义接收数据包线程类
      public void run() {
        while(socket != null) {
          try {
            packet = new DatagramPacket(data, data.length);
            socket.receive(packet);              //接收数据包
            jTextArea.append(new String(packet.getData()));
          }
          catch(Exception ex) {
          }
        }
      }
    }
  }
```

输出结果

运行服务器端 ServerFrameSample 程序和客户端 ClientAppletSample 小程序,当建立 UDP 连接后,其服务器端 ServerFrameSample 程序将检查到客户机发送的数据包,两个程序的运行结果如图 14-4 所示。

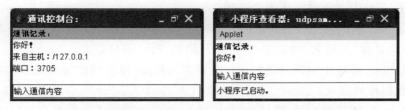

图 14-4　服务器端和客户端 UDP 通信程序运行显示结果

案例小结

（1）ReceiveThread 类为多线程接收数据包类，分别嵌套定义在 ServerFrameSample 和 ClientAppletSample 类中。

（2）发送的数据内容存放在字节数组 data 中，封装在数据包对象 packet 中发送。

14.4　小结

（1）应用统一资源定位（URL）和套接字（Socket）实现网络传输协议时，它们只是建立网络的连接，数据的传输则需要与 java.io 包中的输入、输出流对象进行绑定实现数据传输；数据报网络传输协议也是建立在套接字基础上的，但数据是以数据包的形式传输的。

（2）实现 URL 连接并进行数据传输的步骤为：

① 使用 URL 类创建一个 URL 对象。

② 使用 URL 类的 openConnection 操作方法建立 URL 对象的连接并打开该连接。

③ 或者使用 URL 类的 openStream 操作方法将 URL 对象与一个输入流对象绑定。

④ 通过操作输入流对象实现网站数据信息的读取。

（3）实现 Socket 连接并进行数据传输的步骤为：

① 在服务器端创建 ServerSocket 对象，监听客户机的通信请求。

② 在客户端创建 Socket 对象，申请通信连接。

③ 连接成功后，在 Socket 和 ServerSocket 对象上绑定数据输入、输出流对象。

④ 通过数据输入、输出流对象进行数据交换。

（4）实现 UDP 连接并进行数据传输的步骤为：

① 依据接收或发送数据（数据内容和 IP 等信息）创建 DatagramPacket 数据包对象。

② 创建 DatagramSocket 对象建立 UDP 通信连接，指定连接或等待连接的端口号。

③ 在 DatagramSocket 对象上发送或监听并接收 DatagramPacket 数据包对象。

14.5　习题

（1）通过 J2SDK 提供的帮助文档学习 java.net 包中 DatagramPacket、DatagramSocket、HttpURLConnection、InetAddress、MulticastSocket、ServerSocket、Socket、URL、

URLConnection、URLEncoder 等类的使用。

(2) 编写 Java 网络应用程序,其功能是利用 URL 类的操作方法获取一个网站的各种属性,例如协议名称、主机名、默认端口号、用户信息、授权等信息。

(3) 在 J2SDK 环境中编译、调试、运行本章案例程序,体会网络通信连接和在不同的连接模式中的数据传输方式。

(4) 在 J2SDK 环境中编译、调试、运行下述 Socket 连接方式的数据交换程序,描述程序实现的功能。

```java
/* ============ 服务器端程序 ============== */
package serversocketsample;
import java.io.*;
import java.net.*;
public class ServerSocketSample{
  private ServerSocket serverSocket = null;
  private int port = 8080;
  String txt = null;
  public void service() throws IOException {
    serverSocket = new ServerSocket(this.port);
    try {
      while (true) {
        Socket socket = null;
        socket = serverSocket.accept();
        new CreateServerThread(socket);
      }
    }
    catch (IOException e) {
    }
    finally {
      serverSocket.close();
    }
  }
  public static void main(String[] args) throws IOException {
    new ServerSocketSample().service();
  }
}
class CreateServerThread extends Thread {
  private Socket client;
  private BufferedReader in;
  private PrintWriter out;
  String msg;
  public CreateServerThread(Socket socket) throws IOException {
    this.client = socket;
    in = new BufferedReader(
      new InputStreamReader(client.getInputStream()));
    out = new PrintWriter(client.getOutputStream(), true);
```

```java
      this.msg = "连接服务器成功";
      out.write(12);
      out.println(msg);
      this.start();
    }
    public void run(){
      try{
        String line = in.readLine();
        while (!line.equals("Quit")) {
          this.msg = createMessage(line);
          out.println(this.msg);
          line = in.readLine();
        }
        out.println("已经断开连接");
        this.client.close();
      }
      catch (IOException e) {
      }
    }
    private String createMessage(String line){
      this.msg = "服务器接收到: " + line;
      return this.msg;
    }
}
/* ============ 客户端程序 ============ */
package clientsocketsample;
import java.io.*;
import java.net.*;
public class ClientRecieveSample {
    private String host = "localhost";              //localhost = 127.0.0.1
    private int port = 8080;
    Socket socket;
    BufferedReader in;
    PrintWriter out;
    public void talk(){
      try {
        socket = new Socket(host, port);
        in = new BufferedReader(
          new InputStreamReader(socket.getInputStream()));
        out = new PrintWriter(socket.getOutputStream(),true);
        BufferedReader line =
          new BufferedReader(new InputStreamReader(System.in));
        out.println(line.readLine());
        line.close();
        out.close();
        in.close();
        socket.close();
```

```
      }
      catch (IOException e) {
      }
   }
   public static void main(String[] args) {
      new ClientRecieveSample().talk();
   }
}
```

(5) 在 J2SDK 环境中编译、调试、运行下述 UDP 连接方式的数据交换程序，描述程序实现的功能。

```
/* =========== 服务器端程序 ============== */
package udpsample;
import java.net.*;
import java.io.*;
public class DatagramServerSample{
   public static void main (String[] args){
      DatagramSocket ds = null;
      try {
         ds = new DatagramSocket(8080);
      }
      catch (SocketException se){
         se.printStackTrace();
         System.exit(-1);
      }
      byte[] buffer = new byte[1024];
      DatagramPacket dp = new DatagramPacket(buffer,buffer.length);
      while (true){
         DataInputStream in = new DataInputStream (
            new ByteArrayInputStream (buffer));
         try {
            ds.receive(dp);
            System.out.println(in.readLong());
            in.close();
         }
         catch (IOException ioe) {
            ioe.printStackTrace();
            continue;
         }
      }
   }
}
/* =========== 客户端程序 ============== */
package udpsample;
import java.net.*;
import java.io.*;
```

```java
public class DatagramClientSample{
  public static void main (String[] args){
    DatagramSocket ds = null;
    try {
      ds = new DatagramSocket();
    }
    catch (SocketException se) {
      se.printStackTrace();
      System.exit(-1);
    }
    BufferedReader typeReader = new BufferedReader (
      new InputStreamReader(System.in));
    long data = 0;
    while(true) {
      ByteArrayOutputStream bytesOut = new ByteArrayOutputStream();
      DataOutputStream dataOut = new DataOutputStream (bytesOut);
      try {
        data = Long.parseLong(typeReader.readLine());
        dataOut.writeLong(data);
        dataOut.flush();
        byte[] buffer = bytesOut.toByteArray();
        DatagramPacket dp = new DatagramPacket( buffer,buffer.length,
          new InetSocketAddress("127.0.0.1",8000));
        ds.send(dp);
        dataOut.close();
        bytesOut.close();
      }
      catch (SocketException se){
        System.err.println("Socket Error!");
        continue;
      }
      catch (IOException ioe) {
        System.err.println("IO Error!");
        continue;
      }
      catch (Exception e){
        e.printStackTrace();
        continue;
      }
    }
  }
}
```

第 15 章　Java 数据库应用案例

本章介绍 Java 的数据库处理操作类、Java 操作数据库的编程技术,并通过应用 JDBC API 编写数据库应用程序案例,掌握 Java 的基础数据库操作方法。

15.1　JDBC 概述

Java 数据库编程是建立在 JDBC 基础上的。JDBC(Java DataBase Connectivity,Java 数据库连接)是一种可用于执行 SQL 语句的 Java API,是由一些 Java 语言编写的类和接口组成的,其重要作用是建立与数据库系统的连接并发送 SQL 语句到相应的关系型数据库及处理数据库返回的结果。

15.1.1　JDBC API

JDBC API 的核心类和接口主要包含在 java.sql 包中,定义在 java.sql 包中用于访问并处理存储在数据库中数据的主要类和接口及其功能说明如表 15-1 所示。

表 15-1　java.sql 包中主要用于操作数据库的类和接口及其功能说明

类或接口名	功 能 说 明
DriverManager	处理驱动程序的装载和建立新的数据库连接
CallableStatement	用于执行 SQL 存储过程
Connection	完成对某一指定数据库的连接
DatabaseMetaData	获取数据库的整体综合信息
PreparedStatement	预编译的 SQL 语句的对象
ResultSet	通过执行查询数据库语句生成的数据库结果集数据表
ResultSetMetaData	获取 ResultSet 对象中列的类型和属性信息的对象
SQLData	用于 SQL 用户定义类型到 Java 编程语言中类的自定义映射关系
SQLInput	输入流,表示 SQL 结构化类型或 SQL 不同类型的实例的值组成的流
SQLOutput	用于将用户定义类型的属性写回数据库的输出流
Statement	管理在一个指定数据库连接上的 SQL 语句的执行,返回结果
ResultSet	从数据库返回的结果集
Types	定义用于标识一般 SQL 类型的常量的类

JDBC API 是专为 Java 语言数据库应用程序所设计的，Java 语言数据库应用程序通过 JDBC API 的调用来发送 SQL 语句，JDBC 驱动程序完成 SQL 语句的解释和对数据库的数据存取操作，并将数据结果返回数据库应用程序。

使用 JDBC API 的 Java 数据库应用程序对数据库操作的主要流程是加载和管理数据库驱动程序（DriverManager）、连接数据库（Connection）、执行 SQL 语句（Statement）、返回结果（ResultSet）等，数据库应用程序与数据库的通信层次关系如图 15-1 所示。

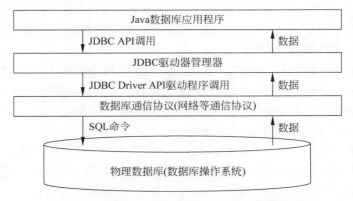

图 15-1　数据库应用程序通过 JDBC 访问数据库

目前大多数数据库的操作都是使用 SQL 命令，Java 语句并不能直接操作数据库，JDBC API 实现了 Java 应用程序与数据库沟通的作用，它在 Java 应用程序和数据库之间建立了一个桥梁。在 JDBC 发布之前，微软公司发布的 ODBC 被广泛地应用于数据库的访问，ODBC 技术为异质数据库的访问提供一个统一的接口，并作为访问数据库的标准，各种计算机语言的数据库应用程序通过 ODBC 建立的桥梁实现对数据库的访问。Java 语言程序也可以通过 ODBC 访问数据库，只是需要建立 JDBC-ODBC 组合桥梁实现对数据库的访问。

15.1.2　JDBC 的组成

JDBC API 由通用的 JDBC 驱动程序管理器、驱动程序、连接器、执行 SQL 命令的语句和操作数据库数据等几部分组成。驱动程序管理器负责装载和管理各个数据库软件商提供的正确的数据库驱动程序，即将 Java 语言应用程序连接到正确的 JDBC 驱动程序上，驱动程序负责定位并存取数据库数据（访问数据库），连接器负责 Java 语言应用程序同数据库的连接，交互连接信息。

JDBC 包含两部分与数据库独立的 API：一个是面向程序开发人员的 JDBC API；另一个是面向底层的 JDBC Driver API（驱动 API）。Java 语言程序通过 JDBC API 访问 JDBC 驱动程序管理器，JDBC 驱动程序管理器再通过 JDBC Driver API 访问不同的 JDBC 驱动程序，从而实现对不同数据库系统的访问。

目前 JDBC 驱动程序有以下 4 种类型。

1. 本地纯 Java 驱动程序

本地纯 Java 驱动程序将 JDBC API 调用直接转换为数据库管理系统（DBMS）所使用的网络协议，它允许数据库应用程序从客户端上直接调用在 DBMS 服务器上的数据库，一般用于网络并在客户端上显示结果。

2. JDBC 网络纯 Java 驱动程序

JDBC 网络纯 Java 驱动程序将 JDBC 转换为与 DBMS 无关的网络协议，这种协议又被 DBMS 网络服务器转换为一种 DBMS 协议，它能够将纯 Java 客户机连接到多种不同的数据库上，该驱动程序允许通过一个客户端的数据库应用程序访问服务器并将结果返回。

3. 本地 Java 编写的驱动程序

本地 Java 编写的驱动程序把客户机 API 上的 JDBC 调用转换为 Oracle、Interbase、Sybase、SQL Server、MySQL、DB2 等 DBMS 的调用。该驱动程序是本地机上能被 Java 语言程序调用的本地代码，它替换了原有的开发数据库应用程序时使用的 ODBC 桥。

4. JDBC-ODBC 桥及加载 ODBC 驱动程序

JDBC-ODBC 桥利用 ODBC 驱动程序提供 JDBC 访问方式，该驱动程序适合于现在已有的通过 ODBC 驱动程序访问数据库的系统，它在 ODBC 和 JDBC 之间搭建一个桥梁，以便 Java 语言程序访问配有 ODBC 驱动程序的数据库，该驱动程序可以应用于本地或网络数据库应用系统。

15.1.3 JDBC 的任务

JDBC 的主要任务是将 Java 数据库应用程序同数据库建立一个标准连接，即在 Java 应用程序和数据库之间建立一种通信协议，JDBC 驱动程序为应用程序向数据库发送 SQL 语句，请求操作数据库数据，同时又对来自数据库的数据进行分析或翻译等处理，并将数据返回给 Java 数据库应用程序。JDBC 是 Java 数据库应用程序和数据库之间的桥梁，所以，JDBC 也被称为 JDBC 桥。

JDBC 所起的作用是一种用来在相关或不相关的 DBMS（Database Management System，数据库管理系统）中存取数据的标准 Java 应用程序数据接口。在 JDBC 中包含了许多 API，这些 API 可以执行一般的 SQL 语句、动态 SQL 语句及带 IN 和 OUT 参数的对数据库的存储过程语句，它使 Java 数据库应用程序可以存取保存在多种不同数据库管理系统（DBMS）中的数据，而不论每个 DBMS 使用了何种数据存储格式和编程接口。因此，JDBC API 是 Java 数据库应用程序的基础，它建立了 Java 应用程序同各种不同数据库之间的沟通机制。

总而言之，JDBC API 主要完成如下三项任务：

(1) 通过连接器与数据库建立连接。

(2) 发送 SQL 语句请求操作数据库。

(3) 处理数据库返回结果。

15.2 数据库操作命令 SQL

SQL(Structured Query Language)是结构化查询语言,是操作关系数据库的语言。在国际标准化组织(ISO)采纳 SQL 为国际标准后,所有主要的关系数据库管理系统都支持 SQL 语言。SQL 是专门为数据库建立的操作命令集,是一种功能齐全的数据库语言,在使用它时,只需要发出"做什么"的命令,"怎么做"是不用使用者考虑的。

SQL 是一种统一格式的命令语言,可适合所有参加研发数据库活动模型的人员,包括系统管理员、数据库管理员、应用程序员、决策支持系统人员及许多其他类型的数据库开发人员。同时,SQL 不要求使用者指定对数据的存放方法,该特性可让使用者的主要精力集中于要得到的结果上。

SQL 的使用者可以是应用程序,也可以是终端操作员,即 SQL 语句可以嵌入在其他宿主语言中,例如 C、Pascal、Java 等程序中使用,也可以作为独立的用户接口,供交互环境下的终端操作员使用。

常用的 SQL 数据库操作命令有:创建数据库、创建基本表格、创建索引、创建视图、数据查询、数据更新及数据安全性控制等。使用 SQL 语句创建数据库、数据库表格和表格中列的名称时,该名称要以字母开头,后面可以使用字母、数字或下划线,名称的长度最好不要超过 30 个字符,同时,在选择数据库名称、表格名称和列名称时不要使用 SQL 中的保留字,每条 SQL 语句的结束符为分号";"。

15.2.1 创建、删除数据库

创建数据库是根据一种指定的数据库系统建造一个数据库框架,并且为数据库起一个名字,该名字同时也是存储在磁盘中的文件名。

创建数据库的 SQL 语句格式为:

```
create database < databasename > [other parameters];
   SQL 关键字      <数据库名>    [其他参数];
```

其中,<数据库名>在系统中是唯一的,[其他参数]根据具体系统而异,尖括号"< >"中的内容是必选项,方括号"[ ]"中的内容是可选项。

删除数据库的 SQL 语句格式为:

```
drop database < databasename >;
   SQL 关键字      <数据库名>;
```

drop database 语句将数据库及其内容全部删除。

15.2.2 创建、删除、修改基本表格

基本表格是独立存在于数据库中的表格,一个表格可以带有多个索引。

创建基本表格的 SQL 语句格式为：

```
create table [< databasename >.] < tablename >
  ( < column1 > data type [,< column2 > data type [, …]])
  [, primary key( column1[, column2] … )
  reference < tablename >( column1[, column2] … )] [other parameters] );
  [, foreign key( column1[, column2] … )
  reference < tablename >( column1[, column2] … )] [other parameters] );
SQL 关键字     [<数据库名>.]      <表名>
  ( <列名 1>    数据类型 [,<列名 2> 数据类型 [, …]])
  [, 主键    (列名 1[, 列名 2]… )
  参照      <表名>  (列名 1[, 列名 2]… )] [其他参数] );
  [, 外键    (列名 1[, 列名 2]… )
  参照      <表名>  (列名 1[, 列名 2]… )] [其他参数] );
```

创建新表格时，在关键词 create table 后面加入所要建立的表格的名称，然后在括号内顺序设定各列的名称、数据类型及可选的限制条件等。

数据类型用来设定某一个具体列中数据的类型。例如，在人的姓名属性中采用 varchar 或 char 等数据类型。表 15-2 描述了 SQL 常用的数据类型。

表 15-2 SQL 常用的数据类型

数 据 类 型	数 据 类 型 说 明
char(n)	固定长度字符串，n 设定字符串最大长度，Char 类型的最大长度为 255 字节
varchar(n)	可变长度字符串，n 设定字符串最大长度
binary(n)	n 位固定的二进制数据
varbinary(n)	n 位变长度的二进制数据
integer	4 字节整数类型
double	8 字节浮点数类型
number(n)	数字类型，其中数字的最大位数由 n 设定
number(n,d)	数字类型，n 决定该数字总的最大位数，d 用于设定该数字在小数点后的位数
date dd-mon-yy	日期数据类型
time hh:mm:ss	时间数据类型
timestamp	时间戳类型
money	货币数据类型，8 个存储字节
nchar	Unicode 数据类型，由 Unicode 标准定义的字符
nvarchar	可变长度 Unicode 数据类型，由 Unicode 标准定义的字符

删除基本表格的 SQL 语句格式为：

```
drop table[< databasename >.
  < tablename >],[< databasename >.< tablename >] … ;
SQL 关键字 [<数据库名>.   <表名>], [<数据库名>.   <表名>] … ;
```

drop table 语句用来删除基本表格及表格中的数据，并且一并删除建立在基本表格上的索引、视图等。

修改基本表格的 SQL 语句格式为：

alter table [< databasename >.]< tablename > add < column1 > null
  [,< column2 > null]…;
SQL 关键字 [<数据库名>.]　　<表名> SQL 关键字 <列名> 空值 [,<列名> 空值]…;

alter table 语句是向已建立好的表格中增加列，新增加的列是允许空值的。

15.2.3　创建、删除索引

索引是用于检索和查找的，对于表格，可在若干列上建立索引，以便提高查询速度。
创建索引的 SQL 语句格式为：

create [unique] index < indexname > on [< databasename >.]
< tablename > (column1[, column2, …]) [other parameters];
  SQL 关键字　　　<索引名>　　　SQL 关键字[<数据库名>.]
    <表名>　　（列名 1[,列名 2, …]）　　　[其他参数]；

删除索引的 SQL 语句格式为：

drop index < indexname >;
SQL 关键字 <索引名>;

15.2.4　创建、删除视图

一个数据库一般是由多个表组成的，而且表与表间有一定的联系。在不同工作区内同时打开多张表并对表中的数据进行一些操作，并且需要反映表间的联系，视图就是为完成这类操作而设计的。视图是从一个或几个基本表格中导出的表格，本身不独立存储在数据库中，即数据库中只存放视图的定义而不存放视图对应的数据，视图实际上是一个虚表格。

创建视图的 SQL 语句格式为：

create view < viewname > [(< column1 > [,< column2 >]…)] as [with option];
SQL 关键字　　　<视图名>　　　[(<列名 1 > [,<列名 2 >]…)]　　子查询　　[查询操作]；

删除视图的 SQL 语句格式为：

drop view < viewname >;
SQL 关键字　　<视图名>;

15.2.5　数据查询

数据查询 select（选择）语句是 SQL 的核心，其基本框架是由 select-from-where 结构构成的查询块，select〈列名〉指出要查询的数据项列表，from〈表名〉指出在查询过程中涉及的表，可以是一个或多个表，where〈条件表达式〉指出要查询的数据满足的条件。

数据查询的 SQL 语句格式为：

```
select [unique/distinct] < column1 > [,< column2 >, etc]
from [< databasename >.] < tablename1 > [,< tablename2 > …] [where < condition >];
    SQL 关键字      <列名 1>   [,<列名 2>,etc]
    SQL 关键字 [<数据库名>.] <表名 1> [,<表名 2>…] [SQL 关键字<条件表达式>];
```

常用的查询条件及使用的关键字如表 15-3 所示。

表 15-3 select 语句的查询条件

查 询 项 目	使用符号或关键字
大小比较	=、<、>、<=、>=、!=、<>、!>、!<
确定范围	between and,not between and
列表或集合	in,not in
字符匹配	link("?"表示任意一个字符,"*"表示任意一字符串)
空值	is null,in not null

15.2.6 数据更新

数据更新的主要语句有:insert 在表中插入新记录,update 修改更新表中记录,delete 删除表中记录。

插入新记录的 SQL 语句格式为:

```
insert into [databasename.]< tablename >
  [(< column1 >,< column2 > …)] values ( < newvalue1 >, < newvalue1 > …);
SQL 关键字   [数据库名.]    <表名>
  [(<列名 1>, <列名 2>…)] SQL 关键字 (<数值表 1>, <数值表 2>…);
```

insert 语句是向表中插入新的一行记录,具体的数值在 values 语句中指定。

更新记录的 SQL 语句格式为:

```
update [databasename.] < tablename > set < column1 > = < newvalue1 >
[,< column2 > = < newvalue2 > …] [where < condition >];
SQL 关键字 [数据库名.] <表名> SQL 关键字 <列名 1> = <表达式 1>
[,<列名 2> = <表达式 2>…] [SQL 关键字 <条件表达式>];
```

删除记录的 SQL 语句格式为:

```
delete from < tablename > [where < condition >];
SQL 关键字   <表名>    [SQL 关键字<条件表达式>];
```

delete 语句从指定表中删除满足 where <条件表达式>条件的所有记录,如果没有 where 子句,则删除表格中所有记录,但是表格结构仍然存在。

15.3 创建 Java 数据库应用模型

编写和开发一个 Java 数据库应用系统需要进行三方面的工作:首先需要创建数据源,并在计算机操作系统中完成数据源的注册;其次需要通过某种方式(例如 JDBC 桥)与数据源建立连接并通过连接测试,以及在建立连接的基础上完成数据库应用系统的各种功能;最后需要对数据库应用系统进行测试和维护。

在创建了数据源并完成数据源注册之后,编写一个 Java 数据库应用系统的步骤如下:

(1) 根据数据源加载适合该数据源的数据库驱动程序。
(2) 使用 JDBC API 建立与数据库的连接。
(3) 应用 JDBC API 访问数据库。
(4) 处理 JDBC API 返回的数据库数据。

15.3.1 创建数据源

数据源实际上是一个数据库,可以通过数据库操作系统提供的数据库创建工具来建立数据库。例如,使用 MS Office 中 Access 程序建立 Access 数据库;使用 SQL 语言创建一个数据库;利用 Oracle 系统提供的创建数据库程序建立 Oracle 数据库;利用 InterBase 数据库操作系统中提供的 IBConsole 程序或者 InterBase Windows ISQL 程序创建 InterBase 数据库等。在一般情况下,最好使用数据库操作系统提供的创建数据源软件创建用户数据源,因为它符合数据库操作系统的数据库应用规范。

应用 SQL 创建一个名为 student.mdb 的数据库,库中包含 3 个表,如表 15-4～表 15-6 所示,表名分别为 studentbase(学生基本情况表)、studentaddress(学生联络表)、studentclass(学生课程计划表)。其 SQL 语句代码为:

表 15-4 学生基本情况表

student_number (学号,主键)	name(姓名)	age(年龄)	sex(性别)	department(系别)
200866001	赵明	20	女	计算机系
200866002	钱晓	21	男	物理系
200866003	孙晨	19	男	计算机系

表 15-5 学生联络表

number_id (编号,主键)	telephone_number (电话)	Email_address (E-mail 地址)	student_number (学号,外键)
1	010-62000001	zhaoming@263.net	200866001
2	010-63000002	qianxiao@bnu.edu.cn	200866002
3	010-64000001	sunchen@bnu.edu.cn	200866003

表 15-6 学生课程计划表

lesson_number (课程代号,主键)	lesson_name (课程名)	lesson_grade (学分)	lesson_time (学时)	other_lesson_id (选修课程代号)
A01	高等数学	6	100	B01
A02	计算机	8	160	B02
A03	英语	10	200	B03

```sql
create database "student";                      //创建一个通用的 student 数据库
drop table studentbase;                         //删除在数据库中已经存在的表
drop table studentaddress;                      //当空数据库时不需要 drop
drop table studentclass;
create table studentbase(                       //创建学生基本情况表
    student_number      INTEGER NOT NULL,       //定义表字段(列名)
    name                VARCHAR(20),
    age                 INTEGER NOT NULL,
    sex                 VARCHAR(2),
    department          VARCHAR(20),
    primary key (student_number) );             //定义键
create table studentaddress(                    //创建学生联络表
    number_id           INTEGER NOT NULL,       //作为键值不能为"空"
    telephone_number    VARCHAR(20),
    Email_address       VARCHAR(30),
    student_number      INTEGER NOT NULL,
    primary key (number_id, student_number));   //定义键
create table studentclass(                      //创建学生课程计划表
    lesson_number       VARCHAR(10) NOT NULL,
    lesson_name         VARCHAR(10),
    lesson_grade        INTEGER NOT NULL,
    lesson_time         INTEGER NOT NULL,
    other_lesson_id     VARCHAR(10),
    primary key (lesson_number) );
insert into studentbase(student_number,name,age,sex,department)
    values (200866001,'赵明',20,'女','计算机系');        //在 studentbase 插入一条记录
insert into studentbase (student_number,name,age,sex,department)
    values (200866002,'钱晓',21,'男','物理系');
insert into studentbase (student_number,name,age,sex,department)
    values (200866003,'孙晨',19,'男','计算机系');
insert into studentaddress (                                    //在 studentaddress 插入一条记录
    number_id,telephone_number,Email_address,student_number)
    values (1,'010-62000001','zhaoming@263.net',200866001);
insert into studentaddress (
    number_id,telephone_number,Email_address,student_number)
    values(2,'010-63000002','qianxiao@bnu.edu.cn',200866002);
insert into studentaddress (
    number_id,telephone_number,Email_address,student_number)
    values(3,'010-64000001','sunchen@bnu.edu.cn',200866003);
insert into studentclass (                                      //在 studentclass 插入一条记录
    lesson_number,lesson_name,lesson_grade,lesson_time,
    other_lesson_id) values ('A01','高等数学',6,100,'B01');
insert into studentclass (
    lesson_number,lesson_name,lesson_grade,lesson_time,
    other_lesson_id) values ('A02','计算机',8,160,'B02');
insert into studentclass (
    lesson_number,lesson_name,lesson_grade,lesson_time,
    other_lesson_id) values ('A03','英语',10,200,'B03');
```

另外，在 Windows 操作系统中使用 MS Office 中数据库创建工具 Access 程序可以可视化地创建 student.mdb 数据库，例如通过 Access 程序创建的学生基本情况表（studentbase）如图 15-2 所示。

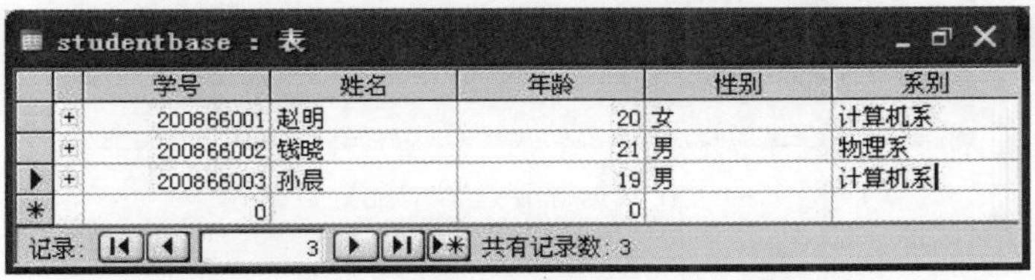

图 15-2 通过 Access 程序创建的学生基本情况表

当用于存储数据的数据库被建立后，根据数据库使用的数据库管理系统（DBMS）的管理要求，以及计算机操作系统针对数据库操作的要求，需要完成在数据库管理系统和计算机操作系统中对数据库进行配置或注册操作，其目的是为计算机语言应用程序与数据库之间建立通信连接。当该通信连接建立后，应用程序方可操作数据库，在操作系统中配置或注册数据库需要根据数据源和操作系统的要求来实现。

当在 Windows 操作系统中使用 Java 程序操作一个 Access 数据库时，则需要在 Windows 操作系统的 ODBC 管理器中对 Access 数据库进行配置操作，配置步骤为：在 Windows 操作系统的"控制面板"中打开"管理工具"，在"管理工具"中打开"ODBC 数据源管理程序"，如图 15-3 所示，在该管理器"用户 DSN"中"添加"一个数据源，例如添加名为 student.mdb 的 Access 数据库，在管理器中为数据源命名为 student.mdb，并为该数据库配置"登录名称：student"和"密码：123456"，如图 15-4 所示，配置完成后，Java 应用程序方可通过数据库名称、登录名称、密码等信息实现对该数据库的连接和访问。

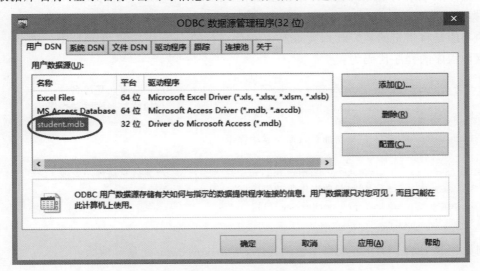

图 15-3 在数据源管理器中添加数据库

图 15-4　在数据源管理器中配置数据库

由于 Access 数据库是通过"ODBC 数据源管理程序"管理的，因此，Java 数据库应用程序需要通过 JDBC-ODBC 桥建立与 Access 数据库的通信联系，通过 JDBC-ODBC 桥实现对数据库的访问。

15.3.2　加载数据库驱动程序

在编写 Java 数据库应用程序访问数据库时，首先就是要加载数据库驱动程序。Java 语言体系为每一种数据源都配备了相应的数据库驱动程序，数据库驱动程序包含了数据库的连接、数据库数据的访问等各种针对特定数据源的操作。由于数据源是各种各样的，例如 Access 数据库、Oracle 数据库、InterBase 数据库、MySQL 数据库等，所以，每种数据源都配有操作该数据库的特定驱动程序。为使 Java 数据库应用程序访问数据库具有统一的编程规范，Java 语言体系制定了 JDBC API，规定了统一的、规范的应用接口，即调用数据库驱动程序的标准接口，实际对数据库具体的操作则是由数据库驱动程序完成的，因此，在使用 JDBC API 之前需要完成数据库驱动程序的加载。

数据库驱动程序是 Java 语言系统提供的，加载数据库驱动程序则由 java.lang 包中 Class 类实现的。Class 类中 forName() 方法完成数据库驱动程序的加载，forName() 方法实现的功能是将指定的类装载到支持 Java 程序运行的 Java 虚拟机(JVM)中。加载一个数据库驱动程序的程序代码为：

```
String driverName = "DatabaseDriverName";          //定义驱动程序名称
try {                                               //加载数据库驱动程序
  Class.forName(driverName);
  System.out.println ("成功加载数据库驱动程序!");
}
catch (java.lang.ClassNotFoundException cnfe) {    //加载驱动程序失败
  System.out.println ("加载数据库驱动程序失败!");
  System.out.println (cnfe.getMessage ());
}
```

例如加载 JDBC-ODBC 数据库驱动程序，则 driverName 变量赋值为：

```
String driverName = "sun.jdbc.odbc.JdbcOdbcDriver";     //指定 jdbc - odbc 驱动程序
```

15.3.3 连接数据库

当加载数据库驱动程序成功后，Java 数据库应用程序就可以通过调用 JDBC API 建立与数据库系统的连接，与数据库的连接需要根据数据源指明使用的数据库驱动程序、数据库名称，以及其他与数据库相关的属性，指示需要连接数据库的语句规则为：

jdbc:<数据库驱动程序名称>:<数据库名称>[;<属性名>=<属性值>]

该语句表示使用 JDBC API 调用指明的数据库驱动程序与指示的数据源建立连接，其各部分之间用冒号分隔。

使用 JDBC-ODBC 桥与名为 student.mdb 的 Access 数据库建立连接的完整 Java 代码如下：

```java
import java.sql.*;
public class ConnectionDatabase {
  public static void main (String args[]) {
    String driverName = "sun.jdbc.odbc.JdbcOdbcDriver";
    String databaseName = "jdbc:odbc:student.mdb";
    String user = "student";                    //声明在 ODBC 管理器中的注册名
    String password = "123456";                 //声明在 ODBC 管理器中使用的连接密码
    try {                                       //加载驱动程序
      Class.forName (driverName);
      System.out.println ("成功加载驱动程序!");
    }
    catch (java.lang.ClassNotFoundException cnfe) {
      System.out.println ("加载驱动程序失败!");
      System.out.println (cnfe.getMessage());
    }
    try {                                       //与数据库建立连接
      Connection con =                          //创建连接对象 con
        DriverManager.getConnection (databaseName, user, password);
      System.out.println ("连接数据库成功!");
      con.close();
    }
    catch(SQLException sqle) {
      System.out.println ("连接数据库失败!");
      System.err.println("SQLException: " + sqle.getMessage());
    }
  }
}
```

与数据库的连接对象 con 是通过调用 JDBC 数据库管理类 DriverManager 中的 getConnection()方法建立的，该方法需要指明数据库驱动程序及数据库名称等信息，而连接对象 con 则是由驱动程序实现的。当使用 JDBC API 操作数据库时，Java 数据库应用程序与各种数据源的连接模式（程序代码）是一样的，不同的只是重新声明数据库驱动程序名称(driverName)和数据库名称(databaseName)。

15.3.4 操作数据库

当与数据库建立连接成功后,Java 数据库应用程序就可以通过调用 JDBC API 发送 SQL 命令实现对数据库的操作。SQL 操作命令主要是通过调用 Statement 对象中的 executeQuery() 方法来执行 SQL 语句,而 Statement 对象是通过连接对象中的 createStatement()方法建立的。

Java 语言执行 SQL 语句的主要程序代码如下:

```java
import java.sql.*;
public class ExecuteSQL {
  public static void main (String args[]) {
    String driverName = "sun.jdbc.odbc.JdbcOdbcDriver";
    String databaseName = "jdbc:odbc:student.mdb";
    String user = "student";
    String password = "123456";
    String sqlStr = "SQL 语句";              //声明存放 SQL 语句的变量
    try {                                    //加载驱动程序
      Class.forName (driverName);
      System.out.println ("成功加载驱动程序!");
    }
    catch (java.lang.ClassNotFoundException cnfe) {
      System.out.println ("加载驱动程序失败!");
      System.out.println (cnfe.getMessage());
    }
    try {                                    //与数据库建立连接
      Connection con =
        DriverManager.getConnection (databaseName, user, password);
      System.out.println ("连接数据库成功!");
      Statement stmt = con.createStatement();  //创建 Statement 对象
      try{                                   //执行 SQL 语句
        stmt.executeQuery(sqlStr);
        System.out.println ("执行 SQL 语句成功!");
      }
      catch(SQLException sqle){
        System.out.println ("执行 SQL 语句失败!");
        System.err.println("SQLException: " + sqle.getMessage());
      }
      con.close();
    }
    catch(SQLException sqle) {
      System.out.println ("连接数据库失败!");
      System.err.println("SQLException: " + sqle.getMessage());
    }
  }
}
```

例如，在已连接的数据库中创建一个表格时，为 sqlStr 变量赋值语句如下：

```
String sqlStr = " create table studentbase(
                    student_number         INTEGER NOT NULL,
                    name                   VARCHAR(20),
                    age                    INTEGER NOT NULL,
                    sex                    VARCHAR(2),
                    department             VARCHAR(20),
                    primary key (student_number) );";
```

又如，在已连接的数据库中创建一个视图时，为 sqlStr 变量赋值语句如下：

```
String sqlStr = "create view vstudent as select * from student";
```

又如，在已连接的数据库中更新表格数据时，为 sqlStr 变量赋值语句如下：

```
String sqlStr = "Insert into studentbase
   values ( 200866004, '李立', 20, '女', '历史系');";
```

15.3.5　获取数据结果集

数据库中的数据集（表内数据）同样是通过执行 SQL 语句而获取的，由于 Statement 对象中的 executeQuery()方法的返回值是 ResultSet(数据结果集)对象，因此，执行 SQL 的数据查询 select 语句时，其返回的数据将被放在 ResultSet 对象中。ResultSet 对象相当于一个容器，存放对数据库的查询结果。ResultSet 对象提供的 getXyz()方法可以将 ResultSet 对象中的 SQL 数据类型转换为 Java 的 Xyz 数据类型，以便在 Java 数据库应用程序中使用 Xyz 类型的数据。

Java 通过 Statement 对象执行 SQL 语句获取数据结果集的主要程序代码如下：

```java
import java.sql.*;
public class ExecuteSQLGetData {
  public static void main (String args[]) {
    String driverName = "sun.jdbc.odbc.JdbcOdbcDriver";
    String databaseName = "jdbc:odbc:student.mdb";
    String user = "student";
    String password = "123456";
    String sqlStr = "SQL 语句";              //声明存放 SQL 语句的变量
    try {                                    //加载驱动程序
      Class.forName (driverName);
      System.out.println ("成功加载驱动程序!");
    }
    catch (java.lang.ClassNotFoundException cnfe) {
      System.out.println ("加载驱动程序失败!");
      System.out.println (cnfe.getMessage());
    }
    try {                                    //与数据库建立连接
```

```java
            Connection con =
                DriverManager.getConnection (
                    databaseName, user, password);
            System.out.println ("连接数据库成功!");
            Statement stmt = con.createStatement();      //创建 Statement 对象
            try{                                          //执行 SQL 语句
                ResultSet rs                              //获取数据结果集
                    = stmt.executeQuery(sqlStr);
                //rs.getXyz…                              //处理数据代码
                System.out.println ("执行 SQL 语句成功!");
            }
            catch(SQLException sqle){
                System.out.println ("执行 SQL 语句失败!");
                System.err.println("SQLException: " + sqle.getMessage());
            }
            con.close();
        }
        catch(SQLException sqle) {
            System.out.println ("连接数据库失败!");
            System.err.println("SQLException: " + sqle.getMessage());
        }
    }
}
```

例如,在已连接的数据库中查询表格中的数据时,为 sqlStr 变量赋值语句如下:

```
String sqlStr = "select * from studentbase where 性别 = '女';";
```

15.4 JDBC API 应用案例

目前,Java 数据库编程技术已经应用于许多领域,Java 数据库应用程序可以访问本地或远程网络上的任何数据库资源。本节案例是通过 JDBC API 接口实现与数据库建立连接及根据 Java 数据库操作步骤和规范完成数据交互。

15.4.1 显示查询数据库结果

【案例 15-1】 通过 SQL 命令查询数据库中表的数据。

该案例程序通过在文本区中输入 SQL 查询语句,读取数据库表中的数据,将查询结果显示在查询表格组件中。

选择类库

选择 java.sql 包中 DriverManager、Connection、Statement、ResultSet 等类实现加载和管理数据库驱动程序、连接数据库、执行 SQL 语句、返回结果集等操作。

实现步骤

（1）建立数据源，该案例数据源为 Access 数据库，名为 student.mdb。
（2）在 ODBC 管理器中注册 student.mdb 数据库。
（3）依照数据库操作顺序实现对数据库的操作。
（4）在应用程序中添加人机交互界面。

程序代码

```java
package displayqueryresults;
import java.sql.*;
import javax.swing.*;
import java.awt.*;
import java.awt.event.*;
import java.util.*;
public class DisplayQueryResults extends JFrame {
  private Connection connection;
  private Statement statement;
  private ResultSet resultSet;
  private ResultSetMetaData rsMetaData;
  private JTable table;
  private JTextArea inputQuery;
  private JButton submitQuery;
  String driverName = "sun.jdbc.odbc.JdbcOdbcDriver";
  String databaseName = "jdbc:odbc:student.mdb";
  String user = "student";
  String password = "123456";
  String sqlStr = "select * from studentbase where 性别 = '女';";
  public DisplayQueryResults() {
    super( "输入 SQL 语句,按查询按钮查看结果." );
    try {                                          //加载 JDBC 驱动程序并连接数据库
      Class.forName( driverName );
      connection = DriverManager.getConnection(
          databaseName, user, password );
    }
    catch ( ClassNotFoundException cnfex ) {
      System.err.println( "加载 JDBC 驱动程序失败." );
      cnfex.printStackTrace();
      System.exit( 1 );
    }
    catch ( SQLException sqlex ) {
      System.err.println( "无法连接数据库" );
      sqlex.printStackTrace();
      System.exit( 1 );
    }
    inputQuery = new JTextArea( sqlStr, 4, 30 );
    submitQuery = new JButton( "查询" );
```

```java
    submitQuery.addActionListener( new ActionListener() {
      public void actionPerformed( ActionEvent e ) {
        getTable();
      }
    });
    JPanel topPanel = new JPanel();
    topPanel.setLayout( new BorderLayout() );
    topPanel.add( new JScrollPane( inputQuery), BorderLayout.CENTER );
    topPanel.add( submitQuery, BorderLayout.SOUTH );
    table = new JTable();
    Container c = getContentPane();
    c.setLayout( new BorderLayout() );
    c.add( topPanel, BorderLayout.NORTH );
    c.add( table, BorderLayout.CENTER );
    getTable();
    setSize( 500, 300 );
    setVisible(true);
  }
  private void getTable() {                      //执行查询 SQL 语句
    try {
      String query = inputQuery.getText();
      statement = connection.createStatement();
      resultSet = statement.executeQuery( query );
      displayResultSet( resultSet );             //显示查询结果
    }
    catch ( SQLException sqlex ) {
      sqlex.printStackTrace();
    }
  }
  private void displayResultSet( ResultSet rs ) throws SQLException {
    boolean moreRecords = rs.next();             //定位到第一条记录
    if ( ! moreRecords ) {                       //如果没有记录,则显示一条消息
      JOptionPane.showMessageDialog( this,"结果集中无记录" );
      setTitle( "无记录显示" );
      return;
    }
    Vector columnHeads = new Vector();           //声明向量对象并实例化向量
    Vector rows = new Vector();
    try {
      ResultSetMetaData rsmd = rs.getMetaData(); //获取字段的名称
      for ( int i = 1; i <= rsmd.getColumnCount(); ++i )
        columnHeads.addElement( rsmd.getColumnName( i ) );
      do {                                       //获取记录集
        rows.addElement( getNextRow( rs, rsmd ) );
      }
      while ( rs.next() );
      table = new JTable( rows, columnHeads );   //显示查询结果
```

```java
        JScrollPane scroller = new JScrollPane( table );
        Container c = getContentPane();
        c.remove(1);
        c.add( scroller, BorderLayout.CENTER );
        c.validate();
    }
    catch ( SQLException sqlex ) {
        sqlex.printStackTrace();
    }
}
private Vector getNextRow( ResultSet rs,ResultSetMetaData rsmd )
    throws SQLException{                        //获取一行记录
    Vector currentRow = new Vector();
    for ( int i = 1; i <= rsmd.getColumnCount(); ++i )
        currentRow.addElement( rs.getString( i ) );
    return currentRow;                          //返回一条记录
}
public void shutDown() {                        //关闭数据库连接
    try {
        connection.close();
    }
    catch ( SQLException sqlex ) {
        System.err.println( "不能断开数据库连接" );
        sqlex.printStackTrace();
    }
}
public static void main( String args[] ) {
    final DisplayQueryResults app = new DisplayQueryResults();
    app.addWindowListener( new WindowAdapter() {
        public void windowClosing( WindowEvent e ) {
            app.shutDown();
            System.exit( 0 );
        }
    });
}
}
```

输出结果

DisplayQueryResults 程序运行后查询数据库所得结果如图 15-5 所示。

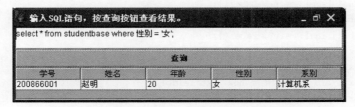

图 15-5 DisplayQueryResults 程序查询数据库结果显示

案例小结

（1）在 java.util 包中的 Vector（向量）类为重新排列数据库表中的数据提供了方便，为方便显示数据库表中数据，先将数据集存放在 Vector 对象中，实现重新排列数据。

（2）Vector 类提供的 get() 和 add() 方法可以很方便地得到 Vector 对象中的一个数据对象和向 Vector 对象中加入一个数据对象。

（3）该案例程序只处理 SQL 查询语句。

15.4.2　向数据库中追加记录

【案例 15-2】 通过 SQL 命令向数据库表中追加数据记录。

该案例程序通过在多个文本域中输入一条记录的数据，将数据整合为一条新的记录后通过 SQL 插入语句插入到数据库表中。

选择类库

选择 java.sql 包中 DriverManager、Connection、Statement、ResultSet 等类实现加载和管理数据库驱动程序、连接数据库、执行 SQL 语句、返回结果集等操作。

实现步骤

（1）建立数据源，该案例数据源为 Access 数据库，名为 student.mdb。

（2）在 ODBC 管理器中注册 student.mdb 数据库。

（3）依照数据库操作顺序实现对数据库的操作。

（4）在应用程序中添加人机交互界面。

程序代码

```java
package addrecord;
import java.sql.*;
import java.awt.*;
import java.awt.event.*;
import java.util.*;
import javax.swing.*;
import javax.swing.table.*;
public class AddRecord extends JFrame {
    private JPanel contentPane;
    private Label label1 = new Label();           //创建界面操作组件对象
    private Label label2 = new Label();
    private Label label3 = new Label();
    private Label label4 = new Label();
    private Label label5 = new Label();
    private TextField stunumField = new TextField();
    private TextField nameField = new TextField();
    private TextField ageField = new TextField();
    private TextField sexField = new TextField();
    private TextField departnameField = new TextField();
    private Button addrecordButton = new Button();
```

```java
    private Button refreshButton = new Button();
    Vector vector;
    String title[ ] = {"学号","姓名","年龄","性别","系别"};
    Connection connection = null;
    ResultSet rs = null;
    Statement statement = null;
    AbstractTableModel tm;
    String driverName = "sun.jdbc.odbc.JdbcOdbcDriver";
    String databaseName = "jdbc:odbc:student.mdb";
    String user = "student";
    String password = "123456";
    String sqlStr = "SQL 语句";
    public AddRecord() {
        enableEvents(AWTEvent.WINDOW_EVENT_MASK);
        try {
            Init();
        }
        catch(Exception e) {
            e.printStackTrace();
        }
    }
    private void Init() throws Exception {              //初始化
        contentPane = (JPanel) this.getContentPane();
        label1.setText("学号");
        label1.setBounds(new Rectangle(31, 283, 46, 30));
        contentPane.setLayout(null);
        this.setSize(new Dimension(439, 412));
        this.setTitle("增加新的数据记录");
        label2.setText("姓名");
        label2.setBounds(new Rectangle(112, 283, 46, 30));
        label3.setText("年龄");
        label3.setBounds(new Rectangle(193, 283, 46, 30));
        label4.setText("性别");
        label4.setBounds(new Rectangle(273, 283, 46, 30));
        label5.setText("系别");
        label5.setBounds(new Rectangle(354, 283, 46, 30));
        addrecordButton.setLabel("添加记录");
        addrecordButton.setBounds(new Rectangle(88, 364, 82, 32));
        refreshButton.setLabel("刷新");
        refreshButton.setBounds(new Rectangle(276, 364, 82, 32));
        addrecordButton.addActionListener(
            new java.awt.event.ActionListener() {
            public void actionPerformed(ActionEvent e) {
                addrecordButton_actionPerformed(e);
            }
        });
        refreshButton.addActionListener(new java.awt.event.ActionListener() {
```

```java
      public void actionPerformed(ActionEvent e) {
        refreshButton_actionPerformed(e);
      }
    });
    departnameField.setBounds(new Rectangle(352, 318, 63, 28));
    sexField.setBounds(new Rectangle(271, 318, 63, 28));
    ageField.setBounds(new Rectangle(190, 318, 63, 28));
    nameField.setBounds(new Rectangle(109, 318, 63, 28));
    stunumField.setBounds(new Rectangle(28, 318, 63, 28));
    contentPane.add(refreshButton, null);
    contentPane.add(label1, null);
    contentPane.add(stunumField, null);
    contentPane.add(addrecordButton, null);
    contentPane.add(nameField, null);
    contentPane.add(label2, null);
    contentPane.add(label3, null);
    contentPane.add(ageField, null);
    contentPane.add(sexField, null);
    contentPane.add(departnameField, null);
    contentPane.add(label5, null);
    contentPane.add(label4, null);
    createtable();
  }
  void createtable() {                               //初始化显示表格
    JTable table;
    JScrollPane scroll;
    vector = new Vector();
    tm = new AbstractTableModel() {
      public int getColumnCount() {
        return title.length;
      }
      public int getRowCount() {
        return vector.size();
      }
      public Object getValueAt(int row, int column) {
        if(!vector.isEmpty()) {
          return ((Vector)vector.elementAt(row)).elementAt(column);
        }
        else { return null; }
      }
      public void setValueAt(Object value, int row, int column) {
      }
      public String getColumnName(int column) {
        return title[column];
      }
      public Class getColumnClass(int c) {
        return getValueAt(0,c).getClass();
```

```java
        }
        public boolean isCellEditable(int row, int column) {
            return false;
        }
    };
    table = new JTable(tm);                                //生成数据模型
    table.setToolTipText("Display Query Result");          //设置帮助提示
    table.setAutoResizeMode(table.AUTO_RESIZE_OFF);        //设置表格调整尺寸模式
    table.setCellSelectionEnabled(false);                  //设置单元格选择方式
    table.setShowHorizontalLines(true);
    table.setShowVerticalLines(true);
    scroll = new JScrollPane(table);                       //给表格加上滚动条
    scroll.setBounds(6,20,540,250);
    contentPane.add(scroll);
}
protected void processWindowEvent(WindowEvent e) {
    super.processWindowEvent(e);
    if (e.getID() == WindowEvent.WINDOW_CLOSING) {
        System.exit(0);
    }
}
void addrecordButton_actionPerformed(ActionEvent e) {
    try {
        Class.forName(driverName);
        connection = DriverManager.getConnection(databaseName, user, password);
        statement = connection.createStatement();
        /* 生成添加新数据记录的 SQL 命令 */
        sqlStr = "insert into studentbase (学号,姓名,年龄,性别,系别)
            values (" + Integer.parseInt(stunumField.getText()) +", '"
            + nameField.getText() +"'," + Integer.parseInt(ageField.getText())
            +",'" + sexField.getText() + "','" + "'" + departnameField.getText() + "')";
        statement.executeUpdate(sqlStr);                   //执行 SQL 语句
        stunumField.setText("");
        nameField.setText("");
        ageField.setText("");
        sexField.setText("");
        departnameField.setText("");
    }
    catch(SQLException sqle){
        System.out.println("\nERROR: ----- SQLException ----- \n");
        while (sqle != null) {
            System.out.println("Message: " + sqle.getMessage());
            System.out.println("SQLState: " + sqle.getSQLState());
            System.out.println("ErrorCode: " + sqle.getErrorCode());
            sqle = sqle.getNextException();
        }
    }
```

```java
      catch(Exception ex ) {
        ex.printStackTrace();
      }
      finally {
        try {
          if(statement != null) {
            statement.close();
          }
          if(connection != null) {
            connection.close();
          }
        }
        catch (SQLException sqle) {
          System.out.println("\nERROR: ----- SQLException ----- \n");
          System.out.println("Message: " + sqle.getMessage( ));
          System.out.println("SQLState: " + sqle.getSQLState());
          System.out.println("ErrorCode: " + sqle.getErrorCode());
        }
      }
    }
    void refreshButton_actionPerformed(ActionEvent e) {
      try {
        Class.forName(driverName);
        connection = DriverManager.getConnection(databaseName, user, password);
        statement = connection.createStatement(
          ResultSet.TYPE_SCROLL_SENSITIVE, ResultSet.CONCUR_UPDATABLE);
        sqlStr = "select * from studentbase";    //设置字符串 sql 的值
        rs = statement.executeQuery(sqlStr);     //执行查询语句
        vector.removeAllElements();              //初始化向量对象
        tm.fireTableStructureChanged();          //更新表格内容
        while(rs.next()) {                       //从结果集取数据放向量对象中
          Vector rec_vector = new Vector();
          rec_vector.addElement(String.valueOf(rs.getInt("学号")));
          rec_vector.addElement(rs.getString("姓名"));
          rec_vector.addElement(String.valueOf(rs.getInt("年龄")));
          rec_vector.addElement(rs.getString("性别"));
          rec_vector.addElement(rs.getString("系别"));
          vector.addElement(rec_vector);
        }
        tm.fireTableStructureChanged();          //更新表格,显示向量对象的内容
        rs.close();
      }
      catch(SQLException sqle){
        System.out.println("\nERROR: ----- SQLException ----- \n");
        while (sqle != null) {
          System.out.println("Message: " + sqle.getMessage());
          System.out.println("SQLState: " + sqle.getSQLState());
```

```
            System.out.println("ErrorCode: " + sqle.getErrorCode());
            sqle = sqle.getNextException();
          }
        }
        catch(Exception ex ) {
          ex.printStackTrace();
        }
        finally {
          try {
            if(statement != null) {
              statement.close();
            }
            if(connection != null) {
              connection.close();
            }
          }
          catch (SQLException sqle) {
            System.out.println("\nERROR:----- SQLException -----\n");
            System.out.println("Message: " + sqle.getMessage( ));
            System.out.println("SQLState: " + sqle.getSQLState());
            System.out.println("ErrorCode: " + sqle.getErrorCode());
          }
        }
    }
    public static void main(String[] args) {
      AddRecord addrecord = new AddRecord();
      addrecord.setSize(600,500);
      addrecord.setVisible(true);
    }
}
```

输出结果

AddRecord 程序运行界面如图 15-6 所示。

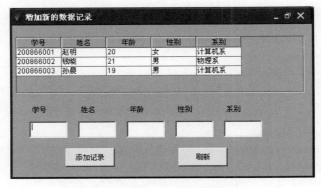

图 15-6　AddRecord 程序运行界面

案例小结

(1) 该案例将数据库表中数据读取后显示在表格组件中。
(2) 该案例程序只处理 SQL 插入语句。

15.4.3　SQL 命令操作数据库

【案例 15-3】　通过 SQL 各种命令操作数据库。

该案例程序通过指定数据库及数据库驱动程序实现数据库的连接，并通过输入 SQL 各种语句实现数据库的操作。

选择类库

选择 java.sql 包中 DriverManager、Connection、Statement、ResultSet 等类实现加载和管理数据库驱动程序、连接数据库、执行 SQL 语句、返回结果集等操作。

实现步骤

(1) 定义数据库测试操作类。
(2) 定义数据库驱动程序管理和数据库连接类，实现数据库的连接。
(3) 定义数据库数据显示模板类。
(4) 定义处理数据库数据类。

程序代码

```
/* 数据库测试操作类 */
package testdatabase;
import java.awt.*;
import java.awt.event.*;
import javax.swing.*;
import javax.swing.border.*;
public class TestDataBase implements LayoutManager {
    static String[] ConnectOptionNames = { "连接" };
    static String ConnectTitle = "连接信息";
    Dimension origin = new Dimension(0, 0);
    JButton fetchButton;
    JButton showConnectionInfoButton;
    JPanel connectionPanel;
    JFrame frame;
    JLabel userNameLabel;
    JTextField userNameField;
    JLabel passwordLabel;
    JTextField passwordField;
    JTextArea queryTextArea;
    JComponent queryAggregate;
    JLabel serverLabel;
    JTextField serverField;
    JLabel driverLabel;
    JTextField driverField;
```

```java
   JPanel mainPanel;
   TableSorter sorter;
   JDBCAdapter dataBase;
   JScrollPane tableAggregate;
   void activateConnectionDialog() {                    //创建连接对话框
     if(JOptionPane.showOptionDialog(tableAggregate,
        connectionPanel, ConnectTitle, JOptionPane.DEFAULT_OPTION,
        JOptionPane.INFORMATION_MESSAGE, null,
        ConnectOptionNames, ConnectOptionNames[0]) == 0) {
           connect();
           frame.setVisible(true);
     }
     else if(!frame.isVisible())
        System.exit(0);
   }
   public void createConnectionDialog() {              //在连接对话框创建组件
     userNameLabel = new JLabel("数据库用户名: ", JLabel.RIGHT);
     userNameField = new JTextField("输入数据库用户名(User)");
     passwordLabel = new JLabel("用户密码: ", JLabel.RIGHT);
     passwordField = new JTextField("输入用户密码(Password)");
     serverLabel = new JLabel("用户数据源 URL: ", JLabel.RIGHT);
     serverField = new JTextField("输入用户数据源的 URL(包括路径和数据库名)");
     driverLabel = new JLabel("数据库驱动程序: ", JLabel.RIGHT);
     driverField = new JTextField("输入数据库驱动程序(DriverName)");
     connectionPanel = new JPanel(false);
     connectionPanel.setLayout(
        new BoxLayout(connectionPanel,BoxLayout.X_AXIS));
     JPanel namePanel = new JPanel(false);
     namePanel.setLayout(new GridLayout(0, 1));
     namePanel.add(userNameLabel);
     namePanel.add(passwordLabel);
     namePanel.add(serverLabel);
     namePanel.add(driverLabel);
     JPanel fieldPanel = new JPanel(false);
     fieldPanel.setLayout(new GridLayout(0, 1));
     fieldPanel.add(userNameField);
     fieldPanel.add(passwordField);
     fieldPanel.add(serverField);
     fieldPanel.add(driverField);
     connectionPanel.add(namePanel);
     connectionPanel.add(fieldPanel);
   }
   public TestDataBase() {
     mainPanel = new JPanel();
     createConnectionDialog();
     showConnectionInfoButton = new JButton("配置数据库");
     showConnectionInfoButton.addActionListener(new ActionListener() {
```

```java
      public void actionPerformed(ActionEvent e) {
        activateConnectionDialog();
      }
    });
    fetchButton = new JButton("获取数据");
    fetchButton.addActionListener(new ActionListener() {
      public void actionPerformed(ActionEvent e) {
        fetch();
      }
    });
    queryTextArea = new JTextArea(
      "输入 SQL 语句,例如,SELECT * FROM studentbase", 25, 25);
    queryAggregate = new JScrollPane(queryTextArea);
    queryAggregate.setBorder(new BevelBorder(BevelBorder.LOWERED));
    tableAggregate = createTable();
    tableAggregate.setBorder(new BevelBorder(BevelBorder.LOWERED));
    mainPanel.add(fetchButton);
    mainPanel.add(showConnectionInfoButton);
    mainPanel.add(queryAggregate);
    mainPanel.add(tableAggregate);
    mainPanel.setLayout(this);
    frame = new JFrame("数据库测试程序");
    frame.addWindowListener(new WindowAdapter() {
      public void windowClosing(WindowEvent e){
        System.exit(0);
      }
    });
    frame.setBackground(Color.lightGray);
    frame.getContentPane().add(mainPanel);
    frame.pack();
    frame.setVisible(false);
    frame.setBounds(200, 200, 640, 480);
    activateConnectionDialog();
  }
  public void connect() {
    dataBase = new JDBCAdapter(
    serverField.getText(),
    driverField.getText(),
    userNameField.getText(),
    passwordField.getText());
    sorter.setModel(dataBase);
  }
  public void fetch() {
    dataBase.executeQuery(queryTextArea.getText());
  }
  public JScrollPane createTable() {
    sorter = new TableSorter();
```

```java
      JTable table = new JTable(sorter);
      table.setAutoResizeMode(JTable.AUTO_RESIZE_OFF);
      sorter.addMouseListenerToHeaderInTable(table);
      JScrollPane scrollpane = new JScrollPane(table);
      return scrollpane;
    }
    public static void main(String s[]) {
      new TestDataBase();
    }
    public Dimension preferredLayoutSize(Container c){
      return origin;
    }
    public Dimension minimumLayoutSize(Container c){
      return origin;
    }
    public void addLayoutComponent(String s, Component c){
    }
    public void removeLayoutComponent(Component c) {
    }
    public void layoutContainer(Container c) {
      Rectangle b = c.getBounds();
      int topHeight = 90;
      int inset = 4;
      showConnectionInfoButton.setBounds(b.width-2*inset-120, inset, 120, 25);
      fetchButton.setBounds(b.width-2*inset-120, 60, 120, 25);
      queryAggregate.setBounds(inset, inset, b.width-2*inset - 150, 80);
      tableAggregate.setBounds(new Rectangle(inset, inset
          + topHeight,b.width-2*inset,b.height-2*inset - topHeight));
    }
}
/* 数据库驱动管理和连接类 */
package testdatabase;
import java.util.Vector;
import java.sql.*;
import javax.swing.table.AbstractTableModel;
public class JDBCAdapter extends AbstractTableModel {
    Connection connection;
    Statement statement;
    ResultSet resultSet;
    String[] columnNames = {};
    Vector rows = new Vector();
    ResultSetMetaData metaData;
    public JDBCAdapter(String url, String driverName,
                      String user, String passwd) {
      try {
        Class.forName(driverName);
        System.out.println("Opening db connection");
```

```java
        connection = DriverManager.getConnection(url, user, passwd);
        statement = connection.createStatement();
      }
      catch (ClassNotFoundException cnfe) {
        System.err.println("Cannot find the database driver classes.");
        System.err.println(cnfe);
      }
      catch (SQLException sqle) {
        System.err.println("Cannot connect to this database.");
        System.err.println(sqle);
      }
    }
    public void executeQuery(String query) {
      if (connection == null || statement == null) {
        System.err.println("There is no database to execute the query.");
        return;
      }
      try {
        resultSet = statement.executeQuery(query);
        metaData = resultSet.getMetaData();
        int numberOfColumns = metaData.getColumnCount();
        columnNames = new String[numberOfColumns];
        for(int column = 0; column < numberOfColumns; column++) {
          columnNames[column] = metaData.getColumnLabel(column + 1);
        }
        rows = new Vector();
        while (resultSet.next()) {
          Vector newRow = new Vector();
          for (int i = 1; i <= getColumnCount(); i++) {
            newRow.addElement(resultSet.getObject(i));
          }
          rows.addElement(newRow);
        }
        fireTableChanged(null);
      }
      catch (SQLException sqle) {
        System.err.println(sqle);
      }
    }
    public void close() throws SQLException {
      System.out.println("Closing db connection");
      resultSet.close();
      statement.close();
      connection.close();
    }
    protected void finalize() throws Throwable {
      close();
```

```java
    super.finalize();
}
public String getColumnName(int column) {
    if (columnNames[column] != null) {
        return columnNames[column];
    }
    else {
        return "";
    }
}
public Class getColumnClass(int column) {
    int type;
    try {
        type = metaData.getColumnType(column + 1);
    }
    catch (SQLException sqle) {
        return super.getColumnClass(column);
    }
    switch(type) {
        case Types.CHAR:
        case Types.VARCHAR:
        case Types.LONGVARCHAR:
            return String.class;
        case Types.BIT:
            return Boolean.class;
        case Types.TINYINT:
        case Types.SMALLINT:
        case Types.INTEGER:
            return Integer.class;
        case Types.BIGINT:
            return Long.class;
        case Types.FLOAT:
        case Types.DOUBLE:
            return Double.class;
        case Types.DATE:
            return java.sql.Date.class;
        default:
            return Object.class;
    }
}
public boolean isCellEditable(int row, int column) {
    try {
        return metaData.isWritable(column + 1);
    }
    catch (SQLException sqle) {
        return false;
    }
```

```java
    }
    public int getColumnCount() {
      return columnNames.length;
    }
    public int getRowCount() {
      return rows.size();
    }
    public Object getValueAt(int aRow, int aColumn) {
      Vector row = (Vector)rows.elementAt(aRow);
      return row.elementAt(aColumn);
    }
    public String dbRepresentation(int column, Object value) {
      int type;
      if (value == null) {
        return "null";
      }
      try {
        type = metaData.getColumnType(column + 1);
      }
      catch (SQLException sqle) {
        return value.toString();
      }
      switch(type) {
        case Types.INTEGER:
        case Types.DOUBLE:
        case Types.FLOAT:
          return value.toString();
        case Types.BIT:
          return ((Boolean)value).booleanValue() ? "1" : "0";
        case Types.DATE:
          return value.toString();
        default:
          return "\"" + value.toString() + "\"";
      }
    }
    public void setValueAt(Object value, int row, int column) {
      try {
        String tableName = metaData.getTableName(column + 1);
        if (tableName == null) {
          System.out.println("Table name returned null.");
        }
        String columnName = getColumnName(column);
        String query = "update " + tableName
            + " set " + columnName + " = "
            + dbRepresentation(column, value) + " where ";
        for(int col = 0; col < getColumnCount(); col++) {
          String colName = getColumnName(col);
```

```java
          if (colName.equals("")) {
            continue;
          }
          if (col != 0) {
            query = query + " and ";
          }
          query = query + colName + " = "
             + dbRepresentation(col, getValueAt(row, col));
        }
        System.out.println(query);
        System.out.println("Not sending update to database");
      }
      catch (SQLException sqle) {
        System.err.println("Update failed");
      }
      Vector dataRow = (Vector)rows.elementAt(row);
      dataRow.setElementAt(value, column);
  }
}
/* 数据库显示模板类 */
package testdatabase;
import javax.swing.table.*;
import javax.swing.event.TableModelListener;
import javax.swing.event.TableModelEvent;
public class TableMap extends AbstractTableModel
    implements TableModelListener{
  protected TableModel model;
  public TableModel getModel() {
    return model;
  }
  public void setModel(TableModel model) {
    this.model = model;
    model.addTableModelListener(this);
  }
  public Object getValueAt(int aRow, int aColumn) {
    return model.getValueAt(aRow, aColumn);
  }
  public void setValueAt(Object aValue, int aRow, int aColumn) {
    model.setValueAt(aValue, aRow, aColumn);
  }
  public int getRowCount() {
    return (model == null) ? 0 : model.getRowCount();
  }
  public int getColumnCount() {
    return (model == null) ? 0 : model.getColumnCount();
  }
  public String getColumnName(int aColumn) {
```

```java
      return model.getColumnName(aColumn);
    }
    public Class getColumnClass(int aColumn) {
      return model.getColumnClass(aColumn);
    }
    public boolean isCellEditable(int row, int column) {
      return model.isCellEditable(row, column);
    }
    public void tableChanged(TableModelEvent e) {
      fireTableChanged(e);
    }
}
/* 数据库数据分类等处理类 */
package testdatabase;
import java.util.*;
import javax.swing.table.TableModel;
import javax.swing.event.TableModelEvent;
import java.awt.event.MouseAdapter;
import java.awt.event.MouseEvent;
import java.awt.event.InputEvent;
import javax.swing.JTable;
import javax.swing.table.JTableHeader;
import javax.swing.table.TableColumnModel;
public class TableSorter extends TableMap{
    int indexes[];
    Vector sortingColumns = new Vector();
    boolean ascending = true;
    int compares;
    public TableSorter(){
       indexes = new int[0];
    }
    public TableSorter(TableModel model) {
       setModel(model);
    }
    public void setModel(TableModel model) {
       super.setModel(model);
       reallocateIndexes();
    }
    public int compareRowsByColumn(int row1, int row2, int column) {
       Class type = model.getColumnClass(column);
       TableModel data = model;
       Object o1 = data.getValueAt(row1, column);
       Object o2 = data.getValueAt(row2, column);
       if (o1 == null && o2 == null) {
          return 0;
       }
       else if (o1 == null) {
```

```java
      return -1;
}
else if (o2 == null) {
    return 1;
}
if (type.getSuperclass() == java.lang.Number.class) {
    Number n1 = (Number)data.getValueAt(row1, column);
    double d1 = n1.doubleValue();
    Number n2 = (Number)data.getValueAt(row2, column);
    double d2 = n2.doubleValue();
    if (d1 < d2)
        return -1;
    else if (d1 > d2)
        return 1;
      else
          return 0;
}
else if (type == java.util.Date.class){
    Date d1 = (Date)data.getValueAt(row1, column);
    long n1 = d1.getTime();
    Date d2 = (Date)data.getValueAt(row2, column);
    long n2 = d2.getTime();
    if (n1 < n2)
        return -1;
    else if (n1 > n2)
        return 1;
      else
          return 0;
}
else if (type == String.class){
    String s1 = (String)data.getValueAt(row1, column);
    String s2 = (String)data.getValueAt(row2, column);
    int result = s1.compareTo(s2);
    if (result < 0)
        return -1;
    else if (result > 0)
        return 1;
    else return 0;
}
else if (type == Boolean.class){
    Boolean bool1 = (Boolean)data.getValueAt(row1, column);
    boolean b1 = bool1.booleanValue();
    Boolean bool2 = (Boolean)data.getValueAt(row2, column);
    boolean b2 = bool2.booleanValue();
    if (b1 == b2)
        return 0;
    else if (b1)
```

```java
            return 1;
          else
            return -1;
      }
      else {
        Object v1 = data.getValueAt(row1, column);
        String s1 = v1.toString();
        Object v2 = data.getValueAt(row2, column);
        String s2 = v2.toString();
        int result = s1.compareTo(s2);
        if (result < 0)
          return -1;
        else if (result > 0)
          return 1;
        else return 0;
      }
    }
    public int compare(int row1, int row2) {
      compares++;
      for(int level = 0; level < sortingColumns.size(); level++) {
        Integer column = (Integer)sortingColumns.elementAt(level);
        int result = compareRowsByColumn(row1, row2, column.intValue());
        if (result != 0)
          return ascending ? result : -result;
      }
      return 0;
    }
    public void reallocateIndexes() {
      int rowCount = model.getRowCount();
      indexes = new int[rowCount];
      for(int row = 0; row < rowCount; row++)
        indexes[row] = row;
    }
    public void tableChanged(TableModelEvent e) {
      System.out.println("Sorter: tableChanged");
      reallocateIndexes();
      super.tableChanged(e);
    }
    public void checkModel() {
      if (indexes.length != model.getRowCount()) {
        System.err.println("Sorter not informed of a change in model.");
      }
    }
    public void sort(Object sender) {
      checkModel();
      compares = 0;
      shuttlesort((int[])indexes.clone(), indexes, 0, indexes.length);
```

```java
      System.out.println("Compares: " + compares);
    }
    public void n2sort() {
      for(int i = 0; i < getRowCount(); i++) {
        for(int j = i+1; j < getRowCount(); j++) {
          if (compare(indexes[i], indexes[j]) == -1) {
            swap(i, j);
          }
        }
      }
    }
    public void shuttlesort(int from[], int to[], int low, int high) {
      if (high - low < 2) {
        return;
      }
      int middle = (low + high)/2;
      shuttlesort(to, from, low, middle);
      shuttlesort(to, from, middle, high);
      int p = low;
      int q = middle;
      if (high - low >= 4 && compare(from[middle-1], from[middle]) <= 0) {
        for (int i = low; i < high; i++) {
          to[i] = from[i];
        }
        return;
      }
      for(int i = low; i < high; i++) {
        if (q >= high || (p < middle && compare(from[p], from[q]) <= 0)) {
          to[i] = from[p++];
        }
        else {
          to[i] = from[q++];
        }
      }
    }
    public void swap(int i, int j) {
      int tmp = indexes[i];
      indexes[i] = indexes[j];
      indexes[j] = tmp;
    }
    public Object getValueAt(int aRow, int aColumn) {
      checkModel();
      return model.getValueAt(indexes[aRow], aColumn);
    }
    public void setValueAt(Object aValue, int aRow, int aColumn){
      checkModel();
      model.setValueAt(aValue, indexes[aRow], aColumn);
```

```java
        }
    public void sortByColumn(int column) {
        sortByColumn(column, true);
    }
    public void sortByColumn(int column, boolean ascending) {
        this.ascending = ascending;
        sortingColumns.removeAllElements();
        sortingColumns.addElement(new Integer(column));
        sort(this);
        super.tableChanged(new TableModelEvent(this));
    }
    public void addMouseListenerToHeaderInTable(JTable table) {
        final TableSorter sorter = this;
        final JTable tableView = table;
        tableView.setColumnSelectionAllowed(false);
        MouseAdapter listMouseListener = new MouseAdapter() {
            public void mouseClicked(MouseEvent e) {
                TableColumnModel columnModel = tableView.getColumnModel();
                int viewColumn = columnModel.getColumnIndexAtX(e.getX());
                int column = tableView.convertColumnIndexToModel(viewColumn);
                if(e.getClickCount() == 1 && column != -1) {
                    System.out.println("Sorting ...");
                    int shiftPressed = e.getModifiers()&InputEvent.SHIFT_MASK;
                    boolean ascending = (shiftPressed == 0);
                    sorter.sortByColumn(column, ascending);
                }
            }
        };
        JTableHeader th = tableView.getTableHeader();
        th.addMouseListener(listMouseListener);
    }
}
```

输出结果

当 TestDataBase 程序运行后，出现"连接信息"对话框，如图 15-7 所示。

图 15-7 "连接信息"对话框

在"连接信息"对话框中输入相关信息并单击"连接"按钮后,如果数据库连接正确,则出现如图 15-8 所示的"数据库测试程序"对话框,在文本区中输入 SQL 命令实现操作数据库。

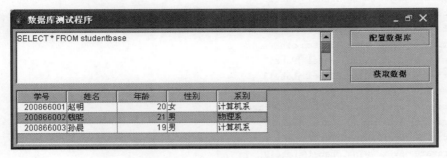

图 15-8　执行 SQL 命令操作界面

案例小结

（1）该案例是通过 SQL 语句操作数据库的简单测试程序,使用 SQL 语句查看数据库工作情况,确保数据库应用系统在当前硬件、软件环境下能够正确、可靠地工作,同时能够完成对数据库的各种操纵。

（2）该案例程序可处理 SQL 各种语句及 SQL 组合语句。

（3）该案例可任意指定数据库和连接数据库的 JDBC 桥。

（4）在指定数据库和 JDBC 桥之前需要完成数据库在计算机操作系统中的配置。

15.4.4　Applet 数据库应用案例

【案例 15-4】 应用 Applet 小程序实现网络数据库的操作。

该案例为应用于 Internet 网络数据库的访问操作程序,其应用模式为 Browser/Server（浏览器/服务器、B/S）结构,通过 JDBC API 实现数据库的访问和操纵,并显示得到的结果。

选择类库

选择 java.sql 包中 DriverManager、Connection、Statement、ResultSet 等类实现加载和管理数据库驱动程序、连接数据库、执行 SQL 语句、返回结果集等操作。

实现步骤

（1）依照数据库操作顺序实现对数据库的操作。

（2）在 Applet 小程序中添加人机交互界面。

程序代码

```
package dbapplet;
import java.sql.*;
import javax.swing.*;
public class DBApplet extends JApplet {
    private javax.swing.JScrollPane jScrollPane1;
```

```java
        private javax.swing.JTextArea taResponse;
        private javax.swing.JPanel jPanel2;
        private javax.swing.JPanel jPanel1;
        private javax.swing.JLabel jLabel6;
        private javax.swing.JTextField tfSql;
        private javax.swing.JButton btnExecute;
        private javax.swing.JPanel jPanel3;
        private javax.swing.JLabel jLabel3;
        private javax.swing.JPanel jPanel4;
        private javax.swing.JComboBox cbDriver;
        private javax.swing.JLabel jLabel7;
        private javax.swing.JTextField tfUrl;
        private javax.swing.JLabel jLabel9;
        private javax.swing.JTextField tfUser;
        private javax.swing.JLabel jLabel10;
        private javax.swing.JTextField tfPassword;
        private javax.swing.JButton btnConnect;
        private javax.swing.JButton btnDisconnect;
        final static private String[] jdbcDriver = {       //定义加载不同的驱动程序
          "com.informix.jdbc.IfxDriver",
          "sun.jdbc.odbc.JdbcOdbcDriver",
          "com.borland.datastore.jdbc.DataStoreDriver",
          "com.sybase.jdbc.SybDriver",
          "oracle.jdbc.driver.OracleDriver",
          "COM.ibm.db2.jdbc.net.DB2Driver",
          "interbase.interclient.Driver",
          "weblogic.jdbc.mssqlserver4.Driver"
        };
        private boolean connected = false;
        private Connection connection = null;
        private ResultSet rs = null;
        private String query = null;
        private String rsLine = null;
        private String driver = null;
        private String databaseName = null;
        private String user = null;
        private String password = null;
        public DBApplet() {
          initComponents();
          postInit();
        }
        private void postInit() {
          for (int i = 0; i < jdbcDriver.length; i++) {
            cbDriver.addItem(jdbcDriver[i]);
          }
        }
        private void initComponents() {                  //初始化应用界面
```

```java
jScrollPane1 = new javax.swing.JScrollPane();
taResponse = new javax.swing.JTextArea();
jPanel2 = new javax.swing.JPanel();
jPanel1 = new javax.swing.JPanel();
jLabel6 = new javax.swing.JLabel();
tfSql = new javax.swing.JTextField();
btnExecute = new javax.swing.JButton();
jPanel3 = new javax.swing.JPanel();
jLabel3 = new javax.swing.JLabel();
jPanel4 = new javax.swing.JPanel();
cbDriver = new javax.swing.JComboBox();
jLabel7 = new javax.swing.JLabel();
tfUrl = new javax.swing.JTextField();
jLabel9 = new javax.swing.JLabel();
tfUser = new javax.swing.JTextField();
jLabel10 = new javax.swing.JLabel();
tfPassword = new javax.swing.JTextField();
btnConnect = new javax.swing.JButton();
btnDisconnect = new javax.swing.JButton();
setFont(new java.awt.Font("Verdana", 0, 12));
jScrollPane1.setViewportView(taResponse);
getContentPane().add(jScrollPane1, java.awt.BorderLayout.CENTER);
getContentPane().add(jPanel2, java.awt.BorderLayout.EAST);
jLabel6.setText("SQL:");
jPanel1.add(jLabel6);
tfSql.setPreferredSize(new java.awt.Dimension(300, 21));
jPanel1.add(tfSql);
btnExecute.setText("执行 SQL 语句");
btnExecute.addActionListener(new java.awt.event.ActionListener() {
    public void actionPerformed(java.awt.event.ActionEvent evt) {
        btnExecuteActionPerformed(evt);
    }
});
jPanel1.add(btnExecute);
getContentPane().add(jPanel1, java.awt.BorderLayout.SOUTH);
jPanel3.setPreferredSize(new java.awt.Dimension(550, 100));
jPanel3.setMinimumSize(new java.awt.Dimension(550, 100));
jPanel3.setMaximumSize(new java.awt.Dimension(550, 100));
jLabel3.setText("JDBC 驱动程序:");
jPanel3.add(jLabel3);
jPanel3.add(jPanel4);
cbDriver.setPreferredSize(new java.awt.Dimension(450, 26));
cbDriver.setMinimumSize(new java.awt.Dimension(100, 26));
jPanel3.add(cbDriver);
jLabel7.setText("数据源名:");
jPanel3.add(jLabel7);
tfUrl.setPreferredSize(new java.awt.Dimension(450, 21));
```

```java
        jPanel3.add(tfUrl);
        jLabel9.setText("用户名(User):");
        jPanel3.add(jLabel9);
        tfUser.setPreferredSize(new java.awt.Dimension(100, 21));
        jPanel3.add(tfUser);
        jLabel10.setText("密码(Password):");
        jPanel3.add(jLabel10);
        tfPassword.setPreferredSize(new java.awt.Dimension(100, 21));
        jPanel3.add(tfPassword);
        btnConnect.setPreferredSize(new java.awt.Dimension(89, 27));
        btnConnect.setMaximumSize(new java.awt.Dimension(89, 27));
        btnConnect.setText("连接");
        btnConnect.setMinimumSize(new java.awt.Dimension(89, 27));
        btnConnect.addActionListener(new java.awt.event.ActionListener() {
            public void actionPerformed(java.awt.event.ActionEvent evt) {
                btnConnectActionPerformed(evt);
            }
        });
        jPanel3.add(btnConnect);
        btnDisconnect.setText("断开连接");
        btnDisconnect.addActionListener(new java.awt.event.ActionListener() {
            public void actionPerformed(java.awt.event.ActionEvent evt) {
                btnDisconnectActionPerformed(evt);
            }
        });
        jPanel3.add(btnDisconnect);
        getContentPane().add(jPanel3, java.awt.BorderLayout.NORTH);
    }
    private void btnExecuteActionPerformed(java.awt.event.ActionEvent evt) {
        if (!connected) {
            SwingUtilities.invokeLater(
                new Runnable() {
                    public void run() {
                        taResponse.append("没有数据库连接!\n");
                    }
                }
            );
        } else {
            if (connection == null) {
                SwingUtilities.invokeLater(
                    new Runnable() {
                        public void run() {
                            taResponse.append("数据库连接错误!\n");
                        }
                    }
                );
            } else {
```

```java
        try {                                      //执行SQL命令
           query = tfSql.getText();
           Statement stmt = connection.createStatement();
           SwingUtilities.invokeLater(
              new Runnable() {
                 public void run() {
                    taResponse.append("执行SQL语句: " + query + "\n");
                 }
              }
           );
           rs = stmt.executeQuery(query);
           ResultSetMetaData rsmd = rs.getMetaData();
           int count = rsmd.getColumnCount();
           int i;
           rsLine = "\n";
           while (rs.next()) {                      //显示数据
              for (i = 1; i <= count; i++) {
                 rsLine += rs.getString(i) + " ";
              }
              rsLine += "\n";
           }
           rsLine += "\n";
           stmt.close();
           SwingUtilities.invokeLater(
              new Runnable() {
                 public void run() {
                    taResponse.append(rsLine);
                 }
              }
           );
        } catch (SQLException e) {
           SwingUtilities.invokeLater(
              new Runnable() {
                 public void run() {
                    taResponse.append("SQL语句执行失败!\n");
                 }
              }
           );
           e.printStackTrace();
        }
     }
   }
   private void btnDisconnectActionPerformed(
              java.awt.event.ActionEvent evt) {
      if (connected) {
         try {
```

```java
            if (connection != null) {
              connection.close();
              connection = null;
              SwingUtilities.invokeLater(
                new Runnable() {
                  public void run() {
                    taResponse.append("断开数据库连接!\n");
                  }
                }
              );
            }
          } catch (SQLException e) {
              SwingUtilities.invokeLater(
                new Runnable() {
                  public void run() {
                    taResponse.append("断开数据库连接错误!\n");
                  }
                }
              );
              e.printStackTrace();
          }
          connected = false;
          driver = null;
          databaseName = null;
          user = null;
          password = null;
        } else {
          SwingUtilities.invokeLater(
            new Runnable() {
              public void run() {
                taResponse.append("数据库已经断开连接!\n");
              }
            }
          );
        }
      }
      private void btnConnectActionPerformed(java.awt.event.ActionEvent evt) {
        if (connected) {
          taResponse.append("数据库已经连接!\n");
        } else {
          driver = (String) cbDriver.getSelectedItem();
          databaseName = tfUrl.getText();
          user = tfUser.getText();
          password = tfPassword.getText();
          try {
```

```java
            SwingUtilities.invokeLater(
              new Runnable() {
                public void run() {
                  taResponse.append("使用 JDBC 驱动程序: " + driver + "\n");
                }
              }
            );
            Class.forName(driver).newInstance();    //加载数据库驱动程序
            connection = DriverManager.getConnection(
              databaseName, user, password);
            if (connection != null) {
              SwingUtilities.invokeLater(
                new Runnable() {
                  public void run() {
                    taResponse.append("数据库 " + databaseName + " 连接成功!\n");
                  }
                }
              );
              connected = true;
            }
        } catch (ClassNotFoundException e) {
            SwingUtilities.invokeLater(
              new Runnable() {
                public void run() {
                  taResponse.append("不能装载 JDBC 驱动程序!\n");
                }
              }
            );
            e.printStackTrace();
        } catch (SQLException e) {
            SwingUtilities.invokeLater(
              new Runnable() {
                public void run() {
                  taResponse.append("不能连接数据库!\n");
                }
              }
            );
            e.printStackTrace();
        } catch (Exception e) {
      e.printStackTrace();
    }
  }
 }
}
```

输出结果

在 Web 浏览器中该案例的操作界面如图 15-9 所示。

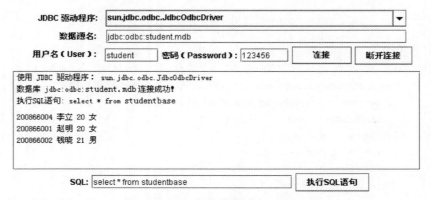

图 15-9 Applet 数据库应用程序操作界面

案例小结

(1) 在 B/S 结构系统中,Applet 小程序是直接与它所在的 Web 服务器中的数据库系统建立连接的。

(2) 通过 Applet 小程序选择的数据库和 JDBC 桥已经存在于 Web 服务器中,其数据库系统已经在服务器端完成了配置。

(3) 该案例只处理一条 SQL 查询语句,处理其他语句参考上述案例。

(4) 该案例应用线程技术实现数据库的连接。

15.5 小结

(1) Java 对数据库的操作是建立在 JDBC API 基础上的,JDBC API 主要完成以下三项任务:

① 通过连接器与数据库建立连接。

② 发送 SQL 语句请求操作数据库。

③ 处理数据库返回结果。

(2) JDBC API 数据库操作类封装在 java.sql 包中。

(3) 在应用 JDBC API 操作数据库之前,数据库(数据源)已经构建完成。

(4) 编写 Java 数据库应用系统的步骤为:

① 根据数据源加载适合该数据源的数据库驱动程序。

② 使用 JDBC API 建立与数据库的连接。

③ 应用 JDBC API 访问数据库。

④ 处理 JDBC API 返回的数据库数据。

15.6 习题

（1）通过 J2SDK 提供的帮助文档学习 java.sql 包中 DriverManager、CallableStatement、Connection、DatabaseMetaData、PreparedStatement、ResultSet、ResultSetMetaData、SQLData、SQLInput、SQLOutput、Statement、ResultSet、Types 等类的使用。

（2）熟悉 SQL 基础语句的使用。

（3）创建数据库名为 student.mdb 的 Access 数据库,库中表参考 3.1 节创建数据源,并完成注册操作。在 J2SDK 环境中编译、调试、运行本章案例程序,体会 Java 对数据库的操作方式。

（4）编写通讯录管理程序,通讯录作为一个数据库,其中记录表含有编号、姓名、单位名称、电话、网络邮件地址、单位通信地址和邮编等记录信息,该管理程序的功能为追加、删除、显示记录,并可根据姓名等信息查找某条记录,显示查询结果。

（5）追加案例 14-6 程序功能（网络聊天）,在客户端应用数据库记录每一条聊天内容及当时的时间信息等,并在客户端应用程序中增加"历史记录"查看功能。

第 16 章　Java JMF 媒体流处理及网络传输应用案例

本章主要介绍 Java 对音频、视频的处理以及媒体流网络传输技术，Java 为处理音频、视频媒体数据流提供了专门的 API——JMF（Java Media Framework）等。

16.1　Java 音频数据流处理技术

声音在 Java 中是作为一种媒体来处理的，其声音文件或应用于网络中的声音数据都是以数据流的形式呈现的，Java 为处理音频数据流提供了专门的 API，通过这些 API 可以实现音频的采集、量化、编码、传输、解码、播放等处理，模拟音频的计算机处理过程如图 16-1 所示。

图 16-1　模拟音频处理过程

目前，Java 处理的音频数据流常用的格式有 WAV、AU、SND、MIDI、G.711、OGG、GSM、MP3 等，这些格式决定了声音的音质，同时，它们也是在网络中经常使用的音频数据流格式，应用 Java 音频处理 API 可以很方便地实现网络声音播放器、网络会议系统、网络 IP 电话、多媒体教学等 Java 语音专用应用程序。

16.1.1　JMF 中的 Sound API

Java 提供了两大类处理音频数据流的 API，一类是应用于标准计算机设备中的 API，主要是包含在 JMF 中的 Java Sound API，它们可以处理各种声音（声音的音频频率在 0Hz 到 20kHz 范围内，包括语音和音乐等），通过这些 API 可以实现声音的采集、编码、传输、播放等处理；另一类是适合应用于嵌入式设备中的 API，它们是专门处理语音（语音的音频频率在 20Hz 到 8kHz 范围内）的，例如 Java Telephony API、Java Speech API 等，通过这些 API 可以实现语音的识别、合成、传输等功能。

JMF 中的 Java Sound API 封装在 sound.jar 包中，其中 javax.sound.sampled 用于模拟音频信号的处理；javax.sound.midi 用于处理 MIDI 数字格式的音乐数据；com.sun.media.sound 用于音频文件的输入输出控制、音频文件格式的转换、混音等操作，在 Java

Sound API 中同时也包含了辅助 J2SDK 线程、事件处理等功能。

16.1.2 音频播放器案例

【案例 16-1】 应用 JMF 中 Java Sound API 实现音频播放器。

该案例包括处理音频数据流类、人机交互窗体类、通过窗体按钮等操作声音的播放及启动音频播放器的主程序类。

选择类库

选择 javax.sound.sampled 包中的 AudioFormat、AudioInputStream、AudioSystem 等类和 SourceDataLine、DataLine 等接口,通过这些类和接口可以实现音频系统的创建和应用类中的方法控制音频数据流的播放等功能。

实现步骤

(1) 定义处理音频数据流类 MusicBase,通过线程同步播放音频数据流。
(2) 定义人机交互窗体类 MusicFrame,通过窗体按钮等操作音频的选择与播放。
(3) 定义启动音频播放器的主程序类 MusicPlayer。

程序代码

```java
/**     音频播放器音频数据流处理类 MusicBase 代码        */
package musicplayer;
import   java.io.File;
import   java.io.IOException;
import   javax.sound.sampled.AudioFormat;
import   javax.sound.sampled.AudioInputStream;
import   javax.sound.sampled.AudioSystem;
import   javax.sound.sampled.LineUnavailableException;
import   javax.sound.sampled.SourceDataLine;
import   javax.sound.sampled.DataLine;
public class MusicBase implements Runnable {
    private static final int BUFFER_SIZE = 64000;         //定义缓冲区大小
    private String fileToPlay = "music.mp3";
    private boolean pause = false;                         //定义控制变量
    private boolean stop = false;
    private static boolean threadExit = false;
    private static boolean stopped = true;
    private static boolean paused = false;
    private static boolean playing = false;
    public static Object synch = new Object();
    private Thread playerThread = null;                    //定义播放线程
    public MusicBase() {
    }
    public void run() {                                    //定义播放声音线程
      while (!threadExit) {
        waitforSignal();
        if (!stopped)    playMusic();
```

```java
    }
  }
  public void endThread() {
    threadExit = true;
    synchronized(synch) {
      synch.notifyAll();
    }
    try {
      Thread.sleep(500);
    } catch (Exception ex) {}
  }
  public void waitforSignal() {                        //定义线程同步等待
    try {
      synchronized(synch) {
        synch.wait();
      }
    } catch (Exception ex) {}
  }
  public void play() {                                 //定义播放方法
    if ((!stopped) || (paused)) return;
    if (playerThread == null) {
      playerThread = new Thread(this);
      playerThread.start();
      try {
        Thread.sleep(500);
      } catch (Exception ex) {}
    }
    synchronized(synch) {
      stopped = false;
      synch.notifyAll();
    }
  }
  public void setFileToPlay(String fname) {
    fileToPlay = fname;
  }
  public void playFile(String fname) {
    setFileToPlay(fname);
    play();
  }
  public void playMusic() {                            //创建播放声音需要的对象
    byte[]   audioData = new byte[BUFFER_SIZE];
    AudioInputStream   ais = null;                     //定义音频数据流对象
    SourceDataLine   line = null;                      //定义音频数据源变量
    AudioFormat baseFormat = null;                     //定义音频数据流格式对象
    try {                                              //加载音频数据流
      ais = AudioSystem.getAudioInputStream(new File (fileToPlay));
    } catch (Exception e) {   }
```

```java
    if (ais != null) {
      baseFormat = ais.getFormat();
      line = getLine(baseFormat);
      if (line == null) {
        AudioFormat  decodedFormat = new AudioFormat(     //创建音频处理平台
          AudioFormat.Encoding.PCM_SIGNED,                //解码并转换格式
          baseFormat.getSampleRate(), 16, baseFormat.getChannels(),
          baseFormat.getChannels() * 2, baseFormat.getSampleRate(), false);
        ais = AudioSystem.getAudioInputStream(decodedFormat, ais);
        line = getLine(decodedFormat);                    //获取解码后的音频数据格式
      }
    }
    if (line == null) return;
    playing = true;
    line.start();
    int inBytes = 0;
    while ((inBytes != -1) && (!stopped) && (!threadExit))  {
      try {
          inBytes = ais.read(audioData, 0, BUFFER_SIZE);
      } catch (IOException e)   {
          e.printStackTrace();
      }
      if (inBytes >= 0) {
          int  outBytes = line.write(audioData, 0, inBytes);
      }
        if (paused)
          waitforSignal();
    }
    line.drain();  line.stop();  line.close();  playing = false;
}
public void stop() {
  if(paused) return;
  stopped = true;  waitForPlayToStop();
}
public void waitForPlayToStop() {
  while( playing)
    try {
       Thread.sleep(500);
    } catch (Exception ex) {}
}
public void pause() {
  if (stopped) return;
  synchronized(synch) {
    paused = !paused;
    synch.notifyAll();
  }
}
```

```java
    private SourceDataLine getLine(AudioFormat audioFormat) {
        SourceDataLine res = null;
        DataLine.Info info = new DataLine.Info(
            SourceDataLine.class, audioFormat);
        try {
            res = (SourceDataLine) AudioSystem.getLine(info);
            res.open(audioFormat);
        } catch (Exception e) { }
        return res;
    }
}
/**         音频播放器操作窗体类 MusicFrame 代码                */
package musicplayer;
import java.awt.*;
import java.awt.event.*;
import javax.swing.*;
import java.util.Properties;
import java.io.FileInputStream;
import java.io.File;
public class MusicFrame extends JFrame {
    protected MusicBase pBase = null;
    protected String searchDir = null;
    protected int curPlayListLength = 0;
    static final String MUSIC_DIR_PROPERTY = "musicdir";    //指示音乐文件路径
    static final String DEFAULT_DIR = "music";
    static final String CONFIG_FILE_NAME = "play.ini";      //指示音乐文件
    private JPanel refContentPane;
    private JMenuBar playerMenu = new JMenuBar();
    private JMenu menuFile = new JMenu();
    private JMenuItem menuFileExit = new JMenuItem();
    private JMenu menuHelp = new JMenu();
    private JMenuItem menuHelpAbout = new JMenuItem();
    private JPanel listPanel = new JPanel();
    private JPanel buttonPanel = new JPanel();
    private JButton prevBttn = new JButton();
    JButton playBttn = new JButton();
    JButton pauseBttn = new JButton();
    JButton stopBttn = new JButton();
    JList filenamesList = new JList();
    JButton nextBttn = new JButton();
    public MusicFrame() {
        enableEvents(AWTEvent.WINDOW_EVENT_MASK);
        try {
            guiInit();
            logicInit();
            pBase = new MusicBase();
        }
```

```java
      catch(Exception e) {
        e.printStackTrace();
      }
    }
    private void guiInit() throws Exception  {
      refContentPane = (JPanel) this.getContentPane();
      refContentPane.setLayout(new BorderLayout());
      this.setSize(new Dimension(400, 300));
      this.setTitle("Java 音频播放器");
      menuFile.setText("文件");
      menuFileExit.setText("退出");
      menuFileExit.addActionListener(new ActionListener()  {
        public void actionPerformed(ActionEvent e) {
          menuFileExitClick(e);
        }
      });
      menuHelp.setText("帮助");
      menuHelpAbout.setText("关于");
      menuHelpAbout.addActionListener(new ActionListener()  {
        public void actionPerformed(ActionEvent e) {
          menuHelpAboutClick(e);
        }
      });
      buttonPanel.setPreferredSize(new Dimension(30, 100));
      buttonPanel.setLayout(new GridLayout());
      prevBttn.setText( "后退");
      prevBttn.addActionListener(new java.awt.event.ActionListener() {
        public void actionPerformed(ActionEvent e) {
          prevClick(e);
        }
      });
      playBttn.setText( "播放");
      playBttn.addActionListener(new java.awt.event.ActionListener() {
        public void actionPerformed(ActionEvent e) {
          playClick(e);
        }
      });
      pauseBttn.setText( "暂停");
      pauseBttn.addActionListener(new java.awt.event.ActionListener() {
        public void actionPerformed(ActionEvent e) {
          pauseClick(e);
        }
      });
      stopBttn.setText( "停止");
      stopBttn.addActionListener(new java.awt.event.ActionListener() {
        public void actionPerformed(ActionEvent e) {
          stopClick(e);
```

```java
      });
      nextBttn.setText("前进");
      nextBttn.addActionListener(new java.awt.event.ActionListener() {
        public void actionPerformed(ActionEvent e) {
          nextClick(e);
        }
      });
      filenamesList.setToolTipText("可播放音乐文件的清单");
      listPanel.setLayout(new BorderLayout());
      menuFile.add(menuFileExit);
      menuHelp.add(menuHelpAbout);
      playerMenu.add(menuFile);
      playerMenu.add(menuHelp);
      this.setJMenuBar(playerMenu);
      refContentPane.add(listPanel, BorderLayout.CENTER);
      listPanel.add(filenamesList,  BorderLayout.CENTER);
      refContentPane.add(buttonPanel, BorderLayout.SOUTH);
      buttonPanel.add(prevBttn, null);
      buttonPanel.add(playBttn, null);
      buttonPanel.add(pauseBttn, null);
      buttonPanel.add(stopBttn, null);
      buttonPanel.add(nextBttn, null);
    }
    private void logicInit() {
      Properties myProp = null;
      FileInputStream inFileStream = null ;
      searchDir = DEFAULT_DIR;
      try {
        inFileStream = new FileInputStream(new File(CONFIG_FILE_NAME));
        myProp = new Properties();
        myProp.load(inFileStream);
      }
      catch (Exception ex) {
       System.out.println("不能访问配置文件");            //配置文件 play.ini
      }
      if (myProp != null)  {
        searchDir = myProp.getProperty(MUSIC_DIR_PROPERTY,DEFAULT_DIR);
      }
      File tpDir = new File(searchDir);
      if (tpDir.isDirectory()) {
        String [] tpFiles = tpDir.list(new java.io.FilenameFilter() {
          public boolean accept(File indir, String inName) {
            String lcName = inName.toLowerCase();
            if (lcName.endsWith("ogg") || lcName.endsWith("mp3")
                || lcName.endsWith("wav"))           //选择文件后缀
              return true;
```

```java
            else
                return false;
        }
    });
    DefaultListModel dm = new DefaultListModel();
    curPlayListLength = tpFiles.length;
    for (int i = 0; i < curPlayListLength; i++)
        dm.addElement(tpFiles[i]);
    filenamesList.setModel(dm);
    }
}
public void menuFileExitClick(ActionEvent e) {
    pBase.endThread();
    System.exit(0);
}
public void menuHelpAboutClick(ActionEvent e) {
    AboutBox dlg = new AboutBox(this);
    Dimension dlgSize = dlg.getPreferredSize();
    Dimension frmSize = getSize();
    Point loc = getLocation();
    dlg.setLocation((frmSize.width - dlgSize.width) / 2
        + loc.x, (frmSize.height - dlgSize.height) / 2 + loc.y);
    dlg.setModal(true);
    dlg.show();
}
protected void processWindowEvent(WindowEvent e) {
    super.processWindowEvent(e);
    if (e.getID() == WindowEvent.WINDOW_CLOSING) {
        menuFileExitClick(null);
    }
}
void playClick(ActionEvent e) {
    String fileToPlay = (String) filenamesList.getSelectedValue();
    if (fileToPlay != null) {
        pBase.playFile(searchDir + System.getProperty("file.separator")
        + fileToPlay);
    }
}
void stopClick(ActionEvent e) {
    pBase.stop();
}
void pauseClick(ActionEvent e) {
    pBase.pause();
}
void prevClick(ActionEvent e) {
    pBase.stop();
    filenamesList.setSelectedIndex( filenamesList.getSelectedIndex() - 1);
```

```
        playClick(e);
    }
    void nextClick(ActionEvent e) {
      pBase.stop();
      filenamesList.setSelectedIndex(
          (filenamesList.getSelectedIndex() + 1) % curPlayListLength);
      playClick(e);
    }
}
  /**        启动音频播放器的 main()方法类 MusicPlayer 代码          */
package musicplayer;
import javax.swing.UIManager;
import java.awt.*;
public class MusicPlayer {
  boolean packFrame = false;
  public MusicPlayer() {
    MusicFrame frame = new MusicFrame();
    frame.validate();
    Dimension screenSize = Toolkit.getDefaultToolkit().getScreenSize();
    Dimension frameSize = frame.getSize();
    if (frameSize.height > screenSize.height) {
      frameSize.height = screenSize.height;
    }
    if (frameSize.width > screenSize.width) {
      frameSize.width = screenSize.width;
    }
    frame.setLocation((screenSize.width - frameSize.width) / 2,
                      (screenSize.height - frameSize.height) / 2);
    frame.setVisible(true);
  }
  public static void main(String[] args) {
    new MusicPlayer();
  }
}
```

输出结果

启动音频播放器的主程序类 MusicPlayer，其控制声音播放的对话框如图 16-2 所示。

图 16-2　Java 音频播放器操作对话框

当播放 MP3、OGG 等压缩声音文件时，需要安装 Java 为播放 MP3、OGG 文件等开发的插件（SPI），例如，mp3sp.jar（MP3 解码器）、jogg-0.0.4.jar（OGG 解码器）等，并将它们存放到 J2SDK 或 Java Sound API 类库的路径中。

案例小结

（1）AudioFormat 类是创建一个指定音频格式和数据长度的音频数据流对象，从该对象中可以读出音频数据，其构造方法为：

```
AudioFormat(AudioFormat.Encoding encoding, float sampleRate,
            int sampleSizeInBits, int channels, int frameSize,
            float frameRate, boolean bigEndian)
AudioFormat(float sampleRate, int sampleSizeInBits,
            int channels, boolean signed, boolean bigEndian)
```

其中，输入参数 encoding 为音频数据编码方式；sampleRate 参数为模拟音频信号转换为数字信号（量化）时的采样率；sampleSizeInBits 参数指定了量化级数（等级）；channels 参数确定通道数（单通道和立体声双通道等）；frameSize 参数为数字音频信号每帧的字节数；frameRate 参数为数字音频信号每秒的帧数；bigEndian 参数指定音频数字信号的存储顺序。

在 AudioFormat 类中定义的方法，例如，getXyz()等，可从外部获取上述有关模拟音频信号量化时的各种数据，其主要方法有 getChannels()、getEncoding()、getFrameRate()、getFrameSize()、getSampleRate()、getSampleSizeInBits()、isBigEndian()、matches()等。

（2）AudioInputStream 类是创建确定音频数据流格式的对象，通过该类可以解释音频源二进制数据，其构造方法为：

```
AudioInputStream(InputStream stream, AudioFormat format, long length)
AudioInputStream(TargetDataLine line)
```

其中，输入参数 stream 为指定音频数据流；format 参数为指定音频数据流格式；length 参数为指定音频数据流长度；line 参数指示从 line 对象中获取音频数据流。

在 AudioInputStream 类中定义了一些操纵音频数据流的方法，例如，read()方法，从该对象读出音频数据，其主要方法有 available()、close()、getFormat()、getFrameLength()、mark()、markSupported()、read()、reset()、skip()等。

（3）AudioSystem 类是创建一个音频数据处理的平台，该类提供了一些处理音频数据的方法，其主要功能是通过该类中的 write()方法实现不同的数据流格式之间的转换以及音频数据文件与音频数据流的转换等，AudioSystem 类中定义的方法有 getAudioFileFormat()、getAudioFileFormat()、getAudioFileTypes()、getAudioInputStream()、getLine()、getMixer()等。

（4）SourceDataLine 接口是 DataLine 和 Line 的子接口，这些接口用于描述音频数据流在音频设备（声卡等）端口的输入和输出，在 SourceDataLine 接口中定义的 open()方法为打开一个音频通道并从该通道中读 AudioFormat 格式的音频数据流；write()方法则将音频数据流输出到一个设备端口上，DataLine 和 Line 接口则定义了一些获取音频通道信息以及参与控制音频通道的方法，例如，判断音频通道是否被占用、是否开始播放音频数据等。

16.2 Java 媒体数据流处理框架——JMF

多媒体数据流的处理技术是 Java 多媒体技术中的一个重要部分，Sun Microsystems 公司为此专门开发了 JMF API 类库，JMF API 是专门用于处理视、音频媒体的扩展应用开发包，它集成了对视、音频的采集、编码、传输、播放等处理，应用 JMF 开发包可以简化并加快 Java 多媒体应用程序的开发。目前，JMF 已在诸多方面得到了应用，例如，网络视频会议、网络可视 IP 电话、多媒体教学、远程图像监控、交互式游戏等。

16.2.1 JMF API 的功能

JMF API 主要为了方便在 Java 应用程序中对时基媒体（Time-Based Media，例如视频、音频等）进行实时处理编程，JMF API 支持对媒体的采集、回放、数据流网络传输，以及多种媒体格式的转换等。

JMF API 主要由 javax.media、javax.media.bean.playerbean、javax.media.control、javax.media.datasink、javax.media.format、javax.media.protocol、javax.media.renderer、javax.media.rtp、javax.media.rtp.event、javax.media.rtp.rtcp、javax.media.util 等包构成，JMF API 为 Java 中的多媒体编程提供了一种机制，它向开发者隐藏了底层复杂的实现细节，即多媒体应用程序的编程者不需要关心 JMF API 内部的实现细节，也不必考虑烦琐复杂的多媒体文件格式及硬件设备等信息，就可以利用 JMF API 提供的类和接口方便地实现处理多种媒体的功能（媒体数据的采集、播放和传输等），满足多媒体编程处理的需求。

目前，JMF API 提供了多种多媒体数据编码格式，视频格式有 MPEG-1、MPEG-2、QuickTime、AVI、H.261、H.263 等，音频格式有 WAV、AU、MIDI、G.711、G.723、GSM、MP3 等。

16.2.2 媒体流播放器案例

【案例 16-2】 应用 JMF 中 Java Media API 实现媒体播放器。

该案例利用 JMF API 中的 MediaPlayer 类创建媒体播放器对象，并根据媒体数据流自动创建一个控制面板，通过控制面板的操作可以控制媒体流的播放、停止、暂停等，媒体播放器的主要工作是从本地或网络中获取媒体数据，即在应用程序窗体中建立"打开文件"的菜单项以及"打开网络文件"的对话框，通过应用程序界面的操作为媒体播放器指定媒体数据源的位置等信息。

选择类库

通过创建 javax.media.bean.playerbean 包中的 MediaPlayer 类的实例实现 JMF 媒体播放器，也可以通过 javax.media 包中的 Manager 类的 createPlayer() 方法创建 JMF 媒体

播放器对象。

实现步骤

(1) 定义应用程序人机交互窗体类 MediaFrame,在该类中包含依据媒体流数据创建媒体播放器实例,同时创建媒体流数据播放的控制面板。

(2) 定义用于打开网络文件的对话框类 OpenUrlDlg。

(3) 定义启动媒体播放器的包含 main()方法的类 MediaApp。

程序代码

```
/**        媒体播放器应用程序窗体类 MediaFrame 代码           */
package javamediaplayer;
import java.awt.*;
import java.awt.event.*;
import javax.swing.*;
import java.util.*;
import java.io.*;
import java.net.*;
import javax.media.*;
import javax.media.bean.playerbean.*;
public class MediaFrame extends JFrame    implements ControllerListener{
   /* -------------- 在媒体播放器窗体中添加菜单和工具条 --------------- */
   JPanel contentPane;
   JMenuBar jMenuBar1 = new JMenuBar();
   JMenu jMenuFile = new JMenu();
   JMenuItem jMenuFileExit = new JMenuItem();
   JMenu jMenuHelp = new JMenu();
   JMenuItem jMenuHelpAbout = new JMenuItem();
   JLabel statusBar = new JLabel();
   BorderLayout borderLayout1 = new BorderLayout();
   JMenuItem jMenuOpenFile = new JMenuItem();
   JMenuItem jMenuOpenUrl = new JMenuItem();
   JPanel jPanelVideo = new JPanel();
   BorderLayout borderLayout2 = new BorderLayout();
   JMenu jMenuCtrl = new JMenu();
   JCheckBoxMenuItem jCheckBoxMenuAutoRep = new JCheckBoxMenuItem();
   MediaPlayer player;                              //声明媒体播放器变量
   Component visualComponent = null;
   Component controlComponent = null;
   boolean displaying = false;
   String currentFile = "";
   String currentUrl = "";
   public MediaFrame() {                             //媒体播放器构造器
     enableEvents(AWTEvent.WINDOW_EVENT_MASK);
     try {
       jbInit();
     } catch(Exception e) {
```

```java
                    e.printStackTrace();    }
    }
    /* -------------- 媒体播放器初始化(设置事件监听器)方法 --------------- */
    private void jbInit() throws Exception   {
        contentPane = (JPanel) this.getContentPane();
        contentPane.setLayout(borderLayout1);
        jMenuCtrl.setText("Control");
        jCheckBoxMenuAutoRep.setText("Auto Replay");
        jCheckBoxMenuAutoRep.addItemListener(
            new java.awt.event.ItemListener() {
              public void itemStateChanged(ItemEvent e) {
                jCheckBoxMenuAutoRep_itemStateChanged(e);
              }
        });
        this.getContentPane().setBackground(Color.cyan);
        statusBar.setBackground(new Color(0, 71, 179));
        statusBar.setForeground(Color.green);
        jPanelVideo.setBackground(new Color(105, 92, 255));
        jPanelVideo.setForeground(Color.magenta);
        contentPane.setBackground(new Color(53, 53, 255));
        contentPane.add(statusBar, BorderLayout.SOUTH);
        contentPane.add(jPanelVideo, BorderLayout.CENTER);
        this.setSize(new Dimension(400, 300));
        this.setTitle("媒体播放器");
        statusBar.setText(" ");
        JPopupMenu.setDefaultLightWeightPopupEnabled(false) ;
        jMenuFile.setText("File");
        jMenuFileExit.setText("Exit");
        jMenuFileExit.addActionListener(new ActionListener()   {
            public void actionPerformed(ActionEvent e) {
                jMenuFileExit_actionPerformed(e);
            }
        });
        jMenuHelp.setText("Help");
        jMenuHelpAbout.setText("About");
        jMenuHelpAbout.addActionListener(new ActionListener()   {
            public void actionPerformed(ActionEvent e) {
                jMenuHelpAbout_actionPerformed(e);
            }
        });
        jMenuOpenFile.setText("Open File...");
        jMenuOpenFile.addActionListener(new java.awt.event.ActionListener(){
            public void actionPerformed(ActionEvent e){
                jMenuOpenFile_actionPerformed(e);
            }
        });
        jMenuOpenUrl.setText("Open Url...");
```

```java
    jMenuOpenUrl.addActionListener(new java.awt.event.ActionListener() {
      public void actionPerformed(ActionEvent e) {
        jMenuOpenUrl_actionPerformed(e);
      }
    });
    jPanelVideo.setLayout(borderLayout2);
    jMenuFile.add(jMenuOpenFile);
    jMenuFile.add(jMenuOpenUrl);
    jMenuFile.add(jMenuFileExit);
    jMenuHelp.add(jMenuHelpAbout);
    jMenuBar1.add(jMenuFile);
    jMenuBar1.add(jMenuCtrl);
    jMenuBar1.add(jMenuHelp);
    this.setJMenuBar(jMenuBar1);
    jMenuCtrl.add(jCheckBoxMenuAutoRep);
  }
  public void jMenuFileExit_actionPerformed(ActionEvent e) {
    System.exit(0);
  }
  public void jMenuHelpAbout_actionPerformed(ActionEvent e) {
    MediaFrame_AboutBox dlg = new MediaFrame_AboutBox(this);
    Dimension dlgSize = dlg.getPreferredSize();
    Dimension frmSize = getSize();
    Point loc = getLocation();
    dlg.setLocation((frmSize.width - dlgSize.width) / 2
        + loc.x, (frmSize.height - dlgSize.height) / 2 + loc.y);
    dlg.setModal(true);
    dlg.show();
  }
  protected void processWindowEvent(WindowEvent e) {
    super.processWindowEvent(e);
    if (e.getID() == WindowEvent.WINDOW_CLOSING) {
      jMenuFileExit_actionPerformed(null);
    }
  }
  void jMenuOpenUrl_actionPerformed(ActionEvent e) {
     try{                                                   //处理 Open Url 菜单项事件
       OpenUrlDlg urlDlg = new OpenUrlDlg(this,currentUrl);
       urlDlg.show();
       if(urlDlg.getAction() == OpenUrlDlg.ACTION_OPEN ){
          URL selUrl = new URL(urlDlg.getUrl());
          if(selUrl!= null)
            open(selUrl);
            currentUrl = selUrl.toString();
       }
       this.repaint() ;
    } catch(Exception ex){      }
```

```java
        }
        void jMenuOpenFile_actionPerformed(ActionEvent e) {      //处理 Open 事件
            JFileChooser fileOpenDlg = new JFileChooser();
            String FileName = "";
            if(!currentFile.equals("") ){
                fileOpenDlg.setSelectedFile(new File(currentFile));
            }
            if(JFileChooser.APPROVE_OPTION == fileOpenDlg.showOpenDialog(this)){
              File selFile = fileOpenDlg.getSelectedFile();
              if(selFile!= null)
                FileName = selFile.getPath() ;
            }
            this.repaint() ;
            if(!FileName.equals("")) {
                open(FileName);
            }
        }
        void open(String FileName){
            try{
                URL selUrl = new URL("file://" + FileName);
                currentFile = FileName;
                open(selUrl);
            } catch(Exception e){ System.out.println(e) ; }
        }
        void open(URL selUrl) throws Exception {
            killCurrentPlayer() ;
            displaying = false;
            player = new MediaPlayer();
            player.addControllerListener(this) ;
            player.setMediaLocation(selUrl.toString());
            player.setPlaybackLoop(jCheckBoxMenuAutoRep.getState());
            player.realize();
            statusBar.setText("文件:" + selUrl.toString());
        }
        public synchronized void controllerUpdate ( ControllerEvent event ) {
          if ( event instanceof RealizeCompleteEvent ) {
            visualComponent = null;
            controlComponent = null;
            if((visualComponent = player.getVisualComponent()) != null){
              jPanelVideo.add(visualComponent,"Center");
            }
            if((controlComponent = player.getControlPanelComponent()) != null){
              jPanelVideo.add(controlComponent,"South");
            }
            resizePanel();
            this.pack() ;
            displaying = true;
```

```java
        player.prefetch();
    }
    else
        if ( event instanceof PrefetchCompleteEvent ) {
            player.start();
        }
    this.validate();
}
void resizePanel(){
    Dimension dimVisual = new Dimension(0,0);
    Dimension dimControl = new Dimension(0,0);
    int width = 0;
    int height = 0;
    if(visualComponent!= null)
        dimVisual = visualComponent.getPreferredSize();
    if(controlComponent!= null)   {
        dimControl = controlComponent.getPreferredSize();
    }
    width = dimVisual.width;
    height = dimControl.height + dimVisual.height;
    if(width == 0)
        width = 100;
    if(height == 0)
        height = 50;
    jPanelVideo.setSize(width, height);
}
void rePaint(){
    jPanelVideo.repaint();
    super.repaint() ;
}
void killCurrentPlayer () {
    killCurrentView ();
    if ( player != null ) {
        player.close ();
        player.removeControllerListener ( this );
        player = null;
    }
    displaying = false;
}
void killCurrentView () {
    if(displaying){
        if(visualComponent!= null)
            jPanelVideo.remove(visualComponent);
        if(controlComponent!= null)
            jPanelVideo.remove(controlComponent);
        visualComponent = null;
        controlComponent = null;
```

```java
      }
    }
    void jCheckBoxMenuAutoRep_itemStateChanged(ItemEvent e) {
      if(player!= null)
        player.setPlaybackLoop(jCheckBoxMenuAutoRep.getState() );
    }
}
/**        媒体播放器中打开文件或网络文件的对话框类 OpenUrlDlg 代码            */
package javamediaplayer;
import java.awt.*;
import javax.swing.*;
import java.awt.event.*;
public class OpenUrlDlg extends JDialog {
  public final static int ACTION_OPEN = 1;
  public final static int ACTION_CANCEL = 0;
  private String nameUrlDefault = null;
  private int intAction = ACTION_CANCEL;
  protected JFrame frameOwner = null;
  JPanel panelInput = new JPanel();
  GridLayout gridLayout1 = new GridLayout();
  FlowLayout flowLayout1 = new FlowLayout();
  JLabel jLabel1 = new JLabel();
  JTextField txtURL = new JTextField();
  JPanel panelCmd = new JPanel();
  JButton cmdOpen = new JButton();
  JButton cmdCancel = new JButton();
  public OpenUrlDlg(JFrame frame, String nameUrlDefault) {
    super(frame, "Open Url", true);
    frameOwner = frame;
    this.nameUrlDefault = nameUrlDefault;
    try {
      jbInit();
      pack();
    } catch(Exception ex) { ex.printStackTrace(); }
  }
  public OpenUrlDlg() {
    this(null, "");
  }
  void jbInit() throws Exception {
    panelInput.setLayout(flowLayout1);
    this.setTitle("Open Url");
    this.getContentPane().setLayout(gridLayout1);
    gridLayout1.setRows(2);
    gridLayout1.setColumns(1);
    jLabel1.setForeground(Color.red);
    jLabel1.setText("URL:");
    cmdOpen.setBackground(new Color(180, 255, 50));
```

```java
    cmdOpen.setForeground(Color.magenta);
    cmdOpen.setText("Open");
    txtURL.setText(nameUrlDefault);
    cmdOpen.addActionListener(new java.awt.event.ActionListener() {
      public void actionPerformed(ActionEvent e) {
        cmdOpen_actionPerformed(e);
      }
    });
    cmdCancel.setBackground(new Color(180, 255, 150));
    cmdCancel.setForeground(Color.magenta);
    cmdCancel.setText("Canel");
    cmdCancel.addActionListener(new java.awt.event.ActionListener() {
      public void actionPerformed(ActionEvent e) {
        cmdCancel_actionPerformed(e);
      }
    });
    panelCmd.setBackground(Color.orange);
    panelInput.setBackground(Color.orange);
    panelInput.add(jLabel1, null);
    panelInput.add(txtURL, null);
    txtURL.setColumns(30);
    this.getContentPane().add(panelInput, null);
    this.getContentPane().add(panelCmd, null);
    panelCmd.add(cmdOpen, null);
    panelCmd.add(cmdCancel, null);
    this.pack();
    this.autoPosition() ;
    this.setResizable ( false );
}
public void addNotify () {
    this.setBackground ( Color.lightGray );
    super.addNotify ();
    autoPosition ();
}
public void autoPosition () {
    Dimension      dim;           Dimension      dimFrame;
    Dimension      dimDialog;     Dimension      dimScreen;
    Point          point;
    Insets         insets;
    point = frameOwner.getLocationOnScreen();
    dimFrame = frameOwner.getSize();
    dimDialog = this.getSize();
    point.y = point.y + (int)(dimFrame.getHeight() - dimDialog.getHeight())/2;
    this.setLocation(point) ;
}
public String getUrl () {
  String    nameUrl;
```

```java
      nameUrl = txtURL.getText();
      return ( nameUrl );
    }
    void cmdOpen_actionPerformed(ActionEvent e) {
      this.setAction(this.ACTION_OPEN );
      this.dispose() ;
    }
    void cmdCancel_actionPerformed(ActionEvent e) {
      this.setAction(this.ACTION_CANCEL   );
      this.dispose() ;
    }
    protected void setAction ( int intAction ) {
      this.intAction = intAction;
    }
    public int getAction () {
      return ( intAction );
    }
}
/**         启动媒体播放器的包含 main()方法类 MediaApp 代码                    */
package javamediaplayer;
import javax.swing.UIManager;
import java.awt.*;
public class MediaApp {
  boolean packFrame = false;
  public MediaApp() {
    MediaFrame frame = new MediaFrame();
    if (packFrame) {
      frame.pack();
    }
    else {
      frame.validate();
    }
    Dimension screenSize = Toolkit.getDefaultToolkit().getScreenSize();
    Dimension frameSize = frame.getSize();
    if (frameSize.height > screenSize.height) {
      frameSize.height = screenSize.height;
    }
    if (frameSize.width > screenSize.width) {
      frameSize.width = screenSize.width;
    }
    frame.setLocation((screenSize.width - frameSize.width) / 2,
        (screenSize.height - frameSize.height) / 2);
    frame.setVisible(true);
  }
  public static void main(String[] args) {
    try {
      UIManager.setLookAndFeel(
```

```
            UIManager.getSystemLookAndFeelClassName());
    } catch(Exception e) {   e.printStackTrace();   }
    new MediaApp();
  }
}
```

输出结果

在编译媒体播放器应用程序时,需要安装 JMF API 以及加载 JMF 运行环境,通过编译后启动媒体播放器的主程序类 MediaApp,其应用程序对话框如图 16-3 所示。

通过 File 菜单中的 Open File 菜单项打开一个视频文件(AVI 等),其播放对话框如图 16-4 所示。

图 16-3　媒体播放器应用程序对话框　　　图 16-4　媒体播放器播放视频文件对话框

通过 File 菜单中的 Open File 菜单项打开一个音频文件(WAV),其播放对话框如图 16-5 所示。

通过 File 菜单中的 Open Url 菜单项打开 OpenUrlDlg 对话框,如图 16-6 所示,输入 URL 地址则可为媒体播放器提供网络中的媒体数据流文件。

图 16-5　媒体播放器播放音频文件对话框　　　图 16-6　媒体播放器打开网络中媒体数据流文件对话框

案例小结

(1) 媒体播放器应用程序重点使用了 JMF API 中的 javax.media.bean.playerbean 包中的 MediaPlayer 类,在 MediaPlayer 类中包含了操纵媒体播放器播放媒体数据流以及控制播放的所有操作方法,例如设置数据源(setDataSource())、设置播放器(setPlayer())、设置循环播放(setPlaybackLoop())、设置缩放(setZoomTo())、设置音量(setVolumeLevel())、开始播放(start())、停止播放(stop())、关闭播放器(close())等。

(2) 在该应用程序窗体的 File 菜单中包含 Open File 和 Open Url 两个菜单项,它们分别用于输入需要播放媒体流的存放位置信息;Control 菜单中的 Auto Replay 菜单项是用来设置播放器是否为自动循环播放,实现对播放器属性的设置。

(3) 在媒体播放器的应用程序主窗体中有一个 JPanel 对象,其用于设置播放器的播放屏幕和播放时使用的控制组件。

16.3 Java 媒体数据流网络实时传输

JMF 的主要应用功能之一是媒体数据流在网络中的实时传输,JMF 提供了实时传输媒体数据流的 API,其中包含的传输协议有实时传输协议(Real-Time Transport Protocol,RTP)和 RTCP(Real-Time Transport Control Protocol,实时传输控制协议)等,这些协议是 Java 编写处理网络实时媒体数据流的基础,可以方便地实现媒体流在网络中的发送和接收等功能。

应用 JMF 编写的网络媒体数据流实时传输应用程序通常包含两个部分:一部分是负责通过网络发送数据流的主机端(RTP Servers)程序;另一部分是接收数据流的客户端(RTP Clients)程序,接收端可以不用等待所有的数据接收完毕才开始播放,实现即传即放。

16.3.1 发送媒体数据流应用程序案例

【案例 16-3.1】 应用 JMF 中 RTP 实现媒体数据流在网络中的实时传送。

该案例是一个利用 RTP 在网络中实时发送媒体数据流的应用程序,其传输的媒体数据来自本机存储的多媒体文件,该应用程序描述了使用 RTP 协议发送媒体数据流的过程。

选择类库

在 JMF API 中定义了几个与 RTP 有关的包,即 javax.media.rtp、javax.media.rtp.event、javax.media.rtp.rtcp 等,通过这些包提供的 API,可以实现 RTP 数据流的传输、接收和回放。

实现步骤

(1) 定义使用 RTP 实现媒体数据流传输类 RTPTransmit。
(2) 定义用于打开文件以及文件过滤器类 ExampleFileFilter。
(3) 定义启动该应用程序以及包含人机交互界面类 MainFrame。

程序代码

```
/**      媒体数据流传输类 RTPTransmit 代码        */
package RTPTransmit;
import java.io.*;
import java.awt.Dimension;
import java.net.InetAddress;
import javax.media.*;
import javax.media.protocol.*;
import javax.media.protocol.DataSource;
import javax.media.format.*;
import javax.media.control.TrackControl;
```

```java
import javax.media.rtp.*;
public class RTPTransmit {                              //用 RTP 传输数据的类
    private MediaLocator locator;                       //媒体定位
    private String ipAddress;                           //发送目的地(接收端)的 IP 地址
    private int portBase;                               //传输端口号
    private Processor processor = null;                 //处理器
    private RTPManager rtpMgrs[];                       //RTP 管理器
    private DataSource dataOutput = null;               //输出的数据源
    public RTPTransmit(MediaLocator locator, String ipAddress,
            String pb, Format format) {
        this.locator = locator;
        this.ipAddress = ipAddress;
        Integer integer = Integer.valueOf(pb);
        if (integer != null)
            this.portBase = integer.intValue();
    }
    public synchronized String start() {                //开始传输
        String result;
        result = createProcessor();                     //产生一个处理器
        if (result != null)      return result;
        result = createTransmitter();                   //产生 RTP 会话
        if (result != null) {
            processor.close();
            processor = null;
            return result;
        }
        processor.start();                              //让处理器开始传输
        return null;
    }
    private String createProcessor() {                  //为指定的媒体定位器产生一个处理器
        if (locator == null)
            return "Locator is null";
        DataSource ds;
        try {
            ds = javax.media.Manager.createDataSource(locator);
                //为定义的 MediaLocator 定位并实例化一个适当的数据源
        }
        catch (Exception e) {
            return "Couldn't create DataSource";
        }
        try {
            processor = javax.media.Manager.createProcessor(ds);   //通过数据源来产生一个处理器
        }
        catch (NoProcessorException npe) {
            return "Couldn't create processor";
        }
        catch (IOException ioe) {
```

```java
      return "IOException creating processor";
    }
  boolean result = waitForState(processor, Processor.Configured);
                                                      //等待处理器配置好
  if (result == false)
    return "Couldn't configure processor";
  TrackControl [] tracks = processor.getTrackControls();
                                      //为媒体流中的每一个轨迹获取一个控制器
  if (tracks == null || tracks.length < 1)    //确保至少有一个可用的轨迹
    return "Couldn't find tracks in processor";
  ContentDescriptor cd =
      new ContentDescriptor(ContentDescriptor.RAW_RTP);
  processor.setContentDescriptor(cd);      //设置输出的内容描述为 RAW_RTP
  Format supported[];
  Format chosen = null;
  boolean atLeastOneTrack = false;
  for (int i = 0; i < tracks.length; i++) {       //对每一个轨迹
    Format format = tracks[i].getFormat();
    if (tracks[i].isEnabled()) {                 //如果该轨迹可用
      supported = tracks[i].getSupportedFormats();
      if (supported.length > 0) {               //如果存在支持的格式
        if (supported[0] instanceof VideoFormat) {  //如果为视频格式
          chosen = checkForVideoSizes(tracks[i].getFormat(),supported[0]);
                                    //检查视频格式的尺寸,以确保正常工作
        }
        else                               //选择第一种支持的格式即可
          chosen = supported[0];
        tracks[i].setFormat(chosen);
        System.err.println("Track " + i + " is set to transmit as:");
        System.err.println("    " + chosen);
        atLeastOneTrack = true;
      }
      else
        tracks[i].setEnabled(false);
    }
    else
      tracks[i].setEnabled(false);
  }
  if (!atLeastOneTrack)                     //如果每个轨迹都不存在合适的格式
    return "Couldn't set any of the tracks to a valid RTP format";
  result = waitForState(processor, Controller.Realized);
                                              //等待处理器实现
  if (result == false)
    return "Couldn't realize processor";
  dataOutput = processor.getDataOutput();     //从处理器获取输出的数据源
  return null;
}
```

```java
private String createTransmitter() {                    //产生 RTP 会话传输
    PushBufferDataSource pbds = (PushBufferDataSource)dataOutput;
                                                        //将数据源转化为"Push"(推)数据源
    PushBufferStream pbss[] = pbds.getStreams();        //获取"Push"数据流
    rtpMgrs = new RTPManager[pbss.length];              //为每个轨迹产生一个 RTP 会话管理器
    for (int i = 0; i < pbss.length; i++) {
        try {
            rtpMgrs[i] = RTPManager.newInstance();
            int port = portBase + 2 * i;                //每增加一个轨迹,端口号加 2
            InetAddress ipAddr = InetAddress.getByName(ipAddress);
                                                        //获取发送目的地的 IP 地址
            SessionAddress localAddr =
                new SessionAddress( InetAddress.getLocalHost(),port);
                                                        //获取本机的会话地址
            SessionAddress destAddr = new SessionAddress( ipAddr, port);
                                                        //获取目的机器(接收端)的会话地址
            rtpMgrs[i].initialize( localAddr);          //将本机会话地址传给 RTP 管理器
            rtpMgrs[i].addTarget( destAddr);            //加入目的会话地址
            System.err.println( "Created RTP session: " + ipAddress + " " + port);
            SendStream sendStream = rtpMgrs[i].createSendStream(dataOutput, i);
                                                        //产生数据源的 RTP 传输流
            sendStream.start();                         //开始 RTP 数据流发送
        }
        catch (Exception e) {
            return e.getMessage();
        }
    }
    return null;
}
Format checkForVideoSizes(Format original, Format supported) {
                                                        //检查视频图像的尺寸
    int width, height;
    Dimension size = ((VideoFormat)original).getSize();
                                                        //获取视频图像的尺寸
    Format jpegFmt = new Format(VideoFormat.JPEG_RTP);
    Format h263Fmt = new Format(VideoFormat.H263_RTP);
    if (supported.matches(jpegFmt)) {                   //如果是 JPEG 格式
        width = size.width % 8 == 0 ? size.width : ((int)(size.width / 8) * 8);
                                                        //调整宽度
        height = size.height % 8 ==
        0 ? size.height : ((int)(size.height / 8) * 8); //调整高度
    }
    else if (supported.matches(h263Fmt)) {              //如果是 H.263 格式
        if (size.width <= 128) {
            width = 128;
            height = 96;
        }
```

```java
        else
          if (size.width <= 176) {
            width = 176;          height = 144;
          }
          else {  width = 352;        height = 288;
          }
        }
        else {                                          //对其他格式不予处理
          return supported;
        }
        return (new VideoFormat(null,
          new Dimension(width, height),Format.NOT_SPECIFIED,
          null,Format.NOT_SPECIFIED)).intersects(supported);
                                                        //返回调整后的视频格式
      }
      public void stop() {                              //停止传输
        synchronized (this) {
          if (processor != null) {
            processor.stop();   processor.close();      //停止和关闭处理器
            processor = null;
            for (int i = 0; i < rtpMgrs.length; i++) {  //删除所有 RTP 管理器
              rtpMgrs[i].removeTargets( "Session ended.");
              rtpMgrs[i].dispose();
            }
          }
        }
      }
/* ------------- 以下两个变量为对处理器状态改变的处理服务 ------------- */
      private Integer stateLock = new Integer(0);       //状态锁变量
      private boolean failed = false;                   //是否失败的状态标志
      Integer getStateLock() {                          //获取状态锁
        return stateLock;
      }
      void setFailed() {                                //设置失败标志
        failed = true;
      }
      private synchronized boolean waitForState(Processor p, int state) {
                                                        //等待处理器达到相应的状态
        p.addControllerListener(new StateListener());   //为处理器加上状态监听
        failed = false;
        if (state == Processor.Configured) {            //配置处理器
          p.configure();
        }
        else if (state == Processor.Realized) {         //实现处理器
          p.realize();
        }
        while (p.getState() < state && !failed) {
```

```java
                                   //一直等待,直到成功达到所需状态,或失败
    synchronized (getStateLock()) {
      try {
        getStateLock().wait();                //等待
      }
      catch (InterruptedException ie) {
        return false;
      }
    }
    if (failed)
      return false;
    else
      return true;
  }
/* ---------------- 内部监听类:处理器的状态监听器 ---------------- */
  class StateListener implements ControllerListener {
    public void controllerUpdate(ControllerEvent ce) {
      if (ce instanceof ControllerClosedEvent)    //控制器关闭
        setFailed();
      if (ce instanceof ControllerEvent) {        //对于所有的控制器事件
        synchronized (getStateLock()) {
          getStateLock().notifyAll();             //通知在 waitForState()方法中等待的线程
        }
      }
    }
  }
}
/**          文件过滤器类 ExampleFileFilter 代码              */
package RTPTransmit;
import java.io.File;
import java.util.Hashtable;
import java.util.Enumeration;
import javax.swing.filechooser.*;
public class ExampleFileFilter extends FileFilter {    //继承自文件过滤器
  private Hashtable filters = null;
  private String description = null;
  private String fullDescription = null;
  public ExampleFileFilter() {                   //构造方法
    this.filters = new Hashtable();
  }
  public void addExtension(String extension) {   //添加扩展名
    if(filters == null) {
      filters = new Hashtable();                 //构造一个哈希表
    }
    filters.put(extension.toLowerCase(), this);  //向哈希表中增加一个键值对
    fullDescription = null;
```

```java
    }
    public void setDescription(String description) {
                                                  //设置文件过滤器的一般性描述
      this.description = description;    fullDescription = null;
    }
    public String getExtension(File f) {          //获取文件的扩展名
      if(f != null) {
        String filename = f.getName();
        int i = filename.lastIndexOf('.');        //获取文件名中"."的位置
        if(i > 0 && i < filename.length() - 1) {
          return filename.substring(i + 1).toLowerCase();
                                                  //取"."之后的子字符串,即为扩展名
        }
      }
      return null;
    }
    public boolean accept(File f) {
      if(f != null) {
        if(f.isDirectory()) {                     //接受的目录
          return true;
        }
        String extension = getExtension(f);
        if(extension != null && filters.get(getExtension(f)) != null) {
          return true;                            //扩展名符合设定范围的文件应被接受
        };
      }
      return false;
    }
    public String getDescription() {              //获取文件过滤器的完整描述
      if(fullDescription == null) {
        fullDescription = (description == null) ? "(" : (description + " (");
        Enumeration extensions = filters.keys();  //获取哈希表的全部键(扩展名)
        if(extensions != null) {
          fullDescription += " * ." + (String) extensions.nextElement();
                                                  //加上第一个扩展名
          while (extensions.hasMoreElements()) {  //加上后面的扩展名
            fullDescription += ", * ." + (String) extensions.nextElement();
          }
        }
        fullDescription += ")";
      }
      return fullDescription;
    }
}
/**        启动传输媒体流程序并用于人机交互界面类 MainFrame 代码        */
package RTPTransmit;
import java.awt. * ;
```

```java
import java.awt.event.*;
import javax.swing.*;
import java.io.*;
import java.net.InetAddress;
import javax.swing.filechooser.FileFilter;
import javax.media.format.*;
import javax.media.*;
import java.util.*;
public class MainFrame extends Frame{                    //主界面类
    private String fileName = null;                      //获取要传输的文件名
    private RTPTransmit rtpTransmit = null;              //RTP 传输类的对象
    Label labelIP = new Label();
    TextField textIPAdd1 = new TextField();              //IP 地址编辑框
    TextField textIPAdd2 = new TextField();
    TextField textIPAdd3 = new TextField();
    TextField textIPAdd4 = new TextField();
    Label labelPort = new Label();
    TextField textPort = new TextField();                //端口编辑框
    JLabel jLabelIP = new JLabel();
    Label labelFile = new Label();
    CheckboxGroup checkboxGroupFiles = new CheckboxGroup();
    Checkbox checkboxMov = new Checkbox();               //选择 QuickTime 文件(Mov)单选框
    Checkbox checkboxAudio = new Checkbox();             //选择 Audio 文件单选框
    Checkbox checkboxMPEG = new Checkbox();              //选择 MPEG 文件单选框
    Button buttonFile = new Button();                    //"浏览"文件按钮
    TextField textFile = new TextField();                //显示文件名编辑框
    JLabel jLabelFile = new JLabel();
    Button buttonBeginTransmit = new Button();           //"传输"按钮
    Button buttonStopTransmit = new Button();            //"停止"按钮
    private void jbInit() throws Exception {             //设置界面和添加事件的监听
        this.setLayout(null);
        this.setBackground(Color.lightGray);
        labelIP.setText("IP 地址: ");
        labelIP.setBounds(new Rectangle(50, 50, 50, 20));
        textIPAdd1.setBounds(new Rectangle(125, 50, 40, 20));
        textIPAdd2.setBounds(new Rectangle(175, 50, 40, 20));
        textIPAdd3.setBounds(new Rectangle(225, 50, 40, 20));
        textIPAdd4.setBounds(new Rectangle(275, 50, 40, 20));
        labelPort.setText("端口号: ");
        labelPort.setBounds(new Rectangle(50, 90, 50, 20));
        textPort.setBounds(new Rectangle(125, 90, 40, 20));
        jLabelIP.setBorder(BorderFactory.createEtchedBorder());
        jLabelIP.setBounds(new Rectangle(29, 33, 313, 91));
        labelFile.setText("文件类型: ");
        labelFile.setBounds(new Rectangle(50, 180, 70, 20));
        checkboxMov.setLabel("QuickTime Files");
        checkboxMov.setBounds(new Rectangle(125, 160, 120, 15));
```

```java
        checkboxMov.setCheckboxGroup(checkboxGroupFiles);
        checkboxAudio.setLabel("Audio Files");
        checkboxAudio.setBounds(new Rectangle(125, 180, 120, 15));
        checkboxAudio.setCheckboxGroup(checkboxGroupFiles);
        checkboxMPEG.setLabel("MPEG Files");
        checkboxMPEG.setBounds(new Rectangle(125, 200, 120, 15));
        checkboxMPEG.setCheckboxGroup(checkboxGroupFiles);
        checkboxGroupFiles.setSelectedCheckbox(checkboxMov);
        buttonFile.setLabel("浏览");
        buttonFile.setBounds(new Rectangle(50, 240, 58, 20));
        buttonFile.addActionListener(new java.awt.event.ActionListener() {
                                                        //为按钮添加监听器
          public void actionPerformed(ActionEvent e) {
            buttonFile_actionPerformed(e);
          }
        });
        textFile.setBounds(new Rectangle(125, 240, 190, 20));
        jLabelFile.setBorder(BorderFactory.createEtchedBorder());
        jLabelFile.setBounds(new Rectangle(29, 147, 314, 127));
        buttonBeginTransmit.setLabel("传输");
        buttonBeginTransmit.setBounds(new Rectangle(94, 296, 58, 20));
        buttonBeginTransmit.addActionListener(
            new java.awt.event.ActionListener() {
          public void actionPerformed(ActionEvent e) {
            buttonBeginTransmit_actionPerformed(e);
          }
        });
        buttonStopTransmit.setLabel("停止");
        buttonStopTransmit.setBounds(new Rectangle(214, 297, 58, 20));
        buttonStopTransmit.addActionListener(
            new java.awt.event.ActionListener() {
          public void actionPerformed(ActionEvent e) {
            buttonStopTransmit_actionPerformed(e);
          }
        });
        this.addWindowListener(new java.awt.event.WindowAdapter() {
          public void windowClosing(WindowEvent e) {
            this_windowClosing(e);
          }
        });
        this.add(buttonStopTransmit, null);
        this.add(buttonBeginTransmit, null);
        this.add(checkboxMov, null);
        this.add(labelIP, null);
        this.add(textIPAdd1, null);
        this.add(textIPAdd2, null);
        this.add(textIPAdd3, null);
```

```java
    this.add(textIPAdd4, null);
    this.add(labelPort, null);
    this.add(textPort, null);
    this.add(jLabelIP, null);
    this.add(labelFile, null);
    this.add(checkboxAudio, null);
    this.add(checkboxMPEG, null);
    this.add(buttonFile, null);
    this.add(textFile, null);    this.add(jLabelFile, null);
    this.setSize(new Dimension(371, 335));
    this.setTitle("RTP Transmit");                    //设置框架标题
    this.setVisible(true);                            //显示出框架
  }
  public MainFrame() {                                //构造方法
    try {
      jbInit();
    }
    catch(Exception e) {
      e.printStackTrace();
    }
  }
  int getFileType() {
    int indexTypeFile = 0;
    if(checkboxGroupFiles.getSelectedCheckbox() == checkboxMov)
                                                    //QuickTime 文件
      indexTypeFile = 0;
    if(checkboxGroupFiles.getSelectedCheckbox() == checkboxAudio)
                                                    //音频文件
      indexTypeFile = 1;
    if(checkboxGroupFiles.getSelectedCheckbox() == checkboxMPEG)
                                                    //MPEG 文件
      indexTypeFile = 2;
    return indexTypeFile;
  }
  void buttonFile_actionPerformed(ActionEvent e) {
                                                    //响应"浏览"按钮的单击消息
    JFileChooser fileChooser = new JFileChooser("D:");
                                                    //文件选择的默认路径是"D:"盘
    ExampleFileFilter filter = new ExampleFileFilter();
                                                    //实例化一个文件过滤器
    int iTypeFile = getFileType();                  //获取所需传输文件的类型
    switch(iTypeFile) {
    case 0:                                         //QuickTime 文件
      filter.addExtension("mov");                   //设置文件扩展名
      filter.setDescription("QuickTime Files");     //设置文件的类型描述
      break;
    case 1:                                         //音频文件
```

```java
            filter.addExtension("au");
            filter.addExtension("wav");
            filter.setDescription("Audio Files");
            break;
        case 2:                                          //MPEG 文件
            filter.addExtension("mpg");
            filter.addExtension("mpeg");
            filter.setDescription("MPEG Files");
            break;
        }
        fileChooser.setFileFilter(filter);               //设置文件过滤器
        int retVal = fileChooser.showOpenDialog(this);   //打开文件选择对话框
        if(retVal == JFileChooser.APPROVE_OPTION){       //选择确定按钮
            fileName = fileChooser.getSelectedFile().getAbsolutePath();
                                                         //获取文件的完整文件名
            textFile.setText(fileName);                  //将文件名显示到界面上
        }
    }
    void buttonBeginTransmit_actionPerformed(ActionEvent e) {
                                         //响应"传输"按钮的单击事件,开始传输数据
        String strIPAddr =
            textIPAdd1.getText() + "." + textIPAdd2.getText() + "." +
        textIPAdd3.getText() + "." + textIPAdd4.getText();
                                                 //组合获取完整的 IP 地址
        String strPort = textPort.getText() ;    //获取端口地址
        fileName = textFile.getText();           //获取文件名
        fileName = "file:/" + fileName;          //加上文件标识,以便媒体定位器确认数据类型
        MediaLocator medLoc = new MediaLocator(fileName);//产生媒体定位器
        Format fmt = null;
        rtpTransmit = new RTPTransmit(medLoc,strIPAddr,strPort,fmt);
        String result = rtpTransmit.start();     //开始传输
        if (result != null) {                    //显示传输错误
           System.out.println("Error : " + result);
        }
        else {
            System.out.println("Start transmission ...");
        }
    }
    void buttonStopTransmit_actionPerformed(ActionEvent e) {
                                         //响应"停止"事件,停止发送数据
        if(rtpTransmit == null)
           return;
        rtpTransmit.stop();                      //停止传输
        System.out.println("...transmission ended.");
    }
```

```
    void this_windowClosing(WindowEvent e) {        //关闭窗口,退出程序
        System.exit(0);
    }
    public static void main(String [] args) {       //主方法
        new MainFrame();                            //产生一个主界面对象
    }
}
```

输出结果

启动网络媒体流实时传输应用程序 RTPTransmit 后其运行界面如图 16-7 所示。当输入了传输目的地的 IP 地址和端口号,以及选择了将要传输的多媒体文件后,通过单击"传输"按钮,根据 IP 地址和端口号开始在网络中传输(发送)媒体数据流。当单击"停止"按钮时,则退出媒体数据流传输(发送)。

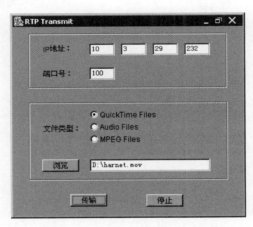

图 16-7 RTPTransmit 程序主界面

案例小结

(1) JMF 处理传输媒体数据流的过程正如 RTPTransmit 类描述的过程,在 RTPTransmit 类中利用一个本机磁盘文件构造一个媒体定位器,通过媒体定位器获取数据源,通过数据源产生一个 JMF 处理器,JMF 处理器根据输出的数据源,以及通过本机和目的机的 IP 地址及端口号生成的两个会话地址构造一个 RTP 管理器实现 RTP 会话(发送与接收)。

(2) 在 javax.media 包中的类和接口都是处理媒体数据流的,每一种媒体类型的数据流被定义为一个轨道,数据源决定了轨道数的多少,例如数据源中包括视频和音频内容,则有两个轨道,一个轨道分配给视频,一个轨道分配给音频,每个轨道对应一个 RTP 会话,这些 RTP 会话由 RTP 管理器统一管理,实现发送端和接收端之间的通信。

(3) 在传输视频信息时,对于 JPEG 编码格式,视频图像的宽和高是 8 像素的整数倍,对于 H.263 编码格式,只支持三种图像大小(352 像素×288 像素、176 像素×144 像素、128 像素×96 像素),只有满足这些条件,才可以正常传输视频信息,因此,该程序需要对视频格

式进行检查,将不满足条件的进行变换,变换为标准格式后再正常传输。

16.3.2 接收媒体数据流应用程序案例

【案例 16-3.2】 应用 JMF 中 RTP 实现网络媒体数据流的实时接收。

该案例是一个利用 RTP 在网络中实时接收媒体数据流并播放该数据流的应用程序,该应用程序描述了使用 RTP 接收并播放媒体数据流的过程。

选择类库

选择应用 javax.media.rtp、javax.media.rtp.event、javax.media.protocol 等包中 API 实现 RTP 数据流的接收和回放。

实现步骤

定义使用 RTP 实现媒体数据流接收和播放类 RTPReceive,其类包含 main()方法。

程序代码

```java
/**      网络媒体数据流实时接收应用程序类 RTPReceive 代码      */
package RTPReceive;
import java.awt.*;
import java.net.*;
import java.awt.event.*;
import java.util.Vector;
import javax.media.*;
import javax.media.rtp.*;
import javax.media.rtp.event.*;
import javax.media.protocol.DataSource;
import javax.media.control.BufferControl;
public class RTPReceive
    implements ReceiveStreamListener, SessionListener, ControllerListener {
  String sessions[] = null;                    //RTP 会话字符串数组
  RTPManager mgrs[] = null;                    //RTP 管理器数组
  Vector playerWindows = null;                 //管理播放器窗口的向量
  boolean dataReceived = false;                //是否接收到数据的标志
  Object dataSync = new Object();              //同步对象
  public RTPReceive(String sessions[]) {       //构造方法
    this.sessions = sessions;
  }
  protected boolean initialize() {             //初始化 RTP 会话,准备接收数据
    try {
      playerWindows = new Vector();            //构造一个向量数组管理多个播放窗口
      mgrs = new RTPManager[sessions.length];  //为每一个 RTP 会话建立一个管理器
      SessionLabel session;
      for (int i = 0; i < sessions.length; i++) {   //对每一个 RTP 会话
        try {
          session = new SessionLabel(sessions[i]);  //解析 RTP 会话地址
        }
```

```java
      catch (IllegalArgumentException e) {
        System.err.println(
          "Failed to parse the session address given: " + sessions[i]);
        return false;
      }
      System.err.println("  - Open RTP session for: addr: "
          + session.addr + " port: " + session.port);
      mgrs[i] = (RTPManager) RTPManager.newInstance();
                                          //为每个 RTP 会话产生一个 RTP 管理器
      mgrs[i].addSessionListener(this);         //添加会话监听器
      mgrs[i].addReceiveStreamListener(this);   //添加接收到数据的监听器
      InetAddress ipAddr = InetAddress.getByName(session.addr);
      SessionAddress localAddr = null;
      SessionAddress destAddr = null;
      if( ipAddr.isMulticastAddress()) {
                          //对于组播,本地和目的地的 IP 地址相同,均采用组播地址
        localAddr = new SessionAddress( ipAddr,session.port);
        destAddr = new SessionAddress( ipAddr,session.port);
      }
      else {
        localAddr = new SessionAddress(
        InetAddress.getLocalHost(),session.port);
                  //用本机 IP 地址和端口号构造源会话地址
        destAddr = new SessionAddress( ipAddr, session.port);
                  //用目的机(发送端)的 IP 地址和端口号构造目的会话地址
      }
      mgrs[i].initialize( localAddr);           //将本机会话地址给 RTP 管理器
      BufferControl bc = (BufferControl)mgrs[i].getControl(
        "javax.media.control.BufferControl");   //获取缓冲区控制
      if (bc != null)
        bc.setBufferLength(350);                //设置缓冲区大小(也可以使用其他值)
      mgrs[i].addTarget(destAddr);              //加入目的会话地址
    }
  }
  catch (Exception e){
    System.err.println("Cannot create the RTP Session: " + e.getMessage());
    return false;
  }
  long then = System.currentTimeMillis();       //获取当前时间
  long waitingPeriod = 60000;                   //最多等待 60 秒
  try{
    synchronized (dataSync) {
      while (!dataReceived && System.currentTimeMillis()
          - then < waitingPeriod) {
                                          //等待上面所设定的时间
        if (!dataReceived)
          System.err.println("  - Waiting for RTP data to arrive...");
```

```java
            dataSync.wait(1000);
          }
        }
      } catch (Exception e) { }
      if (!dataReceived) {                          //在设定的时间内没有等到数据
        System.err.println("No RTP data was received.");
        close();
        return false;
      }
      return true;
    }
    protected void close() {                        //关闭播放器和会话管理器
      for (int i = 0; i < playerWindows.size(); i++) {
        try {
          ((PlayerWindow)playerWindows.elementAt(i)).close();    //关闭播放窗口
        } catch (Exception e) { }
      }
      playerWindows.removeAllElements();            //删除所有播放窗口
      for (int i = 0; i < mgrs.length; i++) {
        if (mgrs[i] != null) {
          mgrs[i].removeTargets( "Closing session from RTPReceive");
          mgrs[i].dispose();                        //关闭 RTP 会话管理器
          mgrs[i] = null;
        }
      }
    }
    public boolean isDone() {                       //判断数据是否接收完成
      return playerWindows.size() == 0;
    }
    PlayerWindow find(Player p) {                   //通过播放器查找播放窗口
      for (int i = 0; i < playerWindows.size(); i++) {
        PlayerWindow pw = (PlayerWindow)playerWindows.elementAt(i);
        if (pw.player == p)    return pw;
      }
      return null;
    }
    PlayerWindow find(ReceiveStream strm) {         //通过接收数据流查找播放窗口
      for (int i = 0; i < playerWindows.size(); i++) {
        PlayerWindow pw = (PlayerWindow)playerWindows.elementAt(i);
        if (pw.stream == strm)
          return pw;
      }
      return null;
    }
    /* ---------- 下面方法实现了 ReceiveStreamListener 监听接口 ----------- */
    public synchronized void update( ReceiveStreamEvent evt) {
      RTPManager mgr = (RTPManager)evt.getSource();
```

```java
    Participant participant = evt.getParticipant();    //获取加入者(发送者)
    ReceiveStream stream = evt.getReceiveStream();     //获取接收到的数据流
    if (evt instanceof NewReceiveStreamEvent) {        //接收到新的数据流
      try {
        stream = ((NewReceiveStreamEvent)evt).getReceiveStream();
                                                       //获取新数据流
        DataSource ds = stream.getDataSource();        //获取数据源
        RTPControl ctl = (RTPControl)ds.getControl(
          "javax.media.rtp.RTPControl");               //获取 RTP 控制
        if (ctl != null)
          System.err.println("    - Recevied new RTP stream: "
             + ctl.getFormat());                       //获取接收数据格式并显示
        else
          System.err.println("    - Recevied new RTP stream");
        if (participant == null)
          System.err.println(
            " The sender of this stream had yet to be identified.");
        else
          System.err.println(
            " The stream comes from: " + participant.getCNAME());
        Player p = javax.media.Manager.createPlayer(ds);
                                                       //通过数据源构造一个媒体播放器
        if (p == null)   return;
        p.addControllerListener(this);                 //给播放器添加控制器监听
        p.realize();                                   //实现播放器
        PlayerWindow pw = new PlayerWindow(p, stream);
                                                       //通过播放器和数据流构造播放窗口
        playerWindows.addElement(pw);                  //将该播放窗口加入向量数组中
        synchronized (dataSync) {
          dataReceived = true;                         //表明已经接收到了一个新数据流
          dataSync.notifyAll();                        //通知 initialize()方法中的等待过程
        }
      }
      catch (Exception e) {
        System.err.println(
          "NewReceiveStreamEvent exception " + e.getMessage());
        return;
      }
    }
    else if (evt instanceof StreamMappedEvent) {       //数据流映射事件
      if (stream != null && stream.getDataSource() != null) {
        DataSource ds = stream.getDataSource();
        RTPControl ctl = (RTPControl)ds.getControl(
          "javax.media.rtp.RTPControl");
        System.err.println("    - The previously unidentified stream ");
        if (ctl != null)
          System.err.println("       " + ctl.getFormat());    //获取格式
```

```java
          System.err.println(
             "had now been identified as sent by: " + participant.getCNAME());
        }
      }
      else if (evt instanceof ByeEvent) {                //数据接收完毕
        System.err.println("  - Got \"bye\" from: " + participant.getCNAME());
        PlayerWindow pw = find(stream);
        if (pw != null) {
           pw.close();                                   //关闭播放窗口
           playerWindows.removeElement(pw);              //从向量中去掉该播放窗口
        }
      }
    }
    /* ---------- 下面方法实现了 SessionListener 监听接口 ---------------- */
    public synchronized void update(SessionEvent evt) {
      if (evt instanceof NewParticipantEvent) {
        Participant p = ((NewParticipantEvent)evt).getParticipant();
        System.err.println(
          "  - A new participant had just joined: " + p.getCNAME());
      }
    }
    /* ---------- 下面这个方法实现了 ControllerListener 监听接口 --------- */
    public synchronized void controllerUpdate(ControllerEvent ce) {
      Player p = (Player)ce.getSourceController();
      if (p == null)
        return;
      if (ce instanceof RealizeCompleteEvent) {          //播放器实现完成
        PlayerWindow pw = find(p);
        if (pw == null) {                                //出现了错误
          System.err.println("Internal error!");
          return;
        }
        pw.initialize();                                 //初始化播放窗口
        pw.setVisible(true);                             //显示播放窗口
        p.start();                                       //开始播放
      }
      if (ce instanceof ControllerErrorEvent) {          //控制器错误
        p.removeControllerListener(this);
        PlayerWindow pw = find(p);
        if (pw != null) {
          pw.close();
          playerWindows.removeElement(pw);
        }
        System.err.println("RTPReceive internal error: " + ce);
      }
```

```java
}
/* ---------------- 以下为内部类：解析会话地址 ------------------ */
class SessionLabel {
  public String addr = null;
  public int port;
  SessionLabel(String session) throws IllegalArgumentException {
    int off;
    String portStr = null;
    if (session != null && session.length() > 0) {
      while (session.length() > 1 && session.charAt(0) == '/')
                                                    //去掉字符串前面的"/"
        session = session.substring(1);
      off = session.indexOf('/');                   //找到字符串中"/"的位置
      if (off == -1) {                              //如果字符串中没有找到"/"
        if (!session.equals(""))                    //字符串不为空
          addr = session;                           //字符串值作为 IP 地址
      }
      else {                          //如果字符串中找到了"/",说明字符串中还存在端口号
        addr = session.substring(0, off);
        session = session.substring(off + 1);       //获取第一个"/"后面的子串
        off = session.indexOf('/');                 //找到子串中"/"的位置
        if (off == -1) {                            //如果子串中没有找到"/"
          if (!session.equals(""))
            portStr = session;                      //字符串值作为端口号
        }
      }
    }
    if (addr == null)                               //如果没有给出 IP 地址,则报错
      throw new IllegalArgumentException();
    if (portStr != null) {                          //如果给出了端口号,则将其转化为整型数
      try {
        Integer integer = Integer.valueOf(portStr);
        if (integer != null)  port = integer.intValue();
      }
      catch (Throwable t) {
        throw new IllegalArgumentException();
      }
    }
    else                                            //如果没有给出端口号,则报错
      throw new IllegalArgumentException();
  }
}
/* ---------------- 以下为内部类：播放窗口类 ---------------------- */
class PlayerWindow extends Frame {
  Player player;                                    //播放器对象
  ReceiveStream stream;                             //接收数据流对象
  PlayerWindow(Player p, ReceiveStream strm) {      //构造方法
```

```java
      player = p;  stream = strm;
    }
    public void initialize() {                      //初始化
      add(new PlayerPanel(player));
    }
    public void addNotify() {                       //通知消息
      super.addNotify();
      pack();                                       //在增加了组件后,重新调整窗口大小
    }
    public void close() {                           //关闭播放器
      player.close();
      setVisible(false);
      dispose();
    }
  }
  /* ----------------- 以下为内部类：播放器组件类 ---------------------- */
  class PlayerPanel extends Panel {
    Component vc, cc;
    PlayerPanel(Player p) {                         //构造方法
      setLayout(new BorderLayout());
      if ((vc = p.getVisualComponent()) != null)
        add("Center", vc);                          //添加播放器视频组件
      if ((cc = p.getControlPanelComponent()) != null)
        add("South", cc);                           //添加播放器控制组件
    }
  }
  public static void main(String argv[]) {          //主方法
    if (argv.length == 0)                           //如果没有给出执行参数
      prUsage();                                    //提示程序用法
    RTPReceive rtpReceive = new RTPReceive(argv);
                                                    //用给定参数产生 RTPReceive 对象
    if (!rtpReceive.initialize()) {                 //开始 RTP 数据接收
      System.err.println("Failed to initialize the sessions.");
      System.exit(-1);
    }
    try {
      while (!rtpReceive.isDone())                  //等待接收完毕
        Thread.sleep(1000);
    } catch (Exception e) { }
    System.err.println("Exiting RTPReceive");
  }
  static void prUsage() {                           //程序用法说明
    System.err.println("Usage: RTPReceive <session> <session> ...");
    System.err.println("    <session>: <address>/<port>");
    System.exit(0);
  }
}
```

输出结果

实时接收并播放网络媒体数据流应用程序需要通过命令行方式为 main()方法输入参数,该参数为发送端的 IP 地址和端口号,如果只接收一种媒体数据流(单视频或音频),则只需要输入一对 IP 地址和端口号,例如 10.3.29.232/100,如果接收多种数据流,如同时接收视频和音频数据,则需要输入多对 IP 地址和端口号,例如 10.3.29.232/100 10.3.29.232/102,每对地址之间用空格分开,IP 地址和端口号之间用"/"号连接。接收到视频数据流的播放窗口如图 16-8 所示。

图 16-8　接收到视频数据流的播放窗口

案例小结

(1) 在实时接收并播放网络媒体数据流的应用程序中,实时接收网络媒体数据流是通过 javax.media 包中定义的各种 RTP 事件监听器和 RTP 事件处理类来处理和控制的,使用 javax.media 包中的 Player 接口可以播放实时网络多媒体数据流,javax.media 包中的处理媒体流的接收和播放完成了整个接收 RTP 数据的过程。

(2) 使用 RTP 实现实时接收并播放网络媒体数据流是需要与实时发送媒体数据流的应用程序相配合使用的,且接收的端口号应与发送端设定的端口号相同。

16.4　小结

(1) JMF 提供了处理媒体数据流的各种解决方案。

(2) JMF 主要包括 sound.jar(处理音频数据流)、mediaplayer.jar(媒体数据流播放处理)、jmf.jar(媒体数据流网络传输处理、支持 RTP)等 API。

(3) JMF 还包含了捕获屏幕、USB 摄像头、视频采集卡、声卡等设备的图像和声音数据流的 API。

16.5 习题

(1) 下载 JMF,安装并检查 JMF 类库等 jar 应用包,通过其帮助文档学习相关类的使用。

(2) 学习和熟悉 JMF 中的数据源(Data source)、截取设备(Capture Device)、播放器(Player)、处理器(Processor)、数据格式(Format)、管理器(Manager)的创建和应用。

(3) 在 J2SDK 环境中编译、调试、运行本章案例,体会音频、视频数据流的处理过程。

(4) 在 J2SDK 环境中编译、调试、运行下述播放 MIDI 音乐文件应用程序 MIDIPlayer,该程序应用到 javax.sound.midi 包中的类实现 MIDI 音乐的播放。

```java
package midiplayer;
import javax.sound.midi.*;import java.io.*;import java.net.*;
public class MIDIPlayer {
    private static String midiFile = "midiName.mid";         //准备一个 MIDI 文件
    private Sequence sequence = null;
    public MIDIPlayer() {    this.loadAndPlay();   }
    public void loadAndPlay(){
      try {
        sequence = MidiSystem.getSequence(new File(midiFile));   //读文件
        Sequencer sequencer = MidiSystem.getSequencer();         //创建音序器
        sequencer.open();
        sequencer.setSequence(sequence);
        double durationInSecs = sequencer.getMicrosecondLength()/1000000.0;
        System.out.println(                                      //定义并输出播放周期
            "the duration of this audio is " + durationInSecs + "secs.");
        double seconds = sequencer.getMicrosecondPosition()/1000000.0;
        System.out.println("the Position of this audio is " + seconds + "secs.");
        if (sequencer instanceof Synthesizer) {
            Synthesizer synthesizer = (Synthesizer)sequencer;    //创建合成器
            MidiChannel[] channels = synthesizer.getChannels();  //建立声音通道
            double gain = 0.9D;                                  //定义播放增益
            for (int i = 0; i < channels.length; i++) {
              channels[i].controlChange(7,(int)(gain * 127.0));  //设置通道增益
            }
        }
        sequencer.start();                                       //开始播放
        Thread.currentThread().sleep(5000);                      //程序延迟
        seconds = sequencer.getMicrosecondPosition()/1000000.0;
        System.out.println("the Position of this audio is " + seconds + "secs.");
        sequencer.addMetaEventListener(
          new MetaEventListener() {                              //建立事件监听器
            public void meta(MetaMessage event) {
              if (event.getType() == 47) {
```

```java
                    System.out.println("Sequencer is done playing.");
                }
            }
        });
    }
    catch (MalformedURLException e) { }
    catch (IOException e) { }
    catch (MidiUnavailableException e) { }
    catch (InvalidMidiDataException e) { }
    catch (InterruptedException e){ }
}
public static void main(String[] args) {
    MIDIPlayer midiplayer = new MIDIPlayer();          //启动 MIDIPlayer 程序
}
}
```

（5）学习 javax.media 包中 CaptureDeviceInfo、CaptureDeviceManager 等类的应用，在案例 16-3.1 基础上将读磁盘获取数据源改为捕获屏幕图像为网络传输的数据源，实现 RTP 的网络传输。

第 17 章　Java Android 系统类库应用案例

本章主要介绍在移动设备中基于 Android 操作系统的 Java App 的编写,以及专门用于 Android 应用程序的 Java 类库的应用。

17.1　支持 Java APP 的 Android 操作系统

Android 操作系统是一个主要用于移动设备的操作系统,它支持由 Java 语言开发的应用程序(Application,App),并为 Java App 开发者提供了应用于 Android 操作系统的 Java API(Application Programming Interface,应用程序编程接口)。

17.1.1　Android 操作系统构架

Android 操作系统以及在其中运行的应用程序等整体架构层次如图 17-1 所示。使用 Android 操作系统构成的移动设备应用系统主要由 4 大模块组成,即 Linux 底层、支持 Java 程序运行的虚拟机和类库、Java API 应用程序框架体系和 Android 应用程序。

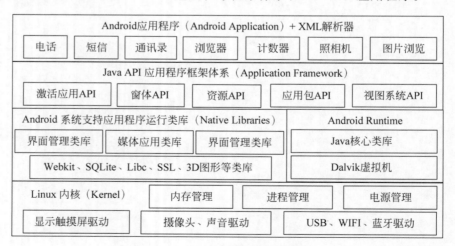

图 17-1　Android 操作系统架构层次

1. Linux 底层

Linux 底层基于 Linux2.6 内核,为移动设备各种硬件提供底层驱动,例如显示触摸屏驱动、摄像头、声音驱动、USB、WiFi、蓝牙等通信驱动,以及 Linux 核心管理,如内存管理、进程管理、电源管理等。

2. 支持 Java 程序运行的虚拟机和类库

支持 Java 程序运行的 Dalvik 虚拟机和 Java 核心类库保证了 Java 应用程序在移动设备中的运行,Dalvik 虚拟机是专门为移动设备定制的,并根据移动设备内存、CPU 性能等情况进行了优化。在运行一个应用程序时,每个独立进程都会包含一个 Dalvik 虚拟机,多进程交由 Linux 实现。Android 系统支持应用程序运行类库(Native Libraries)是由 C/C++ 语言编写的,与底层 Linux 实现了无缝衔接,通过 JNI(Java Native Interface)技术实现被调用。由于 Java 程序运行支持类库和 Dalvik 虚拟机都是 Android 操作系统中的一部分,因此,提升了 Java 应用程序运行的速度,改善了 Java 程序运行效率。

3. Java API 应用程序框架体系

Java API 应用程序框架体系是 Android 操作系统提供的构建 Java 应用程序时可能用到的各种 API(框架),即创建在 Android 系统中的 Java 应用程序时所需要的构建模块,并可以重复使用,例如创建并激活一个应用、构建应用程序用户界面 UI(列表、网格、文本框、按钮、嵌入式 Web 浏览器)、管理非代码资源(本地化字符串、图形、布局文件)等。它集合了 Android 操作系统的所有功能(Android OS 功能集),Android 操作系统自带的一些核心应用都是使用这些 API 实现的。同理,Android 系统应用的开发者也可以通过使用这些 API 来构建自己的 Java 应用程序。

4. Android 应用程序

Android 应用程序(Android Applications)包含用于移动设备上的各种应用,例如 Android 操作系统自带的电话、短信、通讯录、电子邮件、日历、Web 浏览器等核心应用,同时也包含第三方应用程序,例如地图导航、微信通信、移动支付等。该层的应用都是由 XML 解析器管理,在 Android 操作系统中的 XML 文档用于携带各种应用数据,例如屏幕的布局、事件的响应、Java 程序的应用说明等,这些数据都将由 Android 操作系统的 XML 解析器完成解析,并实现 Java 应用程序的执行。

17.1.2 Android 常用组件(模块)

Android 组件也被称为模块,是专门用于开发 Android 应用程序、实现某些功能的 Java 类库。在 Android 操作系统中的应用程序都是由多个不同组件组合而成的,这些组件是 Android 操作系统提供的,并集成于应用程序框架体系中,每个组件作为对象将由 Android 操作系统进行管理和维护。Android 操作系统提供组件的目的在于使开发者开发 Android 应用程序变得快捷、容易。常用的组件有 Activity(活动)、Service(服务)、Broadcast Receiver(广播接收器)、Content Provider(内容提供器)等,这些组件也被称为核心组件,一个标准的 Android 应用程序将包含这些组件。为了激活组件,Android 操作系统规定需要在 Android 应用程序的声明（Android 自述）文件 AndroidManifest.xml 中进行注册或者在代码中动态注册。另外，Android 应用程序没有要求必须有唯一的启动入口，每个组件都可以被独立启动实现各种应用，而组件之间的沟通、通信、激活等将由 Intent（意图）组件来完成。

1. Activity

Activity 组件是 Android 应用程序开发中使用最频繁，也是最基础的组件，其功能包含人机界面交互、事件响应、数据处理、导航连接等。一般一个 Android 应用程序是由一个或多个 Activity 组成的，例如响应一个事件就可以触发激活一个 Activity 对象。多个 Activity 组件之间是可以相互跳转的，每个被激活的 Activity 组件在 Android 操作系统中都有一个完整的生命周期（启动、运行、暂停、销毁），如图 17-2 所示，其对象的维护是由 Android 操作系统完成的，并通过 Intent 对象实现 Activity 之间的数据交换。

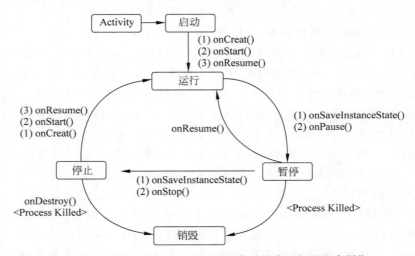

图 17-2　Activity 对象在 Android 操作系统中运行的生命周期

另外，在高版本 Android 操作系统中，Android 应用程序界面已经逐步由 AppCompatActivity 组件取代了 Activity 组件，AppCompatActivity 组件继承以及扩展了 Activity 组件，并具备了一些新的特性（人机界面交互组件特性），添加了新的项目，如标题栏等。

2. Service

Service 组件提供了在 Android 操作系统中实现应用程序后台运行的解决方案，例如当在 Android 操作系统中正在运行一个音乐播放器程序的同时打开一个 Web 浏览器程序，此时音乐播放器程序将被切换到后台，Service 将保障音乐播放器程序仍然能够正常运行，并对其实施控制。Service 对象的运行不依赖于用户界面，也不是运行在某个独立的进程中，而是依赖于创建 Service（服务）对象时所在的 Android 应用程序进程，即与某个进程绑定，只运行在后台。Android 操作系统管理着 Service 对象的生命周期，在 Service 对象的激活期也是通过 Intent 对象与其他组件进行交互的。

3. Broadcast Receiver

Broadcast Receiver 组件实现的功能是允许 Android 应用程序接收来自各处的广播消息，例如电话、短信等，除了接收各种广播消息外，自身也可以向外发出广播消息。在 Android 操作系统中，Broadcast（广播）是一种广泛运用在 Android 应用程序之间传输信息的机制。BroadcastReceiver 对象会响应收到的各种信息，并将使用多种形式反映出来，例如闪动背灯、震动、播放声音吸引使用者的注意力，或者在状态栏上放置一个持久的图标方便使用者打开等。Android 应用程序也可以使用 Broadcast Receiver 组件对外部事件进行过滤，只对感兴趣的外部事件（如电话呼入）进行接收并响应，BroadcastReceiver 对象没有用户界面，它是通过启动一个 Activity 或 Service 对象来响应收到的信息。当 BroadcastReceiver 对象被注册后，有广播消息出现时，Android 操作系统会自行启动 BroadcastReceiver 对象，另外，Android 应用程序使用 Broadcast Receiver 组件通过 Intent 对象可以向其他应用程序广播消息。

4. Content Provider

Content Provider 组件提供了多个 Android 应用程序之间共享数据的功能，它规定了 Android 应用程序之间数据交换的机制，允许一个应用程序访问另一个应用程序中的数据，并且保证被访问数据的安全性。例如存储在一个 ContentProvider 对象中的通讯录数据可以被多个 Android 应用程序使用。使用 Content Provider 组件交换数据可以统一访问数据的方式，也是 Android 应用程序之间共享数据的唯一方法。

5. Intent

Intent（意图）类是用来解决 Android 应用程序中各种组件之间（或者称为应用程序进程之间）的通信问题的。Intent 对象（信息载体）负责对 Android 应用程序中一次操作（事件）的动作、动作涉及的数据以及附加数据等进行描述，Android 操作系统则根据 Intent 对象的描述，负责找到对应的组件，将 Intent 对象传递给要调用的组件，并完成组件的调用，实现预想的功能。因此，Intent 对象是提供组件互相调用使用的相关信息的，并通过 Intent 对象可以实现组件的调用者与被调用者之间的关联，例如依据 Intent 对象的内容可以启动 Activity 或 Service 对象以及通过 Broadcast Intent（广播消息）机制启动 BroadcastReceiver 对象等，实现异步激活组件对象的目的。

17.2 Android App 以及 Android Studio 开发环境

Android App（Android 应用程序）是运行于 Android 操作系统之中的，依托于 Android 操作系统中的 Java 程序架构及其类库，并遵循 Android 体系制定的规则，它是由 Java 组件、XML、资源等组成。为更快捷、方便地开发 Android App 而设计的 Android Studio 是一款应用于微型计算机 Windows（或 macOS 或 Linux）操作系统中的 IDE（Integrated Development Environment，集成开发环境），Android Studio 集向导、编辑、编译、调试、模拟仿真、打包（封装）等功能于一身，输出标准的应用于 Android 操作系统的 Android 应用程序。

17.2.1 Android App 架构

一个 Android 应用程序由多个不同组件组合而成，这些组件包括 Activity、Service、Broadcast Receiver、Content Provider 等派生类组件。每个组件都可作为单一过程（应用）被运行，这些应用组件是通过 XML 文件描述的，Android 操作系统在应用层就是针对 XML 文件进行解析并管理的，Android 应用程序中的应用组件等需要在 XML 文档中声明才能被执行或被解析。因此，一个 Android 应用程序是由 Java 类（组件）、XML、MANIFEST、各种资源（图标、图片、音频、视频、文本）等多种文档构成的，Android SDK（Software Development Kit）提供了将这些文档依据 Android 规则压缩打包到一个 *.apk 文件中的工具。*.apk 文件也称为 APK 安装包（程序发布文件），Android 操作系统则对 *.apk 文件进行解压安装后生成一个可运行的 Android App。典型的 *.apk 文件（APK 包）结构如图 17-3 所示。

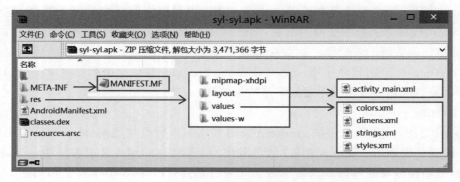

图 17-3　APK 包结构

1. Java 类文档——dex

classes.dex 文档是一个 Android 应用程序中所有 Java 程序类代码的集合，其类代码（字节代码）是运行于 Android 操作系统中 Dalvik 虚拟机的指令码。Dalvik 虚拟机有专属于其自身的一套指令集，有别于 Java 的 class 类代码，它是专门应用于安装了 Dalvik 虚拟机的移动设备中。Android SDK 提供了将 Java 的 class 文件转换为 dex 文件的工具，当然也提供了将 Java 源代码直接编译为 dex 类代码的编译器。

由组件构成的 Android 应用程序中，所涉及的 Java 组件都需要在 AndroidManifest.xml 文档中声明（注册）才能被执行或被 Intent 对象异步激活。一个 Android 应用程序的标准 Java 组件源代码示例（继承 AppCompatActivity 组件的人机交互界面类）如下。

```
package com.example.myapplication;
import android.support.v7.app.AppCompatActivity;
import android.os.Bundle;
public class MainActivity extends AppCompatActivity {
```

```
    @Override
    protected void onCreate(Bundle savedInstanceState) {
        super.onCreate(savedInstanceState);
        setContentView(R.layout.activity_main);               //依据布局 XML 设置界面
    }
}
```

2. XML 文档

XML(可扩展标记语言)与 HTML 属于同类(相同的语言规则)脚本语言,HTML 主要用于描述网页,被 Web 浏览器所解析,当遇到 Java Applet 小程序时,启动嵌入在 Web 浏览器中的 Java 虚拟机,执行 Java 程序;XML 最初是被设计为描述某种数据格式用于网络(Internet)中传输的,即在网络中传输的数据可以由 XML 表述并发送,Android 操作系统则借用了 XML 的功能,将 Android 应用程序的一些数据传输给 Android 操作系统,XML 中表述的数据包括 Android 应用程序的配置、具备的资源(人机交互界面)、数值常量等,这些 XML 数据将被 Android 操作系统中 XML 解析器解析,并实现各种操作,例如,启动 Dalvik 虚拟机执行 Java 类代码等。

(1) AndroidManifest.xml 文档

AndroidManifest.xml 文档是每个 Android 应用程序不可缺少的文档,它是一个 Android 应用程序的入口文件(一个 Android 应用程序从这里开始,因为 Android 应用程序没有唯一的启动入口),也可以说是 Android 应用程序之"首"(从头开始)。AndroidManifest.xml 文档中主要描述(声明)了 Android 应用程序中使用的 Java 组件,以及组件的配置(启动位置、使用的数据等),包含在一个 Android 应用程序中典型的 AndroidManifest.xml 文档的 XML 代码如下。

```xml
<?xml version = "1.0" encoding = "utf-8"?>
<manifest xmlns:android = "http://schemas.android.com/apk/res/android"
    package = "com.example.myapplication">
    <application                                   <!-- 声明一个组件应用 -->
        android:allowBackup = "true"
        android:icon = "@mipmap/ic_launcher"
        android:label = "@string/app_name"
        android:supportsRtl = "true"
        android:theme = "@style/AppTheme">
        <activity android:name = ".MainActivity">
            <intent-filter>
                <action android:name = "android.intent.action.MAIN" />
                <category android:name = "android.intent.category.LAUNCHER" />
            </intent-filter>
        </activity>
    </application>
</manifest>
```

(2) 其他 *.xml 文档

一个 Android 应用程序中除了 AndroidManifest.xml 文档外，还包含许多实现各种功能的 XML 文档，例如，界面布局文档（activity_main.xml）、数值传输文档（strings.xml、colors.xml）等。一个 Android 应用程序实现界面布局的 activity_main.xml 文档的 XML 代码如下。

```xml
<?xml version = "1.0" encoding = "utf-8"?>
<RelativeLayout xmlns:android = "http://schemas.android.com/apk/res/android"
    xmlns:tools = "http://schemas.android.com/tools"
    android:id = "@+id/activity_main"
    android:layout_width = "match_parent"
    android:layout_height = "match_parent"
    android:paddingBottom = "@dimen/activity_vertical_margin"
    android:paddingLeft = "@dimen/activity_horizontal_margin"
    android:paddingRight = "@dimen/activity_horizontal_margin"
    android:paddingTop = "@dimen/activity_vertical_margin"
    tools:context = "com.example.yilin.myapplication.MainActivity">
    <TextView                                <!--界面中的文本显示框-->
        android:layout_width = "wrap_content"
        android:layout_height = "wrap_content"
        android:text = "Hello World!" />
</RelativeLayout>
```

一个 Android 应用程序实现数据传输的 colors.xml 文档的 XML 代码如下。

```xml
<?xml version = "1.0" encoding = "utf-8"?>
<resources>                                  <!-- 配置颜色数据-->
    <color name = "colorPrimary">#3F51B5</color>
    <color name = "colorPrimaryDark">#303F9F</color>
    <color name = "colorAccent">#FF4081</color>
</resources>
```

3. MANIFEST 文档

在 Android 应用程序的 APK 安装包（*.apk）文件 META-INF 目录中存放有 MANIFEST.MF 文档以及 CERT.SF、CERT.RSA、INDEX.LIST 等文档，其中 MANIFEST.MF 文档是必备的。

MANIFEST.MF 文档被称为自述（摘要）文档，其文档内容给出了 Android 应用程序的配置信息，Android 操作系统是依据 MANIFEST.MF 文档中的信息来完成 Android 应用程序的安装，MANIFEST.MF 文档中的信息包括软件版本信息、作者信息，以及在 APK 安装包中的所有文件信息，文件信息包含两部分内容，路径＋文件名信息和该文件对应的 SHA（Secure Hash Algorithm，安全哈希算法，用于验证数据的完整性）的 Base64 编码值，用于安装时的校验，当 APK 包中内容被修改后，Android 操作系统将无法正常安装该应用程序。

另外，CERT.SF（MANIFEST.MF 文件的签名文档）、CERT.RSA（保存公钥、加密算

法等信息文档)、INDEX.LIST(索引文档)等都是进一步增强 Android 应用程序安全性、完整性等功能的可选择文档。

4．资源文档

在 APK 安装包中还有一些与 Android 应用程序相关的文档,例如图标、图片、音频、视频、文本字符串、布局、主题等,这些被统称为资源文档,也是 Android 应用程序不可或缺的组成部分。这些文档主要存放在资源目录(res)中,在 APK 安装包中的 resources.arsc 文件是这些资源的索引表,其内容包含资源的 ID、Name、Path 以及 Value(取值)与 XML 文档的对应关系等。另外,在编译一个 Android 应用程序时,编译器会自动生成一个 R.java 文件,其目的是收录当前 Android 应用程序中的所有资源,例如布局资源、控件资源、String 资源、Drawable 资源等,根据每个资源建立对应的 ID 号(与资源关联),并通过 R 类对象访问资源目录中的资源文件或数据,实现 Android 应用程序的引用。

17.2.2 Android Studio 简介

Android Studio 是基于 IntelliJ IDEA(源于东欧的一款 Java 编程 IDE)的 Android 集成开发工具,具有向导(产生标准格式的 Android 应用程序源代码)、编辑(用户界面所见即所得编辑)、编译、调试、模拟仿真、打包等功能,能够快捷、方便地开发 Android 应用程序。在 Windows 操作系统中,Android Studio 创建并开发 Android 应用程序(App)的操作步骤如下。

(1) 创建一个 Android App 工程项目,在向导中选择一个标准 App 框架模板,如图 17-4 所示。

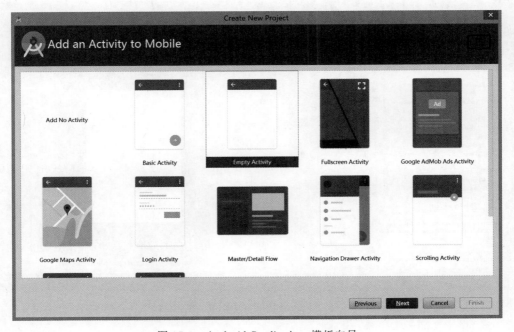

图 17-4　Android Studio App 模板向导

(2) 选择项目模板后的多窗口 Android Studio 操作（编辑等）界面如图 17-5 所示。

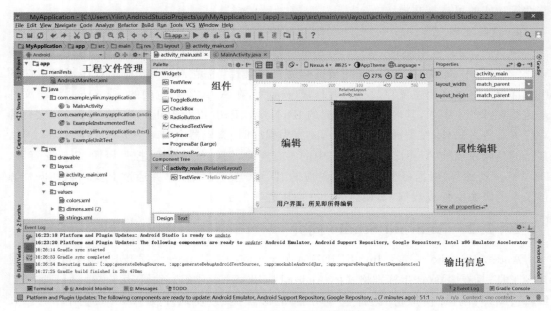

图 17-5　Android Studio 操作界面

(3) 在 Android Studio 中编译、模拟运行一个项目，如图 17-6 所示。

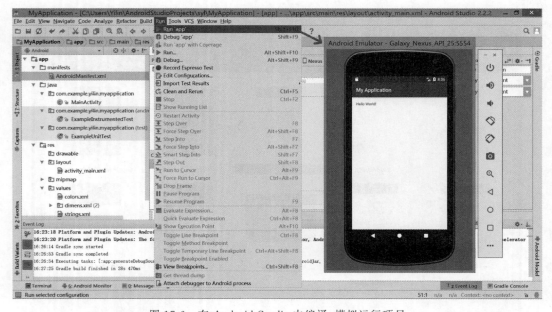

图 17-6　在 Android Studio 中编译、模拟运行项目

(4) 在 Android Studio 中创建输出打包文档(*.apk),如图 17-7 所示。

图 17-7　在 Android Studio 中创建产生打包文档

(5) 将*.apk 文档下载到移动设备,安装、运行及测试如图 17-8 所示。

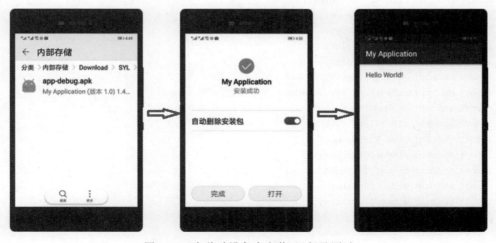

图 17-8　在移动设备中安装、运行及测试

17.3 Android 应用程序案例

Android 应用程序工作在 Android 操作系统的顶层，在不涉及系统底层的情况下，Android 操作系统已经为开发者提供了 Android 应用程序框架和管理、意图、激活等机制，因此，在编写 Android 应用程序时应遵守 Android 应用程序框架原则，在此框架基础上进行扩展，并利用 Android 操作系统提供的各种机制实现一个 Android 应用程序的制作，使得 Android 应用程序各组成部分和谐地在 Android 操作系统中协同工作。

17.3.1 三角函数图形演示案例

【案例 17-1】 编写在 Android 操作系统中绘制三角函数图形的演示程序。

该案例实现的功能是选择三角函数（sin、cos、tan、cot），通过拖动条（滑块）变化角度，根据三角函数以及角度绘制三角函数图形。

选择类库

选择应用 Android 应用程序框架提供的 AppCompatActivity 类实现人机交互，通过继承 View 类实现图形的绘制。

实现步骤

（1）创建一个继承 AppCompatActivity 类的 Android 应用程序框架。
（2）在 Android 应用程序中，定义继承 View 类的嵌套类，实现图形绘制操作。
（3）在布局 XML 文档中添加拖动条等控件并在人机交互类中设置控件的事件监听器。

程序代码

```java
/** 继承 AppCompatActivity 类的 Android 应用程序人机交互界面 MainActivity 类源代码 */
package com.example.apple.myapplication;
import android.content.Context;
import android.graphics.Canvas;
import android.graphics.Color;
import android.graphics.Paint;
import android.graphics.RectF;
import android.support.v7.app.AppCompatActivity;
import android.os.Bundle;
import android.view.View;
import android.view.ViewGroup;
import android.widget.CheckBox;
import android.widget.CompoundButton;
import android.widget.SeekBar;
import android.widget.TextView;
public class MainActivity extends AppCompatActivity {
    public SeekBar seekbar = null;
    private CheckBox sin = null;
    private CheckBox cos = null;
```

```java
private CheckBox tan = null;
private CheckBox cot = null;
private TextView description;
private TextView sina = null;
private TextView cosa = null;
protected void onCreate(Bundle savedInstanceState) {
    super.onCreate(savedInstanceState);
    setContentView(R.layout.activity_main);
    final ViewGroup view1 = (ViewGroup)findViewById(R.id.view);
    final Circle circle = new Circle(this);
    final sinLine sinline = new sinLine(this);
    final cosLine cosline =   new cosLine(this);
    final tandown tand = new tandown(this);
    final cotdown cotd = new cotdown(this);
    view1.addView(circle);
    sin = (CheckBox) findViewById(R.id.sin);
    cos = (CheckBox) findViewById(R.id.cos);
    tan = (CheckBox) findViewById(R.id.tan);
    cot = (CheckBox) findViewById(R.id.cot);
    seekbar = (SeekBar) findViewById(R.id.seekBar);
    description = (TextView) findViewById(R.id.textView);
    sina = (TextView) findViewById(R.id.textView2);
    sina.setVisibility(View.INVISIBLE);
    sina.setX(785);
    sina.setY(250);
    cosa = (TextView)findViewById(R.id.textView3);
    cosa.setX(670);
    cosa.setY(275);
    cosa.setVisibility(View.INVISIBLE);
    sin.setOnCheckedChangeListener(new                 //设置控件事件监听器
            CompoundButton.OnCheckedChangeListener() {
        public void onCheckedChanged(CompoundButton compoundButton, boolean b){
            if (b) {
                sina.setVisibility(View.VISIBLE);
                view1.addView(sinline);   sin.setTextColor(0xFFC41E04);
            }
            else{
                sina.setVisibility(View.INVISIBLE);
                view1.removeView(sinline);   sin.setTextColor(Color.BLACK);
            } } });
    cos.setOnCheckedChangeListener(new
            CompoundButton.OnCheckedChangeListener() {
        public void onCheckedChanged(CompoundButton compoundButton, boolean b){
            if (b) {
                cosa.setVisibility(View.VISIBLE);
                view1.addView(cosline);   cos.setTextColor(0xFFFFC456);
            }
```

```java
        else{
          cosa.setVisibility(View.INVISIBLE);
          view1.removeView(cosline);   cos.setTextColor(Color.BLACK);
        } } });
    tan.setOnCheckedChangeListener(new
          CompoundButton.OnCheckedChangeListener() {
      public void onCheckedChanged(CompoundButton compoundButton, boolean b){
        if (b) {
          tan.setText(R.string.tancs);
          tan.setTextColor(0xFF67B5A2);   view1.addView(tand);
        }
        else{
          tan.setText(R.string.tan);
          tan.setTextColor(Color.BLACK);   view1.removeView(tand);
        } } });
    cot.setOnCheckedChangeListener(new
          CompoundButton.OnCheckedChangeListener() {
      public void onCheckedChanged(CompoundButton compoundButton, boolean b){
        if (b) {
          cot.setText(R.string.cotsc);
          cot.setTextColor(0xFFC5FF24);   view1.addView(cotd);
        }
        else{
          cot.setText(R.string.cot);
          cot.setTextColor(Color.BLACK);   view1.removeView(cotd);
        } } });
    seekbar.setOnSeekBarChangeListener(new
            SeekBar.OnSeekBarChangeListener() {
      public void onStopTrackingTouch(SeekBar seekBar) { }
      public void onStartTrackingTouch(SeekBar seekBar) { }
      public void onProgressChanged(SeekBar seekBar,
                  int progress, boolean fromUser) {
        double raid = 2 * Math.PI * progress/ 360.0;
        description.setText(getString(R.string.description,progress));
        description.setX((float) (70 + 1.15 * progress));
        circle.invalidate();   sinline.invalidate();
        cosline.invalidate();   tand.invalidate();
        cotd.invalidate();
        if(Math.cos(raid)>=0)
          sina.setX((float) (595 + 150 * Math.cos(raid) + 55));
        else
          sina.setX((float) (595 + 150 * Math.cos(raid) - 45));
        sina.setY((float) (250 - 75 * Math.sin(raid)));
        sina.invalidate();
        if(Math.sin(raid)>=0)
          cosa.setY((float) (250 - 150 * Math.sin(raid) - 10));
        else
```

```java
                    cosa.setY((float) (250 - 150 * Math.sin(raid) + 35));
                    cosa.setX((float) (595 + 75 * Math.cos(raid)));
                    cosa.invalidate();
            }  });
    }
    /**    定义继承 View 类的图形绘制嵌套类(嵌套在 MainActivity 类中)源代码    */
    class Circle extends View {
        public Circle(Context context) { super(context);   }
        Paint paint = new Paint();
        RectF oval2 = new RectF(570,225,620,275);
        public void onDraw(Canvas canvas) {
            super.onDraw(canvas);
            paint.setAntiAlias(true);
            paint.setColor(Color.DKGRAY);
            paint.setTextSize(30);
            canvas.drawText("0",610,230,paint);
            canvas.drawText("1",760,230,paint);
            canvas.drawText("1",610,80,paint);
            canvas.drawText("-1",410,230,paint);
            canvas.drawText("-1",610,427,paint);
            paint.setStrokeWidth(3);
            paint.setStyle(Paint.Style.STROKE);
            canvas.drawCircle(595, 250, 150, paint);          //绘制圆心坐标、半径
            paint.setColor(Color.BLACK);
            paint.setStyle(Paint.Style.FILL);
            paint.setStrokeWidth(2);
            canvas.drawLine(395, 250, 795, 250, paint);       //坐标 x 轴
            canvas.drawLine(595, 50, 595, 450, paint);        //坐标 y 轴
            canvas.drawLine(0,1100,980,1100,paint);
            canvas.drawLine(40,800,40,1400,paint);
            canvas.drawLine(795,250,785,240,paint);
            canvas.drawLine(795,250,785,260,paint);           //x 轴箭头
            canvas.drawLine(595,50,585,60,paint);
            canvas.drawLine(595,50,605,60,paint);             //y 轴箭头
            canvas.drawLine(40,800,30,810,paint);
            canvas.drawLine(40,800,50,810,paint);
            canvas.drawLine(980,1100,970,1110,paint);
            canvas.drawLine(980,1100,970,1090,paint);
            paint.setTextSize(35);
            canvas.drawText("0",15,1080,paint);
            canvas.drawText("π/2",128,1080,paint);
            canvas.drawText("π",243,1080,paint);
            canvas.drawText("3π/2",340,1080,paint);
            canvas.drawText("2π",456,1080,paint);
            canvas.drawText("5π/2",555,1080,paint);
            canvas.drawText("3π",668,1080,paint);
```

```java
            canvas.drawText("7π/2",771,1080,paint);
            canvas.drawText("4π",887,1080,paint);
            canvas.drawText("1",15,860,paint);
            canvas.drawText("-1",8,1350,paint);
            paint.setStrokeWidth(5);
            paint.setColor(Color.GREEN);
            double raid = 2 * Math.PI * seekbar.getProgress() / 360.0;
            canvas.drawLine(595, 250, (float) (595 + 150 * Math.cos(raid)),
                    (float) (250 - 150 * Math.sin(raid)), paint);
            paint.setColor(Color.GRAY);
            canvas.drawLine(595, 250, (float) (595 + 25 * Math.cos(raid)),
                    (float) (250 - 25 * Math.sin(raid)), paint);
            int p = seekbar.getProgress();
            if (p >= 360) p = p - 360;
            canvas.drawArc(oval2,0,-p,true,paint);
            paint.setColor(Color.BLACK);
            paint.setStyle(Paint.Style.FILL);
            canvas.drawCircle((float) (595 + 150 * Math.cos(raid)),
                    (float) (250 - 150 * Math.sin(raid)),7, paint);
            canvas.drawCircle(595,250,7,paint);
        }
    }
    class sinLine extends View{
        public sinLine(Context context){   super(context);   }
        Paint paint = new Paint();
        public void onDraw(Canvas canvas) {
            super.onDraw(canvas);
            paint.setAntiAlias(true);
            paint.setStrokeWidth(5);
            paint.setColor(0xFFC41E04);
            double raid = 2 * Math.PI * seekbar.getProgress() / 360.0;
            canvas.drawLine((float) (595 + 150 * Math.cos(raid)), 250,
                    (float) (595 + 150 * Math.cos(raid)),
                    (float) (250 - 150 * Math.sin(raid)), paint);
            canvas.drawCircle((float) (40 + 1.2 * seekbar.getProgress()),
                    (float)(1100 - 250 * Math.sin(raid)),7,paint);
            canvas.drawLine((float) (40 + 1.2 * seekbar.getProgress()),1100,
                    (float) (40 + 1.2 * seekbar.getProgress()),
                    (float)(1100 - 250 * Math.sin(raid)),paint);
            for (int i = 0;i <= seekbar.getProgress();i++) {
                canvas.drawCircle((float) (40 + 1.2 * i),
                        (float)(1100 - 250 * Math.sin(2 * Math.PI * i/360.0)),3,paint);
            }
        }
    }
    class cosLine extends View{
        public cosLine(Context context){   super(context);   }
```

```
    Paint paint = new Paint();
    public void onDraw(Canvas canvas) {
      super.onDraw(canvas);
      paint.setAntiAlias(true);
      paint.setStrokeWidth(5);
      paint.setColor(0xFFFFC456);
      double raid = 2 * Math.PI * seekbar.getProgress() / 360.0;
      canvas.drawLine(595, (float) (250 - 150 * Math.sin(raid)),
            (float) (595 + 150 * Math.cos(raid)),
            (float) (250 - 150 * Math.sin(raid)), paint);
      canvas.drawCircle((float)(40 + 1.2 * seekbar.getProgress()),
            (float)(1100 - 250 * Math.cos(raid)),7,paint);
      canvas.drawLine((float) (40 + 1.2 * seekbar.getProgress()),1100,
            (float)(40 + 1.2 * seekbar.getProgress()),
            (float)(1100 - 250 * Math.cos(raid)),paint);
      for (int i = 0;i <= seekbar.getProgress();i++) {
         canvas.drawCircle((float) (40 + 1.2 * i),
             (float)(1100 - 250 * Math.cos(2 * Math.PI * i/360.0)),3,paint);
      }
    }
  }
}
class tandown extends View{
  public tandown(Context context){   super(context);   }
  Paint paint = new Paint();
  public void onDraw(Canvas canvas){
    super.onDraw(canvas);
    paint.setColor(0xFF67B5A2);
    double raid = 2 * Math.PI * seekbar.getProgress() / 360.0;
    canvas.drawCircle((float)(40 + 1.2 * seekbar.getProgress()),
         (float)(1100 - 250 * Math.tan(raid)),7,paint);
    for (double i = 0;i <= seekbar.getProgress();i = i + 0.25) {
      if((1100 - 250 * Math.tan(2 * Math.PI * i/360.0)> 600)
            &&(1100 - 250 * Math.tan(2 * Math.PI * i/360.0)< 1600))
         canvas.drawCircle((float) (40 + 1.2 * i),
             (float)(1100 - 250 * Math.tan(2 * Math.PI * i/360.0)),3,paint);
    }
  }
}
class cotdown extends View{
  public cotdown(Context context){   super(context);   }
  Paint paint = new Paint();
  public void onDraw(Canvas canvas){
    super.onDraw(canvas);
    paint.setColor(0xFFC5FF24);
    double raid = 2 * Math.PI * seekbar.getProgress() / 360.0;
    canvas.drawCircle((float)(40 + 1.2 * seekbar.getProgress()),
         (float)(1100 - 250/Math.tan(raid)),7,paint);
```

```java
            for(double i = 0;i <= seekbar.getProgress();i = i + 0.25) {
                if((1100 - 250/Math.tan(2 * Math.PI * i/360.0)> 600)
                        &&(1100 - 250/Math.tan(2 * Math.PI * i/360.0)< 1600))
                    canvas.drawCircle((float) (40 + 1.2 * i),
                            (float)(1100 - 250/Math.tan(2 * Math.PI * i/360.0)),3,paint);
            }
        }
    }
}

/**         Android 应用程序界面布局 XML(activity_main)文档代码            */
<?xml version = "1.0" encoding = "utf - 8"?>
<RelativeLayout xmlns:android = "http://schemas.android.com/apk/res/android"
    xmlns:tools = "http://schemas.android.com/tools"
    android:layout_width = "match_parent"
    android:layout_height = "match_parent"
    android:paddingBottom = "@dimen/activity_vertical_margin"
    android:paddingLeft = "@dimen/activity_horizontal_margin"
    android:paddingRight = "@dimen/activity_horizontal_margin"
    android:paddingTop = "@dimen/activity_vertical_margin"
    tools:context = "com.example.apple.myapplication.MainActivity"
    android:weightSum = "1"
    android:id = "@ + id/view">
    <TextView
        android:layout_width = "wrap_content"
        android:layout_height = "wrap_content"
        android:id = "@ + id/textView"
        android:text = "@string/a_0"
        android:layout_marginTop = "5dp"
        android:layout_below = "@ + id/linearLayout"
        android:layout_alignParentLeft = "true"
        android:layout_alignParentStart = "true"
        android:layout_marginLeft = "10dp" />
    <SeekBar
        android:layout_width = "211dp"
        android:layout_height = "wrap_content"
        android:id = "@ + id/seekBar"
        android:max = "720"
        android:progress = "0"
        android:layout_gravity = "left|top"
        android:layout_below = "@ + id/textView"
        android:layout_alignParentLeft = "true"
        android:layout_alignParentStart = "true"
        android:layout_alignParentRight = "true"
        android:layout_alignParentEnd = "true"
        android:layout_marginTop = "3dp" />
    <LinearLayout
```

```xml
android:orientation = "vertical"
android:layout_width = "200dp"
android:layout_height = "150dp"
android:layout_alignParentLeft = "true"
android:layout_alignParentStart = "true"
android:id = "@+id/linearLayout"
android:layout_alignParentTop = "true">
<CheckBox
    android:layout_width = "wrap_content"
    android:layout_height = "0dp"
    android:text = "@string/sin"
    android:id = "@+id/sin"
    android:checked = "false"
    android:layout_weight = "1" />
<CheckBox
    android:layout_width = "wrap_content"
    android:layout_height = "0dp"
    android:text = "@string/cos"
    android:id = "@+id/cos"
    android:checked = "false"
    android:layout_weight = "1" />
<CheckBox
    android:layout_width = "wrap_content"
    android:layout_height = "0dp"
    android:text = "@string/tan"
    android:id = "@+id/tan"
    android:checked = "false"
    android:layout_weight = "1" />
<CheckBox
    android:layout_width = "wrap_content"
    android:layout_height = "0dp"
    android:text = "@string/cot"
    android:id = "@+id/cot"
    android:checked = "false"
    android:layout_toRightOf = "@+id/textView"
    android:layout_toEndOf = "@+id/textView"
    android:layout_weight = "1" />
</LinearLayout>
<TextView
    android:layout_width = "wrap_content"
    android:layout_height = "wrap_content"
    android:text = "@string/sina"
    android:id = "@+id/textView2"
    android:layout_alignParentTop = "true"
    android:layout_alignRight = "@+id/seekBar"
    android:layout_alignEnd = "@+id/seekBar"
    android:layout_marginTop = "59dp" />
<TextView
```

```
        android:layout_width = "wrap_content"
        android:layout_height = "wrap_content"
        android:text = "@string/cosa"
        android:id = "@ + id/textView3"
        android:layout_alignParentTop = "true"
        android:layout_alignRight = "@ + id/textView2"
        android:layout_alignEnd = "@ + id/textView2"
        android:layout_marginTop = "59dp" />
</RelativeLayout>

/**           Android 应用程序的 AndroidManifest.XML 文档代码                    */
<?xml version = "1.0" encoding = "utf – 8"?>
< manifest xmlns:android = "http://schemas.android.com/apk/res/android"
    package = "com.example.apple.myapplication">
    < application
        android:allowBackup = "true"
        android:icon = "@mipmap/ic_launcher"
        android:label = "Trigonometric Function"
        android:supportsRtl = "true"
        android:theme = "@style/AppTheme">
        < activity android:name = ".MainActivity" >
            < intent – filter >
                < action android:name = "android.intent.action.MAIN" />
                < category android:name = "android.intent.category.LAUNCHER" />
            </ intent – filter >
        </activity>
    </application>
</manifest>
```

输出结果

三角函数演示程序运行在 Android 移动设备中,显示图形如图 17-9 所示。

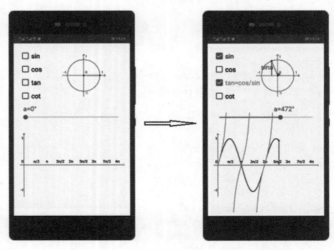

图 17-9　运行在 Android 移动设备中的三角函数演示程序显示图

案例小结

（1）应用 Android Studio 向导可生成一个继承 AppCompatActivity 类的具有人机交互界面的 Android 应用程序框架，其框架包含了一个 Android 应用程序应该具有的所有文档。

（2）Android 将 Java 主要类库都封装在 Android 开始的包中，例如导入并引用 Java 图形类 graphics 中类库时，在 Android 应用中对应的包是 android.graphics，其他以此类推。Android 重新封装了 Java 主要类库并集成到 Android 操作系统中，实现了方便、快捷引用类库的操作。

（3）在 Android 操作系统中，人机交互的控件已经对象化，可以在 XML（例如布局文档 activity_main.xml）中可视化编辑使用这些控件，Java 程序可以通过"资源 R+ID+控件名"的形式构建（创建）其对象，并注册控件事件监听器，以及处理控件发生的事件。

17.3.2 华容道智力游戏案例

【**案例 17-2**】 编写运行在 Android 操作系统中的华容道智力游戏程序。

该案例将民间益智游戏（华容道、七巧板、九连环等）之一华容道实现在具有 Android 操作系统的移动设备上，游戏规则是通过移动棋子（大、小不等的正方形、长方形方块）将最大方块从出口处移出，在移动操作时记录移动步数和所用时间。

选择类库

选择继承 android.app.Activity 类创建 Android 应用程序框架，应用 android.view.View 类实现图形的绘制。

实现步骤

（1）创建一个继承 Activity 类的 Android 应用程序框架。

（2）在 Android 应用程序框架工程中，定义一个继承 View 类的图形绘制及移动等操作类。

程序代码

```
/**     继承 Activity 类的 Android 应用程序框架 ThePathOfHuarong 类源代码      */
package com.DevStoreDemo;
import android.app.Activity;
import android.os.Bundle;
public class ThePathOfHuarong extends Activity {
  public void onCreate(Bundle savedInstanceState) {
    super.onCreate(savedInstanceState);
    setContentView(new ChessboardView(this));           //创建 ChessboardView 对象
  }
}

/**     继承 View 类实现图形绘制及移动等操作的 ChessboardView 类源代码        */
package com.DevStoreDemo;
import java.io.InputStream;
import java.util.Enumeration;
```

```java
import java.util.Timer;
import com.DevStoreDemo.R;
import android.app.AlertDialog;
import android.content.Context;
import android.content.DialogInterface;
import android.graphics.Canvas;
import android.graphics.Color;
import android.graphics.Matrix;
import android.graphics.Paint;
import android.graphics.Rect;
import android.graphics.Bitmap;
import android.graphics.Typeface;
import android.graphics.drawable.BitmapDrawable;
import android.graphics.drawable.Drawable;
import android.os.Handler;
import android.os.Message;
import android.renderscript.Font;
import android.text.TextPaint;
import android.util.Log;
import android.view.MotionEvent;
import android.view.View;
import android.widget.Chronometer;
public class ChessboardView extends View{
    private int recLen = 0;
    private Context mContext;
    private PlayBoard playBoard;
    private boolean IsWin = false;
    private int currentSelectedValue;           //记录当前被选中的格子
    private int prevSelectedValue;              //记录前一个被选中的格子
    private int StepNumber;                     //记录步数
    public ChessboardView(final Context context){
        super(context);
        mContext = context;
        playBoard = new PlayBoard(4, 5);        //初始化
        Fragment.setPlayBoard(playBoard);
        Fragment.addFragment(new Fragment("Cao Cao",        //创建图片对象以及放置位置
                1, 2, 2, 1, 0, R.drawable.role_caocao));
        Fragment.addFragment(new Fragment("Zhang Fei",
                2, 1, 2, 0, 0, R.drawable.role_zhangfei));
        Fragment.addFragment(new Fragment("Huang Zhong",
                3, 1, 2, 3, 0, R.drawable.role_huangzhong));
        Fragment.addFragment(new Fragment("Ma Chao",
                4, 1, 2, 0, 2, R.drawable.role_machao));
        Fragment.addFragment(new Fragment("Zhao Yun",
                5 , 1, 2, 3, 2, R.drawable.role_zhaoyun));
        Fragment.addFragment(new Fragment("Guan Yu",
                6, 2, 1, 1, 2, R.drawable.role_guanyu));
```

```java
Fragment.addFragment(new Fragment("Soldier1",
        7, 1, 1, 0, 4, R.drawable.role_soldier1));
Fragment.addFragment(new Fragment("Soldier2",
        8, 1, 1, 3, 4, R.drawable.role_soldier2));
Fragment.addFragment(new Fragment("Soldier3",
        9, 1, 1, 1, 3, R.drawable.role_soldier3));
Fragment.addFragment(new Fragment("Soldier4",
        10, 1, 1, 2, 3, R.drawable.role_soldier4));
StepNumber = 0;
this.setOnTouchListener(new OnTouchListener(){
    private int xPos;                                     //声明手指触摸点的坐标,每个格子 80 像素
    private int yPos;
    public boolean onTouch(View view, MotionEvent motion) {
        xPos = (int) motion.getX();                       //获取当前格子的索引值
        yPos = (int) motion.getY();
        int x = xPos / 80;   int y = yPos / 80;
        if (y == 5) return false;                         //选择超出范围
        else {                                            //移动棋子(或可改为拖动棋子)
            prevSelectedValue = currentSelectedValue;
            currentSelectedValue = playBoard.getBoardValue(x, y);
            if(currentSelectedValue > 0 && currentSelectedValue < 11)
                view.invalidate();
            if ((currentSelectedValue != prevSelectedValue)
                    && currentSelectedValue == 0) {
                int direction = decideDirection(x, y,
                    (Fragment) Fragment.fragmentHashTable.get(prevSelectedValue));
            if (direction != Fragment.DIRECTION_DONTMOVE) {
                Fragment.fragmentHashTable.put(prevSelectedValue, (
                    (Fragment) Fragment.fragmentHashTable.get(
                    prevSelectedValue)).move(direction));
                int xx = ((Fragment) Fragment.fragmentHashTable.get(
                        prevSelectedValue)).getxPos();
                int yy = ((Fragment) Fragment.fragmentHashTable.get(
                        prevSelectedValue)).getyPos();
                System.out.println("x: " + xx + " y: " + yy);
                System.out.println("prevSelectedValue: " + prevSelectedValue);
                if (prevSelectedValue == 1 && xx == 1 && yy == 3) {
                    IsWin = true;
                }
                StepNumber++;
                System.out.println(StepNumber);
                view.invalidate();
            }
            if(StepNumber == 1) {
                new Thread(new MyThread()).start();
            }
        }
```

```java
          return false;
        }
      }
      private int decideDirection(int xPos, int yPos, Fragment fragment){
        if((xPos == fragment.getxPos() - 1) && (yPos >= fragment.getyPos()
            && yPos <= fragment.getyPos() + fragment.getHeight() - 1))
          return Fragment.DIRECTION_LEFT;
        if((xPos == fragment.getxPos() + fragment.getLength())
            && (yPos >= fragment.getyPos() && yPos <= fragment.getyPos()
                + fragment.getHeight() - 1))
          return Fragment.DIRECTION_RIGHT;
        if((xPos >= fragment.getxPos() && xPos <= fragment.getxPos()
            + fragment.getLength() - 1) && (yPos == fragment.getyPos() - 1))
          return Fragment.DIRECTION_UP;
        if((xPos >= fragment.getxPos() && xPos <= fragment.getxPos()
            + fragment.getLength() - 1) && (yPos == fragment.getyPos()
            + fragment.getHeight()))
          return Fragment.DIRECTION_DOWN;
        return Fragment.DIRECTION_DONTMOVE;
      }
    });
  }
  private final Handler handler = new Handler(){
    public void handleMessage(Message msg){
      switch (msg.what) {
        case 1:
          if(!IsWin) {
            recLen++;
            ChessboardView.this.invalidate();
          }
      }
      super.handleMessage(msg);
    }
  };
  public class MyThread implements Runnable{
    public void run(){
      while(true) {
        try {
          Thread.sleep(1000);
          Message message = new Message();
          message.what = 1;
          handler.sendMessage(message);
        } catch (Exception e) {}
      }
    }
  }
  public void onDraw(Canvas canvas){
```

```java
        Bitmap mBackGround = ((BitmapDrawable)this.getResources().getDrawable(
              R.drawable.background)).getBitmap();          //获取背景图片
        mBackGround = resizeImage(mBackGround,4 * 80,3 * 80);
        Paint mPaint = new Paint();
        canvas.drawBitmap(mBackGround, 0, 4 * 80, mPaint);     //画背景图片
        TextPaint textPaint = new TextPaint(Paint.ANTI_ALIAS_FLAG
                  | Paint.DEV_KERN_TEXT_FLAG);               //设置画笔
        textPaint.setTextSize(60);                            //字体大小
        textPaint.setTypeface(Typeface.DEFAULT_BOLD);         //采用默认的宽度
        textPaint.setColor(Color.YELLOW);                     //采用的颜色
        textPaint.setAntiAlias(true);                         //去除锯齿
        textPaint.setFilterBitmap(true);                      //位图滤波处理
        canvas.drawText(Integer.toString(StepNumber), 10, 450, textPaint);
        int minus = recLen / 60;   int second = recLen % 60;
        textPaint.setTextSize(30);
        canvas.drawText(Integer.toString(minus) + ":"
                 + Integer.toString(second), 240, 450, textPaint);
        Enumeration<Fragment> enumeration =
              Fragment.fragmentHashTable.elements();
        while(enumeration.hasMoreElements()){
           Fragment fragment = enumeration.nextElement();
           drawFragment(canvas, fragment);
        }
        if(IsWin) {
           Bitmap mWin  = ((BitmapDrawable) this.getResources().getDrawable(
               R.drawable.win)).getBitmap();                 //获取背景图片
           mWin = resizeImage(mWin,4 * 80, 5 * 80);
           canvas.drawBitmap(mWin, 0, 0, mPaint);             //画背景图片
        }
    }
    private void drawFragment(Canvas canvas, Fragment fragment){
       Paint paint = new Paint();
       Rect rect = new Rect();                                //创建矩形对象
       rect.left = fragment.getxPos() * 80;                   //获取矩形位置
       rect.top = fragment.getyPos() * 80;
       rect.right = (fragment.getxPos() + fragment.getLength()) * 80;
       rect.bottom = (fragment.getyPos() + fragment.getHeight()) * 80;
       int currentValue = 0;
       if(currentSelectedValue > 0 && currentSelectedValue < 11)
          currentValue = currentSelectedValue;
       else if(prevSelectedValue > 0 && prevSelectedValue < 11) {
            currentValue = prevSelectedValue;
       }
       if(fragment.getValue() == currentValue) {
          int selectBmpID = 0;
          switch (currentValue) {
             case 1: selectBmpID = R.drawable.role_caocao_selected; break;
```

```
                    case 2: selectBmpID = R.drawable.role_zhangfei_selected; break;
                    case 3: selectBmpID = R.drawable.role_huangzhong_selected; break;
                    case 4: selectBmpID = R.drawable.role_machao_selected; break;
                    case 5: selectBmpID = R.drawable.role_zhaoyun_selected; break;
                    case 6: selectBmpID = R.drawable.role_guanyu_selected; break;
                    case 7: selectBmpID = R.drawable.role_soldier1_selected; break;
                    case 8: selectBmpID = R.drawable.role_soldier2_selected; break;
                    case 9: selectBmpID = R.drawable.role_soldier3_selected; break;
                    case 10: selectBmpID = R.drawable.role_soldier4_selected; break;
                }
                BitmapDrawable bmpDraw = (BitmapDrawable)
                    this.getResources().getDrawable(selectBmpID);
                Bitmap mPic = bmpDraw.getBitmap();
                canvas.drawBitmap(mPic, null, rect, paint);
            }
            else {
                InputStream is = this.getContext().getResources()
                        .openRawResource(fragment.getPicture());
                @SuppressWarnings("deprecation")
                BitmapDrawable bmpDraw = new BitmapDrawable(is);
                Bitmap mPic = bmpDraw.getBitmap();
                canvas.drawBitmap(mPic, null, rect, paint);
            }
        }
        public static Bitmap resizeImage(Bitmap bitmap, int w, int h){
            Bitmap BitmapOrg = bitmap;
            int width = BitmapOrg.getWidth();
            int height = BitmapOrg.getHeight();
            int newWidth = w;      int newHeight = h;
            float scaleWidth = ((float) newWidth) / width;
            float scaleHeight = ((float) newHeight) / height;
            Matrix matrix = new Matrix();
            matrix.postScale(scaleWidth, scaleHeight);
            Bitmap resizedBitmap = Bitmap.createBitmap(
                BitmapOrg, 0, 0, width, height, matrix, true);
            return resizedBitmap;
        }
    }
```

输出结果

当编译、打包(创建 *.apk 文件)Android 华容道智力游戏程序后,其在移动设备中启动运行界面、游戏完成后界面如图 17-10 所示。

案例小结

(1) 应用 Android Studio 向导生成 Android 应用程序框架,包含 Android 应用程序所必需的所有文档。

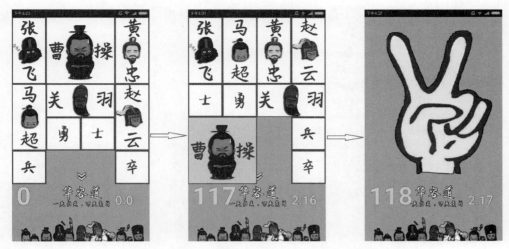

图 17-10 智力游戏华容道启动运行、游戏完成显示界面

（2）该程序使用的所有图形资源是通过 Java 程序直接引入构成图形对象，实现图形的显示及移动等操作的。

（3）该程序应用线程完成计时及屏幕刷新等操作。

（4）ChessboardView 类中涉及 Fragment 和 PlayBoard 类的源代码以及 XML 文档参见该教材提供的配套实例程序源代码。

17.3.3 备忘录（事件设置与提醒）案例

【案例 17-3】 编写运行在 Android 操作系统中的备忘录程序。

该案例实现的是编辑记录某日某时做某事的备忘录，并有到时提醒，以及查看等功能。

选择类库

选择继承 android.app.Activity 类创建 Android 应用程序框架，以及创建编辑、到时提醒对话框类，选择继承 android.content.BroadcastReceiver 类实现时钟信息的接收，应用 android.content.Intent 类实现对象的激活。

实现步骤

（1）创建一个继承 Activity 类的 Android 应用程序框架。

（2）在 Android 应用程序框架工程中，定义继承 Activity 类实现备忘录编辑的操作类。

（3）定义继承 Activity 类实现事件到时提醒功能的类。

（4）定义继承 BroadcastReceiver 类实现时钟信息的接收功能。

程序代码

```
/**      继承 Activity 类的 Android 应用程序框架 MainActivity 类源代码        */
package com.example.ivy11d.myapplication;
import android.app.Activity;
```

```java
import android.content.Intent;
import android.os.Bundle;
import android.view.View;
import android.view.ViewGroup;
import android.widget.Button;
import android.widget.CalendarView;
import android.widget.ListView;
import android.widget.TextView;
import android.view.LayoutInflater;
import android.content.Context;
import android.widget.BaseAdapter;
import java.util.ArrayList;
import java.util.Calendar;
import java.util.HashMap;
import java.util.List;
import java.util.Map;
public class MainActivity extends Activity {
    private List<Map<String, Object>> mData;
    private ListView todolist;
    private Button createbutton;
    private CalendarView calendarView;
    private TextView currentdate;
    private Calendar ca = Calendar.getInstance();
    int m = ca.get(Calendar.MONTH) + 1;
    protected void onCreate(Bundle savedInstanceState) {
        super.onCreate(savedInstanceState);
        setContentView(R.layout.activity_main);
        createbutton = (Button) findViewById(R.id.createbutton);
        todolist = (ListView) findViewById(R.id.listView);      //创建控件对象
        calendarView = (CalendarView) findViewById(R.id.calendarView);
        currentdate = (TextView) findViewById(R.id.currentdate);
        currentdate.setText(ca.get(Calendar.YEAR) + "/" + m + "/"
                            + ca.get(Calendar.DAY_OF_MONTH) );
        calendarView.setOnDateChangeListener(              //设置事件监听器
                    new CalendarView.OnDateChangeListener() {
            public void onSelectedDayChange(CalendarView view,
                        int year, int month, int dayOfMonth) {
                int rm = month + 1;
                currentdate.setText(year + "/" + rm + "/" + dayOfMonth + "  ");
            }
        });
        mData = getData();
        MyAdapter adapter = new MyAdapter(this);
        todolist.setAdapter(adapter);
        createbutton.setOnClickListener(bLis);
    }
    private Button.OnClickListener bLis = new Button.OnClickListener() {
```

```java
    public void onClick(View v) {
        Intent intent = new Intent(MainActivity.this, EditActivity.class);
        Bundle b = new Bundle();
        b.putString("rowtask", "");
        b.putString("rowtime","");
        b.putString("rowdate",ca.get(Calendar.YEAR) + "/" + m + "/"
                    + ca.get(Calendar.DAY_OF_MONTH));
        intent.putExtra("android.intent.extra.INTENT",b);
        startActivity(intent);
    }
};
private List<Map<String, Object>> getData() {
    List<Map<String, Object>> list = new ArrayList<Map<String, Object>>();
    Map<String, Object> map = new HashMap<String, Object>();
    Intent intent = getIntent();
    map.put("rowtask", intent.getStringExtra("rowtask"));
    map.put("rowtime", intent.getStringExtra("rowtime"));
    map.put("rowdate", intent.getStringExtra("rowdate"));
    list.add(map);
    return list;
}
public final class ViewHolder{
    public TextView context, alerttime, alertdate;
    public Button checkbox;
}
public class MyAdapter extends BaseAdapter {
    private LayoutInflater mInflater;
    public MyAdapter(Context context){
        this.mInflater = LayoutInflater.from(context);
    }
    public int getCount() {   return mData.size();   }
    public Object getItem(int arg0) {   return null;   }
    public long getItemId(int arg0) {   return 0;   }
    public View getView(int position, View convertView, ViewGroup parent) {
        ViewHolder holder = null;
        if (convertView == null) {
            holder = new ViewHolder();
            convertView = mInflater.inflate(R.layout.list_item, null);
            holder.context = (TextView)convertView.findViewById(R.id.rowtask);
            holder.alerttime = (TextView)convertView.findViewById(R.id.rowtime);
            holder.alertdate = (TextView)convertView.findViewById(R.id.rowdate);
            holder.checkbox = (Button)convertView.findViewById(R.id.checkBox);
            convertView.setTag(holder);
        }
        else {   holder = (ViewHolder)convertView.getTag();   }
    holder.context.setText((String)mData.get(position).get("rowtask"));
    holder.alerttime.setText((String)mData.get(position).get("rowtime"));
```

```java
        holder.alertdate.setText((String)mData.get(position).get("rowdate"));
        return convertView;
        }
    }
}
/**            继承 Activity 类的实现编辑功能 EditActivity 类源代码              */
package com.example.ivy11d.myapplication;
import android.app.Activity;
import android.app.AlarmManager;
import android.app.PendingIntent;
import android.content.Intent;
import android.os.Bundle;
import android.view.View;
import android.widget.*;
import java.util.Calendar;
public class EditActivity extends Activity {
    private TextView remindTime,dateText;
    private EditText taskText;
    private TimePicker timePicker;
    private Calendar c = Calendar.getInstance();
    int m = c.get(Calendar.MONTH) + 1;
    private Button b1,b2;
    protected void onCreate(Bundle savedInstanceState) {
        super.onCreate(savedInstanceState);
        setContentView(R.layout.activity_edit);
        Intent intent = getIntent();
        dateText = (TextView)findViewById(R.id.dateText);
        dateText.setText(c.get(Calendar.YEAR) + "/" + m + "/"
                        + c.get(Calendar.DAY_OF_MONTH));
        remindTime = (TextView)findViewById(R.id.remindTime);
        taskText = (EditText)findViewById(R.id.taskText);
        b1 = (Button)findViewById(R.id.savebutton);
        b2 = (Button)findViewById(R.id.cancelbutton);
        timePicker = (TimePicker)findViewById(R.id.timePicker);
        timePicker.setOnTimeChangedListener(
                        new TimePicker.OnTimeChangedListener() {
            public void onTimeChanged(TimePicker view, int hourOfDay, int minute){
                remindTime.setText(hourOfDay + ":" + minute);
            }
        });
        b1.setOnClickListener(new View.OnClickListener() {
            public void onClick(View v) {
                alertSet();
                System.out.println("alert setting done!");
                String alerttime = remindTime.getText().toString();
                String alertdate = dateText.getText().toString();
```

```java
            String content = taskText.getText().toString();
            Intent intent = new Intent("android.intent.action.MAIN");
            intent.putExtra("rowtime", alerttime);
            intent.putExtra("rowdate", alertdate);
            intent.putExtra("rowtask", content);
            intent.setClass(EditActivity.this, MainActivity.class);
            EditActivity.this.startActivity(intent);
        }
    });
    b2.setOnClickListener(new View.OnClickListener() {
        public void onClick(View v) {
            finish();
        }
    });
}
private void alertSet(){
    Intent intent = new Intent("android.intent.action.ALARMRECEIVER");
    String content = taskText.getText().toString();
    intent.putExtra("content", content);
    PendingIntent pendingIntent = PendingIntent.getBroadcast(
                    EditActivity.this, 0, intent, 0);
    AlarmManager alarmManager =
                    (AlarmManager)getSystemService(ALARM_SERVICE);
    alarmManager.set(AlarmManager.RTC_WAKEUP,
                    c.getTimeInMillis(), pendingIntent);
    alarmManager.setRepeating(AlarmManager.RTC_WAKEUP,
                    c.getTimeInMillis(),(24 * 60 * 60 * 1000), pendingIntent);
    }
}

/** 继承 BroadcastReceiver 类的实现时间信息接收功能 AlarmReceiver 类源代码    */
package com.example.ivy11d.myapplication;
import android.content.BroadcastReceiver;
import android.content.Context;
import android.content.Intent;
import android.widget.Toast;
public class AlarmReceiver extends BroadcastReceiver {
    public void onReceive(Context context, Intent intent) {
        Toast.makeText(context, "A Todo Item!", Toast.LENGTH_LONG).show();
        intent.setClass(context, AlertDialogActivity.class);
        intent.addFlags(Intent.FLAG_ACTIVITY_NEW_TASK);
        context.startActivity(intent);
    }
}

/**      继承 Activity 类的实现提醒功能 AlertDialogActivity 类源代码      */
package com.example.ivy11d.myapplication;
```

```java
import android.app.Activity;
import android.app.AlertDialog;
import android.app.KeyguardManager;
import android.app.KeyguardManager.KeyguardLock;
import android.content.Context;
import android.content.DialogInterface;
import android.content.Intent;
import android.media.MediaPlayer;
import android.media.RingtoneManager;
import android.net.Uri;
import android.os.Bundle;
import android.os.PowerManager;
import android.os.Vibrator;
import java.io.IOException;
public class AlertDialogActivity extends Activity
                    implements DialogInterface.OnClickListener {
  public static AlertDialogActivity context = null;
  private MediaPlayer player = new MediaPlayer();
  private Vibrator vibrator;
  PowerManager.WakeLock mWakelock;
  protected void onCreate(Bundle savedInstanceState) {
    super.onCreate(savedInstanceState);
    PowerManager pm = (PowerManager)getSystemService(Context.POWER_SERVICE);
    mWakelock = pm.newWakeLock(PowerManager.ACQUIRE_CAUSES_WAKEUP
            |PowerManager.FULL_WAKE_LOCK, "AlertDialog");
    mWakelock.acquire();
    KeyguardManager keyguardManager =
         (KeyguardManager)getSystemService(KEYGUARD_SERVICE);
    KeyguardManager.KeyguardLock keyguardLock =
         keyguardManager.newKeyguardLock("AlertDialog");
    keyguardLock.disableKeyguard();
    context = this;
    try{
      Uri localUri = RingtoneManager.getActualDefaultRingtoneUri(
                    context, RingtoneManager.TYPE_ALARM);
      if((player != null) && (localUri != null)){
        player.setDataSource(context,localUri);
        player.prepare();
        player.setLooping(false);
        player.start();
      }
      vibrator = (Vibrator)getSystemService(Context.VIBRATOR_SERVICE);
      long [] pattern = {100,400,100,400};
      vibrator.vibrate(pattern,2);
      Intent intent = getIntent();
      AlertDialog.Builder localBuilder = new AlertDialog.Builder(context);
      localBuilder.setTitle("Reminder");
      localBuilder.setMessage(intent.getStringExtra("content"));
      localBuilder.setPositiveButton("OK",null);
      localBuilder.show();
```

```
      }
      catch (IllegalArgumentException localIllegalArgumentException) {
        localIllegalArgumentException.printStackTrace();
      }
      catch (SecurityException localSecurityException) {
        localSecurityException.printStackTrace();
      }
      catch (IllegalStateException localIllegalStateException) {
        localIllegalStateException.printStackTrace();
      }
      catch (IOException e) {   e.printStackTrace();   }
   }
   public void onClick(DialogInterface dialog, int which) {
      vibrator.cancel();
      player.stop();
      Intent intent = new Intent(AlertDialogActivity.this, MainActivity.class);
      startActivity(intent);
      finish();
   }
}
```

输出结果

当编译、打包 Android 备忘录程序后,其在移动设备中启动、时间设置、事件设置以及显示、提醒界面如图 17-11 所示。

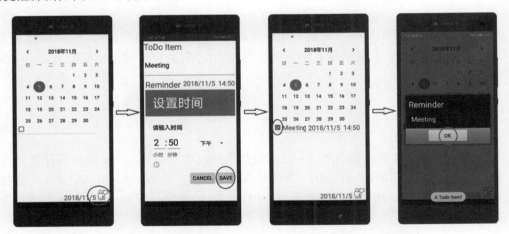

图 17-11　备忘录程序启动、时间设置、事件设置以及显示、提醒界面

案例小结

(1) 该应用程序中继承 Activity 类对象的激活是通过 Intent 对象实现的。

(2) 该程序使用继承 BroadcastReceiver 类实现时间信息的接收,并通过 Intent 对象触发 Activity 对象。

(3) 该程序涉及 XML 文档,参见本书提供的配套实例程序源代码。

17.4　小结

（1）Android 操作系统是一个分层架构、层次分明、可协同工作的操作系统，在该操作系统中已经集成了绝大多数应用所使用的类库，尽其所能地支持顶层应用。

（2）一个 Android 应用程序是由多个不同组件（Activity、Service、Broadcast Receiver、Content Provider 等派生类）组合而成的，它们彼此是平等的、平行的、相对独立的，且没有程序入口，组件对象的运行是由 Android 操作系统或其他组件异步激活的，并作为单一线程被运行的。

（3）Intent 和 IntentFilter 类保障了在 Android 系统中的消息通信机制，使得组件之间可以进行通信，作为信息载体的 Intent 对象可以是"动作请求"，也可以是一般性的"消息广播"，可由任何组件发出，同时也是由组件接收实施处理和消化的。

（4）在 Android 操作系统中启动一个标准的 Android 应用程序时，首先需要解析 AndroidManifest.xml 配置文件，并依据配置文件中指出的应用对象实施加载并运行 Java 程序。

（5）Android 应用程序是使用 Java 语言和 XML 脚本语言共同编写的、应用于移动设备的一类程序，Android 系统为开发者编写顶层应用程序提供了一整套规则、机制、API 等，并开放了许多核心应用（主屏幕 Home、联系人 Contact、电话 Phone、浏览器 Browers 等）供开发者使用。

（6）通过 Android Studio 可创建一个标准的 Android 应用程序框架，在此基础上遵守其框架开发原则即可方便、快捷地扩展其他所需要的应用，并产生输出标准的 Android 应用程序发布包 APK。

17.5　习题

（1）通过手机等移动设备熟悉 Android 操作系统以及其中 Android 应用程序的使用。

（2）通过帮助文档学习 Activity（活动）、Service（服务）、BroadcastReceiver（广播接收器）、ContentProvider（内容提供器）等类的应用，学习 AppCompatActivity 类的应用以及与 Activity 类的区别。

（3）Android 的消息通信机制几乎全部集中到 Intent 和 IntentFilter 类中，参阅帮助文档学习 Intent 和 IntentFilter 类的使用（发出与接收），以及 Intent 和 IntentFilter 功能和区别。

（4）在 Android Studio 环境中编译、调试、模拟运行本章案例程序。

（5）本章案例 17-3 是一个实现了基本功能（仅有设置时间、事件以及提醒功能）的备忘录，在此基础上添加新功能，例如事件列表、事件再编辑、删除、存储等。另外，也可练习编译、调试本书配套实例程序源代码，即本章..\chapter17\test5\memorandum\路径中的完整备忘录程序。

第 18 章 Java 扩展语句及新增功能

本章介绍发展中的 Java 语言不断更新、扩展的新语句,扩展类型,扩展 API 等及其新的特征、功能和应用。

18.1 Java 语句的增加与扩展

Java 作为一种计算机语言,为了跟上时代的发展,迎合当代的需求,其自身也在不断地发展、更新,其发展历程是伴随着 JDK 版本渐进的,其中语句的扩展增强了其功能。

18.1.1 Java 新增语句

Java 语言及其语句的发展既有新语句的出现,也有原有语句的改进,方便编程。

1. 枚举

Java 语言为常量增加了枚举量,但是以一种特殊类(class)类型(或称为数据类型)呈现的,并继承 java.lang.Enum 类,由关键字 enum 定义,其声明枚举类的语法格式为:

```
[modifer] enum   enumName {
[修饰符]   关键字   枚举类名
常量[("名字",n)],                        //定义具有"名字"和索引的常量
常量 i, 常量 j, 常量 k, …                //枚举中常量成员,由逗号分开
}
```

枚举可以把相关的常量分组到一个枚举类中,modifer 修饰符,默认值为 protected;通过("",n)可以为常量另起别名,以及为该常量定义一个索引号 n。

【示例 18-1】 定义季节枚举常量类,包括春、夏、秋、冬四个常量,以及通过操作方法访问枚举常量。

```
package seasonenumsample;
public enum SeasonEnum {                 //声明枚举类
    SPRING("春",1),                      //定义枚举量
    SUMMER("夏",2),
    AUTUMN("秋",3),
```

```java
    WINTER("冬",4);
    private String name;
    private int index;
    private SeasonEnum(String name, int index) {      //定义构造方法
      this.name = name;
      this.index = index;
    }
    public String getName() {
      return name;
    }
    public void setName(String name) {
      this.name = name;
    }
    public int getIndex() {
      return index;
    }
    public void setIndex(int index) {
      this.index = index;
    }
}
```

示例 18-1 定义枚举的形式与类相似，因其本质就是类，一种特殊的类。枚举类是构建一个常量数据结构的、可扩展的模板类，在该模板类中可以定义自己的操作方法，但是枚举只能定义 private 构造方法（不能定义为 public 或者 protected），因枚举定义的是常量值，所以不能创建一个枚举值的实例，在枚举中的枚举值都是 public static final 修饰的常量。使用枚举可增强应用程序的健壮性。

2. switch 增加与枚举、字符串的组合

标准的 switch-case 语句，其 switch 参数中的变量与 case 匹配的常量的数据类型包含 int、byte、short、char，在 Java 的高版本中新增加了 Enum（枚举）和 String（字符串）数据类型。

【示例 18-2】 在 switch-case 语句中使用枚举数据类型（应用示例 18-1 定义的枚举量）。

```java
package seasonenumsample;
public class SwitchEnumSample {
  public static void main(String args[]){
    SeasonEnum se = SeasonEnum.SPRING;              //声明枚举量并赋值
    switch(se) {
      case SPRING:
        System.out.println("EnumValue:" + se
          + "name:" + se.getName() + "index:" + se.getIndex());
        break;
      case SUMMER:
        System.out.println("EnumValue:" + se
```

```java
        + "name:" + se.getName() + "index:" + se.getIndex());
      break;
    case AUTUMN:
      System.out.println("EnumValue:" + se
        + "name:" + se.getName() + "index:" + se.getIndex());
      break;
    case WINTER:
      System.out.println("EnumValue:" + se
        + "name:" + se.getName() + "index:" + se.getIndex());
      break;
  }
  System.out.println("EnumLen:" + SeasonEnum.values().length);
  }
}
```

switch-case 语句应用 String(字符串)数据类型的语句格式：

```
switch(variable) {
  case "STRING":   … break;
  case …
}
```

3．forEach 遍历数组循环语句

Java 增加了针对数组遍历操作的 for 循环语句，其语句使用的语法格式为

```
for( data-type:traversal-array-object ) {
  关键字   数据类型           数组对象     //数据类型与数组对象中的元素类型相同
  Operate-array-object;                  //循环体为操作(遍历)所有数组对象语句
}
```

forEach 不是一个关键字(forEach 非关键字)，该语法格式是 for 语句的一种特殊格式，即有"for 每一个"的意思，也可视为具有特殊操作的 for 语句简化版，或者是对 for 语句的补充。另外，它提高了代码的可读性和安全性(没有数组越界)。

【示例 18-3】 使用标准 for 语句和 forEach 语句实现相同功能的应用程序。

```java
public class ForEachSample {
  public static void main(String[] args) {
    String[] ComputerLanguage = {"java","c","c++","python"};
    forDisplay(ComputerLanguage);              //常规 for 循环
    foreachDisplay(ComputerLanguage);          //特殊 forEach 循环
  }
  public static void forDisplay(String[] string){
    System.out.println("for loop:");
    for (int i = 0; i < string.length; i++)
      System.out.print(string[i] + ",");
    System.out.println();
  }
```

```
    public static void foreachDisplay(String[] string){
        System.out.println("forEach loop:");
        for (String s : string)
            System.out.print( s + ",");
    }
}
```

4. ::操作符

Java 语言引入了"::"双冒号操作符,其操作符使用的语法格式为:

```
Class_Name :: Method_Name
    类名    ::   方法名                         //方法名后面没有圆括号"()"
```

该操作符一般应用于如下情况。
(1) 类中静态方法的引用,例如:

```
String::valueOf;                              //valueOf 是 String 中的静态方法
```

(2) 已经实例化的类中方法的引用,例如:

```
System.out::print;                            //print 是已经驻留在 JVM 中的方法
```

(3) 类的构造方法的引用,例如:

```
Integer::new;                                 //new 是创建类对象时执行的构造方法
```

5. @重复注释

Java 新增了注释的种类,其注释语句使用的语法格式为:

```
@Annotation                                   //Java 的有效注释
```

@后跟具有含义的词(包含在 Java Annotations 相关类库的枚举定义中),另外,该类型的注释可以在同一个地方重复使用。@操作方法注释示例如下所述:

```
@Override                                     //注释需要重载下述方法
public void method_name(){
}
```

注释所发挥的作用是到编译器编译时就止步的,同时也是针对 javadoc 命令设计的,它增强了程序源码的可读性,使之更加直观、明了,便于理解。

Java 还可以自定义注释,其自定义注释的语法格式为:

```
定义: Package my.annotation;
      public @interface NewAnnotation {
      }
使用: package my.annotation;
      public class AnnotationSample {
          @NewAnnotation
```

```java
        public static void main(String[] args) {
        }
    }
```

18.1.2　Lambda 表达式

Java 语言中新增加的 Lambda(λ)表达式(Lambda Expression,Lambda ==λ：希腊字母，数学符号)是在源代码中以表达式的形式描述一个操作方法(或称为函数)，即没有方法名的方法，或称为匿名方法(匿名函数)，它使得源代码更为简洁，同时增强了可读性。Lambda 表达式的语法格式为：

([parameter,…,…,…]) -> { Body: Expression or Code_Block }
([形式参数,逗号分隔]) 箭头 { 方法体:表达式或代码语句块 }

新增"Lambda 表达式"的形式是：形式参数＋箭头＋方法体，更确切的描述应该是以表达式形式出现的方法(函数)，即没有声明的方法，没有访问修饰符，没有返回值声明，甚至没有方法名字。

(1) 形式参数：一个 Lambda 表达式可以有零个或多个参数，参数的类型既可以明确声明，也可以根据上下文来推断，所有参数需要包含在圆括号内，参数之间用逗号相隔，空圆括号代表参数为空，当只有一个参数时，且其类型可以推断出来时，圆括号也可省略。

(2) 方法体：Lambda 表达式的主体可包含零条或多条语句，如果 Lambda 表达式的主体只有一条语句，大括号可省略，如果 Lambda 表达式的主体包含一条以上语句，则需要大括号将所有语句括起来，方法体的返回类型与代码块的返回类型是一致的。

例如，用 Lambda 表达式并含多参数的表述加法操作方法(函数)的语句如下：

```java
(int x, int y) -> x + y;
```

其正常表述形式为：

```java
public int Add(int x, int y){
    return x + y;
}
```

在 Lambda 表达式中，方法名 Add 被省略，因此称为匿名方法，修饰符 public、返回类型 int 被省略，同时也省略了 return 关键字，因为省略并不会出现(或引起)异议。

【示例 18-4】 该示例为创建并启动一个线程。

非 Lambda 表达式表述方式：

```java
public class OneThread {
    public void NotLambdaStyle() {
        new Thread(new Runnable() {
            @Override
            public void run() {
                System.out.println(" Not Lambda Style -- Thread Run ");
```

```
      }
    }).start();
  }
}
```

Lambda 表达式无参数表述方式：

```
public class OneThread {
  public void LambdaStyle() {
    new Thread(
        ()->{System.out.println( "Lambda Style -- Thread Run");
    }).start();
  }
}
```

Lambda 表达式进一步省略了接口名和方法名，如果方法体是多行的，则可以用大括号将多行语句括起来。

【示例 18-5】 为按钮设置监听器以及匿名适配器响应程序的代码片段。

非 Lambda 表达式表述方式：

```
button.addActionListener(new ActionListener(){
  public void actionPerformed(ActionEvent actionEvent){
    System.out.println("Action detected");
  }
});
```

Lambda 表达式只有一个参数的表述方式：

```
button.addActionListener( actionEvent -> {
    System.out.println("Action detected");
});
```

Lambda 表达式使得阅读程序源代码简单、明了，同时也减少了代码量。

某些操作方法能用 Lambda 表达式形式书写，其依据有两点：

(1) Java 的类型推断机制，根据上下文信息，Java 编译器可以推断出参数、返回值的类型，而不需要显式指明。

(2) 实现只有一个抽象方法的接口，该抽象方法已经指明参数、返回值的数据类型。

18.2 Java 接口的扩展

Java 语言在接口定义中增加了默认方法和静态方法，使接口中的方法不需要通过类实现就能够直接被调用。另外，还将一类特殊的接口重新命名为"函数式接口"。

18.2.1 Java 接口的默认方法和静态方法

Java 语言扩展了接口，在定义的接口体（常量＋抽象方法）中不只有抽象方法，还可以定义实体方法，但只能是默认方法和静态方法，其接口定义语法格式为：

```
public interface InterfaceName [extends OtherInterfaceName]{
   public final dataType CONSTANT;                              //定义常量
   public returnType abstractMethodName([parmList]);            //定义抽象方法
   /* ------------- 以下是在接口中新增方法的定义 --------------- */
   public default returnType defaultMethodName([parmList]){     //定义默认方法
      … ;                                                       //方法体语句
   }
   public static returnType staticMethodName([parmList]){       //定义静态方法
      … ;                                                       //方法体语句
   }
}
```

在一个接口中可以定义多个默认方法和静态方法，没有个数的限制，在实现这样接口的类中只需重写抽象方法。接口中默认方法和静态方法的各自特性及使用方式如下所述。

接口中定义的默认方法是用 default 关键字修饰，其默认访问权限是 public，在实现该接口的类中将自动继承接口中定义的默认方法，不需要显式写出，但也可以在实现该接口的类中重写默认方法。在类中重写的默认方法不需要 default 关键字的修饰，如果一个类实现多个接口，每个接口中的默认方法是相同的（同名、同参等），则需要在实现类中显式重写默认方法。默认方法只能在实现的类对象中被调用，调用时实现接口类重写后的方法优先于接口中的默认方法。接口中增加默认方法是在不破坏原有接口的情况下，实现与原接口的兼容性。

接口中定义的静态方法就是普通的静态方法，该方法只能用静态方法所属的类调用，即只能是"静态方法"调用"静态方法"，在实现该接口的类或继承该接口的子接口中不会继承该接口中定义的静态方法，因此，静态方法不能被重写。另外，被 static 修饰的方法不能再同时被 default 修饰。接口中静态方法的调用是直接的，不是通过实现该接口的类对象调用，调用方式："接口名·静态方法名()"。

【示例 18-6】 定义一个包含默认方法和静态方法及抽象方法的接口，通过类实现该接口，并创建对象，调用不同的方法。

```
package interfacetest;
public interface NewInterface {
   public default void defaultMethod1(){                //定义默认方法 1
      System.out.println("This is a defaultMethod1");   //方法体
   }
   default void defaultMethod2(){                       //定义默认方法 2
      System.out.println("This is a defaultMethod2");   //方法体
   }
   public void staticMethod(){                          //定义静态方法
      System.out.println("This is a staticMethod");     //方法体
   }
   public void abstractMethod();                        //定义抽象方法
```

```
                  /* ------------ 定义实现上述接口的类 --------------- */
package interfacetest;
public class ImplClass implements NewInterface {
  public void defaultMethod2(){                        //重写默认方法 2
    System.out.println("This is a Override defaultMethod2");
  }
  @Override
  public void abstractMethod(){                        //重写抽象方法
    System.out.println("This is a Override abstractMethod");
  }
}
                  /* ---------------- 定义接口测试类 ----------------- */
package interfacetest;
public class TestClass {
  public static void main(String args[]) {
    ImplClass ic = new ImplClass();                    //创建类对象
    ic.defaultMethod1();                               //调用接口中的默认方法
    ic.defaultMethod2();                               //调用重写后的默认方法
    ic.abstractMethod1();                              //调用重写后的抽象方法
    NewInterface.staticMethod();                       //调用原接口中的静态方法
  }
}
```

18.2.2 函数式接口

由于 Java 接口中增加了允许定义实体方法，为便于编程，尤其适合由 Lambda 表达式隐式实现接口的代码表述(简化代码)，Java 语言重新规范定义出一类接口，称为函数式接口(Functional Interface，FI)，其接口定义语句格式为：

```
@FunctionalInterface
public interface FunctionalInterfaceName {
  public returnType abstractMethodName([parmList]);    //只定义一个抽象方法
                  /* ------------ 以下可以定义其他实体方法 --------------- */
  …
}
```

如果定义的一个接口中有且仅有一个抽象方法(函数)，但可以有多个非抽象(实体)方法的接口，就被 Java 语言规范定义为"函数式接口"。为与其他接口区别，确定是定义函数式接口时，在接口定义语句前一行添加"@FunctionalInterface"注释语句，以便通知编译器该接口为函数式接口。在 Java 类库中就有许多符合条件的函数式接口，例如 java.lang.Runnable 接口、所有监听器 ActionListener 接口等。

Java 语言引入"函数式接口"以示支持"Lambda 表达式"，其目的是为程序员提供另一种编程方式，即"函数式编程"(特点：接近自然语言、易于理解、代码简洁、方便管理等)，函数式编程方式基于 λ(lambda)演算，其核心是"函数"可以作为输入(参数)和输出(返回值)。

该编程方式或许能够提高编程效率。

【示例 18-7】 定义一个函数式接口,通过两种方式实现接口,体验 Lambda 表达式的简洁性。

```java
@FunctionalInterface
public interface functionalInterface {
    public void abstractMethod();                    //定义一个抽象方法
}
/* ---------------- 定义测试函数式接口的类 ----------------- */
public class TestFunctionalInterface {
    public static void execute(functionalInterface fi) {
        fi.abstractMethod();
    }
    public static void main(String [] args) {
        execute(new functionalInterface() {
            @Override
            public void abstractMethod() {
                System.out.println("传统的重写接口中的抽象方法");
            }
        });
        execute( () -> System.out.println("通过 Lambda 表达式实现接口") );
    }
}
```

说明:在 Lambda 表达式中省略了方法名,因此,定义函数式接口只能有一个抽象方法,例如 java.lang.Runnable 接口通过 Lambda 表达式创建 Runnable 接口的引用,语句如下:

```java
Runnable r = () -> System.out.println("Hello World");
```

Java 编译器会自动解释并转化为(不会产生奇异):

```java
new Thread(
    () -> System.out.println("Hello World")
).start();
```

18.3 Java 类型的扩展——泛型

泛型(Generic Type)是指允许编程者编写源代码时定义一些可变的量(参数),这些"量或参数"的类型是不确定的,在使用时才能明确指出"量或参数"数据类型的编程模式。

早期的 Java 语言没有"泛型"的编程约定,接口和类成员或方法使用的数据类型是固定的,如果实现的功能相同,但接口和类成员或方法使用的类型不同时,则需要重写代码,因此,Java 除多态机制外没有代码的复用性。Java 为编写代码更加灵活、弥补复用性缺陷而引入"泛型"。

泛型是对 Java 语言类型系统的一种扩展，它实现了接口和类成员或方法，被定义为"形式参数（Formal Parameter）"，在使用时才被赋予实际类型的编程模式。

18.3.1 泛型的定义

泛型的本质是参数化类型。当在定义的接口、类、方法中涉及操作的数据类型被指定为"形式参数"时，即可视为使用"参数化类型"模式定义接口、类、方法，而被定义的接口、类、方法称其为泛型接口、泛型类、泛型方法。

定义泛型接口、泛型类、泛型方法时使用"<、>"尖括号作为关键字，将不确定类型的"形式参数"置于尖括号中，多个形参将由逗号分开。

在使用"泛型"规则定义的泛型接口、泛型类、泛型方法中，"形式参数"的类型只能是类类型（包含自定义类），不能是简单类型（或称为基本数据类型：boolean、char、byte、short、int、long、float、double）。另外，由于形式参数的类型只有类类型，因此，形参也可以通过 extends 关键字实现继承，具有继承关系的形式参数类型通常称为"有界类型"。

1. 泛型接口

使用"泛型"模式（包含 2 个形式参数）定义接口的语法格式为：

```java
public interface gtInterfaceName < fp_A, fp_B >{          //2 个形式参数
    public fp_A abstractMethod1();                         //定义抽象方法返回值为 fp_A 类型
    public fp_B abstractMethod2();                         //定义抽象方法返回值为 fp_B 类型
}
```

泛型接口的使用，一个类实现泛型接口的语法格式为：

```java
public class OneClassName implements gtInterfaceName < String, Number >{
    @Override                                              //代入实际参数类型
    public String abstractMethod1(){                       //重写方法,其返回值类型为:String
        return "Generic Type";
    }
    public Number abstractMethod2(){
        return Math.random();                              //返回值类型为:Number 对象中的 Double
    }
}
```

泛型接口在使用时需要指明确定的数据类型，除此之外与普通接口的使用相同。

2. 泛型类

使用"泛型"模式（形参也可以实现继承——有界类型）定义类的语法格式为：

```java
public class GTClassName < fp_A [extends 父类型列表] >{
    private fp_A a;                                        //声明变量 a 为 fp_A 类型
    public GTClassName( ){   }
    public fp_A getA() { return a; }                       //返回值为 fp_A 类型
    public void setA(fp_A a) { this.a = a; }               //输入值为 fp_A 类型
}
```

泛型类的使用,指定不同类型的形参创建类对象的语法格式为:

```java
public void useGTClass() {                          //定义应用泛型类的操作方法
    GTClassName < Number > gtc1                     //将实际类型替代形式参数
        = new GTClassName<>();                      //创建 GTClassName 对象 gtc1
    Integer i = 10;
    gtc1.setA(i);                                   //调用对象 gtc1 中的操作方法
    GTClassName < String > gtc2 = new GTClassName<>(); //创建对象 gtc2
    gtc2.setA("Generic Type");                      //调用 gtc2 中的操作方法
}
```

当实例化泛型类时,需要指明确定的数据类型,除此之外与普通类对象的使用相同。

3. 泛型方法

使用"泛型"模式(在方法返回值前加"< >"声明,方法的返回值也可以用形参取代)定义方法的语法格式为:

```java
public < fp_T > void gtMethod(fp_T t) {             //定义泛型方法
    … ;
}
```

泛型方法的使用,在调用方法时给出形参的实际类型,其语法格式为:

```java
public void useGTMethod() {                         //定义使用泛型方法的操作方法
    obj.gtMethod("Generic Type");                   //调用对象中的 gtMethod 泛型方法
}
```

泛型方法的定义与其所在的接口或类是否为泛型接口或类没有关系,泛型方法的调用与普通方法没有区别。

18.3.2 泛型的应用

泛型程序设计也是一种设计模式,其核心是当要操作的引用类型不确定时,可先定义为泛型接口、泛型类、泛型方法,在使用(实现接口、实例化类、调用方法)时才指明实际类型,也是因为虚拟机并不识别"泛型",因此,在编译时就要确定"形式参数"的具体类型。

【示例 18-8】 定义有两个"形式参数"的泛型类,通过为"形式参数"提供实际类型创建类对象,并调用对象中的操作方法。

```java
public class GenericTypeSample {
    public static void main(String args[]){
        GenericTypeClass < String, Integer >  gtc =     //创建泛型类对象
            new GenericTypeClass < String, Integer >(); //实参为 String 和 Integer 类型
        gtc.setKey("Tom");                              //调用对象 gtc 中的操作方法
        gtc.setValue(20);
        System.out.print("Name: " + gtc.getKey());
        System.out.print(" Age:" + gtc.getValue());
    }
```

```java
}
/* ------------ 以下定义具有两个形参的泛型类 ---------------- */
class GenericTypeClass < K, V >{
    private K key;                                      //变量 key 类型由创建对象时确定
    private V value;                                    //变量 value 类型由创建对象时确定
    public K getKey(){
        return this.key;
    }
    public V getValue(){
        return this.value;
    }
    public void setKey(K key){
        this.key = key;
    }
    public void setValue(V value){
        this.value = value;
    }
}
```

【示例 18-9】 定义两个泛型方法，依据不同的输入实际参数调用泛型方法。

```java
public class GTMethodTest {
    public static < fp_A > void test(fp_A a) {          //定义泛型方法
        System.out.println(a);
    }
    public static < fp_A > void test(fp_A[] args) {     //输入形参是数组
        for (fp_A a : args) {
            System.out.println(a);
        }
    }
    /* --- 应用泛型操作方法:输入不同类型(同属 Number)参数执行操作方法 --- */
    public static void main(String[] args) {
        test("Hello, World!");                          //调用第 1 个 test 方法
        test('a');   test(12);   test(34.5);   test(true);   //调用第 1 个 test 方法
        test("Hello, World!",'a', 12, 34.45, true);     //调用第 2 个 test 方法
    }
}
```

Java 语言的泛型程序设计经常与集合框架结合实现类对象的组织和管理，通过使用泛型限制集合中元素的类型，可以有效地避免类型不一致的错误，还可以提高应用程序的效率、安全性以及可操作性和可扩展性。Java 类库中常用的集合类有 Set(无序、不可重复集合)、List(有序、可重复集合)、Map(映射关系元素的集合)、Queue(队列、实现元素的先进先出管理)等。

【示例 18-10】 应用泛型程序设计结合集合类管理学校(University)中的班级(Class)，班级中的学生(Student)。

```java
package generictypetest;
import java.util.ArrayList;
import java.util.Iterator;
import java.util.List;
import java.util.Map;
import java.util.Map.Entry;
import java.util.Set;
public class GenericTypeTest {
    public static void main(String[] args) {
        University univ = new University("Beijing Normal University");
        List<Student> studentList1 = new ArrayList<Student>();
        studentList1.add(new Student("Bill", 20));           //Student 类的 List
        studentList1.add(new Student("Tony", 21));
        univ.add("Class1", studentList1);                    //添加班级及学生信息
        List<Student> studentList2 = new ArrayList<Student>();
        studentList2.add(new Student("Davis", 19));
        studentList2.add(new Student("Susan", 20));
        univ.add("Class2", studentList2);
        Map<String, List<Student>> schoolMap = univ.getSchoolMap();
        Set<Entry<String, List<Student>>> set = schoolMap.entrySet();
        Iterator<Entry<String, List<Student>>> iter = set.iterator();
        while (iter.hasNext()) {
            Entry<String, List<Student>> entry = iter.next();
            String className = entry.getKey();
            System.out.println(className + " Student Information:");
            List<Student> studentList = entry.getValue();
            for (Student student : studentList) {            //输出班级及学生信息
                System.out.println(student.getName() + "," + student.getAge());
            }
        }
    }
}
class University {                                           //定义学校类
    private String name;
    private Map<String, List<Student>> schoolMap
                = new HashMap<String, List<Student>>();
    public University(String name) {
        this.name = name;
    }
    public void add(String className, List<Student> studentList) {
        schoolMap.put(className, studentList);
    }
    public String getName() {
        return name;
    }
    public void setName(String name) {
        this.name = name;
```

```java
    }
    public Map<String, List<Student>> getSchoolMap() {
      return schoolMap;
    }
    public void setSchoolMap(Map<String, List<Student>> schoolMap) {
      this.schoolMap = schoolMap;
    }
  }
  class Student {                                              //定义学生类
    private String name;
    private int age;
    public Student(String name, int age) {
      this.name = name;
      this.age = age;
    }
    public String getName() {
      return name;
    }
    public void setName(String name) {
      this.name = name;
    }
    public int getAge() {
      return age;
    }
    public void setAge(int age) {
      this.age = age;
    }
  }
```

18.4　Java API 的更新与扩展

计算机语言能够被大众所接受并始终保持编程的主导地位离不开该语言的不断更新与发展，由于受制于计算机硬件，语言的关键字、语句、表达式等已经少有发展空间了，但重要的是为编程者提供的"库"却在不断更新与发展，库中内容提供得越多，越方便编程。Java 语言同样也在不断更新与扩展其 API（类库），以便适用于各领域的编程需求。

18.4.1　Java API 的更新

"更新"——以新代旧，在 Java 语言的发展历程中，不断地更新或修改已有类库是常态，其主要目的是修正错误或潜在可能引发的错误，另外使类库更简洁、高效等。

在修改过程中，当确定某个已有的类或方法以后可能会被删除时，通常会标注为 @Deprecated（Java 注释之一），意思是"不建议使用的"或"废弃的"，说明这个类或方法将要寿终正寝了，但同时还说明有更好的类或方法已经替换（取代）了被标注为 @Deprecated 的类或方法，从而实现了 Java 语言类库的更新。

【示例 18-11】 一组多个简单应用程序，展示 java.time 包中类的使用。java.time 包中包含 LocalDate、LocalTime、LocalDateTime、ZonedDateTime、Instant、Period、Duration 等类，通过这些类可以实现对时间、日期、时区等信息的解析与管理，同时 java.time 包中的类替代（更新）了 Java 语言原类库 java.util 包中的 Date、Calendar 等类。

```java
/* ----- java.time 包中 LocalDate(日期)类的应用 ----- */
import java.time.LocalDate;
import java.time.Month;
import java.time.ZoneId;
public class LocalDateExample {
  public static void main(String[] args) {
    LocalDate today = LocalDate.now();
    System.out.println("Current Date = " + today);
    LocalDate firstDay_2018 = LocalDate.of(2018, Month.JANUARY, 1);
    System.out.println("Specific Date = " + firstDay_2018);
    LocalDate todayShanghai = LocalDate.now(ZoneId.of("Asia/Shanghai"));
    System.out.println("Current Date in IST = " + todayShanghai);
    LocalDate dateFromBase = LocalDate.ofEpochDay(365);
    System.out.println("365th day from base date = " + dateFromBase);
    LocalDate hundredDay2018 = LocalDate.ofYearDay(2018, 100);
    System.out.println("100th day of 2018 = " + hundredDay2018);
  }
}
/* ------- LocalDateExample 程序输出结果 ------- */
Current Date = 2018-08-28
Specific Date = 2018-01-01
Current Date in IST = 2018-08-28
365th day from base date = 1971-01-01
100th day of 2018 = 2018-08-10

/* ----- java.time 包中 LocalTime(时间)类的应用 ----- */
import java.time.LocalTime;
import java.time.ZoneId;
import java.time.Clock;
public class LocalTimeExample {
  public static void main(String[] args) {
    LocalTime time = LocalTime.now();
    System.out.println("Current Time = " + time);
    LocalTime specificTime = LocalTime.of(12,20,25,40);
    System.out.println("Specific Time of Day = " + specificTime);
    LocalTime timeShanghai = LocalTime.now(ZoneId.of("Asia/Shanghai"));
    System.out.println("Current Time in IST = " + timeShanghai);
    LocalTime specificSecondTime = LocalTime.ofSecondOfDay(10000);
    System.out.println("10000th second time = " + specificSecondTime);
    Clock clock = Clock.systemDefaultZone();
```

```java
            System.out.println("SystemClock : " + clock.toString());
    }
}
/* ------- LocalTimeExample 程序输出结果 ------- */
Current Time = 15:51:45.240
Specific Time of Day = 12:20:25.000000040
Current Time in IST = 04:21:45.276
10000th second time = 02:46:40
SystemClock : 2018-08-12T16:59:55.779+08:00[Asia/Shanghai]

/* ----- java.time 包中 LocalDateTime(日期/时间)类的应用 ----- */
import java.time.LocalDate;
import java.time.LocalDateTime;
import java.time.LocalTime;
import java.time.Month;
import java.time.ZoneId;
import java.time.ZoneOffset;
public class LocalDateTimeExample {
    public static void main(String[] args) {
        LocalDateTime today = LocalDateTime.now();
        System.out.println("Current DateTime = " + today);
        today = LocalDateTime.of(LocalDate.now(), LocalTime.now());
        System.out.println("Current DateTime = " + today);
        LocalDateTime specificDate
            = LocalDateTime.of(2018, Month.JANUARY, 1, 10, 10, 30);
        System.out.println("Specific Date = " + specificDate);
        LocalDateTime todayShanghai =
            LocalDateTime.now(ZoneId.of("Asia/Shanghai"));
        System.out.println("Current Date in IST = " + todayShanghai);
        LocalDateTime dateFromBase
            = LocalDateTime.ofEpochSecond(10000, 0, ZoneOffset.UTC);
        System.out.println("10000th second time from 01/01/1970 = " + dateFromBase);
    }
}
/* ------- LocalDateTimeExample 程序输出结果 ------- */
Current DateTime = 2018-08-28T16:00:49.455
Current DateTime = 2018-08-28T16:00:49.493
Specific Date = 2018-01-01T10:10:30
Current Date in IST = 2018-08-28T04:30:49.493
10000th second time from 01/01/1970 = 1970-01-01T02:46:40

/* ----- java.time 包中 Instant(时间戳)类的应用 ----- */
import java.time.Duration;
import java.time.Instant;
public class InstantExample {
    public static void main(String[] args) {
        Instant timestamp = Instant.now();
```

```
        System.out.println("Current Timestamp = " + timestamp);
        Instant specificTime = Instant.ofEpochMilli(timestamp.toEpochMilli());
        System.out.println("Specific Time = " + specificTime);
        Duration thirtyDay = Duration.ofDays(30);
        System.out.println(thirtyDay);
    }
}
/* ------- InstantExample 程序输出结果 ------- */
Current Timestamp = 2018-08-28T23:20:08.489Z
Specific Time = 2018-08-28T23:20:08.489Z
PT720H
/* -- java.time.format 包中 DateTimeFormatter(日期/时间格式)类的应用 -- */
import java.time.Instant;
import java.time.LocalDate;
import java.time.LocalDateTime;
import java.time.format.DateTimeFormatter;
public class DateParseFormatExample {
    public static void main(String[] args) {
        LocalDate date = LocalDate.now();
        System.out.println("Default format of LocalDate = " + date);
        System.out.println(date.format(
            DateTimeFormatter.ofPattern("d::MMM::uuuu")));
        System.out.println(date.format(DateTimeFormatter.BASIC_ISO_DATE));
        LocalDateTime dateTime = LocalDateTime.now();
        System.out.println("Default format of LocalDateTime = " + dateTime);
        System.out.println(dateTime.format(
            DateTimeFormatter.ofPattern("d::MMM::uuuu HH::mm::ss")));
        System.out.println(dateTime.format(
            DateTimeFormatter.BASIC_ISO_DATE));
        Instant timestamp = Instant.now();
        System.out.println("Default format of Instant = " + timestamp);
        LocalDateTime dt = LocalDateTime.parse("28:: Aug::2018 21::39::48",
            DateTimeFormatter.ofPattern("d::MMM::uuuu HH::mm::ss"));
        System.out.println("Default format after parsing = " + dt);
    }
}
/* ------- DateParseFormatExample 程序输出结果 ------- */
Default format of LocalDate = 2018-08-28
28:: Aug::2018
20180828
Default format of LocalDateTime = 2018-08-28T16:25:49.341
28:: Aug::2018 16::25::49
20180828
Default format of Instant = 2018-08-28T23:25:49.342Z
Default format after parsing = 2018-08-28T21:39:48
```

18.4.2　Java API 的扩展

"扩展"——新增内容，Java 语言之所以一直被使用，并具有很强生命力的原因之一是其类库在不断扩充。类库越大，内容越丰富，Java 语言越适合更多的应用领域（嵌入式系统、移动终端、服务器等），并且编程越方便，即编程者只需调用类库就可以实现强大的功能，庞大的类库也使得应用程序更有利于向高度集成化的方向发展。Java 类库的扩充是伴随着其发布版本实现的，每一次的版本提高都会有新增的类库。

【示例 18-12】　一组多个简单应用程序，展示 java.util.stream.Stream 类中一些操作方法的使用。Stream API 是 Java 语言新增类库，在该类中定义了许多流操作的方法。"流"泛指集合对象形成的流（大批量各种类型的数据流），Stream API 具有针对集合对象数据实施所需操作的方法，例如过滤（筛选）、统计、排序、求最大值或最小值、串行或并行汇聚、聚合等操作。

```java
/*-------- 常规与流操作方法的比较 -------- */
import java.util.Arrays;
import java.util.List;
public class JavaStreamExample {
  public static void main(String args[]){
    List<String> strings = Arrays.asList(              //创建字符串集合对象
       "abc", "111", "bc", "efg", "12584", "", "1254");
    /*--- 常规操作统计：查找长度为 3 的字符串的个数 --->> forEach 循环查找 */
    long count = 0;
    for(String string: strings){
      if(string.length() == 3){ count++; }
    }
    System.out.println("Strings of length 3: " + count);
    /*--- 流操作统计：筛选长度为 3 的字符串的个数 --->>程序简洁且可读性强 */
    count = strings.stream().filter(string -> string.length() == 3).count();
    System.out.println("Strings of length 3: " + count);
  }
}

/*-------- 创建 Stream 流对象并输出 ---------- */
import java.util.stream.Stream;
public class BuildStreamObject{
  public static void main(String[] args){
    Stream<Integer> stream = Stream.of(1, 2, 3, 4, 5, 6, 7, 8, 9);
    stream.forEach(str -> System.out.println(str));
  }
}

/*------- 创建 Stream 数组流对象并输出 ------- */
import java.util.Arrays;
import java.util.stream.Stream;
```

```java
public class BuildStreamArray{
  public static void main(String[] args){
    Stream<Integer> stream = Arrays.stream(
        new Integer[]{1, 2, 3, 4, 5, 6, 7, 8, 9});
    stream.forEach(str -> System.out.println(str));
  }
}
```

/* ----- Stream 类型对象转换为数组对象并输出 ----- */
```java
import java.util.ArrayList;
import java.util.Arrays;
import java.util.List;
import java.util.stream.Stream;
public class StreamToArray{
  public static void main(String[] args){
    List<Integer> list = new ArrayList<Integer>(
        Arrays.asList(new Integer[]{ 1, 2, 3, 4, 5, 6, 7, 8, 9 }));
    Stream<Integer> stream = list.stream();
    Integer[] evenNumbersArr =
        stream.filter(i -> i % 2 == 0).toArray(Integer[]::new);
    System.out.print(Arrays.asList(evenNumbersArr));
  }
}
```

/* ------ 过滤(filter 操作方法)Stream 对象示例 ------ */
```java
import java.util.ArrayList;
import java.util.Arrays;
import java.util.List;
import java.util.stream.Stream;
public class FilterStreamExample{
  public static void main(String[] args){
    List<String> list = new ArrayList<String>(Arrays.asList(
        new String[]{ "Ainslee", "Sabina", "Airelle", "Rafael",
                      "Sadie", "Ailene", "Yancey", "Lachlan"}));
    Stream<String> stream = list.stream();
    stream.filter((s) -> s.startsWith("A")).forEach(System.out::println);
  }
}
```

/* ------ 修改(map 操作方法)Stream 对象(元素)示例 ------ */
```java
import java.util.ArrayList;
import java.util.Arrays;
import java.util.List;
import java.util.stream.Stream;
public class MapStreamExample{
  public static void main(String[] args){
    List<String> list = new ArrayList<String>(Arrays.asList(
```

```java
            new String[]{ "Ainslee", "Sabina", "Airelle", "Rafael",
                    "Sadie", "Ailene", "Yancey", "Lachlan"}));
        Stream<String> stream = list.stream();
        stream.filter((s) -> s.startsWith("A"))
            .map(String::toUpperCase).forEach(System.out::println);
    }
}

/* ------ 排序(sorted 操作方法)Stream 对象示例 ------ */
import java.util.ArrayList;
import java.util.Arrays;
import java.util.List;
import java.util.stream.Stream;
public class SortedStreamExample{
    public static void main(String[] args){
        List<String> list = new ArrayList<String>(Arrays.asList(
            new String[]{ "Ainslee", "Sabina", "Airelle", "Rafael",
                    "Sadie", "Ailene", "Yancey", "Lachlan"}));
        Stream<String> stream = list.stream();
        stream.sorted().map(String::toUpperCase).forEach(System.out::println);
    }
}

/* ------ 组合操作(reduce 操作方法)Stream 对象示例 ------ */
 /** -->>针对字符串对象流实施拼接等操作;
   -->>针对数值对象流实现求和(sum)、最大值(max)、最小值(min)、平均值(average)等操作 -- */
import java.util.ArrayList;
import java.util.Arrays;
import java.util.List;
import java.util.Optional;
import java.util.stream.Stream;
public class ReduceStreamExample{
    public static void main(String[] args){
        List<String> list = new ArrayList<String>(Arrays.asList(
            new String[]{ "Ainslee", "Sabina", "Airelle", "Rafael",
                    "Sadie", "Ailene", "Yancey", "Lachlan"}));
        Optional<String> reduced = list.stream().reduce((s1, s2) -> s1 + "&" + s2);
        reduced.ifPresent(System.out::println);
        List<Integer> numbers = Arrays.asList(1,2,3,4,5,6,7,8,9);
        int sum = numbers.stream().reduce(0, (a, b) -> a + b);
        System.out.println(sum);
        int max = numbers.stream().reduce(0, (a, b) -> Integer.max(a, b));
        System.out.println(max);
        Optional<Integer> min = numbers.stream().reduce(Integer::min);
        min.ifPresent(System.out::println);
    }
}
```

18.5 小结

(1) Java 新增关键字：
① 枚举 enum；
② switch-case 匹配 Enum(枚举)和 String(字符串)数据类型；
③ forEach 遍历数组；
④ "∷"双冒号操作符；
⑤ @重复注释符。
(2) Java 新增语句：Lambda(λ)表达式。
(3) Java 接口新增功能：
① 接口中可以定义默认方法和静态方法；
② 可以定义函数式(Functional)接口。
(4) Java 引入泛型编程，允许定义泛型接口、泛型类、泛型方法。
(5) Java 语言时刻更新与扩展 Java API。

18.6 习题

(1) 在 Java 语言中，strictfp(strict float point：遵循 IEEE 754 算术规范的浮点数)、transient(在某个域中声明非序列化成员)被称为关键字，通过 J2SDK 提供的帮助文档学习 strictfp、transient 关键字的使用。

(2) 在 Java 语言泛型程序设计中，问号是用来表示实际参数的，被称为"类型通配符"。该通配符有上边界和下边界的限定，通过 J2SDK 提供的帮助文档学习"类型通配符"的使用。

(3) 在 J2SDK 环境中编译、调试、运行本章示例程序。

(4) 在 J2SDK 环境中编译、调试、运行如下程序，理解"类型通配符"的应用。

```java
public class GenericsTypeSample{
  public static void main(String args[]){
    Info<String> i = new Info<String>();
    i.setVar("it");
    fun(i);
  }
  public static void fun(Info<?> temp){           //类型通配符?
    System.out.println("Content:" + temp);
  }
}
class Info<T>{
  private T var;
```

```java
    public void setVar(T var){
      this.var = var;
    }
    public T getVar(){
      return this.var;
    }
    public String toString(){
      return this.var.toString();
    }
}
```

(5) 在 J2SDK 环境中编译、调试、运行如下程序,学习体会 Java 语言新增功能。

```java
import java.util.List;
import java.util.Arrays;
import java.util.ArrayList;
import java.util.function.IntConsumer;
import java.util.Map;
import java.util.stream.Stream;
public class LambdaMapReduce {
  private static List<User> users = Arrays.asList(
          new User(1, " Ahmed", 12,User.Sex.MALE),
          new User(2, " Daisy", 21, User.Sex.FEMALE),
          new User(3," Mitchell", 32, User.Sex.MALE),
          new User(4, " Wadan", 32, User.Sex.FEMALE));
  public static void main(String[] args) {
    reduceAvg();   reduceSum();
    Averager averageCollect = users.parallelStream()
        .filter(p -> p.getGender() == User.Sex.MALE)
        .map(User::getAge)
        .collect(Averager::new, Averager::accept, Averager::combine);
    System.out.println("Average age of male members: "
        + averageCollect.average());
    List<User> list = users.parallelStream().filter(p -> p.age > 12)
        .collect(Collectors.toList());
    System.out.println("age > 12: "); System.out.println(list);
    Map<User.Sex, Integer> map = users.parallelStream().collect(
        Collectors.groupingBy(User::getGender,
        Collectors.summingInt(p -> 1)));
    System.out.println("sex -> num"); System.out.println(map);
    Map<User.Sex, List<String>> map2 = users.stream()
        .collect( Collectors.groupingBy( User::getGender,
        Collectors.mapping(User::getName, Collectors.toList())));
    System.out.println("sex -> name"); System.out.println(map2);
    Map<User.Sex, Integer> map3 = users.stream().collect(
        Collectors.groupingBy(User::getGender,
        Collectors.reducing(0, User::getAge, Integer::sum)));
```

```java
            System.out.println("sex -> ageSum"); System.out.println(map3);
            Map<User.Sex, Double> map4 = users.stream().collect(
                Collectors.groupingBy(User::getGender,
                Collectors.averagingInt(User::getAge)));
            System.out.println("sex -> ageAvg"); System.out.println(map4);
    }
    private static void reduceAvg(){
        double avg = users.parallelStream()
            .mapToInt(User::getAge).average().getAsDouble();
        System.out.println("reduceAvg User Age: " + avg);
    }
    private static void reduceSum() {
        double sum = users.parallelStream().mapToInt(User::getAge)
            .reduce(0, (x, y) -> x + y);
        System.out.println("reduceSum User Age: " + sum);
    }
}
class User{
    public int id; public String name; public int age; public Sex gender;
    public User(int id, String name, int age, Sex gender) {
        this.id = id; this.name = name; this.age = age; this.gender = gender;
    }
    public int getId() { return id; }
    public void setId(int id) { this.id = id; }
    public String getName() { return name; }
    public void setName(String name) { this.name = name; }
    public int getAge() { return age; }
    public void setAge(int age) { this.age = age; }
    public enum Sex{ FEMALE, MALE; }
    public Sex getGender() { return gender; }
    public void setGender(Sex gender) { this.gender = gender; }
}
class Averager implements IntConsumer{
    private int total = 0;  private int count = 0;
    public double average(){ return count > 0 ? ((double) total)/count : 0;}
    public void accept(int i) { total += i; count++; }
    public void combine(Averager other) {
        total += other.total;  count += other.count;
    }
}
```

图书资源支持

感谢您一直以来对清华大学出版社图书的支持和爱护。为了配合本书的使用,本书提供配套的资源,有需求的读者请扫描下方的"书圈"微信公众号二维码,在图书专区下载,也可以拨打电话或发送电子邮件咨询。

如果您在使用本书的过程中遇到了什么问题,或者有相关图书出版计划,也请您发邮件告诉我们,以便我们更好地为您服务。

我们的联系方式:

地　　址:北京市海淀区双清路学研大厦 A 座 701

邮　　编:100084

电　　话:010-83470236　010-83470237

资源下载:http://www.tup.com.cn

客服邮箱:tupjsj@vip.163.com

QQ:2301891038 (请写明您的单位和姓名)

用微信扫一扫右边的二维码,即可关注清华大学出版社公众号。

科技传播・新书资讯

电子电气科技荟

资料下载・样书申请

书圈